AF514100

EUL VERLAG

KUNDENORIENTIERTE UNTERNEHMENSFÜHRUNG

Herausgegeben von Prof. Dr. Hendrik Schröder, Essen

Band 1
Nadine Berghaus
Eye-Tracking im stationären Einzelhandel – Eine empirische Analyse der Wahrnehmung von Kunden am Point of Purchase
Lohmar – Köln 2005 • 310 S. • € 52,- (D) • ISBN 3-89936-366-3

Band 2
Silvia Zaharia
Multi-Channel-Retailing und Kundenverhalten – Wie sich Kunden informieren und wie sie einkaufen
Lohmar – Köln 2006 • 424 S. • € 57,- (D)
ISBN-13: 978-3-89936-508-5 • ISBN-10: 3-89936-508-9

Band 3
Annette Bohlmann
Multi-Channel-Retailing und Kaufbarrieren – Wie Kunden Kaufrisiken wahrnehmen und überwinden
Lohmar – Köln 2007 • 464 S. • € 59,- (D) • ISBN 978-3-89936-580-1

JOSEF EUL VERLAG

Reihe: Kundenorientierte Unternehmensführung · Band 3

Herausgegeben von Prof. Dr. Hendrik Schröder, Essen

Dr. Annette Bohlmann

Multi-Channel-Retailing und Kaufbarrieren

Wie Kunden Kaufrisiken wahrnehmen und überwinden

Mit einem Geleitwort von Prof. Dr. Hendrik Schröder, Universität Duisburg-Essen

EUL VERLAG

Bibliographische Information der Deutschen Bibliothek

Die Deutsche Bibliothek verzeichnet diese Publikation in der Deutschen Nationalbibliographie; detaillierte bibliographische Daten sind im Internet über <http://dnb.ddb.de> abrufbar.

Dissertation, Universität Duisburg-Essen, 2007, unter dem Titel: Die Überwindung von Kaufbarrieren im Multi-Channel-Retailing – Eine kundenorientierte Analyse anhand des wahrgenommenen Kaufrisikos

ISBN 978-3-89936-580-1
1. Auflage April 2007

© JOSEF EUL VERLAG GmbH, Lohmar – Köln, 2007
Alle Rechte vorbehalten

Printed in Germany
Druck: RSP, Troisdorf

JOSEF EUL VERLAG GmbH
Brandsberg 6
53797 Lohmar
Tel.: 0 22 05 / 90 10 6-6
Fax: 0 22 05 / 90 10 6-88
E-Mail: info@eul-verlag.de
http://www.eul-verlag.de

Bei der Herstellung unserer Bücher möchten wir die Umwelt schonen. Dieses Buch ist daher auf säurefreiem, 100% chlorfrei gebleichtem, alterungsbeständigem Papier nach DIN 6738 gedruckt.

Vorwort zu der Reihe „Kundenorientierte Unternehmensführung“

Der Kunde ist der Mittelpunkt aller unternehmerischen Aktivitäten: Aus der Idee, Kundenbedürfnisse zu wecken und besser zu befriedigen als andere Anbieter, entsteht eine Unternehmung. Diese Idee sollte Eingang in jede Stufe der Wertkette finden. Auf dem manchmal langen Weg bis zum Endprodukt kann die Unternehmung allerdings Gefahr laufen, den Kunden aus den Augen zu verlieren. Technische Aspekte und finanzielle Restriktionen dominieren Entwicklungen und Entscheidungen; die Kundenbedürfnisse verschwinden aus dem Blickfeld. Um den Kunden kümmern sich am Ende allenfalls noch die Werbe- und die Vertriebsabteilungen.

Das Ergebnis kann dann so aussehen, wie es ein Praktiker zum Thema Efficient Consumer Response treffend auf den Punkt gebracht hat: „Was nützt es, Sortimente effizient durch die Gegend zu fahren, wenn der Kunde sie nicht kauft?“ Oder: Was nützen innovative Materialien, wenn die äußere Erscheinung des Produktes den Kunden nicht anspricht, wenn beispielsweise das visuelle, auditive oder haptische System des Kunden das Produkt nicht akzeptiert?

Wir verstehen kundenorientierte Unternehmensführung als die konsequente Ausrichtung aller Strukturen und Prozesse einer Unternehmung an den Bedürfnissen der aktuellen und zukünftigen Kunden. Drei Aspekte stehen bei den Schriften zur kundenorientierten Unternehmensführung im Vordergrund. Der erste Aspekt sind die Abläufe im Inneren der Kunden und die daraus resultierenden Verhaltensweisen. Emotionen, Kaufmotive, Einstellungen und andere Faktoren bestimmen, wie sich Kunden informieren, welche Einkaufsstätten und Marken sie wählen und was sie in der Einkaufsstätte kaufen. Kunden tun den Anbietern vielfach jedoch nicht den Gefallen, dass sie stets dieselben Wünsche haben und damit berechenbar werden. Vielmehr hat ihr Verhalten an Konstanz verloren und ist hybride, teilweise mutioptional geworden. Erkenntnisse über die Ursachen und die Formen des Kaufverhaltens zu erlangen ist eine zentrale Aufgabe, die das kundenorientierte Management zu bewältigen hat.

Der zweite Aspekt betrifft die Marktforschung. Zahlreiche Methoden sind vorhanden, neue werden entwickelt, um Daten zum Kundenverhalten zu gewinnen und zu analysieren. Die wissenschaftliche Forschung zeigt ihre Anwendungsgebiete und Anwendungsvoraussetzungen auf. Sie hat dafür Sorge zu tragen, dass die empirisch zu untersuchenden Sachverhalte eindeutig definiert und nachprüfbar operationalisiert werden. Auch muss sie deutlich machen, ob es sich bei den Erkenntnissen um deskriptive, explikative oder präskriptive Aussagen handelt. Nur auf diesem Weg erhält die kundenorientierte Unternehmensführung gehaltvolle Ergebnisse. Angewandte Forschung findet die ideale Voraussetzung, wenn Wissenschaft und Praxis zusammenarbeiten. In eine solche Kooperation bringt die Praxis vor allem das Untersuchungsobjekt und die Wissenschaft das Forschungs-Know-how ein.

Der dritte Aspekt ist auf die kundenorientierte Gestaltung der Marktbearbeitung gerichtet. Die Analysen lassen erkennen, welche Kunden die Unternehmung gewinnen, halten, entwickeln und zurückgewinnen sollte, aber auch, von welchen Kunden sie sich besser verabschieden sollte. Für die verschiedenen Kundengruppen sind die passenden Strategien und Maßnahmen zu entwickeln, um die jeweiligen Ziele zu erreichen. Forschungsarbeiten auf diesem Feld zeigen, unter welchen Rahmenbedingungen bestimmte Strategien und Maßnahmen zweckmäßig sind und inwieweit sich die Erkenntnisse auf andere Bereiche übertragen lassen.

Die Schriftenreihe „Kundenorientierte Unternehmensführung" greift Themen auf, die den Unternehmungen mehr Einsicht in das Verhalten der Kunden vermitteln und ihnen damit eine bessere Grundlage für unternehmerische Entscheidungen liefern.

Ich wünsche allen Arbeiten, die sich mit der ganzheitlichen Sicht der Unternehmensführung im Sinne der Kunden beschäftigen, eine aufmerksame Aufnahme bei den Lesern aus der Wissenschaft und aus der Praxis. Und ich wünsche den Arbeiten, dass sie den Dialog zwischen Wissenschaft und Praxis fördern.

Essen — Univ.-Prof. Dr. Hendrik Schröder

Geleitwort des Herausgebers

Für einen Multi-Channel-Retailer ist es wichtig zu wissen, wie er mit seinen Absatzkanälen die Bedürfnisse seiner Kunden am besten ansprechen kann. Zu diesem Wissen zählt auch die Kenntnis von Kaufbarrieren wie dem wahrgenommenen Kaufrisiko. Die Forschung hat dieses Phänomen bislang kaum in Mehrkanalsystem des Einzelhandels betrachtet. Mit ihrer Untersuchung legt Annette Bohlmann erstmals eine ausführliche theoretische und empirische Analyse hierzu vor.

Annette Bohlmann beantwortet zwei Kernfragen: Welche Größen beeinflussen das wahrgenommene Kaufrisiko? Und mit welchen Maßnahmen reagieren die Kunden eines Multi-Channel-Retailers, um das Risiko zu reduzieren? Bei ihren Antworten bezieht sie die informationsökonomischen Eigenschaften der Produkte, die Charakteristika der Kanäle eines Mehrkanalsystems und das Mehrkanalsystem in seiner Gesamtheit ein.

Die Ergebnisse: Das wahrgenommene Kaufrisiko fällt um so höher aus, je schwieriger es für einen Kunden ist, die Eigenschaften eines Produktes in einem Kanal zu beurteilen. Dabei kommen der Art des Produktes, der Art des Kanals und dem Zusammenspiel der Absatzkanäle unterschiedlich hohe Bedeutungen zu. Für die Risikoreduktion stehen zahlreiche Maßnahmen zur Verfügung. Annette Bohlmann weist nach, welche Maßnahmen sich in verschiedenen Risikosituationen eignen, die Unsicherheit der Kunden und die negativen Kauffolgen zu verringern.

Das Werk von Annette Bohlmann ist ein Paradebeispiel dafür, wie man eine Untersuchung anlegen muss, um ein anspruchsvolles theoretisches Konstrukt zum Nutzen von Wissenschaft und Praxis aufzuarbeiten. Die Wissenschaft wird um ein Stück Theorie des Käuferverhaltens bereichert, die Praxis erhält wertvolle Hinweise, wie sie Kaufbarrieren identifizieren und welche Maßnahmen sie ergreifen kann, um das wahrgenommene Kaufrisiko zu verringern. Das ist handlungsorientierte Wissenschaft!

Ich wünsche diesem Buch viele interessierte Leser.

Essen, im April 2007 Univ.-Prof. Dr. Hendrik Schröder

Vorwort

Als ich nach viereinhalb Jahren als Marketing-Managerin eines Telekommunikationsunternehmens mit dem Ziel der Promotion an die Universität zurückkehrte, hatte ich die bis dato turbulenteste Zeit meiner Karriere erlebt. Dem „E-Commerce-Hype" folgte im Jahr 2001 ein Zusammenbruch der so genannten New Economy. Trotz – oder gerade wegen – dieses Niedergangs reizte mich die Untersuchung des Kundenverhaltens im Online-Kanal ganz besonders. Als gute Wahl zeigte sich, ihn nicht nur isoliert zu betrachten, sondern in seiner Einbettung in ein Multi-Channel-System. Begründet liegt dies in der vermehrten Verbreitung und Nutzung elektronischer Kanäle, eben nicht nur in Form der Erschließung neuer Absatzkanäle, sondern insbesondere durch die Integration in bereits bestehende Systeme. Am Lehrstuhl für Marketing & Handel der Universität Duisburg-Essen, Campus Essen erhielt ich die Möglichkeit, mich mit diesem spannenden Thema in Forschung und Praxis tiefgehend auseinander zu setzen.

Während dieser Zeit unterstützten mich meine Familie, meine Freunde und mein Partner Tobias Lobstädt. Ihnen möchte ich von ganzem Herzen danken. Besonders wichtig war ihre Unterstützung in den letzten Jahren, da ich in einem Unternehmen für das Marketing-Controlling verantwortlich bin und die Anfertigung der Dissertation parallel dazu nur spät abends und am Wochenende möglich war.

Besonders danke ich meinem Doktorvater Herrn Univ.-Prof. Dr. Hendrik Schröder und auch meinem Zweitgutachter Herrn Univ.-Prof. Dr. Tobias Kollmann für die Begleitung dieser Arbeit, für Rat und Unterstützung.

Gewidmet ist diese Arbeit meiner Mutter Erika Bohlmann.

Annette Bohlmann

Inhaltsverzeichnis

Abkürzungs- und Symbolverzeichnis

Abb.	Abbildung(en)
Abs.	Absatz
a.M.	am Main
Aufl.	Auflage
Bd.	Band
BGB	Bürgerliches Gesetzbuch
bspw.	beispielsweise
bzgl.	bezüglich
bzw.	beziehungsweise
c.p.	ceteris paribus
d.h.	das heißt
DIN	Deutsche Industrie Norm
E	Electronic
EE	Erfahrungseigenschaft(en)
EHI	EuroHandelsinstitut
et. al.	et alii
etc.	et cetera
f.	folgend(e)
ff.	fortfolgend(e)
ggf.	gegebenenfalls
H	Hose
i.d.R.	in der Regel
insb.	insbesondere
i.ö.	informationsökonomisch(e)
i.S.v.	im Sinne von
i.V.m.	in Verbindung mit
Kap.	Kapitel(n)
Kat.	Kategorie
MKS	Mehrkanalsystem(e)
MW	Mittelwert(e)

Nr.	Nummer
n.s.	nicht signifikant
OS	Online-Shop
PC	Personalcomputer
PE	Produkteigenschaft(en)
RRM	Risikoreduktionsmaßnahme(n)
S.	Seite(n)
s.a.	siehe auch
SE	Sucheigenschaft(en)
sEH	stationärer Einzelhandel
s.o.	siehe oben
Sp.	Spalte(n)
s.u.	siehe unten
TDDSG	Gesetz über den Datenschutz bei Telediensten
TÜV	Technischer Überwachungsverein
u.a.	unter anderem
u.ä.	und ähnliches
URL	Uniform Resource Locator
u.U.	unter Umständen
VE	Vertrauenseigenschaft(en)
vgl.	vergleiche
VP	Vitaminpräparat
vs.	versus
W	Wein
wKR	wahrgenommenes/(n) Kaufrisiko(s)
w.o.	weiter oben
w.u.	weiter unten
www	World Wide Web
z.B.	zum Beispiel
α	empirische Signifikanz
α-	Alpha-(Fehler)
β-	Beta-(Fehler)

TEIL A – Der theoretische Teil der vorliegenden Untersuchung zum Kundenverhalten im Multi-Channel-Retailing

1 Einleitung in die Problemstellung und Zielsetzung der Untersuchung

1.1 Einleitung in die Problemstellung

Nach dem Niedergang der so genannten „New Economy“ werden in aktuellen Studien zum Kundenverhalten Aussagen getroffen, wie z.B. „Die Internet-Revolution ist bei den meisten Verbrauchern nicht angekommen“.[1]

Parallel dazu hat allerdings eine andere Entwicklung Einzug gehalten: die Betrachtung des so genannten „Multi-Channel-Retailing“. Begründet liegt dies in der vermehrten Verbreitung und Nutzung elektronischer Kanäle, eben nicht nur in Form der Erschließung neuer Absatzkanäle, sondern insbesondere durch deren Einbindung in bestehende Systeme. Motiv der Anbieter solcher Systeme ist die Annahme, dass Unternehmen, die ihre Aktivitäten über alle Kanäle hinweg abstimmen, wettbewerbsfähiger sind als solche, die ihre Absatzkanäle isoliert führen. Dabei handelt es sich bei dem Betrachtungsobjekt des Mehrkanalsystems keineswegs um ein neues Phänomen.[2] Vielmehr existieren schon seit langem Unternehmen, die ihren Kunden neben dem Angebot, ihren Kauf in Ladengeschäften zu tätigen, auch noch die Bestellung über einen Katalog ermöglichen.

---

[1] O.V. (2004), o.S.

[2] Die Begriffe Multi-Channel-Retailing und Mehrkanalsysteme des Einzelhandels werden im Folgenden synonym verwendet.

Als Arbeitsdefinition wird an dieser Stelle unter einem Mehrkanalsystem (MKS) im Einzelhandel eine Kombination von Kanälen verstanden,[3] die ein Käufer wahlweise nutzen kann, um Leistungen (hier: Verbrauchsgüter) eines Anbieters[4] nachzufragen.[5] Dabei müssen die Kanäle Bestellung und somit Nachfrage zulassen.[6]

Die Ausprägungsformen von Mehrkanalsystemen, denen sich ein Kunde gegenüber sehen kann, sind vielfältig:[7]

- Anbieter, die bislang nur im stationären Einzelhandel vertreten waren („Brick & Mortar-Anbieter"), richten zusätzlich einen elektronischen Absatzkanal ein („Click & Mortar-Anbieter"), wie z.B. Tengelmann, Schlecker oder Media Markt.
- Die Anbieter OBI und OTTO haben die Erweiterung ihrer Kanäle auf eine andere Weise erzielt. OBI kooperiert (als Unternehmen mit stationären Ladengeschäften) mit dem Katalogversender und Online-Shopbetreiber OTTO, um so von dessen Know-how im Distanzhandel zu profitieren und sich damit einen Zugang zu einem Mehrkanalsystem zu verschaffen. Das Ergebnis ist das Unternehmen OBI@Otto, bei dem der Kunde per Online-Shop seinen Kauf tätigen kann.
- Die „klassischen" Mehrkanalsysteme (stationärer Einzelhandel in Verbindung mit dem Katalogversand) werden um den elektronischen Kanal erweitert, wie es z.B. bei Tchibo, Conrad Electronic oder Ikea der Fall ist.

---

3 Im weiteren Verlauf der Untersuchung werden der stationäre Einzelhandel und der internetbasierte Online-Shop als die parallelen Kanäle eines Mehrkanalsystems betrachtet. Eine Begründung zu diesem Einschnitt wird an entsprechender Stelle gegeben.

4 Wobei der „Anbieter" sowohl Hersteller als auch Händler sein kann. Siehe dazu in Kap. 3.1 die in dieser Untersuchung gewählte Definition des Begriffs „Anbieter". Dabei muss für den weiteren Verlauf der Arbeit beachtet werden, dass Hersteller nur dann ein MKS im vorliegenden Sinne betreiben, wenn sie über (mindestens) zwei verschiedene Kanäle **direkt** an Endkunden vertreiben.

5 Weiter unten wird diese Arbeitsdefinition vertieft und strukturiert hergeleitet.

6 Vgl. Schröder (2005).

7 Vgl. zum Folgenden Schröder/Großweischede (2002), S. 83.

- Allerdings können auch die im Rahmen des E-Commerce-Hypes viel zitierten „Pure Player“, welche bislang ausschließlich den elektronischen Kanal genutzt haben, Ladengeschäfte erwerben und sich über das stationäre Geschäft Zugang zu den Kunden zu verschaffen, wie z.B. beautynet oder pixelnet, die im Februar 2001 Photo Porst übernahmen und dadurch weltweit über 2000 stationäre Geschäfte verfügten.

Soviel an dieser Stelle vorab zu den möglichen grundlegenden Erscheinungsformen eines Mehrkanalsystems.[8] Von zentralem Interesse in dieser Untersuchung ist nun die **Frage**, wie sich **Käufer** in einem **Mehrkanalsystem verhalten** und was die **Determinanten ihres Handelns** sind. Weiterhin wird eine Antwort darauf gesucht, wie sich eine **Variation der beeinflussenden** Faktoren konkret auf das **Kundenverhalten** auswirkt.

Die vorliegende Untersuchung bedient sich zur Beschreibung und Erklärung des Kundenverhaltens innerhalb eines Mehrkanalsystems des theoretischen Konstruktes des **wahrgenommenen Kaufrisikos** (wKR).[9] Stellt sich die Frage, warum die Erklärung des Käuferverhaltens gerade mit Hilfe dieses verhaltenswissenschaftlichen Konstruktes erfolgen soll. Da das wahrgenommene Kaufrisiko, welches die Kunden vor dem Kauf subjektiv empfinden, gerade im Distanzhandel als eine der wichtigsten Barrieren beim Kauf eingeschätzt wird,[10] scheint es für die Ergründung des Kundenverhaltens gerade innerhalb eines Mehrkanalsystems von besonderem Forschungsinteresse zu sein.
Neben dieser besonderen Bedeutung gibt es aber auch noch einen weiteren Grund, der für die Anwendung dieses Konstruktes spricht und der eher methodischer Natur ist.

---

[8] Im Rahmen von Kap. 3 werden die möglichen Ausprägungen detaillierter erörtert.

[9] Allerdings gibt es auch Autoren, die sich mit der verhaltenswissenschaftlichen Analyse in der Betriebswirtschaftslehre kritisch auseinandersetzen. Vgl. Elschen (1982).

[10] Vgl. van den Poel/Leunis (1999), S. 251; Bauer/Fischer/Sauer (2000), S. 1143; Schröder (2001) und Ben-Ur/Winfield (2002).

Aus dem Verspüren des wahrgenommenen Kaufrisikos resultieren verschiedene Verhaltensweisen der Kunden. Sofern es ihre so genannte Toleranzschwelle übersteigt, versuchen sie, ihre Entscheidungskonflikte in der Vorkaufphase und die damit einhergehenden erlebten Dissonanzen zu verringern, indem sie ihr wahrgenommenes Kaufrisiko reduzieren. Das Konstrukt bietet dementsprechend einen strukturierten Erklärungsansatz zur Beschreibung und Erklärung der Entstehung von Entscheidungskonflikten im Innern eines Individuums und dem daraus resultierenden Verhalten im Rahmen eines Kaufprozesses.

Wie aber wurde das Nachfragerverhalten innerhalb eines Mehrkanalsystems bereits in der Forschung berücksichtigt? Ein Kanal war gerade in den letzten Jahren im Mittelpunkt des Interesses: das Internet. So entstanden in der Zeit des so genannten „E-Commerce-Hypes“ viele Arbeiten, die das Verhalten von Kunden bezogen auf das Internet als Vertriebskanal betrachten, wie z.B. *Roßmanith* (2001), *Korb* (2000) oder *Wilke* (2000) sowie *Bauer/Fischer/Sauer* (2000).

Aus Anbieterperspektive wurde sich mit dem Phänomen „Mehrkanalsystem“ bereits auseinandergesetzt.[11] Allein die Nachfragerperspektive wurde bislang eher stiefmütterlich behandelt. Das verwundert insbesondere dann, wenn man bedenkt, dass es für das Management von Mehrkanalsystemen unerlässlich ist zu wissen, wie genau und warum sich die Kunden unter Berücksichtigung verschiedener Parameter innerhalb eines Mehrkanalsystems verhalten. Bis dato fielen zwei Untersuchungen auf, die sich mit dem Zusammenspiel verschiedener Kanäle und deren Einfluss auf das Verhalten von Kunden beschäftigten. Es handelt sich dabei um die Dissertationen von *Dach*[12] und *Schramm-Klein*.[13]

---

[11] Im deutschsprachigen Raum ist dabei insbesondere *Schögel* hervorzuheben. Vgl. Schögel (1997). Die neueste Arbeit zu diesem Thema ist von *Passenheim*. Vgl. Passenheim (2004).

[12] Vgl. Dach (2002). Allerdings untersucht *Dach* nicht explizit Mehrkanalsysteme, sondern vor allem verschiedene Kanäle und dabei auch solche verschiedener Anbieter.

[13] Vgl. Schramm-Klein (2003).

Zu betonen ist, dass sich hierbei eine Forschungslücke auftut, da die Wirkung von Mehrkanalsystemen, die Entstehung von Kaufhemmnissen und das daraus resultierende Nutzungsverhalten von Mehrkanalsystemen bislang noch nicht hinreichend untersucht wurden.[14]

1.2 Zielsetzung der Untersuchung

Das **allgemein formulierte Ziel** der vorliegenden Untersuchung leitet sich direkt aus der identifizierten Forschungslücke ab. Es ist die **Beschreibung** und **Erklärung** des **Kaufentscheidungsprozesses** der Kunden **innerhalb eines Mehrkanalsystems**. Nur auf Basis des Wissens um das Kundenverhalten innerhalb eines Mehrkanalsystems und den damit einhergehenden beeinflussenden Faktoren kann die Entwicklung von Gestaltungsempfehlungen für einen Multi-Channel-Retailer erfolgen. Wie bereits beschrieben, erfolgt dies mit Hilfe des theoretischen Konstruktes des **wahrgenommenen Kaufrisikos**, da dadurch maßgebliche Erklärungen für das Verhalten von Kunden im Rahmen eines Kaufprozesses geliefert werden können. Konkretisiert wird diese Betrachtung durch die Berücksichtigung der folgenden **beeinflussenden Größen**:

- der Eigenschaften eines Produktes, die vom Individuum nach informationsökonomischen Kriterien bewertet werden,
- der Charakteristika der Kanäle eines Mehrkanalsystems und
- dem Vorhandensein des Mehrkanalsystems als Ganzes.

Diese Parameter wurden gewählt, da sie einen Einfluss auf das Konstrukt des wahrgenommen Kaufrisikos ausüben und ihnen somit eine große Verhaltensrelevanz unterstellt wird.

Um das zu Beginn dieses Kapitels erwähnte allgemeinere Ziel hier aufzugreifen und zu konkretisieren, muss die Absicht der vorliegenden Untersuchung Folgendes sein:

---

[14] So auch Schramm-Klein (2003), S. 3 f. *Schramm-Klein* führte 2003 eine solche Untersuchung durch, allerdings mit einem völlig anderen Schwerpunkt als dem hier gewählten. Sie erforschte den Einfluss mehrerer Konstrukte (u.a. Einstellung, Motive) auf das Konsumentenverhalten in einem Mehrkanalsystem.

Es wird **beschrieben**, welche Effekte die benannten **Einflussfaktoren** auf die nicht unmittelbar zu beobachtende Größe des **wahrgenommenen Kaufrisikos** haben und welche sichtbaren **Handlungen** daraus innerhalb eines Mehrkanalsystems **resultieren**. Von großem Interesse ist dabei insbesondere eine Veränderung des wahrgenommenen Kaufrisikos und des Kundenverhaltens aufgrund einer **Variation** der **beeinflussenden Größen**.

Aus der Beschreibung wird die **Erklärung** des Verhaltens von Kunden im Rahmen eines Entscheidungsprozesses innerhalb der Vorkaufsphase in einem Mehrkanalsystem unter den genannten Bedingungen entwickelt. Es wird überprüft, ob die **systematische Variation** der **beeinflussenden Größen** bestimmte **Reaktionsmuster** bei den davon **beeinflussten Variablen** erkennen lassen. Dazu werden **Gesetzmäßigkeiten** theoretisch hergeleitet und diese in einen **Erklärungszusammenhang** gebracht. In einem weiteren Schritt wird mit Hilfe **statistischer Methoden** überprüft, ob die **Erkenntnisse** dieser empirischen Überprüfung standhalten. Nur so können die daraus resultierenden Erkenntnisse aufgrund ihrer Qualität eine Prognosegrundlage von Nachfragerverhalten in einem Mehrkanalsystem unter bestimmten Bedingungen bilden.[15]

---

[15] An dieser Stelle muss darauf hingewiesen werden, dass sich die vorliegende Untersuchung nur mit der Beschreibung und Erklärung des Konsumentenverhaltens unter bestimmten Bedingungen beschäftigt. Trotzdem ist ein Anspruch der Forschung, dass die Ergebnisse dem Kriterium genügen, **in einer weiteren Forschung** der Modellierung eines Prognosemodells zur Verfügung stehen zu können.

2 Bezugsrahmen, Forschungsfragen und Vorgehensweise im Rahmen der vorliegenden Untersuchung

Dieses Kapitel steckt den Inhalt der vorliegenden Untersuchung ab, indem das Modell konzeptualisiert wird, mit dem das Verhalten von Individuen in einem Mehrkanalsystem erklärt werden kann (Kap. 2.1), woran sich die Formulierung der Forschungsfragen (Kap. 2.2) schließt. Darauf aufbauend wird in Kap. 2.3 die Vorgehensweise der vorliegenden Untersuchung beschrieben, mit deren Hilfe die Forschungsfragen dieser Arbeit beantwortet werden sollen.

2.1 Konzeptualisierung eines verhaltenswissenschaftlich orientierten Erklärungsmodells zur Wirkung von Mehrkanalsystemen im Einzelhandel

Zur Konzeptualisierung eines verhaltenswissenschaftlich orientierten Erklärungsmodells zur Wirkung von Mehrkanalsystemen im Einzelhandel sieht sich ein Forscher vor verschiedene Entscheidungssituationen gestellt. Diese werden im Folgenden kurz erläutert und es wird jeweils aufgezeigt, warum sich in der vorliegenden Untersuchung für die gewählten Alternativen entschieden wurde.

Eine Reihe von Modellen und Theorien bieten eine Erklärung des Käuferverhaltens. Diese sind unterschiedlich komplex, je nachdem, welche Situations- und Bedingungskonstellationen berücksichtigt werden.
Im Rahmen verhaltenswissenschaftlicher Forschungsansätze unterscheidet man zwischen behavioristischen, neobehavioristischen und kognitiven Ansätzen, die jeweils auf unterschiedlichen Menschenbildern basieren.

In der vorliegenden Untersuchung wird der **neobehavioristische Ansatz** angewandt, um die Zielsetzung der Untersuchung zu erreichen. Für die

Begründung, warum gerade dieses Modell gewählt wurde, wird im Folgenden ein kurzer Überblick über die konkurrierenden Ansätze gegeben, um dann in Abgrenzung dazu die hier vorgenommene Wahl zu begründen. Grundsätzlich folgen alle Forschungsansätze derselben schematischen Aufteilung eines Kaufentscheidungsprozesses mit folgenden Elementen: den **beobachtbaren Einflussfaktoren**, den **nichtbeobachtbaren Vorgängen** in dem Organismus des Kunden und dem daraus resultierenden **beobachtbaren Verhalten** der Person. Die beobachtbaren Einflussfaktoren, die als Set von Stimuli auf den Organismus einwirken, unterteilen sich in endogene und exogene Determinanten.[16] Modelltheoretisch handelt es sich um so genannte Inputfaktoren. Die endogenen Faktoren beziehen sich auf demografische und persönliche Eigenschaften der Person, wohingegen die exogenen Faktoren alle sozialen und ökonomischen beeinflussenden Situationen umfassen, die dementsprechend partiell von einem Unternehmen kontrollierbar sind. Diese beiden Gruppen von Einflussfaktoren treffen auf die so genannte „Black Box", hinter der sich der Kaufentscheidungsprozess im Sinne der Gesamtheit aller psychischer Prozesse im Inneren eines Individuums verbirgt. Wie bereits erwähnt, sind diese Prozesse nicht unmittelbar beobachtbar.

Aus der Verarbeitung der Stimuli resultiert letztendlich ein bestimmtes Verhalten, welches in dem Modell die Outputfaktoren repräsentiert. Sie sind wiederum beobachtbar, da z.B. eine Kaufhandlung direkt wahrnehmbar ist. Die Kaufverhaltensforschung hat nun zur Aufgabe, eine gesetzmäßige Verbindung zwischen den Input- und Outputfaktoren zu finden und diese Kausalitäten zu beschreiben, zu erklären und daraus ein bestimmtes Verhalten von Kunden prognostizieren zu können.

Bei den **behavioristischen** Erklärungsansätzen wird das Verhalten ausschließlich anhand von beobachtbaren Variablen analysiert. Dabei beschränkt man sich darauf, dass psychische Prozesse, die innerhalb der

---

[16] Vgl. Töpritzhofer (1974), S. 463.

Personen ablaufen, aufgrund der Nichtbeobachtbarkeit keine Berücksichtigung in der Untersuchung finden sollen. Als Folge dessen wird nur das Käuferverhalten als Reaktion („Response") auf beobachtbare Einflussfaktoren („Stimuli") betrachtet. Was sich in den Personen vor und während des Kaufs abspielt, entzieht sich hierbei jedweder Betrachtung.

Diese auf das Beobachtbare reduzierte Theorie wird im Rahmen der **neobehavioristischen** Erklärungsansätze erweitert, da hierbei so genannte intervenierende Variablen mit einbezogen werden. Um diese Sicht erweitert, spricht man bei den daraus resultierenden S-O-R-Modellen auch von echten Verhaltensmodellen.[17] Die betrachteten Variablen sind nicht nur beobachtbar und somit direkt messbar, sondern es werden auch Faktoren berücksichtigt, die nicht beobachtbar sind – sich also in dem Individuum abspielen – und somit nur indirekt über Indikatoren empirisch ermittelt werden können („Konstrukte").[18] Durch diese Vorgehensweise soll das Verhalten von Menschen anhand der innerhalb des Organismus (O) ablaufenden Vorgänge erklärt werden. Konstrukte, die der Erklärung der inneren Vorgänge dienen, sind z.B. Aktiviertheit, Involvement, Emotionen, Motive, Einstellungen und das wahrgenommene Kaufrisiko.

Ein weiterer Ansatz, der die Prozesse der Informationsverarbeitung mit den Variablen „Lernen", „Denken" und „Wissen" mit einbezieht, ist der **kognitive Forschungsansatz.**[19] Neben den affektiv-gefühlsmäßigen Bestandteilen eines Entscheidungsprozesses werden hier die kognitiv-rationalen Bestandteile erfasst.[20]

Da in der vorliegenden Untersuchung weniger die Verarbeitung der Information im Vordergrund steht als das (Informations-) Verhalten von Kunden in der Vorkaufsphase (welches aus einer Verkaufsdissonanz resultiert), wird der **neobehavioristische** Forschungsansatz gewählt.

---

[17] Vgl. Meffert (2005), S. 94.

[18] Vgl. Trommsdorff (2004), S. 34 ff.

[19] Vgl. Meffert (2005), S. 94.

[20] Meffert gibt zu den einzelnen Modellen und Sichtweisen kurze anschauliche Beispiele; vgl. Meffert (2005), S. 94.

Mit Hilfe dieses „echten Verhaltensmodells“ soll das Verhalten von Kunden innerhalb eines Mehrkanalsystems ergründet werden. Das geschieht in diesem Fall unter Berücksichtigung des Konstruktes „wahrgenommenes Kaufrisiko“ (wKR).

Dieses Konstrukt wurde gewählt, da es insbesondere im Distanzhandel das größte Kaufhemmnis darstellt.[21] Aus diesem Grund ist es sehr hilfreich, wenn man die Einflussfaktoren dieses Konstruktes untersucht und das daraus resultierende Verhalten erklären kann. Nach *Meffert* liegt genau in dieser Aufgabe der Kern der Käuferverhaltensforschung, da sie versucht, für die Fragestellungen des Paradigmas des Kaufverhaltens (wer kauft was, warum, wie, in welchen Mengen, wann, wo bzw. bei wem?) Aussagen unter bestimmten Bedingungen abzuleiten.[22] Als Folge dessen ist diese Untersuchung auch für die Praxis von großem Interesse, da „dem Käuferverhalten (...) bei der Abschätzung von Marktreaktionen eine Schlüsselrolle“[23] zukommt.

In der vorliegenden Untersuchung wird als Strukturmodell ein **Partialmodell** gewählt, welches die **psychologische** Sichtweise einnimmt, da es das Handeln eines Individuums aus verhaltenswissenschaftlicher Perspektive betrachtet. Zum einen berücksichtigt dieses Vorgehen die **Kritik an Totalmodellen**, dass sich diese nur schwer einer ganzheitlichen empirischen Überprüfung unterziehen lassen.[24] Zum anderen ist diese Entscheidung durch die Berücksichtigung des Konstruktes des wahrgenommenen Kaufrisikos determiniert.[25]

Als Inputfaktoren werden hier einerseits die verschiedenen **Kanäle des Mehrkanalsystems** mit ihren spezifischen Merkmalen gewählt und

---

[21] Vgl. van den Poel/Leunis (1999), S. 251; Bauer/Fischer/Sauer (2000), S. 1143; Schröder (2001) und Ben-Ur/Winfield (2002).

[22] Vgl. Meffert (2005), S. 93.

[23] Meffert (2005), S. 93.

[24] Vgl. Weinberg (1981), S. 40. Eine Analyse der Wirkung eines Mehrkanalsystems wäre durch dessen Komplexität auf diese Art und Weise kaum durchzuführen. Vgl. Schramm-Klein (2003), S. 55.

[25] Vgl. Gerhard (1995), S. 18 f.

andererseits die **informationsökonomischen Eigenschaften der Produkte**. Es zeigt sich, dass durch diese Konstellation der Determinanten eine außergewöhnliche und komplexe Wirkungskette entsteht, die geprägt ist von mittelbar und unmittelbar beeinflussenden Effekten. Das hier im Mittelpunkt des Interesses stehende Kundenverhalten innerhalb eines Mehrkanalsystems spiegelt sich in den Outputfaktoren – den Maßnahmen der Nachfrager zur Minderung des wahrgenommenen Kaufrisikos.

Auf diesem Weg findet ein interdisziplinärer Versuch statt, das Verhalten von Kunden zu ergründen, indem der verhaltenswissenschaftlichen Perspektive auf die In- und Outputfaktoren eine informationsökonomisch geprägte Sicht zur Seite gestellt wird.

Fasst man nun die Ergebnisse der erörterten Entscheidungssituationen zur Konzeptualisierung eines Erklärungsmodells zur Wirkung von Mehrkanalsystemen im Einzelhandel zusammen, so ergibt sich das in Abb. 1 aufgezeigte Modell, auf dem die vorliegende Untersuchung basiert.

Es wird sich zeigen, dass dem Konstrukt des wahrgenommenen Kaufrisikos aus modelltheoretischer Perspektive zwei verschiedene Rollen zukommen: zuerst die der abhängigen Variable und im Nachgang die der unabhängigen und somit beeinflussenden Variable. Aber auch der Inputvariablen „informationsökonomische Produkteigenschaften" (i.ö. PE) kommt innerhalb des Modells eine Doppelrolle zu, in dem sie zum einen eine beeinflussende Größe und zum anderen aber auch eine beeinflusste Variable darstellt.

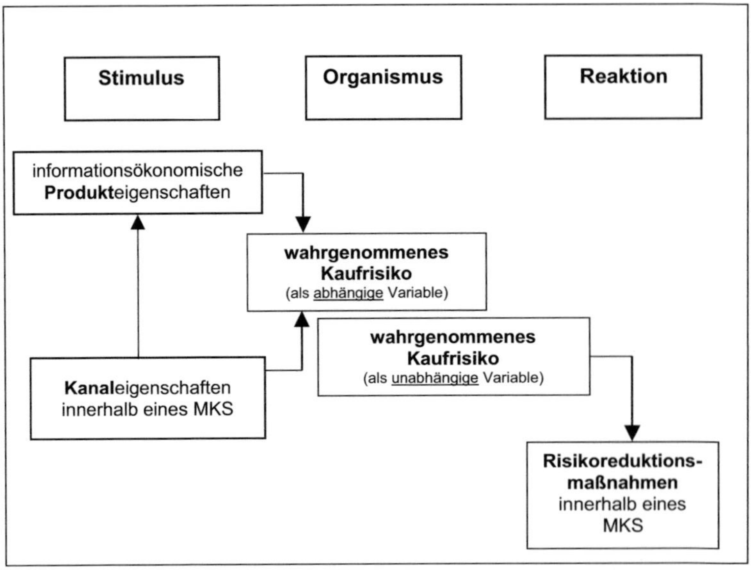

Abb. 1: Erklärungsmodell zur Wirkung von Mehrkanalsystemen im Einzelhandel auf das Verhalten von Kunden – Bezugsrahmen der vorliegenden Untersuchung

Die vorliegende Arbeit integriert zur Beschreibung und Erklärung des Kundenverhaltens in einem Mehrkanalsystem zwei verschiedene Disziplinen. Dies sind zum einen die verhaltenswissenschaftliche Theorie des wahrgenommenen Kaufrisikos und zum anderen die Informationsökonomie. Eine Frage, die zu Beginn dieser Untersuchung beantwortet werden muss ist die, ob die Verknüpfung der beiden Forschungsdisziplinen **Informationsökonomie** (als Thema der neuen Mikroökonomie) und **Verhaltenswissenschaft** (als Teil der Betriebswirtschaft) **möglich** bzw. **sinnvoll** ist und welche **Implikationen** dies für die Ergebnisse hat.

Dazu muss in einem ersten Schritt geprüft werden, ob die beiden Forschungsdisziplinen mit ihren jeweils unterschiedlichen Theoriehintergründen zur Erkenntnisgewinnung verknüpft werden können und unter welchen Bedingungen dies möglich wäre. Daran anschließend sollte erörtert werden, inwieweit die interdisziplinäre Bearbeitung der dieser Untersuchung zugrunde liegenden Frage nach dem Kundenverhalten in einem Mehrkanalsystem Nutzen stiftet. Um die Antwort an dieser Stelle vorwegzunehmen, sei hier *Kaas* herangezogen, der auf die Komplementarität der beiden Ansätze hinweist und dabei die Fruchtbarkeit des informationsökonomischen Ansatzes für das Marketing betont, da dieser insbesondere die Theorie des wahrgenommenen Kaufrisikos bereichern kann.[26]

Um diese, von der Verfasserin geteilte Meinung zu begründen, werden in Kap. 5.1 und 5.2 die Verständnisgrundlagen zu den hier relevanten informationsökonomischen Produkteigenschaften gelegt. Kap. 5.4 erläutert schließlich, worin die Gemeinsamkeiten der beiden Ansätze liegen und worin sie sich maßgeblich unterscheiden. Schließlich wird kurz aufgezeigt, warum sich die Ansätze in ihrer Ergänzung sehr gut zur Ergründung des vorliegenden Forschungsproblems eigenen. In Kap 12 (Fazit und Implikationen) wird letztendlich ein Resümee gezogen über den konkreten Nutzen, den diese „interdisziplinäre" Betrachtung im Rahmen der vorliegenden Untersuchung stiften konnte.

2.2 Forschungsfragen der vorliegenden Untersuchung

Im Folgenden wird aufgezeigt, welche Fragestellungen der vorliegenden Untersuchung zugrunde liegen. Mit Hilfe dieser sechs formulierten Forschungsfragen wird versucht, das Kundenverhalten in Mehrkanalsystemen des Einzelhandels zu beschreiben und im Rahmen einer Synthese der daraus erwachsenden Erkenntnisse eine Grundlage zu schaffen, auf Basis derer das Kundenverhalten strukturiert erklärt werden kann.

Inhaltlich lassen sich die ersten Fragen direkt aus dem Bezugsrahmen der Untersuchung, seinen Variablen und den unterstellten Einflüssen ableiten. Die darauf folgenden Fragen haben weiterführende Themen zum Inhalt.

[26] Vgl. Kaas (1990), S. 546 und Kaas (1994), S. 247.

(1) Wie kann die **Einschätzung** der **informationsökonomischen Eigenschaften** bezogen auf **verschiedene Produkte** so **operationalisiert** werden, um sie in dem vorliegenden Modell als **beeinflussende Größe** berücksichtigen zu können?

Diese Frage bezieht sich auf die Operationalisierung der informationsökonomischen Eigenschaften von Produkten und ob es mit der gewählten Erhebungsmethode und den Items überhaupt gelingen kann, eine der hier relevanten Determinanten zu messen.

(2) Ist die **Einschätzung** der **informationsökonomischen Eigenschaften** von Produkten **direkt** von den **Kanälen eines Mehrkanalsystems abhängig**? Wie wirkt sich dieser Einfluss aus?

Falls die Operationalisierung der informationsökonomischen Produkteigenschaften gelingt, so kann man eine Veränderung dieser Größen unter dem Einfluss verschiedener Determinanten beobachten. Eine der beeinflussenden Größen sind hier die parallelen Kanäle innerhalb eines Mehrkanalsystems. Es gilt aufzuzeigen, ob der im Bezugsrahmen unterstellte Zusammenhang zwischen den i.ö. PE und den Kanälen tatsächlich vorhanden ist und falls ja, welchen konkreten Effekt eine Variation der Kanäle hervorruft.

(3) Gibt es einen **Einfluss** der **informationsökonomischen Eigenschaften** verschiedener Produkte auf das **wahrgenommene Kaufrisiko**? Welchen Effekt zieht dieser Einfluss nach sich?

In dem Modell, mit dem das Kundenverhalten und dessen bedingende Faktoren schematisch abgebildet werden sollen, wird die Annahme getroffen, dass die informationsökonomischen Eigenschaften von Produkten einen direkten Einfluss auf das wahrgenommene Kaufrisiko im Rahmen eines Kaufprozesses haben. Es muss also ein Messmodell gefunden werden, mit dem man das theoretische Konstrukt – welches nicht direkt messbar ist – operationalisieren kann. Wenn dies gelingt, so kann überprüft werden, ob eine Veränderung der informationsökonomischen Produkteigenschaften einen Effekt nach sich zieht, und falls dies der Fall ist, ob aus diesem Sachverhalt Gesetzmäßigkeiten strukturiert abgeleitet werden können, die der Erklärung des Kundenverhaltens dienen.

(4) Haben die **Kanäle** eines Mehrkanalsystems **Einfluss** auf das **wahrgenommene Kaufrisiko** und wenn ja welchen?

Annahmegemäß kommen den parallelen Kanälen innerhalb eines Mehrkanalsystems zwei verschiedene Rollen zu: Zum einen beeinflussen sie direkt die i.ö. PE (siehe Forschungsfrage (2)), was in einem weiteren Schritt zu einem mittelbaren Einfluss auf das wahrgenommene Kaufrisiko führt. Zum anderen wird den Kanälen aber auch ein direkter Effekt auf das Konstrukt unterstellt. Ob man diese Annahmen in eine gültige Aussage überführen kann, wird die empirische Forschung zeigen.

(5) Welchen **Einfluss** hat das **Mehrkanalsystem** in seiner Gesamtheit auf das **wahrgenommene Kaufrisiko**?

Genauso wie in Forschungsfrage (4) den einzelnen Kanälen innerhalb eines Mehrkanalsystems eine beeinflussende Wirkung auf das wahrgenommene Kaufrisiko unterstellt wird, kann man in einem weiteren Schritt überprüfen, ob dies auch für das Mehrkanalsystem in seiner Gesamtheit Gültigkeit besitzt.

(6) Welchen **Einfluss** hat das **wahrgenommene Kaufrisiko** der Kunden auf ihre Maßnahmen zur Risikoreduktion innerhalb eines **Mehrkanalsystems**? Welche **Aussagen** lassen sich dazu gewinnen und wie können diese sinnvoll **kategorisiert werden**?

Wenn nachgewiesen werden kann, dass das wahrgenommene Kaufrisiko eine beeinflussende Variable ist, die das Kundenverhalten determiniert, sollten die daraus resultierenden Verhaltensweisen systematisch dargestellt werden. Idealerweise sollte dies zum einen aus der **Perspektive verschiedener Produkte** und zum anderen aus der **Sicht der Kanäle eines MKS** geschehen. Durch diese **identischen Betrachtungsperspektiven** können die Ausprägungen der beiden Variablen

wahrgenommenes Kaufrisiko und **Risikoreduktionsmaßnahmen** im Rahmen der Analyse sinnvoll gegenüber gestellt und daraus Erkenntnisse gezogen werden. Wie bereits betont, ist auch im Rahmen dieser Frage von besonderem Interesse, inwieweit das **gesamte MKS** innerhalb eines Kaufentscheidungsprozesses als **risikoreduzierendes Element** genutzt wird.

Das folgende Kap. 2.3 zeigt auf, wann diese Themenfelder in welchem Zusammenhang dargestellt und vertieft sowie daran anschließend erörtert werden und die aufgestellten Forschungsfragen eine Auflösung erfahren.

2.3 Vorgehensweise und Aufbau der vorliegenden Untersuchung

Um die zuvor formulierten Forschungsfragen beantworten zu können, wird die vorliegende Untersuchung wie folgt gegliedert:

- in **Teil A** (Kap. 1 – Kap. 7), in dem die theoretische Herleitung der einzelnen relevanten Themenfelder erfolgt und
- in **Teil B** (Kap. 8 – Kap. 12), in dessen Rahmen die herausgearbeiteten theoretischen Annahmen über die Zusammenhänge des Erklärungsmodells nunmehr einer empirischen Überprüfung unterzogen werden.

Teil A

Nachdem in den ersten beiden Kapiteln in das Problemfeld dieser Arbeit eingeführt wurde, konnten nach der Konzeptualisierung des Bezugsrahmens die Forschungsfragen konkretisiert werden, die diese Untersuchung motivieren.

Kapitel 3 beschäftigt sich mit dem Untersuchungsobjekt „Mehrkanalsystem des Einzelhandels“ und zwar aus der hier relevanten Sicht des Kunden. Das **4. Kapitel** stellt die zentrale Variable des zugrunde gelegten Bezugsrahmens vor: das theoretische Konstrukt „wahrgenommenes Kaufrisiko“. Im **5. Kapitel** wird nun eine der hier betrachteten Hauptdeterminanten des wahrgenommenen Kaufrisikos vorgestellt: die informationsökonomischen Eigenschaften der Produkte. Ferner wird beleuchtet, inwieweit ein Einfluss der Kanäle eines Mehrkanalsystems auf die Einschätzung der informationsökonomischen Produkteigenschaften durch Individuen vorhanden ist. Im **6. Kapitel** werden die Maßnahmen der Risikoreduktion vorgestellt, die ein Kunde innerhalb eines Mehrkanalsystems ergreifen kann, um das von ihm subjektiv wahrgenommene Kaufrisiko in seinem Kaufentscheidungsprozess zu mindern. **Kap. 7** beendet den theoretischen Teil A der vorliegenden Untersuchung. In ihm findet eine Synthese aller bislang erarbeiteten Erkenntnisse statt, die in einem Aussagensystem aggregiert werden und als Arbeitshypothesen die Überleitung zu dem folgenden Teil B – dem empirischen Teil der Untersuchung – bilden.

Teil B

Im empirischen Teil B dieser Arbeit werden nun die Erkenntnisse und theoretisch hergeleiteten Aussagensysteme des Teils A detaillierter ausgearbeitet und in Hypothesen überführt. Diese haben Aussagen über die Wirkungszusammenhänge des dieser Arbeit zugrunde liegenden Bezugsrahmens bzw. seiner Variablen zum Inhalt. Der Aussagegehalt dieser Hypothesen wird anhand der Realität überprüft, was mit Hilfe erhobener Daten geschieht.

In **Kapitel 8** wird das Design der vorliegenden Untersuchung vorgestellt und die Auswahl der Erhebungsmethode, der Stichprobe und der statistischen Methode erläutert. Das **9. Kapitel** ist das erste, in dem die Operationalisierung und Messung einer der Modellvariablen erfolgt: die der informationsökonomischen Eigenschaften von Produkten. Aufbauend auf den Arbeitshypothesen des 7. Kapitels werden detaillierte Hypothesen, die Aussagen zu den Wirkungszusammenhängen zwischen der Einschätzung der informationsökonomischen Produkteigenschaften unter dem Einfluss verschiedener Kanäle eines Mehrkanalsystems treffen, anhand der Wirklichkeit überprüft. Die empirischen Ergebnisse werden vorgestellt und anschließend interpretiert. Das **10. Kapitel** hat das Konstrukt des wahrgenommenen Kaufrisikos zum Inhalt. Nach der Beschreibung des Modells, anhand dessen das wahrgenommene Kaufrisiko im Rahmen der vorliegenden Untersuchung ermittelt wird, schließt sich die detaillierte

Hypothesenbildung an. Diese Hypothesen werden anhand der empirischen Daten überprüft. Die daraus resultierenden Ergebnisse werden beschrieben und in einem weiteren Schritt einer Interpretation unterzogen. Dem allgemeinen Vorgehen der Forschung folgend, wird auch hier beleuchtet, ob die vorliegenden Aussagen und Aussagensysteme der strukturierten Erklärung des Kundenverhaltens innerhalb eines Mehrkanalsystems dienen. Das **11. Kapitel** beschäftigt sich mit der letzten noch nicht vorgestellten Variable des Bezugsrahmens: den Risikoreduktionsmaßnahmen, die ein Kunde innerhalb eines Mehrkanalsystems ergreifen kann. Abschließend werden in dem **12. Kapitel** zuerst die gesammelten Erkenntnisse über den S-O-R-Zusammenhang aller betrachteter Variablen zusammengeführt, um daran anschließend die Untersuchung mit der Beantwortung der eingangs gestellten Forschungsfragen und dem Fazit zu beschließen.

Um die Orientierung zu erleichtern, wird in der folgenden Abb. 2 die Struktur der vorliegenden Untersuchung anhand der Oberkapitel im Überblick dargestellt.[27]

[27] Aus Gründen der Vereinfachung weichen wenige Benennungen der Oberkap. in Abb. 2 von der eigentlichen Kapitelüberschrift ab.

TEIL A – Theoretischer Teil

Kap. 1
Einleitung – Problemstellung und Zielsetzung der Untersuchung

Kap. 2
Konzeptualisierung des Erklärungsmodells, Forschungsfragen und Vorgehensweise

Kap. 3
Mehrkanalsysteme des Einzelhandels aus Kundensicht

Kap. 4
Das verhaltenswissenschaftliche Konstrukt des wahrgenommenen Kaufrisikos

Kap. 5
Die informationsökonomischen Eigenschaften von Produkten

Kap. 6
Risikoreduktionsmaßnahmen der Kunden in einem Mehrkanalsystem

Kap. 7
Zusammenfassung der theoretisch begründeten S-O-R-Effekte des Erklärungsmodell

TEIL B – Empirischer Teil

Kap. 8
Das Untersuchungsdesign

Kap. 9
Operationalisierung und Messung der informationsökonomischen Produkteigenschaften
→ Darstellung und Interpretation der Ergebnisse

Kap. 10
Operationalisierung und Messung des wahrgenommenen Kaufrisikos
→ Darstellung und Interpretation der Ergebnisse

Kap. 11
Operationalisierung und Messung der Risikoreduktionsmaßnahmen
→ Darstellung und Interpretation der Ergebnisse

Kap. 12
Zusammenfassung der zentralen Erkenntnisse über den gesamten S-O-R-Zusammenhang des Erklärungsmodells
→ Fazit und Implikationen

Abb. 2: Vorgehensweise der vorliegenden Untersuchung

3 Mehrkanalsysteme des Einzelhandels aus Kundensicht

Die folgenden vier Unterkapitel dienen dazu, zuerst den hier verwendeten Begriff des **Mehrkanalsystems im Einzelhandel** zu definieren und die nachfragerrelevanten Aktionsparameter der Anbieter eines MKS zu erörtern (Kap. 3.1), um daran anschließend die Eigenarten der einzelnen Kanäle eines solchen Systems aus Kundensicht strukturiert darzustellen (Kap. 3.2). Dieses dritte Kapitel endet mit einer Beschreibung potenzieller Kaufprozesse innerhalb eines Mehrkanalsystems (Kap. 3.3).

3.1 Definition des Begriffs „Mehrkanalsysteme im Einzelhandel"

Um eine Basis für die vorliegende Untersuchung zu schaffen, muss aus der Vielzahl der verschiedenen Inhalte, die den Begriff Mehrkanalsystem im Einzelhandel in der Literatur füllen, eine Definition abgeleitet werden.[28]

In der Einleitung (Kap. 1) wurde als Arbeitsdefinition folgendes genannt:

> Unter einem **Mehrkanalsystem im Einzelhandel** wird eine **Kombination von Kanälen** verstanden, die ein **Kunde** wahlweise nutzen kann, um Leistungen **eines Anbieters** nachzufragen. Dabei müssen die Kanäle **Bestellung** und damit **Nachfrage** zulassen – solche, die nur für die Kommunikation oder andere Marketing-Flows geeignet sind, finden hier keine Berücksichtigung.[29]

Das Festlegen auf eine bestimmte Definition ist um so wichtiger, je mehr ähnliche Begriffe in der Literatur kursieren, wie z.B. mehrgleisiger Vertrieb und mehrgleisige Distribution, Mehrwegabsatz, Mehrkanal-Vertrieb, Multikanal-Marketingsystem, Mehrwegesystem, Multi-Channel-Commerce

---

[28] Vgl. zum Folgenden Schröder (2005).

[29] Vgl. Schröder (2005), S. 6.

oder Multi-Channel-Marketing sowie Multiple-Channel-Angebot. In der Literatur existieren noch weitere Begriffe, anhand derer deutlich wird, dass sich die Betrachtung auf zwei oder mehr Kanäle bezieht. In diesem Fall werden z.B. die Begriffe multiple Distribution, differenzierte Distribution oder Polydistribution, hybrides Verkaufssystem oder duales Absatzkanalsystem bzw. duale Distribution sowie Absatzhybride oder hybride Marketingsysteme verwendet.[30]

Mit Blick auf die eingangs gegebene Definition, wird hier mit der Erläuterung des Begriffs des **(Absatz-) Kanals** begonnen.[31] In der Literatur zur Distribution findet sich eine Vielzahl verschiedener Bezeichnungen für Absatzkanal mit teilweise gleicher, teilweise jedoch auch unterschiedlicher Bedeutung.[32] In der vorliegenden Untersuchung handelt es sich um einen (Absatz-) Kanal (oder auch Channel, Vertriebsweg, etc.), wenn der (hier: End-) Kunde ihn als Transaktionskanal nutzen kann, so dass Umsatz bzw. Absatz daraus resultiert.[33] Betrachtet man den Kaufentscheidungsprozess eines Kunden, der z.B. in eine Informations-, eine Vereinbarungs- und eine Abwicklungsphase unterteilt werden kann,[34] so muss zumindest der Kaufabschluss in den betrachteten Kanälen möglich sein. Rechtlich gesehen stellen die Kanäle also die verbindliche Spezifizierung der Güterübertragung hinsichtlich Menge, Preis, Zahlungsbedingungen, Lieferung, Garantieleistungen, etc. dar.[35] Gerade im Hinblick auf die elektronischen Medien ist diese Transaktionsbedingung von großer Relevanz,[36] denn so wird deutlich, dass man die Online-Aktivitäten der Anbieter nicht unter

---

30 Vgl. zu den genannten Begriffe in der entsprechenden Reihenfolge: Ahlert (1996), S. 157; Specht (1998), S. 15; Bernskötter (1991); Kotler/Bliemel (2001), S. 1111; Gehrt (1999), S. 100 f.; Ladwig (2002); Schögel (2001), S. 9 ff. und Hurth (2001), S. 463; Silberberger (2002), S. 30; Schögel (1997), S. 22; Weinhold-Stünzi (1994), S. 6; Zentes/Swoboda (2001), S. 388; Stern (1988), S. 1; Moriarty/Moran (1990); Moriarty/Moran (1991); Wiedmann/Buxel/Buckler (2001).

31 Vgl. hierzu und zu den folgenden Inhalten Schröder (2005).

32 Ein Überblick findet sich z.B. bei Maas (1980), S. 5 ff. oder bei Saval (1972), S. 47 ff.

33 Diese Anforderung an einen Absatzkanal findet sich auch bei Saval (1972), S. 87.

34 Vgl. dazu ausführlich Kap. 3.3.

35 Einen Überblick über Kaufvertragselemente findet sich z.B. bei Tietz (1993), S. 503 ff. Für den Vertragsabschluß im elektronischen Geschäftsverkehr vgl. Gesmann-Nuissl (2001), S. 68 ff.

36 Vgl. u.a. Wiedmann/Frenzel/Buxel (2001), S. 421.

dem Begriff Mehrkanalsystem subsumieren kann, die das Internet ausschließlich als Informationskanal nutzen.[37] Von dieser hier verfolgten Definition weicht insbesondere die Literatur des angloamerikanischen Sprachraums ab, da dort unter der Thematik des „Multichannel-Marketing“[38] nicht nur mehrere **Absatzkanäle**, sondern bereits **Kommunikationskanäle** betrachtet werden.

Die Betrachtung und Definition des Begriffs „Mehrkanalsystem“ erfolgt in der vorliegenden Untersuchung aus **Sicht der Kunden**, da ihr Verhalten untersucht werden soll. Dadurch wird die anbieterbezogene Sicht ausgeschlossen, bei der ein Mehrkanalsystem auch dann vorhanden ist, wenn ein Hersteller mehrere Kanäle mit unterschiedlichen Stufen zu Absatzzwecken nutzt.[39] Ein Endverbraucher würde in diesem Fall verschiedenen Anbietern gegenüberstehen, um die Waren des Herstellers kaufen zu können – aus **Kundensicht** handelt es sich aber dementsprechend **nicht** um ein Mehrkanalsystem. Dadurch, dass in der vorliegenden Arbeit **Mehrkanalsysteme des Einzelhandels** als Untersuchungsobjekt dienen, ist die anbieterbezogene Sichtweise irrelevant, da zwischen den Anbietern (unabhängig davon, ob es sich um ein Einzelhandelsunternehmen oder um einen Hersteller handelt) und den Nachfragern keine Wirtschaftsstufen zusätzlich eingeschaltet sind.[40] Somit ist der Begriff des **Anbieters** festgelegt, bei dem in der vorliegenden Arbeit keine Rolle spielt, ob es sich um ein Einzelhandelsunternehmen oder einen Hersteller, der seine Produkte an Letztverbraucher vertreibt, handelt. Ein Vorteil dieser Betrachtungsweise ist, dass dadurch solche Angebotsformen (und damit Mehrkanalsysteme) Berücksichtigung finden, die von Herstellern betrieben werden, wie z.B. der Direktvertrieb an Endverbraucher über einen elektronischen Kanal,[41] über den Katalogversand aber inzwischen auch immer häufiger

---

[37] Vgl. Kotler et al. (1999), S. 982 oder Evans/Wurster (2000), S. 86.

[38] Vgl. Tynan (1994).

[39] Vgl. Schögel (1997), S. 22 f., Ahlert (1996), S. 157 oder Specht (1998), S. 6 f.

[40] Vgl. Schröder (2005), S. 3.

[41] In der Literatur wird Electronic Retailing dem Einzelhandel im funktionellen Sinne zugerechnet bzw. als handelsspezifische Ausprägung des E-Commerce gesehen. Vgl. ECC-Handel (2001), S. 25 und Palombo/Theobald (2000), S. 390.

der direkte Vertrieb über eigene stationäre Ladengeschäfte. Die Einbeziehung von Produzenten ist zwingend notwendig, da es aus der im Folgenden relevanten Kundensicht nicht einfach ist, Unternehmen, die Handel im funktionellen Sinn betreiben, eindeutig der Handels- oder der Herstellerstufe zuzuordnen.[42] Insbesondere bei vertikal integrierten Unternehmen trifft dies zu (wie z.B. IKEA, H&M oder Zara), die weite Teile der Wertschöpfung steuern und kontrollieren.

Macht ein Anbieter seine Leistungen über mehr als einen Kanal zugänglich, so werden diese auch als **Vertriebslinien** (synonym: Vertriebsschienen) bezeichnet. Es handelt sich dabei um „eine Gruppe gleichartiger Geschäftsstätten innerhalb eines Handelssystems",[43] wie es bspw. bei den Praktiker-Baumärkten innerhalb des METRO-Konzerns der Fall war. Darüber angeordnet ist der Begriff des **Betriebstyps**, der als Klassifikationsmerkmal zur Systematisierung von Vertriebslinien angewandt wird (z.B. Praktiker ist dem Betriebstyp der Bau- und Heimwerkerfachmärkte zuzuordnen). Eine Vertriebslinie mit ihren Geschäftsstätten zeichnet sich durch einen **eigenständigen Marktauftritt** aus. Als Beispiel dient hier der METRO-Konzern mit den verschiedenen Vertriebslinien: Praktiker, Kaufhof, Media Markt, Saturn, etc. Der unterschiedliche Marktauftritt der Vertriebslinien kann im Wesentlichen anhand der **Parameter des absatzpolitischen Konzeptes**:

a) Kontaktprinzip,

b) Geschäftsstättenbezeichnung und

c) Vermarktungskonzept

dargestellt werden.[44]

---

[42] Vgl. für die Definition der Begriffe „funktioneller und institutioneller Einzelhandel" Ausschuss für Begriffsdefinitionen aus der Handels- und Absatzwirtschaft (1995), S. 41.

[43] Schröder (2005), S. 2.

[44] Die Kontaktprinzipien dienen an anderer Stelle der Systematisierung von Betriebstypen, während die anderen beiden Kriterien die Systematisierung von Vertriebslinien innerhalb eines Mehrkanalsystems unterstützen.
Vgl. Barth/Hartmann/Schröder (2002), S. 93 f. und 109 ff.

Diese Parameter werden im Folgenden kurz erläutert.[45]

ad a) Kontaktprinzip

Im Rahmen des Parameters **Kontaktprinzip** unterscheidet man vier verschiedene Prinzipien der Kontaktanbahnung.[46] Wie in Abb. 3 aufgezeigt, handelt es sich dabei um die Kontaktbeziehungen **Residenzprinzip, Domizilprinzip, Treffprinzip** und **Distanzprinzip**.

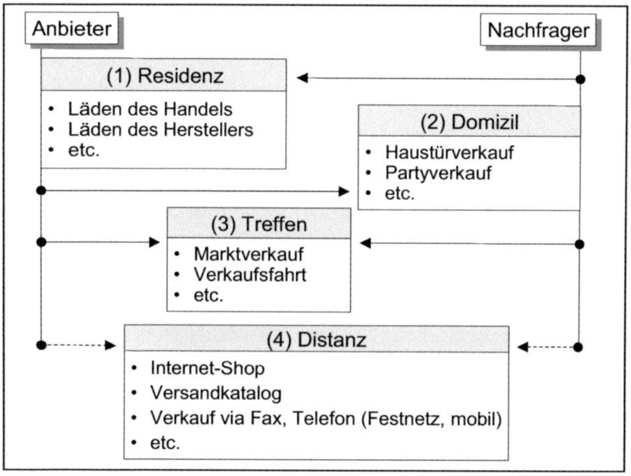

Abb. 3: Kontaktprinzipien im Einzelhandel (Quelle: in Anlehnung an Barth/Hartmann/Schröder (2002), S. 93)

Beim stationären Einzelhandel handelt es sich um ein typisches Beispiel für das **Residenzprinzip**, bei dem der Kunde den Anbieter aufsucht und so beide Parteien am Ort des Angebots zusammentreffen. Für den Fall, dass der Anbieter zum Kunden kommt (ambulanter Einzelhandel), ist dieser Kontakt vom **Domizilprinzip** geprägt – als Beispiel dient hier der Anbieter von Tiefkühlprodukten Bofrost. Wenn ein Kunde auf einem Marktplatz (auch: Messe, Ausstellung) einen Anbieter aufsucht und beide somit außerhalb ihres Domizils und ihrer Residenz aufeinander treffen

[45] Da hier die Wahrnehmung von Mehrkanalsystemen aus Sicht der Kunden relevant ist, werden hier nur solche Kriterien herangezogen, die durch den Käufer bemerkbar sind. Aspekte, wie z.B. organisatorische-rechtliche Integration der Kanäle oder aber die Organisation der Beschaffung sowie innerbetriebliche Abläufe finden hier aus diesem Grund keine Berücksichtigung. Vgl. Schramm-Klein (2003), S. 17 ff.

[46] Vgl. Hansen (1990), S. 269 ff.

(halbstationärer Einzelhandel), so wird diese Kontaktart **Treffprinzip** genannt. Die letzte Ausprägung ist das **Distanzprinzip**, bei dem Anbieter und Kunde nicht physisch in Kontakt treten. Als typische Beispiele können hier der Versandhandel und der internetbasierte Online-Shop angeführt werden.

b) Geschäftsstättenbezeichnung

Die **Geschäftsstättenbezeichnung** (synonym auch: Storebrand, Retail-Brand, Händlermarke, Betriebstypenmarke etc.) zeigt an, ob der Anbieter mehrere Kanäle mit seinem Absatzkonzept unter **einer Marke** führt (z.B. Tchibo) oder unter **mehreren Marken**, wie z.B. im stationären Einzelhandel REWE im Bereich der Supermärkte mit Rewe-Nahkauf, Rewe-Der Supermarkt, HL-Markt, HL-Deutscher Supermarkt, miniMAL, Kafu, Löb, Otto Mess und Stüssgen.[47] Zwei Beispiele sind besonders bezeichnend für die Händlermarkenführung in einem Mehrkanalsystem: Die stationären Einzelhändler Karstadt und Kaufhof führten jeweils einen internetbasierten Online-Shop als zusätzlichen Kanal ein. Diese erhielten als Storebrand (und somit auch als URL) die Namen Myworld.de (Karstadt) und Zebralino.de (Kaufhof). Mittlerweile existieren beide Markennamen in dieser Form nicht mehr, was den Schluss zulässt, dass es nicht sinnvoll ist, den Online-Shop mit einer anderen (neuen) Storebrand zu versehen.[48]

c) Vermarktungskonzept

Im Rahmen eines **Vermarktungskonzeptes** stehen einem Mehrkanalsystembetreiber verschiedene Aktionsparameter zur Verfügung.

Es wird hier der Vorgehensweise von *Barth/Hartmann/Schröder* gefolgt, die die Maßnahmen der Marktbearbeitung heranziehen, um die Vermarktungskonzepte abzugrenzen. Dabei geben die Autoren

[47] Vgl. www.rewe.de (Funddatum 22.8.2002).

[48] Vgl. dazu auch die sich widersprechenden Aussagen von OC&C in den Jahren 1999 und 2001, die zuerst zur Nutzung unterschiedlicher Storebrands rieten und später zu einer einheitlichen Händlermarke über alle Kanäle; vgl. OC&C (1999) und OC&C (2001).

beispielhaft als Maßnahmen zur Marktbearbeitung an:[49]

- die Kontaktmittel (persönlich, Printmedien, elektronische Medien),
- das Sortiment in den einzelnen Kanälen (deckungsgleich, Teilmengen, überschneidend, abweichend),
- die zeitpunktbezogene Preisstruktur (standardisiert, differenziert),
- die Zahlungsarten,
- die physische Distribution (Abholung, Zustellung) und
- die Re-Distribution (Ablieferung, Abholung etc.).

Abb. 4 führt die möglichen Ausprägungen dieser Merkmale auf.[50]

<table>
<tr><th>Merkmale</th><th colspan="6">Ausprägungen der Merkmale</th></tr>
<tr><td>Art der Geschäftsanbahnung</td><td colspan="3">persönlich</td><td>Print-medien</td><td colspan="2">elektronische Medien</td></tr>
<tr><td>Varietät des Sortiments zwischen den Kanälen</td><td>deckungs-gleich</td><td colspan="2">umfassend</td><td>über-schnei-dend</td><td colspan="2">überschnei-dungsfrei</td></tr>
<tr><td>zeitpunktbezogene Preisstruktur der Kanäle</td><td colspan="3">standardisiert</td><td colspan="3">differenziert</td></tr>
<tr><td>Anzahl der Storebrands</td><td colspan="3">eine (Monobrand-System)</td><td colspan="3">mehrere (Multibrand-System)</td></tr>
<tr><td>Varietät der Zahlungsverfahren</td><td>Bar-zahlung</td><td>Geld-karte</td><td>Rech-nung</td><td>Kredit-karte</td><td>Last-schrift</td><td>Inter-net Cash</td></tr>
<tr><td>Varietät der physischen Distribution</td><td colspan="3">kanalspezifisch</td><td colspan="3">kanalübergreifend</td></tr>
<tr><td>Varietät der physischen Re-Distribution</td><td colspan="3">kanalspezifisch</td><td colspan="3">kanalübergreifend</td></tr>
</table>

Abb. 4: Merkmale und Merkmalsausprägungen der Aktionsparameter der Anbieter von Mehrkanalsystemen des Einzelhandels (Quelle: in Anlehnung an Barth/Hartmann/Schröder (2002), S. 113)

Abschließend ist zu den Aktionsparametern der Anbieter eines Mehrkanalsystems zu sagen, dass das Merkmal **Integrationsgrad der Kanäle innerhalb eines Mehrkanalsystems,** welches sich auf die Aktionsparameter Geschäftsstättenbezeichnung und Vermarktungskonzept bezieht,

[49] Vgl. Barth/Hartmann/Schröder (2002), S. 112 ff. Die Autoren geben als weitere Maßnahme auch die Bestimmung der Art und der Anzahl der Kontaktprinzpien an. Da diese bereits weiter oben erörtert wurden, entfallen sie hier.

[50] Für eine ausführliche Darstellung verweist die Verfasserin auf Schröder (2005).

für die Wahrnehmung des Systems durch die Kunden von besonderer Bedeutung ist. *Schramm-Klein* betont, dass für die Wirkung eines Mehrkanalsystems relevant ist, wie die Kunden es wahrnehmen.[51] Dabei unterscheidet sie die Aspekte „Wahrnehmung der **Zusammengehörigkeit** der Kanäle" und „Wahrnehmung der **Integration von Prozessen und Funktionen** für die Konsumenten". Ob die **Zusammengehörigkeit** der Kanäle im Rahmen eines Mehrkanalsystems von den Kunden wahrgenommen wird, kann insbesondere gefördert werden durch eine **einheitliche Geschäftsstättenbezeichnung**, verstärkt durch den Einsatz von integrierter und somit kanalübergreifender Kommunikation.[52] Die Wahrnehmung der **Integration von Prozessen und Funktionen** macht sich an den folgenden Aspekten fest, die wiederum anhand der Kundensicht bestimmt wurden und sich in dem **Vermarktungskonzept** eines Anbieters wiederfinden: u.a. die Integration von **Warenprozessen** (z.B. Ware kann in dem einen Kanal bestellt werden und in dem anderen Kanal in Empfang genommen und ggf. auch wieder zurückgegeben werden), der Integration der Gültigkeit von **Informationen** über Produkte und Preise, den kanalübergreifenden Einsätzen von Kundenkarten, Coupons und die Geltung von z.B. Sonderangeboten.

Zur Frage der **Kombination von Kanälen** innerhalb eines Mehrkanalsystems gibt es verschiedene Ansätze. Dabei wird eine **weite Begriffsauffassung** beschrieben, bei der die kombinierten Kanäle keine unterschiedlichen Betriebstypen sein müssen, sondern parallele Vertriebsschienen bereits ein Mehrkanalsystem bilden können.[53] Im Rahmen der **engeren Begriffsauffassung** kann ein Mehrkanalsystem nur aus mindestens zwei verschiedenen Betriebstypen bestehen, da es sich ansonsten „nur" um ein System parallel geführter Absatzkanäle i.S. eines Mehrbetriebstypenunternehmens handeln würde.[54] Noch weiter geht die Einschränkung mancher Autoren, die es als Voraussetzung für ein

---

[51] Vgl. Schramm-Klein (2003), S. 82.

[52] Vgl. Morschett (2002), S. 107 ff.

[53] Vgl. Zentes/Swoboda (2001), S. 388 ff.

[54] Vgl. Stäger (1999), S. 11 f. und Späth (2000), S. 80 ff.

Mehrkanalsystem ansehen, dass mindestens ein Kanal ein elektronischer sein muss, vorzugsweise das Internet.[55]

In der vorliegenden Untersuchung wird der oben genannten **weiten Begriffsauffassung** gefolgt, bei der jede Kombination aus mindestens zwei verschiedenen Wegen, auf denen der Kunde eine Leistung bei einem Anbieter kaufen kann, als „Mehrkanalsystem" verstanden wird, wobei nicht grundsätzlich die Voraussetzung erfüllt sein muss, dass ein elektronischer Kanal Bestandteil des Absatzkanalsystems ist.[56] Durch diese weite Begriffsbestimmung können auch solche Erscheinungsformen von Mehrkanalsystemen im Einzelhandel berücksichtigt werden, wie z.B. Unternehmen, die seit langem stationäre Ladengeschäfte und den Katalogversand parallel betreiben, oder aber solche, die im stationären Bereich mehrere Vertriebslinien führen.

Neben dieser Sichtweise existiert auch noch eine ergänzende Perspektive, in der zwischen **quantitativer Betrachtung** (nur die einfache Mehrfachberücksichtigung von Kanälen ist konstitutiv für ein Mehrkanalsystem)[57] und **qualitativer Betrachtung** (an die Parallelität der Kanäle werden bestimmte Voraussetzungen gestellt, um von einem Mehrkanalsystem sprechen zu können) unterschieden wird. *Armbruster/Schober* und *Wiedmann/Buxel/Buckler* setzen eine bewusste Vernetzung der verschiedenen Kanäle miteinander voraus[58] oder auch „die systematische Kombination von klassischen Geschäften und Online-Medien im Kontext eines integrierten Wertschöpfungsansatzes"[59] und verwenden somit die qualitative Betrachtung. *Silberberger* nutzt für diese beiden Umstände die Begriffe der echten „Multichannel-Fähigkeit" für den Fall, dass die Kanäle miteinander verknüpft bzw. integriert sind und alle Kundeninformationen in

---

[55] Vgl. Otto/Chung (2000), S. 185; Bauer (2001), S. 51 ff.; Lindstrom (2001), S. 10 ff.; Mathwick/Malhotra/Rigdon (2001), S. 40; Webb (2001), S. 5 ff.; Wiedmann/Buxel/Buckler (2001), S. 32 f.

[56] So auch Schröder (2005).

[57] Vgl. bspw. Bornkötter (1991), S. 122.

[58] Vgl. Armbruster/Schober (2002), S. 348.

[59] Vgl. Wiedmann/Buxel/Buckler (2001), S. 32 f.

gleicher Weise allen Interaktionskanälen zur Verfügung stehen.[60] Falls diese Voraussetzungen nicht gegeben sind, verwendet er den Begriff des „Multiple-Channel-Angebots". Auch der Auffassung *Hurths*, dass ein Mehrkanalsystem nur dann vorliegt, wenn die einzelnen Kanäle als separate Institutionen verstanden werden, kann hier nicht gefolgt werden: "Ein Händler, der bisher Versandhandel betrieben hat und jetzt ein E-Commerce-System aufbaut, schafft lediglich eine neue Kontakt- und Bestellform für den Kunden (...). Er hat keinen neuen Absatzweg geschaffen, da keine neuen Institution eingeschaltet wurde."[61]
In der vorliegenden Untersuchung wird in der grundsätzlichen Definition von Mehrkanalsystemen nur die **quantitative Betrachtung** von Kanälen verfolgt, es werden darüber hinaus keine qualitativen Bedingungen gestellt.

Zusammenfassend ist also in Anlehnung an *Schröder* unter einem Mehrkanalsystem des Einzelhandels „(...) eine Kombination von Kanälen, die **ein** Kunde (Letztverbraucher) wahlweise nutzen kann, um Leistungen **eines** Anbieters nachzufragen" zu verstehen. Dabei werden den „(...) verschiedenen Ausprägungen, die das Mehrfache der Vertriebswege ausdrücken, **keine qualitativen** Unterschiede" zugeordnet und es werden „(...) **solche Kanäle aus[gegrenzt],** die zwar für die Kommunikation oder andere Marketing-Flows geeignet sind, aber keine Bestellung und damit Nachfrage zulassen."[62]

Soweit zu der hier verwendeten Definition des Begriffs „Mehrkanalsystem" und den Gestaltungsparametern eines Mehrkanalsystembetreibers, denen sich ein Kunde im Rahmen seines Kaufentscheidungsprozesses dementsprechend gegenüber sieht. Aus Kundensicht ist dabei von besonderem Interesse, wie die charakteristischen Eigenarten der beiden Kanäle eines Mehrkanalsystems (hier: stationärer Einzelhandel und internetbasierter

---

60 Vgl. Silberberger (2002), S. 30.

61 Hurth (2001), S. 464. Hauptkritik daran ist der Punkt, dass in seiner Erläuterung der Begriff „Institution" unklar bleibt. Außerdem ist die Institutionalisierung der Kanäle durch den Anbieter für den Kunden nicht ersichtlich bzw. unrelevant.

62 Schröder (2005), S. 6.

Online-Shop) aussehen. Diese Frage wird in Kap. 3.2 tiefergehend erläutert.

3.2 Beschreibung der Kanäle „stationärer Einzelhandel" und „internetbasierter Online-Shop" aus Sicht der Kunden

Wie bereits erwähnt, wird der Untersuchungsgegenstand des Mehrkanalsystems im Folgenden auf die Betrachtung der beiden parallelen Kanäle „stationärer Einzelhandel" und „Online-Shop" eingegrenzt. Dies liegt darin begründet, dass es im Rahmen des vorliegenden Forschungsproblems von besonderem Interesse ist, einen stationären Kanal zu betrachten, der innerhalb eines Mehrkanalsystems mit einem Kanal verknüpft ist, welcher vom Distanzprinzip geprägt ist. Da der Kauf im Online-Shop im Vergleich zum Kauf per Katalogversand u.a. durch die noch relativ neue Technik des Internets gekennzeichnet ist, ist als zweiter betrachteter Kanal der Online-Shop – gerade im Hinblick auf risikospezifische Aspekte – von besonderem Interesse.

Aus diesem Grund entschied sich die Verfasserin im Rahmen der vorliegenden Arbeit für die Betrachtung eines Mehrkanalsystems mit den parallelen Kanälen „stationärer Einzelhandel" und „Online-Shop",[63] die im Folgenden beschrieben werden. Daran schließt sich eine Gegenüberstellung an, in deren Rahmen aufgezeigt wird, welche Ausprägung die beiden Kanäle bezogen auf verschiedene Merkmale haben.

Stationärer Einzelhandel

Unter dieser Überschrift sollen jene Betriebstypen zusammengefasst werden, die durch das Residenzprinzip charakterisiert werden können. Eines der charakteristischsten Merkmale ist das Vorhandensein eines Verkaufsraums – somit fallen alle Erscheinungsformen des stationären Handels, wie z.B. Supermarkt, Verbrauchermarkt, Discounter, SB-

[63] Weitere mögliche stationäre und elektronische Kanäle werden nicht betrachtet – potenzielle Effekte zwischen alternativen Kanälen sollen somit ausgeschlossen werden. Dieser Ausschluss entspricht der üblichen Vorgehensweise der Untersuchung von Mehrkanalsystemen im Einzelhandel. Vgl. Schramm-Klein (2003); S. 24; Tang/Xing (2001), S. 319 ff.; Ward (2001), S. 103.

Warenhaus, Kaufhaus, aber auch Factory Outlet Center darunter.[64] Die verschiedenen Betriebstypen des Handels zeichnen sich jeweils durch eine bestimmte Kombination der absatzpolitischen Instrumente (z.B. Größe der Verkaufsfläche, Umfang des Sortiments, Preisstellung, Bedienungsform, Standortlage u.a.) aus.[65]

Allen Betriebstypen des stationären Einzelhandels ist gemein, dass ein Käufer die Produkte „vor Ort" hinreichend physisch begutachten und testen kann. Im stationären Einzelhandel ist außerdem (Verkaufs-) Personal vorhanden, welches sich bei Bedarf zu dem gewünschten Produkt und dessen Verwendung äußert.[66]

Eine Prüfung der direkt feststellbaren Eigenschaften eines Produktes ist also zeitnah vor dem Kauf mit allen Sinnen möglich.

Welches sind nun die konkreten Eigenschaften eines Produktes, die von welchen Sinnen wahrgenommen – und erst daraufhin beurteilt werden können?[67] Einen Überblick über die fünf menschlichen Sinne und die Verknüpfung mit potenziellen Produkteigenschaften bietet Abb. 5.

Sehsinn	Visuelle Eigenschaften
Hörsinn	Auditive Eigenschaften
Tastsinn	Haptische Eigenschaften
Geruchssinn	Olfaktorische Eigenschaften
Geschmackssinn	Gustatorische Eigenschaften

Abb. 5: Die fünf menschlichen Sinne (Quelle: in Anlehnung an Dach (2002), S. 116)

Weitere Ausführungen zum stationären Einzelhandel finden sich jeweils unter der Beschreibung kaufrelevanter Merkmale (weiter unten in diesem

64 Der Katalog E unterteilt den stationären Handel bspw. in neunzehn verschiedene Betriebsformen.

65 Vgl. Müller-Hagedorn (1995), Sp. 240. Für einzelne Betriebstypen und deren charakteristischen Merkmale siehe z.B. Liebmann/Zentes (2001), S. 373 ff. oder Müller-Hagedorn (1995), Sp. 243 ff.

66 Welchen Einfluss diese Merkmale auf den Kaufentscheidungsprozess eines Konsumenten haben können, wird weiter unten aufgezeigt.

67 Vgl. im Folgenden Dach (2002), S. 116.

Kapitel), in denen eine Abgrenzung zwischen den beiden Kanälen stationärer Einzelhandel und Online-Shop stattfindet.

Online-Shop

Da der Begriff **Online-Shop** aus dem Themenfeld des Electronic Commerce entstammt, wird zuerst dessen Inhalt kurz erläutert, um dann direkt auf die Besonderheiten des hier relevanten internetbasierten Online-Shops einzugehen.

Der Begriff Electronic Commerce (kurz E-Commerce) unterliegt unterschiedlichen Betrachtungsweisen und Definitionen.[68]

Im weiteren Sinne kann darunter „jede Art von wirtschaftlicher Tätigkeit auf der Basis elektronischer Verbindungen“[69] verstanden werden. Eine enger gefasste Definition versteht unter **Electronic Commerce** die über Telekommunikationsnetzwerke realisierte „digitale Anbahnung, Aushandlung und/oder Abwicklung von Transaktionen zwischen Wirtschaftssubjekten.“[70]

Auch wenn das Internet (gemessen an Umsatz- und Nutzerzahlen) als das zentrale Medium des Electronic Commerce betrachtet werden kann,[71] darf es nicht damit gleichgesetzt werden. Es stellt nur einen möglichen elektronischen Kanal zum Kunden dar.[72] Wird E-Commerce anhand der Art des Einsatzgerätes charakterisiert, so ergibt sich die Unterscheidung:[73] Personal-Computer (internetgestützter E-Commerce), Mobilfunkgerät (Mobile Commerce) und Fernseher (Teleshopping).[74]

---

[68] Einen Überblick über die unterschiedlichen Erklärungsansätze finden sich z.B. bei Hermanns/Sauter (1999), S. 15.

[69] Picot/Reichwald/Wigand (2001), S. 337.

[70] Vgl. z.B. Clement/Peters/Preiß (2001), S. 57; Wamser (2000), S. 6; Strauß/Schoder (1999), S. 62.

[71] Vgl. Bliemel/Fassot/Theobald (2000), S. 2.

[72] Vgl. Pagé/Ehring (2001), S. 123; Gersch (2000), S. 7.

[73] Vgl. ECC-Handel (2001), S. 18.

[74] Vgl. zum Themengebiet M-Commerce Kollmann (2001) und zum interaktiven Fernsehen Kollmann (1996) und (1997).

Bei dem im Folgenden betrachteten **internetbasierten Online-Shop** handelt es sich also um den endverbraucherorientierten Bereich des E-Commerce, der auf dem Internet basiert und als Endgerät den Personal-Computer nutzt. Spricht man vom Internet, so bezieht man sich in der Regel auf das World Wide Web (WWW), dem multimedialen Teil des Netzes.[75] Durch die weiter oben getroffene Einschränkung auf **Absatzkanäle mit Transaktionsfunktion**, werden im Folgenden nur die Teile des Online-Angebotes verstanden, die dem Kunden in sog. Online-Shops ein virtuelles **Sortiment zeitunabhängig** via Computer präsentieren.

Wie verhält es sich nun mit der Vorkaufsphase innerhalb dieses Kanals aus Kundensicht? Blickt man auf die fünf Sinne eines Menschen, mit denen die verschiedenen Eigenschaften eines Produktes wahrgenommen werden können, so ist leicht nachvollziehbar, dass nicht alle Eigenschaften eines Produktes über diesen, vom Distanzprinzip geprägten Kanal sinnlich erfasst werden können.[76]/[77] Die Möglichkeit der direkten haptischen, gustatorischen, visuellen und olfaktorischen Untersuchung der Waren vor dem Kauf ist im Online-Kanal nicht gegeben.
Wenn man von digitalisierbaren Eigenschaften absieht, so können beispielsweise per Text, Bild, Film oder Animation visuell und auditiv wahrnehmbare Informationen zur Verfügung gestellt werden, die als Substitut für die direkte sinnliche Wahrnehmung dienen.[78]

Neben den bereits angeführten Gründen für die Entscheidung, den Online-Shop als einen betrachteten Kanal zu nutzen, wird die Wahl durch Folgendes bestätigt. Denn nach dem Einbruch des E-Commerce-Hypes

---

[75] Das Internet umfasst darüber hinaus weitere Dienste wie E-Mail, Telnet, Usenet, etc., vgl. Gerth (1999), S. 38 und Roll (1996), S. 23 ff.

[76] Ausnahme: Es handelt sich um digitalisierbare Güter, die der Nachfrager auf elektronischem Weg untersuchen kann, oder um zur Ansicht zugesandte Waren.

[77] *Wilke* unterscheidet hier die Darstellbarkeit von Sucheigenschaften über das Internet in digitalisierbare und nicht digitalisierbare Eigenschaften, wobei letztere sich weiter in mediale/nicht mediale Eigenschaften gliedern. Vgl. Wilke (2000), S. 61.

[78] Vgl. Dach (2002), S. 118; Zerdick/Picot/Schrape (2001), S. 235.

im Jahre 2001 zeigen die nachstehenden Daten, dass der Online-Kanal von den Kunden angenommen wird und Relevanz besitzt.[79]
So waren im Jahre 2003 62% der privaten Haushalte mit einem PC ausgestattet[80] und 51% aller Haushalte hatten im selben Jahr zu Hause einen Internet-Zugang.[81] Darüber hinaus haben gemäß des Statistischen Bundesamtes im ersten Quartal 2003 42% aller Internet-Nutzer mindestens ein Mal einen Kauf über das Internet getätigt. Zusätzlich haben 16% zwar nicht in diesem Zeitraum, aber davor schon ein Mal diesen Kanal zum Kauf genutzt. Die verbliebenen 42% der Internetnutzer hatten zu der Zeit noch nicht in einem internetbasierten Online-Shop gekauft.
Abb. 6 gibt einen Überblick darüber, welche Produkte in einem Online-Shop bevorzugt gekauft wurden. Es zeigt sich, dass es sich dabei mit großem Abstand um Bücher und Zeitschriften handelt,[82] gefolgt von Bekleidung und Sportartikeln.

Beim Blick auf die Top 10 der reichweitenstärksten Online-Shops[83] (vgl. Abb. 7) stellt man fest, dass sich darunter mit Tchibo, Conrad, Media Markt und Karstadt gleich mehrere Mehrkanalanbieter befinden, die ihr Stammgeschäft **nicht im Online-Kanal** haben, sondern im stationären Einzelhandel.

Bezogen auf die beiden hier näher betrachteten Kanäle **stationärer Einzelhandel** und **internetbasierter Online-Shop** kann man verschiedene Merkmale und deren Ausprägungen aus Kundensicht festhalten (siehe dazu im Überblick Abb. 10), die im Folgenden kurz erläutert werden. Ihnen wird unterstellt, dass sie nicht nur vom Kunden

---

79 Im Verlauf der Untersuchung wird sich zeigen, ob diese Zahlen oder die eingangs zitierte Studie „Die Internet-Revolution ist bei den meisten Verbrauchern nicht angekommen" (O.V. (2004), o.S.) bestätigt werden kann.

80 Vgl. Statistisches Bundesamt (2004), S. 8.

81 Vgl. Statistisches Bundesamt (2004), S. 9. Dieser hohe Prozentsatz erhöht sich um die Fälle, die nur an ihrem Arbeitsplatz Zugang zum Internet haben.

82 Dies korrespondiert mit der in Abb. 7 aufgezeigten Reichweitenhäufigkeit entsprechender Online-Shops (Amazon liegt auf Platz 1).

83 Die Basis des Nielsen/NetRatings bilden 7.000 deutsche Nutzer mit Web-Zugang zu Hause oder am Arbeitsplatz.

wahrgenommen werden, sondern darüber hinaus Verhaltensrelevanz besitzen.

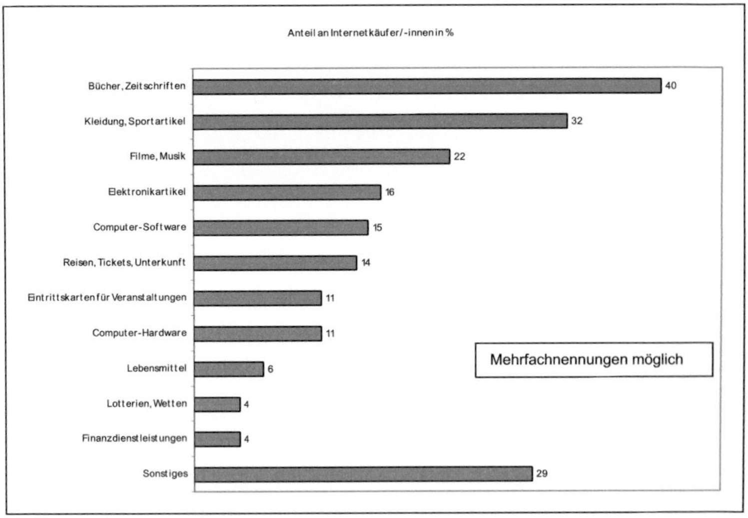

Abb. 6: Art der erworbenen Waren und Dienstleistungen in Online-Shops 2003 (Quelle: in Anlehnung an Statistisches Bundesamt (2004), S. 34)

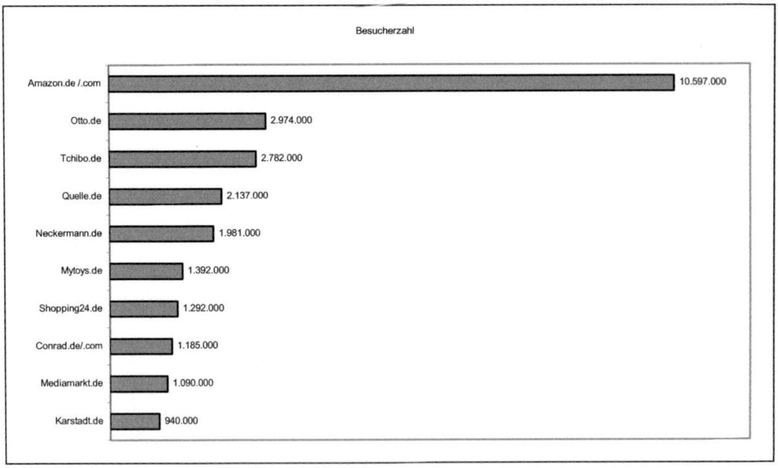

Abb. 7: Besucherzahlen der TOP 10 Online-Shops in Deutschland im Dezember 2002 (Quelle: in Anlehnung an Nielsen/Netratings (2003) zit. in EHI (2003), S. 8)

Zeitliche Aspekte (Verfügbarkeit und Dauer)

Die zeitliche **Verfügbarkeit** zur Durchführung des Kaufaktes im stationären Einzelhandel ist in der Bundesrepublik Deutschland nicht mehr so stark reglementiert wie noch in der jüngsten Vergangenheit. So beschloss der Landtag in NRW am 16.11.2006 das Gesetz zur Regelung der Ladenöffnungszeiten, nach dem Verkaufsstellen mit Ausnahme der Sonn- und Feiertage von 0:00 bis 24:00 Uhr geöffnet sein dürfen. Allerdings hat die Praxis gezeigt, dass die meisten Anbieter nach dem Weihnachtsgeschäft 2006 wieder zu den alten Öffnungszeiten zurückgekehrt sind. Im Online-Shop hingegen sind zeitliche Restriktionen irrelevant. Die gewünschten Produkte können zu jedem Zeitpunkt ausgewählt und bestellt werden – eine Ausnahme ist dann gegeben, wenn der Online-Shop aus technischen Gründen nicht zugänglich ist.

Was die **Dauer** des Kaufes betrifft, so ist keine eindeutige allgemeingültige Aussage möglich. Der Zeiteinsatz, der notwendig ist, unterteilt sich in: Aufsuchen der Einkaufsstätte, Produktsuche und Kaufabschluss (ggf. noch Rückgabe des Produktes).[84] Tendenziell ist hier die Aussage möglich, dass beim Kauf im stationären Einzelhandel der Weg zur Einkaufsstätte und die Produktsuche eher länger dauern, als dies beim Kauf im Online-Shop der Fall wäre. Laut *Dach* ist bei den verbleibenden beiden Phasen Kaufabschluss und Rückgabe keiner der beiden Kanäle im Vorteil.[85] Es liegt insgesamt der Schluss nahe, dass der Kauf im Online-Shop einen geringeren Zeiteinsatz in Anspruch nimmt.[86]

Räumliche Nähe

Beim Kauf im Online-Shop spielt der Standort des Anbieters keine bzw. nur eine untergeordnete Rolle, da der Nachfrager keine Zeit, Mühen und Kosten auf sich nehmen muss, um zum geographischen Ort des Anbieters zu gelangen, wie dies beim stationären Einzelhandel der Fall ist.[87] Beim

[84] Vgl. Dach (2002), S.142 f.

[85] Vgl. Dach (2002), S.143.

[86] Zu diesem Schluss kommt auch eine Studie, in der ein großer Anteil der befragten Konsumenten die Schnelligkeit des Kaufs in einem Online-Shop als Grund für die Wahl dieses Kanals nannte. Vgl. Pringle (2001), S. 26.

[87] Vgl. Barth/Hartmann/Schröder (2002), S. 102.

Kauf im stationären Einzelhandel ist keine allgemeine Aussage zur Nähe zu treffen. Die Distanz vom Wohnort zum Geschäft, welches vom Kunden aufgesucht wird, kann stark differieren, z.B. in Abhängigkeit von der Art des Produktes. So ist es vorstellbar, dass für ein High-Involvement-Produkt (z.B. spezielle Antiquität) ein weitaus weiterer Weg in Kauf genommen wird als für ein geringwertiges Produkt des täglichen Bedarfs.

Kosten

Neben dem Produktpreis sind die Kosten, die mit einem Kaufvorgang einhergehen können vielfältig und können in jeder Phase des Kaufprozesses auftreten. *Schröder* bietet einen ausführlichen Überblick über diese Kosten, die einem Käufer beim Kauf in einem der beiden relevanten Kanälen jeweils entstehen können (vgl. dazu Abb. 8).[88]

Insbesondere die Frage, wie und in welchem Umfang der Einzelhändler den Kunden Lieferkosten beim Kauf im Online-Shop auferlegen will, ist sehr komplex. So orientieren sich Lieferkostenmodelle bspw. an den Elementen: Umsatzhöhe, Warengruppe, Produkte, Gewicht, Volumen, Warenwert, Lieferregion, Lieferzeit, Bestellperson, Zahlungsform und Bestellart.[89] Außerdem fordern einige Onlineanbieter einen Mindestbestellwert.[90] Beim Kauf im stationären Einzelhandel hingegen muss der Kunde die Lieferkosten und etwaige Mindestkaufbeträge im Rahmen seines Entscheidungsprozesses nicht berücksichtigen.

Einkaufsvergnügen

Einkaufsvergnügen spiegelt die beim Kaufvorgang subjektiv wahrgenommenen angenehmen Gefühle wider, die nicht mit dem Produkt und der damit verknüpften Bedürfnisbefriedigung direkt im Zusammenhang stehen. Als Folge dessen werden beim Kunden zusätzliche Bedürfnisse befriedigt.[91] Welches sind aber nun die Faktoren, die den Kunden Spaß beim Einkauf bereiten können? *Dach* nennt hier die folgenden Aspekte:

---

[88] Vgl. Schröder (2001), S. 13.

[89] Vgl. Schröder/Zimmermann (2002), S. 339 ff.

[90] Z.B. schlecker.de i. H. v. 15 € oder rossmann.de i. H. v. 19,50 € (Stand: Mai 2005).

[91] Vgl. Ziehe (1997), S. 56.

Ladenatmosphäre, Verkaufspersonal, Preis-Leistungsverhältnis, Produktauswahl und Convenienceaspekte,[92] wobei die Atmosphäre und Gestaltung eines Ladengeschäftes in der Literatur als relevanteste Aspekte zur Erzeugung eines positiven Einkaufserlebnisses gesehen werden.[93]

Kosten beim Kauf im...	
stationären Einzelhandel	**Online-Shop**
• Fahrtkosten/Anbahnungskosten • Zeit (Opportunitätskosten) • Kosten des Transportmittels	• „Fahrt"kosten/Anbahnungskosten • Zeit (Opportunitätskosten) • Kosten der Internetverbindung
Kosten für Transportverpackung • einmalige Verwendung • wiederholte Verwendung	Lieferkosten, z.B. abhängig von • Bestellung • Warengruppenart • Produktanzahl • Transportverpackung • Lieferzeit • Liefergebiet • Zahlungsart
Kosten der Beschwerdeführung/ Kontrollkosten (entfallen soweit Beschwerden durch Kontrollen vor Abschluss des Kaufvorgangs Mängel erkennen und beseitigen lassen)	Beschwerdekosten bei mangelhafter Lieferung/Kontrollkosten • Zeit (Opportunitätskosten) • Kosten der Internetverbindung • sonstige Kosten bei mangelhafter Lieferung • Nutzenentgang • Kosten für Ersatzprodukte
Rückgabekosten bei Nichtgefallen der Ware: Fahrtkosten, wenn Ware bereits mit nach Hause genommen worden ist; im übrigen keine	Rückgabekosten bei Nichtgefallen der Ware: regelmäßige Kosten bei Anwendung des Widerrufsrechts können vertraglich auferlegt werden bei einer Bestellung bis zu einem Betrag von 40 Euro (§ 357 BGB Abs. 2)

Abb. 8: Vergleich von Beschaffungskosten beim Kauf im stationären Einzelhandel und im Online-Shop
(Quelle: in Anlehnung an Schröder (2001), S. 13)

[92] Vgl. Dach (2002), S. 143.

[93] Vgl. Kotler (1973), S. 48 ff.

Als zusätzlicher Aspekt muss die soziale Interaktion genannt werden, welche auch eine Quelle für Vergnügen beim Einkauf bedeuten kann. Dieses Wechselspiel ist beim Kauf im stationären Einzelhandel durch das Vorhandensein von Verkaufspersonal und anderen kaufinteressierten Personen gegeben. Betrachtet man den Kaufprozess in einem Online-Shop, so entfällt diese Quelle des Einkaufsvergnügens.

Bei der Beurteilung, welcher Kanal **tendenziell** zu einem höheren Einkaufsvergnügen führt, ist sich die Literatur weitgehend einig: Sie unterstellt, dass die realen unter diesem Aspekt den virtuellen Einkaufswelten überlegen sind.[94]

Möglichkeiten der Informationsbeschaffung in dem jeweiligen Kanal[95]

Beim Kauf im Ladengeschäft kann der Kunde die Ware durch die Nutzung all seiner Sinne überprüfen und sich so von den direkt überprüfbaren Eigenschaften des Produktes überzeugen. Bei Bedarf kann der Kunde „vor Ort" auf weitere Informationsquellen zurückgreifen: So kann er die Produktbeschreibungen[96] auf Etiketten, der Verpackung oder aber auf Schildern und Tafeln zu Rate ziehen sowie bei Bedarf die Beratung durch das Verkaufspersonal in Anspruch nehmen.

Beim Kauf im Online-Shop ist der Kunde auf die Produktbeschreibungen des Anbieters, z.B. durch Links zu anderen Informationsquellen angewiesen. Diese können mittlerweile nicht mehr nur aus Text, sondern auch aus Bildern oder aber interaktiven Anwendungen bestehen. Diese visuellen und auditiven Informationen dienen somit im Rahmen des Kaufprozesses als Substitute für die direkte Information. Um den Mangel des Nichtvorhandenseins von Verkaufspersonal in einem Online-Shop auszugleichen, kann der Anbieter Kaufempfehlungen aussprechen. Diese

---

[94] Vgl. Dach (2002), S. 147; Esch/Langner/Fuchs (1998), S. 186. Für eine Vielzahl weiterer Quellen zu dieser Aussage: vgl. Dach (2002), S. 147.

[95] Dieser Punkt wird weiter unten im Rahmen der Risikoreduktionsmaßnahmen (Kap. 6) ausführlicher behandelt. An dieser Stelle werden grundsätzliche Unterschiede vermittelt.

[96] Siehe unter Kap. 6.1 die verschiedenen Arten der kaufrelevanten Informationen.

basieren z.B. auf historischen Kaufdaten oder auf Expertenwissen. Abb. 9 gibt einen Überblick über verschiedene Arten von Empfehlungssystemen.

Quelle / Daten	expertengestützt	nutzergestützt
nicht-personalisiert	uniforme Empfehlungssysteme	Meinungsportale
personalisiert	regelbasierte Empfehlungs-systeme	• Attribute-Based Filtering • Collaborative Filtering

Abb. 9: Empfehlungssysteme (Quelle: Gensler/Skiera (2002), S. 243)

Erhalt der Ware/Lieferzeiten

Beim Kauf im stationären Einzelhandel ist es die Regel, dass die Ware direkt verfügbar ist und vom Kunden selber zum Ort der Verwendung befördert wird. Vorteilhaft dabei ist, dass der Käufer die Produkte dann kaufen kann, wann er sie tatsächlich benötigt. Allerdings hat er die Risiken und die Mühen des Transports zu tragen.

Von dieser Sofortverfügbarkeit und der individuellen Logistik abgesehen, gibt es auch Fälle, in denen die gekauften Produkte nicht sofort „mitgenommen“ werden (können). Dies kann daran liegen, dass die Waren erst noch dem Kundenwunsch entsprechend erstellt werden müssen oder aber zu groß oder zu schwer sind, so dass sie vom Anbieter oder Dritten angeliefert werden. Dabei sind keine allgemeinen Aussagen möglich, da die Art der Ware, situationale Aspekte des Kaufs und der geplanten Verwendung des Produktes sowie letztlich die Eigenarten der Person des Käufers eine Rolle spielen.

Beim Kauf im Online-Shop hingegen stimmen der Zeitpunkt der Bestellung und des Erhalts in der Regel nicht überein.[97] Was die zeitlich versetzte

---

97 In der Regel beträgt die Lieferzeit bei einer Bestellung im Online-Shop 1-3 Tage. Vgl. Kolberg/Scharmacher (2001), S. 115. Ausnahme bilden hier digitalisierbare Güter.

Verfügbarkeit der gekauften Ware betrifft, so sind drei verschiedene Arten von Lieferorten denkbar:[98]

1. Die Anlieferung kann durch den Anbieter (oder durch einen von ihm beauftragten Dritten) direkt am Wohnort des Kunden erfolgen (Home Delivery). Dabei ist die physische Verfügbarkeit der Ware von den Liefermodalitäten des Anbieters abhängig (Vorgabe von Lieferzeiten und Lieferzeitfenstern). Dieses „Outsourcing" der Logistik schränkt den Kunden in seinen zeitlichen Freiräumen mehr oder weniger stark ein – allerdings trägt er die Risiken und die Mühen des Transportes nicht.
2. Der Anbieter kann dem Käufer die Ware allerdings auch an einem Ort zur Verfügung stellen, der weder Residenz des Anbieters noch Wohnort des Kunden ist. Dies können z.B. Tankstellen, Pick-up Boxes[99] oder aber die Arbeitsstätte des Käufers sein. Zwar hat der Verbraucher durch diese Option höhere Freiheitsgrade bei seinen Entscheidungen,[100] allerdings geht er durch die Übernahme eines Teils der Logistik auch zusätzliche Anstrengungen und Risiken ein.
3. Im Rahmen dieser dritten Alternative sucht der Kunde nach dem Kauf über den internetbasierten Online-Shop ein Ladengeschäft des Anbieters auf, um die Ware dort in Empfang zu nehmen und selber an den Ort der Verwendung zu transportieren. In diesem Fall bestimmt sich der Abholzeitraum für den Kunden einerseits durch die gesetzlichen Ladenöffnungszeiten und andererseits durch die individuelle Ausgestaltung dieser Zeiten durch den jeweiligen Anbieter.

---

[98] Vgl. Barth/Hartmann/Schröder (2002), S. 105.

[99] Vgl. dazu das Projekt des Fraunhofer Instituts "Tower 24" (www.fraunhofer-institut.de).

[100] I.S.v. zeitlicher Gebundenheit durch Anwesenheit am Lieferort innerhalb eines bestimmten Zeitfensters.

Convenience

In der Literatur werden die folgenden vier Convenienceformen unterschieden, die sich in ihrer Abfolge am Kaufprozess orientieren:[101] Bequemlichkeit und Zeiteinsatz zur **Erreichung der Einkaufsstätte** sowie für die **Suche und Auswahl des entsprechenden Produktes**, die Zeitdauer bis zum **Erhalt des Produktes** und letztendlich – um den Kaufprozess mit diesen vier Aspekten abzudecken – die Bequemlichkeit und der Zeiteinsatz beim **Abschluss des Kaufaktes** und bei der potenziell notwendigen **Rückgabe** der gekauften Produkte.[102]

Es liegt auf der Hand, dass zu dem Conveniencegrad der beiden Kanäle keine allgemeingültigen Aussagen getroffen werden können, da nicht zu sagen ist, in welcher Situation welche Person welche Aspekte als wichtiger erachtet. So ist z.B. denkbar, dass verschiedene Effekte je nach Kanal sogar gegenläufig sind. Beim Kauf im Online-Kanal könnte so bspw. die „Rund-um-die-Uhr-Bestellmöglichkeit“ zwar als **Ent**lastung empfunden werden, die Nicht-Sofort-Verfügbarkeit der Ware hingegen als **Be**lastung. Dementsprechend muss in jeder Situation und individuell bestimmt werden, welcher Kanal nun ein größeres Maß an Convenience nach sich zieht.

Schutz der Privatsphäre/Abgabe persönlicher Daten

Beim Kauf im stationären Einzelhandel, bei dem der Käufer dem Verkaufspersonal nicht persönlich bekannt ist, er die Waren bar bezahlt und direkt selber entgegennimmt und befördert, bleibt er in der Regel anonym.

Jede Bestellung im Online-Shop liefert dem Anbieter hingegen personenbezogene Daten des Kunden. Bei der ersten Bestellung sind dies zumindest die (Liefer-)Anschrift und ggf. Daten, die mit der Zahlung zusammenhängen, wie z.B. Kontoverbindung oder Kreditkartennummer. Nach diesem Vorgang und bei folgenden Bestellungen entstehen weitere verschiedenenartige Daten. Von dem Bezahlungsverlauf über neu

---

[101] Vgl. Schnedlitz/Kotzab/Cerha (2000), S. 198; Berry (2001), S. 136 f.; Dach (2002), S. 140.

[102] Für eine Übersicht über den Stand in der Literatur zum Thema Convenience vgl. Zaharia (2005).

bestellte Waren entsteht eine so genannte „Käuferhistorie“. Die vorhandenen Daten lassen sich unterscheiden nach: Grunddaten, Potenzialdaten, Aktionsdaten und Reaktionsdaten.[103]

Diese Daten können vom Anbieter selber oder aber von Dritten missbräuchlich genutzt werden.[104] Schaden kann in diesem Fall dadurch entstehen, dass die Daten der Kreditkarte oder der Bankverbindung mit kriminellem Hintergrund benutzt werden und dem Kunden ein finanzieller Schaden entsteht. Dies kann dann passieren, wenn der Anbieter sie missbräuchlich nutzt oder die relevanten Daten bei der Übertragung von Dritten abgefangen werden. Dabei ist es eher unwahrscheinlich, dass der Anbieter selber so handeln wird, da das Speichern und Verwenden personenbezogener Daten, die über das Internet generiert wurden, durch verschiedene Bestimmungen reglementiert werden.[105] So dürfen personenbezogene Daten nur dann für Zwecke der Werbung verarbeitet und genutzt werden, wenn die **ausdrückliche Einwilligung der Betroffenen** vorliegt (§ 5 TDDSG).[106] Außerdem dürfen Nutzungsprofile nur unter der Verwendung von Pseudonymen erstellt werden,[107] wobei die Zusammenführung dieser Nutzungsprofile mit den Daten über den Träger des Pseudonyms, wie z.B. seinem Namen und seiner Adresse („Merkmale zur Identifikation des Nutzers“ vgl. § 6 Abs. 1 TDDSG), unzulässig ist (§ 4 Abs. 4 TDDSG). Eine weitere missbräuchliche Nutzung liegt vor, wenn Anschrift oder E-Mail-Adresse genutzt werden, um unerwünschte Werbesendungen zuzustellen oder aber Daten zu diesem Zweck an Dritte veräußert werden. Unabhängig davon, ob ein möglicher Schaden entsteht und wie dieser zu quantifizieren ist, handelt es sich bei der missbräuchlichen Nutzung der Daten um einen Verstoß gegen datenschutzrechtliche Vorschriften, der als Straftat bzw. Ordnungswidrigkeit geahndet wird. Problem des Kunden ist dabei aber, dass er nicht ersehen kann, ob Daten gesammelt werden und von wem sie dann missbräuchlich eingesetzt

[103] Vgl. Link/Gerth/Voßbeck (2000), S. 52 f.

[104] Vgl. Müller-Hagedorn et al. (2000), S. 38 ff.

[105] Die Einschränkungen ergeben sich im Wesentlichen durch das Gesetz über den Datenschutz bei Telediensten (TDDSG).

[106] Vgl. Georg (2000), S. 267.

[107] Vgl. Schröder (2001), S. 17.

werden. Diese Intransparenz wirkt sich beim Online-Kanal grundsätzlich negativ auf die Vertrauensbildung beim Kunden aus.[108]

Bezahlung

Die Bezahlung beim Kauf im stationären Einzelhandel erfolgt in der Regel direkt bei Erhalt der Ware per Barzahlung, Kreditkartenzahlung, Lastschrift- oder Einzugsverfahren. Die Zahlung per Rechnung dürfte hier eher eine Ausnahme sein und stark von der Art des Produktes abhängen.
Beim Kauf im Online-Shop entfällt hingegen die Barzahlung und die Zahlungsarten Kreditkartenzahlung sowie Lastschrift- oder Einzugsverfahren stehen im Mittelpunkt. Im Gegensatz zum Ladengeschäft ist hierbei eine Rechnungslegung und auch die Zahlung per Nachnahme (also Zahlung erst nach Anlieferung und Erhalt der Ware) häufig anzutreffen, was im Zuge der gerade genannten Problematik des Datenmissbrauchs eine für den Kunden angenehmere Art der Zahlung sein dürfte.

Widerruf/Rückgabe

Der Kauf im Online-Shop ist von rechtlichen Rahmenbedingungen geprägt, die im Sinne des Kunden sind und ihm beim Kauf im stationären Einzelhandel nicht zur Verfügung stehen. Rechtliche Grundlage dafür bildete zuerst das Fernabsatzgesetz, welches u.a. das Widerrufsrecht bei Kaufverträgen regelte, „die nicht im Geschäft und ohne Kontakt zum Verkäufer (...) abgeschlossen wurden."[109] Es trat 2000 in Kraft und wurde zum 01.01.2002 unter dem Titel „Besondere Vertriebsformen" in das Bürgerliche Gesetzbuch integriert.
Dort wird in § 312 b Abs. 1 definiert, was unter den Begriff eines Fernabsatzvertrages fällt, wonach in § 312 d Abs. 1 festgehalten wird, dass dem Verbraucher bei einem Fernabsatzvertrag ein Widerrufsrecht nach § 355 BGB zusteht, oder dem Kunden stattdessen bei Verträgen über die

---

[108] Verstärkt wird dieser Effekt dadurch, dass die missbräuchliche Nutzung der Kundendaten keine Ausnahme ist. *Dach* beschreibt, dass einige Online-Shops „heimlich" Daten über ihre Kunden sammeln und sogar entdeckt wurde, dass Online-Händler die Kundendaten an Dritte verkauften. Vgl. Dach (2002), S. 145.

[109] www.versandhandelsrecht.de. Dort finden sich Kommentare zur neuen Regelung im BGB.

Lieferung von Waren ein Rückgaberecht nach § 356 BGB eingeräumt werden kann. Der Widerruf (§ 355 BGB) muss innerhalb von 2 Wochen geltend gemacht werden und braucht dabei keine Begründung enthalten. Er kann in Textform oder durch Rücksendung der Ware erfolgen. Der fristgerechte Widerruf hat zur Folge, dass der Käufer nicht mehr an seine, auf den Abschluss des Vertrages gerichtete, Willenserklärung gebunden ist. Wurde dem Kunden das Rückgaberecht (§ 356 BGB) eingeräumt, so kann es in der Widerrufsfrist (die allerdings nicht vor Erhalt der Sache beginnt) nur durch Rücksendung der Ware oder, falls sie nicht als Paket versandt werden kann, durch Rücknahmeverlangen geltend gemacht werden.[110]
Bei Widerruf und Rückgabe trägt der Unternehmer gemäß § 357 BGB Abs. 2 die Kosten und die Gefahr der Rücksendung. Allerdings kann dem Verbraucher im Rahmen des Widerrufsrechts bei einer Bestellung bis zu einem Betrag von 40 Euro die regelmäßigen Kosten der Rücksendung vertraglich auferlegt werden.

Abb. 10 fasst die Ausprägungen aller erörterten Merkmale pro Kanal zusammen.

[110] Ausnahme davon gilt, falls die gelieferte Ware nicht der bestellten entspricht. Siehe § 357 BGB Abs. 1.

	stationärer Einzelhandel	Online-Shop
Zeitlicher Aspekt (a. Verfügbarkeit und b. Dauer)	• a. Gesetzl. Ladenöff.-zeiten in 2006 gelockert • b. Abhängig von verschiedenen Faktoren → eher länger	• a. 24-Stunden-Erreichbarkeit • b. Abhängig von versch. Faktoren → eher kürzer
Räumliche Nähe	Fahrtweg, abhängig vom Standort des Angebotsortes	unmittelbare, räumliche Nähe (im übertragenen Sinne)
Kosten[111]	Produktpreis Reisekosten	Produktpreis Versandkosten Internet-Kosten
Einkaufsvergnügen	tendenziell größer	tendenziell geringer
Convenience	Keine allgemeingültige Aussage möglich, da Urteil individuell abhängig davon, welche Vereinfachungen pro Person und pro Kaufvorgang am wichtigsten erachtet werden (z.B. direkte Mitnahme des Produktes vs. Lieferservice)	
Schutz der Privatsphäre/ Abgabe persönl. Daten	Kunde bleibt anonym/ in der Regel keine Abgabe (bei Barzahlung)	(Liefer-)Anschrift, ggf. Kreditkarteninformationen bzw. Bankverbindung
Möglichkeiten der Informationsbeschaffung in dem jeweiligen Kanal[112]	• Produktbeschreibungen auf Etiketten • Beratung durch Verkaufspersonal • eigene Inspektion der Ware durch Nutzung aller Sinne	• Produktbeschreibungen auf der Webseite des Anbieters • Kaufempfehlungen • visuelle und auditive Information (ggf. als Substitute für die direkte Information)
Erhalt der Ware (Lieferzeit und Transport)	• in der Regel direkt beim Kauf • in der Regel eigener Transport zum Ort des Ge- bzw. Verbrauchs	• in der Regel fallen der Zeitpunkt der Bestellung und des Erhalts auseinander (Ausnahme bilden hier digitalisierbare Güter) • in der Regel Transport des Anbieters an den Wohnort des Käufers
Bezahlung	Barzahlung, Kreditkartenzahlung Lastschrift- oder Einzugsverfahren	Kreditkartenzahlung, Rechnung, Lastschrift- oder Einzugsverfahren
Rückgabe/Widerruf/ Umtausch	• es existieren keine gesetzlichen Regelungen[113] • gesetzliches Gewährleistungsrecht	• gesetzliches Widerrufs- oder Rückgaberecht[114] • gesetzliches Gewährleistungsrecht

Abb. 10: Charakteristika des stationären Einzelhandels und des Online-Shops aus Käufersicht

[111] Dies ist eine wenig detaillierte Unterscheidung der entstehenden Kosten, vgl. Dach (2002), S. 123 f. Eine ausführlichere und differenziertere Betrachtung fand weiter oben in diesem Kapitel statt.

[112] Dieser Punkt wird weiter unten (s. Kap. 6.1) ausführlicher behandelt.

[113] Vgl. dazu die Ausführungen in Kap. 6.2.3.2.

[114] Vgl. dazu auch die Ausführungen in Kap. 6.2.3.2.

3.3 Kaufprozesse im Rahmen eines Mehrkanalsystems

In diesem Kapitel wird zuerst ein Kaufentscheidungsprozess mit fünf Phasen am Beispiel des Modells von *Engel/Blackwell/Miniard* („totales Phasenmodell") vorgestellt,[115] um daran anschließend aufzuzeigen, wie sich ein Kaufentscheidungsprozess auf die unterschiedlichen Kanäle eines Mehrkanalsystems verteilen kann.

Das **Phasenmodell** von *Engel/Blackwell/Miniard*, welches auf der Annahme eines extensiven Kaufentscheidungsprozesses basiert,[116] umfasst die folgenden Phasen: **1. Problemerkennung**, **2. Informationssuche und -verarbeitung**,[117] **3. Alternativenbewertung**, **4. Kaufentscheidung** und **5. Nachkauf-Bewertung**.

ad 1.) Der Kaufentscheidungsprozess beginnt mit der **Problemerkennung** bzw. dem Bewusstwerden eines Bedürfnisses und dem Wunsch danach, dieses zu befriedigen. Auslöser können sowohl aktivierende Motive sein (z.B. ein neues Produkt) als auch externe Stimuli (z.B. während der Kunde im Internet „surft", nimmt er ein per Banner beworbenes Produkt wahr).

ad 2.) Wird das Problem dem Kunden bewusst, und verfügt er noch nicht über Kauferfahrungen in diesem Bereich, so setzt die **Informationssuche** ein. Dabei wird geprüft, welches Produkt das vorhandene Problem am besten lösen kann, welche Informationen für eine Entscheidung benötigt werden und wo diese Informationen beschafft werden können. Daran schließt sich die Frage, wo das entsprechende Produkt gekauft werden kann. Das Informationsbeschaffungsverhalten wird anhand der genutzten Informationsquellen in die interne (gedächtnisbasierte) Informationssuche und die externe Informationssuche unterteilt. Da es sich bei einer

---

[115] Vgl. Engel/Blackwell/Miniard (1995).

[116] Für eine eingehende Erläuterung der vier möglichen Kaufentscheidungsprozesse: **extensiv, limitiert, habitualisiert** und **impulsiv** verweist die Verfasserin auf die entsprechenden Quellen. Vgl. dazu bspw. Kroeber-Riel/Weinberg (2003), Meffert (1992), Trommsdorff (2004), Bänsch (1996).

[117] *Engel/Blackwell/Miniard* unterteilen die 2. Phase in zwei unterschiedliche Phasen, weisen aber darauf hin, dass diese parallel durchlaufen werden.

extensiven Kaufentscheidung i.d.R. um eine neuartige Entscheidungssituation handelt, wird der Kunde über wenige gespeicherte Informationen bezüglich des Entscheidungsobjekts verfügen. Allerdings kann er aus ähnlichen Entscheidungssituationen die daraus vorhandenen Informationen durch Transformation für seine Zwecke nutzen. Im Rahmen der externen Informationssuche greift der Kunde auf unterschiedliche Quellen wie z.B. Fachzeitschriften, Internet-Foren, Urteile von Freunden und Bekannten, etc. zurück. Betrachtet man diesen Vorgang bezogen auf einen Mehrkanalanbieter, so steht dem Kunden im Idealfall eine Vielzahl vermeintlich unterschiedlicher Quellen (letztendlich nur unterschiedliche Medien aus einer Quelle) zur Verfügung. Als Beispiel dienen hier die Internet-Seiten des Anbieters oder Beratungsgespräche im stationären Laden. Dabei kann die externe Informationssuche des Nachfragers zielgerichtet oder absichtslos (ungezielte Suche) sein.[118] Die Bereitschaft und die Intensität der Informationssuche hängen von den Informationskosten und dem antizipierten Produktnutzen ab und stehen, wie weiter unten ausführlich aufgezeigt wird, im engen Zusammenhang mit dem Ausmaß des wahrgenommenen Kaufrisikos.

ad 3.) Alternativenbewertung bedeutet nicht nur die Bewertung unterschiedlicher Produktalternativen (Hersteller, Marken, etc.), sondern auch die parallele Bewertung der unterschiedlichen Einkaufsstätten. Für die Situation der extensiven Kaufentscheidung findet eine vergleichende Beurteilung verschiedener Alternativen statt.[119]

ad 4.) Die nach der Bewertungsphase verbliebenen Alternativen können vom Kunden mit Hilfe unterschiedlicher Regeln bewertet werden, um zu einer **Kaufentscheidung** zu gelangen. Wichtig hierbei ist, ob der Kunde sich mit einer befriedigenden Lösung im Sinne einer **Minimallösung**, die gewisse Mindestanforderungen erfüllt, zufrieden gibt oder ob er nach der **optimalen Lösung** sucht. Nach welchen Alternativen er sucht, hängt von situativen Faktoren (wie z.B. Zeitdruck), von der Bedeutung des Kaufs

---

[118] Vgl. Kroeber-Riel/Weinberg (2003), S. 245 f.
[119] Vgl. Meffert (1992), S. 39 f.

oder der Wichtigkeit des Produktes ab.[120] Entscheidet sich der Kunde für eine Marke, dann muss er sich in einem ähnlichen Auswahlprozess für eine Einkaufsstätte entscheiden, in der er das Produkt kaufen will. Im Fall des Kaufs bei einem Mehrkanalanbieter reicht die Entscheidung für den Einzelhändler nicht aus. Der Kunde muss noch die einzelnen Vertriebskanäle des Mehrkanalsystems in seine Bewertung einbeziehen.

ad 5.) Nach dem Kauf hat der Kunde Erfahrungen mit den Absatzkanälen eines Mehrkanalsystems und durch den Ge- bzw. Verbrauch des Produktes mit dem Produkt selber gesammelt. Dieses Wissen kann er zu einer nachträglichen **Bewertung** kognitiv verarbeiten. Dazu stellt er seine **Erwartungen vor** dem Kauf den **Erfahrungen nach** dem Kauf gegenüber. Das Ergebnis ist ein Zufriedenheitsurteil, das er zukünftig bei ähnlichen Entscheidungen berücksichtigt.[121]

Um den **Kaufprozess** eines Kunden **in einem Mehrkanalsystem** schematisch darstellen zu können, wird er im Folgenden mit den sieben Phasen informieren, probieren, bestellen, erhalten, bezahlen und ggf. informieren und umtauschen vereinfacht abgebildet.[122] In einem Mehrkanalsystem (mit den hier relevanten parallelen Kanälen stationärer Einzelhandel und Online-Shop) können die Kunden die einzelnen Phasen des Kaufprozesses nach den folgenden drei Mustern verteilen:

1. **alle** Schritte aller Kaufprozesse werden **grundsätzlich** nur in **einem** Kanal vollzogen,
2. **alle** Schritte eines Kaufprozesses werden nur in **einem** Kanal vollzogen – je nach Kaufvorgang findet aber ein Wechsel zwischen den Kanälen statt (ein Kanal pro Einkauf) oder

---

[120] Vgl. Heinemann (1974), S. 210. Für einen Überblick über Entscheidungsregel siehe auch Kroeber-Riel/Weinberg (2003), Trommsdorff (2004), Engel/Blackwell/Miniard (1995). Welchen Einfluss diese Determinanten auf das wahrgenommene Kaufrisiko ausüben können, wird weiter unten ausführlich dargestellt. Ferner werden die Auswirkungen des daraus resultierenden Kaufrisikos auf das Kundenverhalten erörtert.

[121] Vgl. Engel/Blackwell/Miniard (1995), S. 153.

[122] Vgl. dazu Schröder (2005).

3. **einige** Schritte werden in dem **einen** Kanal und **andere** Schritte desselben Kaufprozesses in dem **anderen** Kanal vollzogen. Dabei ist dem Kunden sogar möglich, einen Schritt (z.B. informieren) in zwei Kanälen zu vollziehen.

Innerhalb eines Kaufprozesses können also einzelne Phasen auf verschiedene Kanäle verteilt werden, so wie in Abb. 11 beispielhaft aufgezeigt. *Dach* bezeichnet dieses Vorgehen in seiner Untersuchung als „Grenzfall".[123]

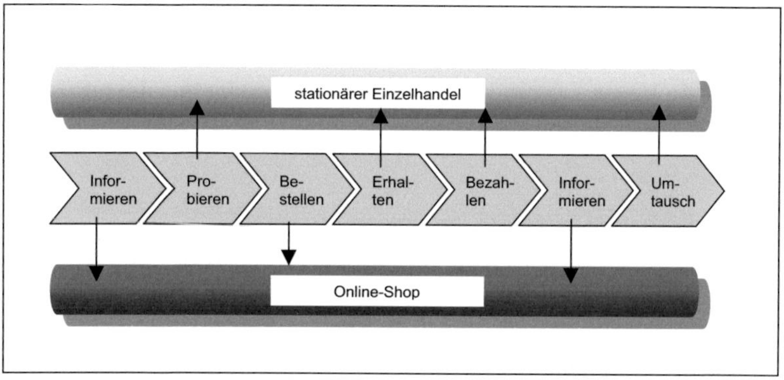

Abb. 11: Kaufprozess im Rahmen eines Mehrkanalsystems des Einzelhandels

In dieser Auflistung der verschiedenen Handlungsmöglichkeiten innerhalb eines Mehrkanalsystems – und dabei insbesondere in der dritten Variante – spiegelt sich die vielzitierte Multioptionalität der Kunden. Es wird sich in dem empirischen Teil dieser Arbeit zeigen, ob die Wirklichkeit tatsächlich dieser Annahme entspricht. Dazu wird im folgenden Kapitel das theoretische Konstrukt des wahrgenommenen Kaufrisikos erläutert, mit dessen Hilfe das Kundenverhalten in einem Mehrkanalsystem beschrieben werden kann, um daran anschließend eine strukturierte Erklärung zu dem Verhalten der Nachfrager unter verschiedenen Parametern abgeben zu können.

---

[123] Vgl. Dach (2003), S. 22 f.

4 Das Konstrukt des wahrgenommenen Kaufrisikos

Als Raymond A. Bauer im Jahre 1960 „in aller Bescheidenheit den Merkwürdigkeiten in der Marketingforschung eine neue hinzufügen wollte“,[124] indem er eine Beziehung zwischen dem Kundenverhalten und der individuellen subjektiven Risikowahrnehmung in Kaufentscheidungssituationen feststellte, konnte noch nicht erahnt werden, wie stark dieser Einfluss auf die Ergründung des Kundenverhaltens sein würde.[125]

Dass das Risiko, welches ein Kunde vor dem Kauf eines Gutes empfindet, sein Kaufverhalten determinieren kann, wurde zuerst von *Bauer* 1960 im Rahmen eines Treffens der American Marketing Association erwähnt. Zu einem eigenständigen Erklärungsansatz innerhalb der verhaltensorientierten Konsumentenforschung wurde es dann u.a. von *Cunningham* weiterentwickelt,[126] der nunmehr den Begriff des „perceived risk“ verwendete. Dementsprechend wird dieses Konstrukt in der vorliegenden Arbeit als „wahrgenommenes Kaufrisiko“ (wKR) bezeichnet.[127] Andere in der Literatur verwendete Begriffe, wie erlebtes und subjektiv empfundenes (Kauf-) Risiko sind als Synonyme zu verstehen.

Bauer beschreibt das Risiko in seinen weiteren Ausführungen wie folgt: „Konsumentenverhalten schließt Risiko ein in dem Sinn, dass jede Handlung eines Konsumenten Konsequenzen nach sich ziehen wird, die der Verbraucher nicht mit Sicherheit antizipieren kann und von denen wenigstens einige unerfreulich sein können. Zumindest konkurriert ein Kauf mit einer großen Anzahl alternativer Verwendungsmöglichkeiten um

[124] Bauer (1960), S. 389.

[125] Vgl. Hilger (1981), S. 158 f.

[126] Vgl. Cunningham (1967).

[127] Zu dem Begriff des theoretischen Konstruktes und zu den Implikationen im Rahmen der empirischen Forschung verweist die Verfasserin an dieser Stelle auf Homburg/Giering (1996).

die finanziellen Ressourcen des Konsumenten."[128] Als Folge dessen entwickeln die Kunden Entscheidungsstrategien und versuchen, das Risiko zu vermindern, um in Situationen, die von unzureichender Information geprägt sind und „die Folgen der Handlungen in einem schwerwiegenden Sinn unkalkulierbar sind, relativ vertrauensvoll und leicht zu handeln."[129]
Weitaus neuer und dementsprechend interessanter fand *Bauer*, sei das Thema, inwieweit Kunden das Problem des Risikos behandeln, denn bis dato wurde nur beschrieben, wie Vertrauen durch außenstehende Quellen (Marke, Meinungsführer sowie Bezugsgruppen) geschaffen werden kann. Weder die Mittel, die ein Kunde zur Reduktion des perzipierten Risikos einsetzt, noch die Art seiner Entscheidung nach diesen Handlungen wurden bislang beschrieben. Er wies im Rahmen seiner weiteren Ausführungen ausdrücklich darauf hin, dass er von einem „perzipierten Risiko" (auch: wahrgenommenem oder erfasstem Risiko) spricht, wenn er das Thema Risikominimierung erörtert.
Begründet ist dies darin, dass sich ein Kunde nur mit dem Risiko beschäftigen kann, welches er subjektiv wahrnimmt – denn falls einerseits das Risiko real existent aber nicht subjektiv wahrgenommen wäre, könnte es nicht von dieser Person beeinflusst werden. Andererseits könnte ein subjektiv wahrgenommenes Risiko durch Maßnahmen reduziert werden, die keinerlei Auswirkungen auf die Realität haben. *Bauer* wünscht sich für die bis dahin noch ausstehende Forschung als Ergebnis Entscheidungsregeln, die die Kunden wählen, um die mit einer Entscheidung einhergehende perzipierte Ungewissheit zu vermindern.
Diese Entscheidungsregeln scheinen einer dynamischen Entwicklung zu folgen: *Bauer* führt als Beispiel die folgende damalig gültige Entscheidungsregel „kaufe nichts, was du nicht bar bezahlen kannst" an und schmückt dies mit der Geschichte aus, dass es in den USA aus diesem Grund ungehörig war, seine Mahlzeit in einem Restaurant mit der

---

[128] Bauer (1976), S. 208.

[129] Bauer (1976), S. 209. Mit „in einem schwerwiegenden Sinne unkalkulierbar" meint Bauer neben der Unmöglichkeit der zuverlässigen Vorhersage der Auswirkungen auch die potenzielle Drastik der Konsequenzen.

Kreditkarte zu bezahlen.[130] Anhand dieses Beispiels zeigt sich, dass Entscheidungsregeln offensichtlich einem zeitlichen Verfallsdatum unterliegen – heute wäre es in den USA verpönt, in so einer Situation **nicht** mit der Kreditkarte zu zahlen.

Um mit Hilfe dieses verhaltenswissenschaftlich orientierten Konstruktes „wahrgenommenes Kaufrisiko" das Kundenverhalten innerhalb eines Mehrkanalsystems zu beschreiben und zu erklären, wird es in einem ersten Schritt definiert.

4.1 Definition des wahrgenommenen Kaufrisikos

Das wahrgenommene Kaufrisiko wird im Rahmen der verhaltensorientierten Konsumentenforschung wie folgt definiert: Der Kauf eines Produktes kann für den Kunden **negative Folgen** haben, die er vor dem Kauf nicht mit **Sicherheit** antizipieren kann. Daraus resultieren für den Nachfrager Entscheidungskonflikte in Form so genannter **Vorkauf-Dissonanzen**, die durch den beabsichtigten Kauf hervorgerufen werden.
Die **Haupthypothese** dieses Konstruktes lautet: Überschreitet das subjektiv wahrgenommene Kaufrisiko die **individuelle Toleranzschwelle** eines Kunden, so versucht er durch den Einsatz von Risikoreduktionsmaßnahmen dieses bis auf ein tolerierbares Maß zu senken.[131] Er benutzt dazu **Reduktionstechniken,**[132] die das Entscheidungsverhalten und den Verlauf des Kaufprozesses wesentlich beeinflussen.[133] Gelingt ihm die Reduktion bis auf diese Toleranzschwelle, so findet der Kaufakt statt – gelingt ihm dies nicht, so wird der Kaufprozess komplett abgebrochen, zeitlich verschoben oder aber unter veränderten Rahmenbedingungen wiederholt bzw. fortgeführt.

---

[130] Vgl. dazu die Studie von *Benson* und *Benson*, veröffentlicht im Wall Street Journal vom 12.05.1960.

[131] Vgl. Kroeber-Riel/Weinberg (2003), S. 391 f.

[132] Synonym auch: Risikoreduktionsmaßnahmen, Risikoreduktionsstrategien oder Maßnahmen zur Risikohandhabung.

[133] Vgl. Kuhlmann (1987), S. 522.

Das theoretische Konstrukt beschreibt somit Verhaltensweisen in der Vorkaufphase[134] und versucht diese mit Hilfe von **nicht direkt beobachtbaren** psychophysiologischen **Zuständen** der Nachfrager zu erklären.[135] Dabei zeigt das wahrgenommene Kaufrisiko **nicht** die direkte Beurteilung einer Kaufsituation aus der Sicht des jeweiligen Probanden auf – vielmehr wird ein Hinweis darauf gegeben, wie eine Person eine komplexe Kaufentscheidungssituation **subjektiv wahrnimmt**.

4.2 Das Konstrukt des wahrgenommenen Kaufrisikos aus modelltheoretischer Perspektive

Bei dem Konzept des wahrgenommenen Kaufrisikos handelt es sich um ein **Partialmodell**, da nur wenige ausgewählte Variablen zur Erklärung herangezogen werden.[136] Zudem ist es ein **Mikromodell**, da es auf der Anwendungsebene des Kunden – also eines Individuums – einzuordnen ist.[137]

Aus modelltheoretischer Perspektive fallen dem wahrgenommenen Kaufrisiko zwei unterschiedliche Rollen zu: Zum einen ist das wahrgenommene Kaufrisiko eine **abhängige Variable**, welche durch unterschiedliche Einflussfaktoren determiniert wird und denen somit ein Einfluss auf die Höhe und das Ausmaß des wahrgenommenen Kaufrisikos unterstellt wird. Zum anderen kann das wKR als **unabhängige Variable** betrachtet werden, die wiederum das Verhalten der Kunden in einem Kaufprozess beeinflusst. Beide Effekte werden im Folgenden erläutert.

4.2.1 Das wahrgenommene Kaufrisiko als abhängige Variable

Vielfältig sind die Determinanten, die einen Einfluss auf die Höhe und den Inhalt des wahrgenommenen Kaufrisikos – welches somit die **abhängige**

---

[134] Vgl. Adelt/Bach (1991), S. 148.

[135] Vgl. Kuhlmann (1987), S. 523.

[136] Vgl. Adler (1996), S. 81; Kuhlmann (1987), S. 523; Schweiger/Mazanec/Wiegele (1976), S. 94.

[137] Vgl. Schweiger/Mazanec/Wiegele (1976), S. 94.

Variable darstellt – und den daraus resultierenden Handlungen der Kunden haben können.

Nimmt das wahrgenommene Kaufrisiko die Stellung der abhängigen Variablen ein, so soll es in Abhängigkeit zu seinen beeinflussenden Faktoren beschrieben und erklärt werden. Untersuchungen, die sich auf diese Art und Weise mit ihm auseinandersetzen, dienen der Erklärung der Ursache und der Messung des Ausmaßes dieses Konstrukts im Kaufentscheidungsprozess.[138]

In dieser Arbeit werden die drei Hauptdeterminantengruppen Merkmale der **Person**, der **Situation** und des **Produktes** kurz dargestellt, um aufzuzeigen, wie die Einflussrichtungen jeweils verlaufen können.[139] Dabei wird auf die Determinanten Person und Situation nur sehr kurz eingegangen. Die Determinante Produkt wird weitaus ausführlicher – insbesondere in dem informationsökonomischen Teil dieser Arbeit (Kap. 5) – erläutert. Dies liegt darin begründet, dass sie in der vorliegenden Untersuchung einer der unmittelbaren Haupteinflussfaktoren sein wird.

Abb. 12 stellt – in Vereinfachung eines S-O-R-Modells – diese Einflüsse und den daraus betrachteten Ausschnitt dar.

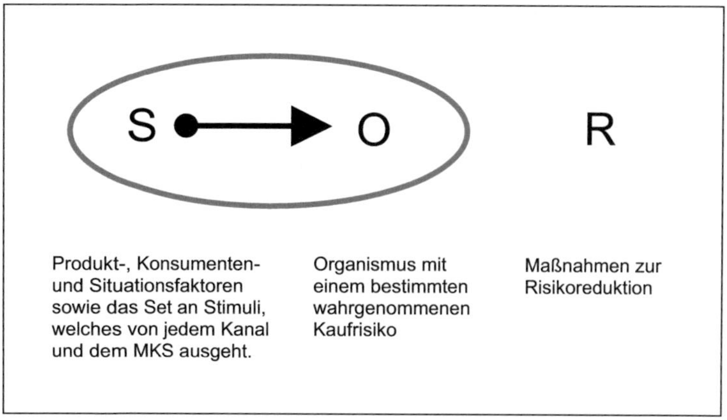

Abb. 12: Stellung des Konstrukts des wahrgenommenen Kaufrisikos als abhängige Variable

---

[138] Vgl. Schweiger/Mazanec/Wiegele (1976), S. 96 ff.

[139] In der verhaltensorientierten Konsumentenforschung lassen sich die Einflussfaktoren der theoretischen Konstrukte in Personenmerkmale, Produktcharakteristika und situationale Einflüsse unterteilen. Vgl. Trommsdorff (2004), S. 34 ff.

4.2.1.1 Überblick über situative Merkmale als Determinanten des wahrgenommenen Kaufrisikos

Eine Determinante, die dabei helfen soll, die Entscheidungen von Kunden beim Produktkauf zu erklären, ist die jeweilige **Situation**, die das Kundenverhalten maßgeblich beeinflussen kann.

So ist z.B. offensichtlich, dass sich die Außentemperatur auf den Kauf von Erfrischungsgetränken auswirkt. Aus diesem Grund können **spezifische Situationen**, in denen sich Käufer bei der Produktwahl befinden, in die Analyse des Käuferverhaltens mit einbezogen werden.[140] Wie *Kakkar/Lutz* feststellen, verhalten sich „gleiche Individuen hinsichtlich Geschlecht, sozialer Schicht oder bestimmter Persönlichkeitsmerkmale (...) wahrscheinlich unterschiedlich im Hinblick auf gleiche Produktart oder Marke, wenn die Situationen, in denen man dieser Produktart oder Marke begegnet, sich wesentlich unterscheiden. Entsprechend können sich unähnliche Individuen – unabhängig von ihren Unterschieden – ähnlich verhalten, wenn sie ähnlichen Situationen gegenüberstehen (...).“[141] Aus diesem Grund müssen nicht nur Charakteristika der betreffenden Person und des Produktes berücksichtigt werden, um eine genauere Erklärung des Käuferverhaltens vornehmen zu können, sondern auch situative Faktoren.[142]

Generell lässt sich eine **Situation** „durch die zu einer bestimmten Zeit an einem bestimmten Ort vorliegenden Bedingungen“[143] definieren. Da es jedoch hier um spezifische Situationen geht, in denen sich Käufer während des Kaufs befinden, ist es notwendig, die speziellen Bedingungen, die eine solche Situation ausmachen, zu konkretisieren.[144]

Belk definiert situative Einflüsse als „all those factors (...) which have a demonstrable and systematic effect on current behavior“[145] und zieht fünf

---

[140] Vgl. Meffert/Steffenhagen/Freter (1979), S. 24.

[141] Kakkar/Lutz (1981), S. 204.

[142] Vgl. zu den situativen Merkmalen, die eine Kaufsituation kurzfristig beeinflussen Mowen (1998), S. 453.

[143] Belk (1979), S. 335.

[144] Vgl. Belk (1979), S. 335.

[145] Belk (1974), S. 157.

Arten von Merkmalen heran, um Situationen zu charakterisieren, die für das Käuferverhalten relevant sind:

1. physische Umgebung,
2. soziale Umgebung,
3. zeitbezogene Merkmale,
4. Anlässe einer Kaufhandlung und
5. vorhergehender Zustand.

Unter **physischer Umgebung** (physical surroundings) sind solche Faktoren zu verstehen, die aus der stofflichen Gegenstandswelt des Nachfragers beim Kaufakt stammen. Dazu zählen z.B. die Gestaltung der Einkaufsstätte mit Geräuschen, Licht, Dekoration sowie die Präsentation der Produkte im Regal. Die **soziale Umgebung** (social surroundings) ist durch die Gegenwart anderer Personen (ihrer Eigenschaften, Rollen etc.) und die Interaktion mit anderen Personen (Kinder, Freunde, Verkäufer) gekennzeichnet. Als Beispiele für **zeitbezogene Merkmale** (temporal perspective) lassen sich die Jahres- oder Tageszeit, Zeitdruck oder der Zeitabstand zu bestimmten Ereignissen (z.B. Mahlzeiten) anführen.
Weiter werden die **Anlässe einer Kaufhandlung** (task definition) als eigenständiges Merkmal hervorgehoben. So macht es z.B. einen Unterschied, ob ein Produkt für den eigenen Ge- oder Verbrauch oder als Geschenk bestimmt ist und ob einzelne oder mehrere Produkte eingekauft werden. Auch der **vorhergehende Zustand** (antecedent state) spielt eine Rolle. Darunter sind z.B. momentane Stimmungen wie Angst oder Freude zu verstehen oder auch momentane Bedingungen wie das Mitführen von Bargeld.[146]

Betrachtet man die beispielhaft aufgeführten situativen Faktoren, so wird deutlich, dass die außerordentliche Vielfalt von Ausprägungen situativer Variablen und ihrer Kombinationen die Messung und Kategorisierung erschweren. Im Folgenden wird beispielhaft anhand der Faktoren

[146] Vgl. Belk (1975), S. 159 und Herrmann/Gutsche (1993), S. 95 f.

Crowding und **Zeitdruck** aufgezeigt, inwieweit sie sich auf das wahrgenommene Kaufrisiko und den Kaufprozess in einem Mehrkanalsystem auswirken können.

Unter **Crowding** (oder auch: Gedrängel) ist der Grad der Überfüllung, d.h. die physische Dichte von Personen in einer stationären Einkaufsstätte zu verstehen.[147] Generell kann Überfüllung Ablenkung (z.B. von dem Gedanken an die Kaufentscheidung) auslösen. Unter der Bedingung des Crowding ist mit einer **erhöhten Risikowahrnehmung** zu rechnen. Insbesondere dadurch, dass Gedrängel dazu führen kann, dass der Kunde die Einkaufsituation als unangenehm empfindet.[148]

Auch anhand des situativen Merkmals **Zeitdruck** lässt sich der Einfluss auf das wahrgenommene Kaufrisiko exemplarisch aufzeigen. Unter Zeitdruck ist zeitinduzierter Stress des Kunden zu verstehen, der durch enge Grenzen des Zeitbudgets, begrenzte Ladenöffnungszeiten, befristete Sonderangebote oder die jeweilige Kaufsituation (z.B. Ersatzteilkauf bei einer Autopanne) hervorgerufen werden kann.[149] Um die Wirkung von Zeitdruck auf das wahrgenommene Kaufrisiko zu verdeutlichen, dient folgendes Beispiel: Ein Kunde möchte ein bestimmtes Produkt kaufen und empfindet Zeitdruck bei der Entscheidung für ein Angebot. Er hat die Befürchtung, dass nach der Entscheidung gegen das aktuelle Angebot, spätere Alternativen womöglich ungünstiger ausfallen könnten (z.B. in Bezug auf Qualität oder Preis) und das aktuelle Angebot zu einem späteren Zeitpunkt ggf. aber nicht mehr zur Verfügung steht.
Zeitdruck kann also zu einer erhöhten Wahrnehmung des Kaufrisikos führen. Der Kunde könnte sich außerdem der Tatsache der durch den Zeitdruck eingeschränkten Informationsgewinnung bewusst sein. So kann,

---

[147] Anhand des Beispiels „Crowding“ wird deutlich, dass Situationen auch von mehreren der von *Belk* aufgeführten fünf Merkmale geprägt sein können. So kommen bei Gedrängel zumindest die Merkmale der physischen Umgebung (z.B. Kunde wird angerempelt oder Personen stehen vor den Regalen und verhindern bzw. erschweren ungewollt die Suche nach gewünschten Produkten) und der sozialen Umgebung (z.B. andere Kunden werden aufgrund des Gedrängels aggressiv) zum Tragen.

[148] Vgl. Mowen (1998), S. 456.

[149] Vgl. Kuß/Tomczak (2000), S. 214.

wie in dem eingangs genannten Beispiel, Unsicherheit darüber bestehen, ob nicht die Suche nach weiteren Alternativen zu einer besseren Problemlösung geführt hätte. Der Kunde nimmt in diesem Fall mehr Risiko wahr, weil er befürchtet, auf ein ungünstiges Angebot einzugehen, von der schlechten Qualität überrascht zu werden oder soziale Sanktionen zu erhalten. Allerdings könnte die Verhinderung zielgerichteter Informationssuche durch Zeitdruck auch zu einer verminderten Risikowahrnehmung führen, d.h. der Kunde fühlt sich relativ sicher, weil er Problemsituationen in der Eile nicht erkennt (oder erkennen möchte). Wird der Kunde durch die Einhaltung eines bestimmten Datums (z.B. Geburtstag) zu einer raschen Entscheidung gezwungen, so kann er sich trotz eines höheren wahrgenommenen Kaufrisikos dennoch zum Kauf eines Produktes entscheiden und bereit sein, die womöglich damit verbundenen negativen Konsequenzen zu akzeptieren (z.B. in Form eines „zu hohen" Preises).[150]

Abschließend werden einige situative Faktoren beispielhaft aufgeführt, die sich beeinflussend auf das Konstrukt des wahrgenommenen Kaufrisikos auswirken können.

Kuhlmann beschreibt, dass das wahrgenommene Risiko **tendenziell** umso höher ist, je

- größer die Ausgaben des Kaufs sind,
- mehr der Kauf bzw. der Gebrauch des Produktes individuelle und soziale Verpflichtungen nach sich ziehen,
- länger der Nachfrager durch den Kauf gebunden ist,
- weniger die Einkaufssituation die Möglichkeit zur Inspektion der Produkte bietet (insbesondere beim Distanzkauf) und
- je mehr sozial-psychische Folgen eines Fehlkaufs vom Käufer selber zu verantworten sind und nicht von Gruppenmitgliedern mitgetragen werden.[151]

---

[150] Vgl. Panne (1977), S. 262 f.

[151] Vgl. Kuhlmann (1987), S. 528.

4.2.1.2 Überblick über Persönlichkeitsmerkmale als Determinanten des wahrgenommenen Kaufrisikos

Zu den **Persönlichkeitsmerkmalen**, denen generell ein Einfluss auf ein theoretisches Konstrukt unterstellt wird, zählen zum einen soziodemographische Faktoren, wie z.B. Alter, Geschlecht, Bildung, Einkommen und zum anderen auf diese soziodemografischen Merkmalen basierende Ausprägungen wie bspw. soziale Schicht sowie die Kauf- bzw. Verwendungserfahrung in Bezug auf ein bestimmtes Produkt.[152] *Kuhlmann* betont jedoch, dass es keine Hinweise für einen systematischen Zusammenhang zwischen dem wahrgenommenen Kaufrisiko und sozioökonomischen sowie soziodemografischen Variablen gibt.[153]

Bezogen auf ein Mehrkanalsystem können insbesondere so genannte **intrapersonale Determinanten**, wie z.B. die **Einstellung** zu den verschiedenen Kanälen einen Einfluss auf die Verteilung der Phasen eines Kaufprozesses auf unterschiedliche Kanäle haben oder auch **Werte** oder **Motive** der jeweiligen Person beim Kauf eines bestimmten Produktes.[154]

Speziell für die Betrachtung des wahrgenommenen Kaufrisikos sind neben diesen eher allgemeinen Merkmalen insbesondere die folgenden Einflussfaktoren relevant: das **allgemeine** und **spezifische Selbstvertrauen**[155] einer Person sowie ihre **allgemeine Risikobereitschaft.**

---

[152] Vgl. dazu *Panne*, der in seiner empirischen Arbeit einen Einfluss von sozioökonomischen Merkmalen, Geschlecht, Alter, Einkommen bzw. des finanziellen Status, Erziehung und Ausbildung sowie von psychologischen Merkmalen auf das wahrgenommene Risiko untersucht. Dabei betrachtet er zwei unterschiedliche Effekte: Zum einen den auf die Risiko**wahrnehmung** und zum anderen den auf die Risiko**bereitschaft**. Vgl. Panne (1977), S. 130 ff.

[153] Vgl. Kuhlmann (1987), S. 529. So auch Hilger, der die empirischen Studien von Gronhaug (1972); Spence et al. (1970), Kogan/Wallach (1964; 1967) heranzieht. Vgl. Hilger (1981), S. 160.

[154] Vgl. dazu die Arbeiten von Zaharia (2005) oder Schramm-Klein (2003), in der diese Wirkungszusammenhänge bezogen auf ein Mehrkanalsystem empirisch überprüft werden.

[155] Vgl. Taylor (1974), S. 55.

Allgemeines Selbstvertrauen ist ein Persönlichkeitsmerkmal, welches die subjektive Sicherheit einer Person in ihr Urteilsvermögen beschreibt – unabhängig von einer bestimmten Kaufsituation (i.S. einer spezifischen Produkt-Kanal-Konstellation), der sich der Nachfrager gegenübersieht. Anders sieht es beim **spezifischen Selbstvertrauen** aus: Wie der Begriff bereits schließen lässt, beschreibt er die subjektive Sicherheit einer Person bei der Beurteilung einer Kaufsituation unter Berücksichtigung einer konkreten Produkt-Kanal-Kombination (z.B. Kauf einer Hose im Online-Shop). Relevant hierbei ist die Kompetenz, die sich der Käufer in dem betreffenden Tätigkeits- bzw. Wissensgebiet zuschreibt.[156]

Risikoneigung (synonym auch Risikobereitschaft) ist die grundlegende Bereitschaft einer Person, entweder eher Nachteile durch aktives Handeln, oder aber eher entgangenen Nutzen durch ein Versäumnis in Kauf zu nehmen.[157]

Nach *Taylor* hängt das wahrgenommene Kaufrisiko unmittelbar vom spezifischen Selbstvertrauen und nur mittelbar vom allgemeinen Selbstvertrauen ab, welches sich wiederum direkt auf das spezifische Selbstvertrauen auswirkt.[158] Als Beispiel fügt er an, dass ein geringes spezifisches Selbstvertrauen ein hohes wahrgenommenes Kaufrisiko nach sich zieht und dieses umso höher ist, je geringer die allgemeine Bereitschaft ist, Risiko auf sich zu nehmen.[159]

Wie sich diese Merkmale auf den Kauf innerhalb eines MKS auswirken könnten, soll anhand eines Beispiels aufgezeigt werden, in dem eine extreme Ausprägung dieser Merkmale unterstellt wird. Ausgehend von

---

[156] Vgl. Schweiger/Mazanec/Wiegele (1976), S. 98.

[157] Vgl. Schweiger/Mazanec/Wiegele (1976), S. 98. Die allgemeine Risikobereitschaft wurde bereits in der präskriptiven Entscheidungstheorie als Parameter erkannt und es wird unterstellt, dass sich die Nachfrager in das Raster der so genannten Grundtypen der Risikoneigung einordnen lassen. Dabei unterscheidet man risikofreudige, risikoaverse und risikoneutrale Personen. Vgl. Pratt (1964), S. 122 ff.; Tobin (1957), S. 65 ff.; Bamberg/Coenenberg (1992), S. 79 ff.; Schneider (1992), S. 457 ff. und Müller (1993), Sp. 3817 f. *Barach* unterscheidet die Risikoneigungen mit den beiden Extremausprägungen nach Typ 1 und Typ 2. Vgl. Barach (1969), S. 315.

[158] Vgl. Taylor (1974), S. 55.

[159] Vgl. Schweiger/Mazanec/Wiegele (1976), S. 98.

einer Person, die eine **hohe Risikoneigung** hat und deren **allgemeines und spezifisches Selbstvertrauen** auch **sehr groß** ist, könnte man aus Plausibilitätsgründen unterstellen, dass sie geringere Barrieren hat, einen Kauf im Internet zu tätigen, als es eine Person mit geringeren Ausprägungen dieser Merkmale hätte.

Soviel zum Einfluss der Personenmerkmale auf das wahrgenommene Kaufrisiko und die daraus resultierende Wahl eines Kanals. Wie sieht es aber mit der parallelen Nutzung der Kanäle innerhalb eines MKS aus? Hierbei ist anzunehmen, dass diese erste Beispielperson vor dem Kauf ein geringeres Kaufrisiko wahrnimmt und somit ggf. kaum – im Extremfall sogar keine – risikoreduzierenden Maßnahmen anwenden wird und das Hinzuziehen eines parallelen Kanals eher unwahrscheinlich ist.

4.2.1.3 Überblick über die Produkteigenschaften als Determinanten des wahrgenommenen Kaufrisikos

Innerhalb der Marketingliteratur existieren zwei verschiedene Ansätze zur Klassifikation von Produkten, von denen man jeweils die Auswirkungen auf die Modellvariable wahrgenommenes Kaufrisiko und daraus wiederum auf das Kaufverhalten ableiten kann: der **güterbezogene verhaltenswissenschaftliche Ansatz** und die **informationsökonomische Produkt- bzw. Eigenschaftstypisierung** – beide werden im Folgenden aufgegriffen.

Zur Erklärung des Nachfragerverhaltens untersucht der **güterbezogene verhaltenswissenschaftliche Ansatz** Kaufprozesse in Abhängigkeit von der Beschaffenheit, den Eigenschaften und dem Verwendungszweck von Produkten.[160] Dafür findet eine Unterteilung der Produkte in **Convenience, Shopping, Specialty** und **Preference Goods** statt. Diese Produktkategorien werden kurz vorgestellt, um daran anschließend exemplarisch die möglichen Auswirkungen auf das wahrgenommene Kaufrisiko aufzuzeigen.

[160] Vgl. Weiber (1996), S. 44.

Die bis heute in der Marketingliteratur beachtete Einteilung in Convenience, Shopping, Specialty und Preference Goods wurde zu Beginn des letzten Jahrhunderts von *Parlin* (1912) eingeführt und von *Copeland* (1923) sowie *Holbrook/Howard* (1977) modifiziert und erweitert.

Convenience Goods sind nach *Parlin* Güter des täglichen Bedarfs, die bereits bekannt sind, gewohnheitsmäßig in der unmittelbaren Umgebung gekauft werden, nur geringen Wert haben und dabei sofort benötigt werden. Als Beispiel dienen hier: Lebensmittel, Strümpfe und Servietten. Bei den **Shopping Goods** (*Parlin* und *Copeland*) handelt es sich um Güter, die durch ihre ausreichende Wichtigkeit und geringe Kaufdringlichkeit den Kunden veranlassen, die Produktmerkmale wie z.B. Preis, Qualität, Design in verschiedenen Einkaufsstätten zu vergleichen. Als Beispiel werden Schuhe herangezogen. Der Begriff der **Specialty Goods** entstammt von *Copeland.*[161] Specialty Goods sind von einer hohen finanziellen Mittelbindung und einem großen Informationsbedarf geprägt, wobei die Kaufhäufigkeit und der Erfahrungsgrad gering sind.[162] Die vierte Kategorie – die **Preference Goods** – wurde von *Holbrook/Howard* erst 1977 entwickelt. In Abgrenzung zu den Specialty Goods handelt es sich bei den Preference Goods um kurzlebige Verbrauchsgüter, die von einer geringeren Kaufanstrengung geprägt sind, die Käufer sich aber einer Vielfalt unterschiedlicher Produktvarianten gegenüber sehen.[163]

Die Autoren *Enis/Roering* fügten dieser käuferorientierten Unterteilung noch die Anbieterperspektive hinzu. Aus Anbietersicht lassen sich die vier Produktkategorien nach den Dimensionen „Produkt-Differenzierungsmöglichkeiten" und „Marketing-Mix-Differenzierungsmöglichkeiten", aus der Perspektive der **Kunden** nach „wahrgenommenem Kaufrisiko" und „erwarteter Kaufanstrengung" unterscheiden. In Abb. 13 wird deutlich, dass die

161 Vgl. Copeland (1923), S. 282 ff., der damit die Definition der Emergency Goods von *Parlin* modifizierte. Vgl. Parlin (1912), S. 275 ff.

162 Vgl. Ruhfus (1976), S. 23.

163 Vgl. Weiber (1996), S. 46 f.

Kombinationen dieser Ausprägung jeweils zu den vier Produktkategorien führen.

		wahrgenommenes Kaufrisiko/ Produkt-Differenzierungsmöglichkeit	
		gering	hoch
erwartete Kaufanstrengung/ Marketing-Mix-Differenzierungsmöglichkeit	hoch	Shopping Goods	Specialty Goods
	gering	Convenience Goods	Preference Goods

Abb. 13: Güterklassifikation nach Enis/Roering (Quelle: in Anlehnung an Enis/Roering (1980), S. 188)

Demnach wird unterstellt, dass beim Kauf von Shopping Goods und Convenience Goods nur ein **geringes Kaufrisiko** wahrgenommen wird und bei Specialty Goods und Preference Goods ein **hohes wahrgenommenes Kaufrisiko** verspürt wird, unabhängig von dem Kanal, in dem der Kaufprozess vollzogen wird.

Die güterbezogenen Erklärungsansätze des Käuferverhaltens gehen davon aus, dass unterschiedliches Kaufverhalten durch eine Variation der Produkteigenschaften zu erklären ist. Allerdings – so betont *Weiber* – kann einem Produkt nicht grundsätzlich angesehen werden, wie es gekauft wird.[164] Vielmehr ist die Einschätzung einer Produkteigenschaft durch einen Käufer abhängig von der Kaufsituation, dem sozialen Umfeld, dem Informationsstand und dem Erfahrungsschatz des Kunden sowie verschiedener anderer Persönlichkeitsvariablen. Somit kann beispielsweise die Zuordnung eines Produktes zu einer Kategorie von Person zu Person unterschiedlich sein.

Die **Problematik** dieser Einteilung in die vier Produktkategorien und die damit einhergehende **Vermischung** unterschiedlicher beeinflussender Größen wird bereits anhand der Definition der einzelnen Produktkategorien deutlich:

---

[164] Vgl. Weiber (1996), S. 48.

So kann anhand des Convenience Goods beispielhaft aufgezeigt werden, dass neben den Produktmerkmalen (geringer Wert) auch Merkmale der Person (Gewohnheit/Kauferfahrung) sowie situative Komponenten (sofortiger Bedarf) in der Definition dieses Begriffs eine Rolle spielen.[165] Trotz dieser Problematik kann festgehalten werden, dass bestimmte Produktkategorien mittels gleicher bzw. ähnlicher Kaufprozesse erworben werden. Relevant ist bei der Bildung von Kategorien, dass die diskriminierenden Merkmale auch tatsächlich Auswirkungen auf das Kaufverhalten haben. Um das erreichen zu können, ist es sinnvoll, einzelne Merkmale allgemeiner Art und ihren unterstellten Einfluss auf das wahrgenommene Kaufrisiko zu überprüfen.

Diese Kritik greift der informationsökonomisch orientierte Ansatz auf, der in der vorliegenden Arbeit als eine der Hauptdeterminanten des Käuferverhaltens untersucht wird und aus diesem Grund in Kap. 5 ausführlichere Würdigung findet. Wie gezeigt wird, ist hierbei die subjektive Einschätzung des Kunden bezüglich der relevanten Eigenschaften eines Produktes und deren subjektive Beurteilbarkeit innerhalb der verschiedenen Prozessschritte eines Kaufaktes der Ausgangspunkt. Ein weiterer positiver Punkt ist, dass durch diesen Ansatz hervorragend MKS-spezifische Aspekte herausgearbeitet werden können.

Wie bereits bei der vorhergehenden Determinantengruppe Situation, werden auch hier beispielhaft einige Produktmerkmale genannt und mit einer Einflussrichtung auf das wahrgenommene Kaufrisiko versehen.

---

[165] Eine ähnliche Kritik müssen sich die Produktkategorien gefallen lassen, die nach dem Involvement (High- und Low-Involvement-Produkte) unterscheiden und anhand dessen den Einfluss auf das wahrgenommene Kaufrisiko erläutern. Auch bei dieser Kategorisierung stehen vor allem Gewohnheit, Impuls und personelle Merkmale im Vordergrund. Vgl. Bagozzi/Rosa/Celly/Coronel (2000), S. 53.

Das wahrgenommene Kaufrisiko ist **tendenziell** umso höher, je

- neuartiger das Produkt ist,
- komplizierter es ist (i.S.v. technologischer Undurchschaubarkeit/ hoher Erklärungsbedürftigkeit),
- höher der Preis des Produktes ist,[166]
- mehr mangelnde Teilbarkeit des Produktes vorliegt (z.B. kein Probekauf möglich),
- stärker die Ich-Beteiligung in der Auseinandersetzung mit der Produktklasse ist[167] bzw. je mehr es sich um ein High-Involvement-Produkt handelt,
- mehr mangelnde Konformität des Produktes in Bezug auf soziale Normen und einem hohen Öffentlichkeitscharakter der Produktverwendung gegeben ist,
- mehr subjektiv wahrgenommene Qualitätsunterschiede innerhalb der Produktgruppe vorliegen und
- je größer die Bedarfshäufigkeit des Produktes ist (periodischer Bedarf/aperiodischer Bedarf).[168]

4.2.2 Das wahrgenommene Kaufrisiko als unabhängige Variable

Untersucht man das Verhalten des Kunden im Kaufentscheidungsprozess, welches durch das wahrgenommene Kaufrisiko beeinflusst wird, so nimmt das Konstrukt die Stellung einer erklärenden Variablen ein.[169] Dabei beeinflusst die Höhe, das Ausmaß und die Art des wahrgenommenen Kaufrisikos die Maßnahmen zur Risikoreduktion und die daraus resultierenden Kaufentscheidungen.

Verdeutlicht in Abb. 14, stellt sich die Betrachtung des wahrgenommenen Kaufrisikos als unabhängige Variable in dem S-O-R-Modells wie folgt dar.

---

[166] Vgl. van den Peul/Leunis (1996), S. 368.

[167] Bei diesem Punkt muss beachtet werden, dass eine Überschneidung mit den Personenmerkmalen gegeben sein kann.

[168] Vgl. Ahlert (1996), S. 40 ff.

[169] Vgl. Meffert (1992), S. 70.

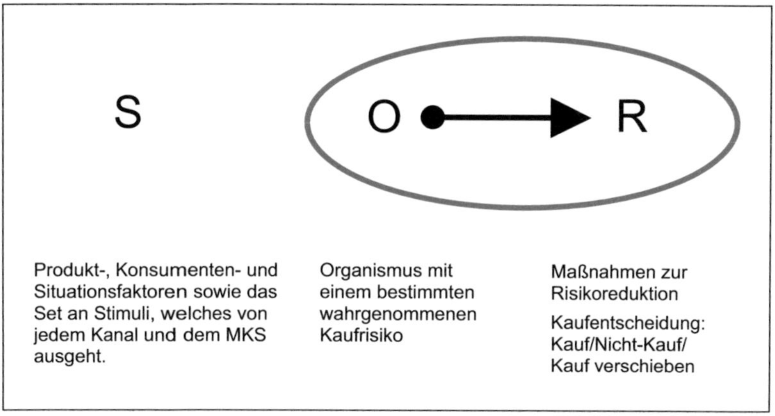

Abb. 14: Stellung des Konstrukts des wahrgenommenen Kaufrisikos als unabhängige Variable

Welche Risikoreduktionsmaßnahmen und -strategien daraus innerhalb eines Mehrkanalsystems resultieren können, wird ausführlich in Kapitel 6 erörtert.

4.3 Struktur des wahrgenommenen Kaufrisikos im Rahmen eines Kaufprozesses

Wie bereits weiter oben gezeigt (vgl. Kap. 4.1), beschreibt die Haupthypothese des wahrgenommenen Kaufrisikos seinen prozessualen Charakter: Falls das subjektiv wahrgenommene Kaufrisiko vor dem Kauf die individuelle Toleranzschwelle des Kunden übersteigt, so versucht der Kunde das Risiko zu reduzieren. Gelingt ihm dies in der Art und Weise, dass seine Toleranzschwelle nicht mehr überschritten wird, so kommt es zum Kauf. Falls die Risikoreduktionsmaßnahmen nicht dazu führen, dass die Schwelle unterschritten wird, so endet der Prozess mit einem Nicht-Kauf bzw. einer zeitlichen Verschiebung des Kaufs oder einer Wiederholung einzelner Prozessschritte (vgl. Abb. 15).

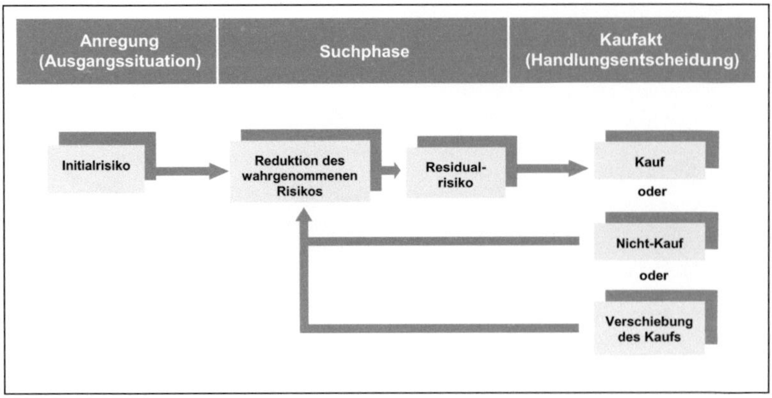

Abb. 15: Der prozessuale Charakter des wahrgenommenen Kaufrisikos

Um diesen prozessualen Aspekt des wahrgenommenen Kaufrisikos zu verdeutlichen, werden die folgenden Begriffe erläutert, mit denen eine differenzierte Darstellung ermöglicht wird: **Ausgangsrisiko** (auch: Initialrisiko), **Residualrisiko** und **akzeptiertes Risikoniveau**.

Bettman war 1975 der erste Wissenschaftler, der den Begriff des **Ausgangsrisikos** prägte und dazu den Begriff des *inherent risk* einführte. Er beschrieb damit das grundlegende Risiko, das einer Produktklasse anhängt und benannte es konkret als: „the innate degree of conflict, the product class arouses in the consumer."[170]/[171]

Kritik ist in soweit an diesem Ansatz zu äußern, dass es eine Vielzahl weiterer Determinanten des Ausgangsrisikos, seiner Höhe und seines Ausmaßes gibt, die bei *Bettman* allerdings keine Erwähnung finden. Neben dem Produkt handelt es sich um die beeinflussenden Faktoren: die Person und ihre Merkmale (Kognition, Wahrnehmung, Kauferfahrung, Produktkenntnisse, Selbstvertrauen, Bildung, Alter, Geschlecht, etc.), den jeweiligen Kanal (stationärer Einzelhandel vs. Online-Shop) und den damit

---

[170] Vgl. Bettman (1975), S. 394.

[171] Synonym dazu wird auch der Begriff „Initialrisiko" verwendet. Vgl. Adler (1996), S. 95; Pohl (1996), S.123 ff. und S.148 ff.; Panne (1977), S. 37.

einhergehenden risikobeeinflussenden Effekten sowie der jeweiligen Situation (Zeitnot, Gedrängel, etc.).[172]

Das **Residualrisiko** ist das verbleibende wahrgenommene Restrisiko nach dem Einsatz von Risikoreduktionsmaßnahmen. *Bettman* prägte dafür den Begriff des *handled risk*. Er beschreibt es als „the amount of conflict a product class engeders when the buyer chooses a brand from the product class in his usual buying situation. Thus handled risk includes the effects of information and risk reduction processes as they have acted on inherent risk."[173]

Das **akzeptierte Risikoniveau** beschreibt das Ausmaß und die Höhe an subjektiv wahrgenommenem Risiko, welches im Rahmen eines Entscheidungsprozesses gerade noch in Kauf genommen wird.[174] Ob eine Lösung als gut oder schlecht zu bezeichnen ist, hängt von dem **individuellen Anspruchsniveau** ab. Es ist ein Bündel aller Ansprüche, Erwartungen und Ziele, das befriedigt werden muss, damit der Entscheider mit seiner Wahl zufrieden ist.[175] Erst wenn er ein Produkt gefunden hat, das all seinen Ansprüchen (vermeintlich) gerecht wird, ist die Person zufrieden gestellt.[176]

---

[172] Vgl. dazu auch Kap. 4.2.1, in dem ausführlich die Determinanten des wahrgenommenen Kaufrisikos dargestellt werden.

[173] Vgl. Bettman (1975), S. 394.

[174] Vgl. dazu Pohl (1996), S. 157; Kupsch/Hufschmied (1977), S. 92 und Panne (1977), S. 130 ff.

[175] Vgl. Sauermann/Selten (1962), S. 579. Erstmalige Erwähnung fand das Konstrukt des Anspruchsniveaus in der Arbeit von Dembo (1931), S. 50 ff. und Hoppe (1931), S. 9 ff. (neuer Druck unter Hoppe (1968), S. 217 ff.). Zur kritischen Auseinandersetzung mit diesem Konstrukt - siehe auch: Chmielewicz (1970), S. 245 und Schneider (1971), S. 354. Das Anspruchsniveau sind die subjektiv wahrgenommenen Anforderungen an das Entscheidungsverhalten und an die Entscheidungsziele. Um den Unterschied zwischen den vorgegebenen Zielen und den gesetzten Ansprüchen an das eigene Verhalten hervorzuheben, schlägt *Weinberg* vor, den gesuchten Zielerreichungsgrad und die an das eigene Verhalten gesetzten Ansprüche zu unterscheiden. Vgl. Weinberg (1981), S. 51 und Berg/Dehio/Scheib (1979), S. 5.

[176] So auch *Koerdt*: „Ein Anspruchsniveau ist das selbst gewählte, konkretisierte Ziel einer Person auf einer Skala der Bedürfnisbefriedigung. Es besitzt einen Anreizcharakter (...)." Koerdt (1988), S. 1. Zur empirischen Relevanz des Anspruchsniveau-Konzeptes vgl. Hauschildt (1977), S. 34 f. und zur Verankerung des Anspruchsniveaus im Kaufentscheidungsprozess des Konsumenten vgl. Kuhlmann (1978), S. 32 f.

Pohl geht davon aus, dass „sich Nachfrager durch bestimmte Anspruchsniveaus bezüglich der Höhe des wahrgenommenen Risikos kennzeichnen lassen"[177] und verwendet die Begriffe individuelles **Anspruchsniveau**[178] und **akzeptiertes Risikoniveau**[179] synonym[180] – dies soll auch in der vorliegenden Untersuchung der Fall sein. Dementsprechend führt eine Senkung des Anspruchsniveaus zu einer Erhöhung der Schwelle des noch tolerierten Risikos. Dies hat zur Folge, dass im Rahmen des Prozesses der Risikoreduktion eine Absenkung des restlich verbleibenden wahrgenommenen Kaufrisikos auf das nun höhere Niveau der Toleranzschwelle eher erfolgt.[181]

Um die unterschiedlichen Effekte der dynamischen Veränderung des wahrgenommenen Kaufrisikos und der Toleranzschwelle zu erläutern, werden nun verschiedene Kaufprozesse mit unterschiedlichen Ausgängen dargestellt. Betrachtet man Abb. 16, so sieht man einen idealtypischen Risikoverlauf: Ausgehend von einem wahrgenommenen Kaufrisiko, welches zu Beginn des Kaufaktes durch eine spezifische Konstellation von Person, Produkt, Situation und Kanal gegeben ist, setzt die Person risikoreduzierende Maßnahmen ein, die kontinuierlich (hier: linear) eine Reduktion des wahrgenommenen Risikos nach sich ziehen.[182] Das Risiko kann schließlich auf das Niveau des noch akzeptierten Risikoniveaus, welches sich im Zeitverlauf nicht verändert hat, gesenkt werden. Daraus resultierend kann der Kaufakt vollzogen werden. Aus diesem Grund wird im Folgenden von einem idealen Verlauf des wahrgenommenen Kaufrisikos gesprochen, wenn das wahrgenommene Risiko mindestens gleich dem akzeptierten Risikoniveau ist. Falls dies nicht der Fall ist – das Risiko also

---

[177] Pohl (1996), S 134.

[178] I.S. der Grenze, ab der eine potenzielle Zielerreichung als Erfolg gewertet wird.

[179] Auch: individuelle **Risikotoleranzschwelle** i.S. der Grenze, bis zu der man noch bereit ist, mögliche unliebsame Kauffolgen in Kauf zu nehmen. Vgl. Cox (1967c), S. 629 f.

[180] Vgl. Pohl (1996), S 134.

[181] Ausnahmen von dieser Regel werden weiter unten erläutert.

[182] Der Verlauf wird hier und in Abb. 18 nur aus Gründen der Vereinfachung linear angenommen. Das wahrgenommene Kaufrisiko könnte sich natürlich auch nichtlinear, wie z.B. in Abb. 17 und Abb. 19 entwickeln, was annahmegemäß eher dem Verlauf des Risikos in der Realität entsprechen wird.

nicht mindestens bis auf diesen Punkt gesenkt werden kann, wird der Zustand als nicht idealer Verlauf bezeichnet. Dabei ist nicht nur davon auszugehen, dass das Nichtzustandekommen eines beabsichtigten Kaufs aufgrund des ausbleibenden Umsatzes ein nichtidealer Zustand für den Anbieter ist. Vielmehr kann man an dieser Stelle unterstellen, dass der Abbruch eines ursprünglich geplanten Kaufs auch beim Nachfrager Dissonanzen hervorruft.

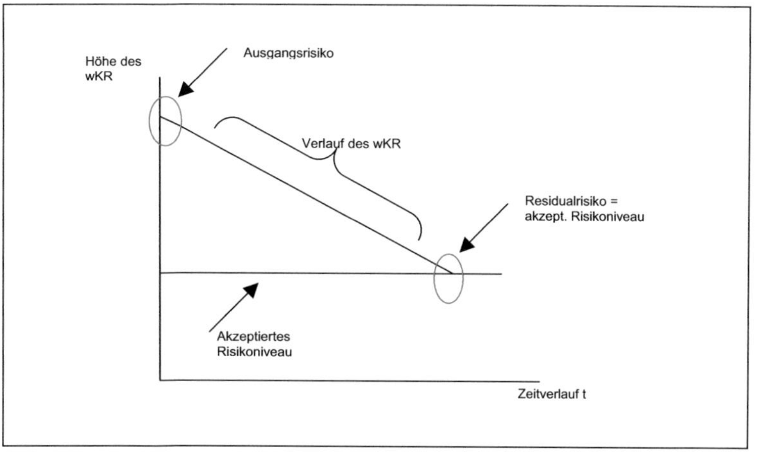

Abb. 16: Idealverlauf eines Risikoreduktionsprozesses

In Abb. 17 wird ein Verlauf aufgezeigt, bei dem der Prozess nicht mit einem Kauf endet. Grund dafür ist ein nicht kontinuierlich sinkendes wahrgenommenes Risiko bei gleich bleibendem Toleranzniveau. Wie aber kann während des Einsatzes risikoreduzierender Maßnahmen das wahrgenommene Risiko im Verlauf steigen und sogar im Extremfall das eingangs verspürte Initialrisiko übersteigen? Dieser Effekt kann seine Ursache in zwei verschiedenen Sachverhalten haben:

Zum einen, dass die Informationsaufnahme und das mögliche Erlangen **widersprüchlicher Informationen** zu einem höheren wahrgenommenen Risiko führen kann.[183] Auch eine **zu große Informationsmenge** kann die Unsicherheit über die „richtige" Wahl zwischen verschiedenen Alternativen

[183] Vgl. Kupsch/Hufschmied/Mathes/Scholer (1978), S. 88.

erhöhen. Zum anderen wird der so genannte **Risikoerkennungseffekt** durch die Art der Risikoreduktionsstrategie beeinflusst.[184] Dies bedeutet, dass sich ein Kunde ggf. erst durch die Beschäftigung mit Informationen zu dem jeweiligen Produkt über mögliche Gefahren bewusst wird, die mit dem Produkt, dem Anbieter oder dem Kanal, in dem das Produkt gekauft werden soll einhergehen können.

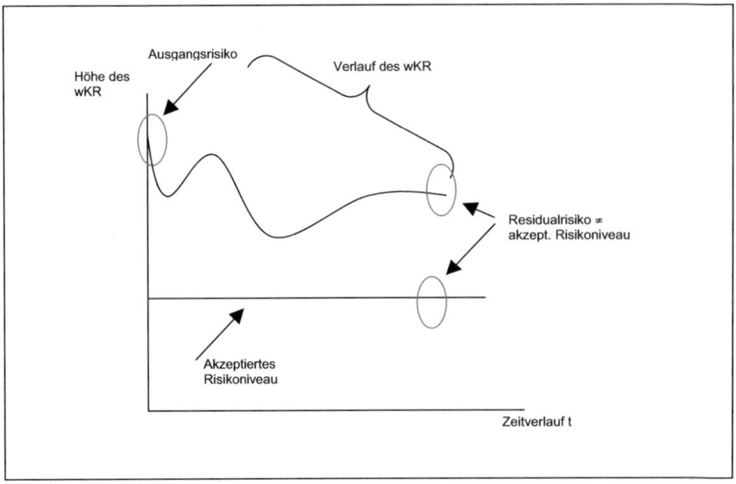

Abb. 17: Kein idealer Verlauf eines Risikoreduktionsprozesses (ohne Veränderung des akzeptierten Risikoniveaus)

Abb. 18 macht einen weiteren Effekt deutlich. Trotz einer linearen Senkung des wahrgenommenen Kaufrisikos kommt es am Ende dieses Prozesses nicht zu einem Kauf, da das Residualrisiko nicht das Niveau des gerade noch akzeptierten Risikos erreicht. Dies liegt darin begründet, dass es im Verlauf des Kaufprozesses durch eine Steigerung des Anspruchsniveaus zu einer Senkung der Risikotoleranzschwelle – also dessen, was der Kunde schlimmstenfalls bereit ist in Kauf zu nehmen – kommt. Dies kann wiederum auch daran liegen, dass die jeweilige Person zwar das wahrgenommene Risiko kontinuierlich reduzieren kann, sie aber z.B. auch Informationen erhält, die sich auf die Höhe des Anspruchsniveaus

[184] Vgl. Pohl (1996), S. 149 und für die Darstellung der verschiedenen Fälle S. 152.

auswirken oder aber sich die Parameter zur Einschätzung dessen, was man bereit ist in Kauf zu nehmen, verändert haben.

Dies zieht in diesem Beispiel nach sich, dass das Risiko zwar linear gesenkt wird, durch die Verschiebung der Toleranzschwelle nach unten trotzdem zu einem bestimmten Zeitpunkt, an dem der Kauf spätestens getätigt werden sollte, das tatsächliche Risiko nicht auf diese Schwelle gesenkt werden konnte. In diesem Fall kommt der Kauf in der ursprünglich geplanten Form nicht zu Stande.

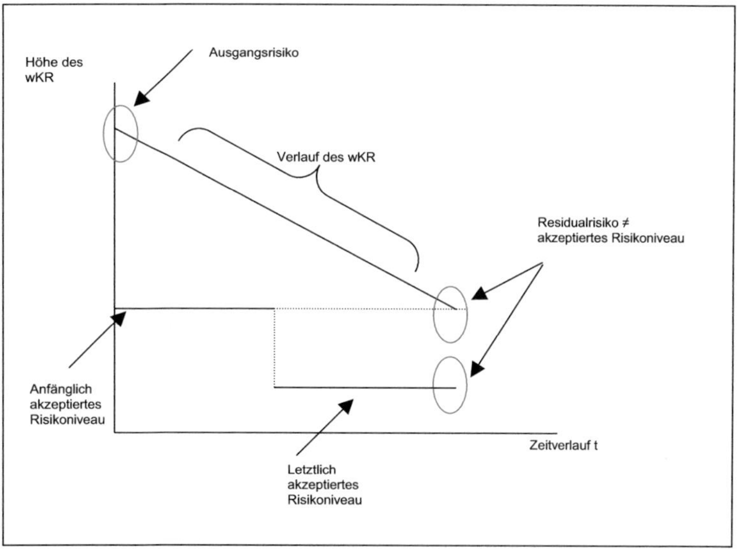

Abb. 18: Kein idealer Verlauf eines Risikoreduktionsprozesses (mit Veränderung des akzeptierten Risikoniveaus)

Es ist allerdings auch ein Fall denkbar (s. dazu Abb. 19), in dem trotz eines nicht kontinuierlich sinkenden und im Extremfall sogar linear steigenden wahrgenommenen Risikos der Prozess mit einem Kauf endet und zwar dann, wenn ein Schnittpunkt von Residualrisiko und akzeptiertem Risikoniveau dadurch entsteht, dass das akzeptierte Risikoniveau angehoben wird. Dieser Effekt kann verschiedene Ursachen haben. Denkbar ist, dass eine Person durch die Vielzahl der gewonnenen Informationen generell „mutiger" wird und somit eher bereit ist, mögliche negative Folgen in Kauf zu nehmen.

Weiterhin könnten situationsinduzierte Gründe diese Verschiebung auslösen. So ist leicht nachvollziehbar, dass z.B. durch Zeitdruck das individuelle Anspruchsniveau gesenkt wird, um bis zu einem bestimmten Termin einen Kaufakt durchgeführt zu haben.

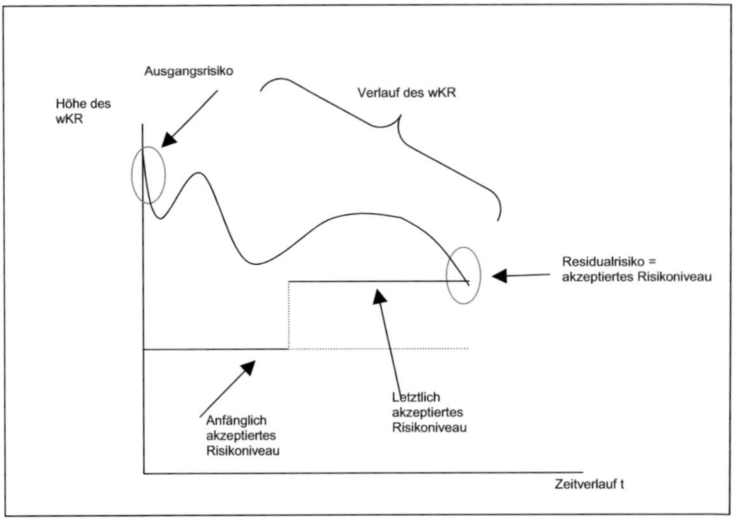

Abb. 19: Idealer Verlauf eines Risikoreduktionsprozesses (mit Veränderung des akzeptierten Risikoniveaus)

Zusammengefasst gibt es die folgenden denkbaren Konstellationen, die einen **Nicht-Kauf** nach sich ziehen würden, da das Restrisiko die Toleranzschwelle **nicht** erreicht.

Bei **konstanter** Toleranzschwelle:

- sinkt das Risiko linear/nicht linear, aber die Toleranzschwelle wird nicht erreicht;
- steigt das Risiko linear/nicht linear und entfernt sich somit von dem akzeptierten Risikoniveau.

Bei **veränderlicher** Toleranzschwelle:

- sinkt das Risiko, aber das Anspruchsniveau steigt im Verlauf des Kaufprozesses, was eine Verschiebung der Toleranzschwelle nach unten bewirkt. Aus diesem Grund findet kein Kauf statt, da die

Toleranzschwelle in einem stärkeren Maße sinkt als das wKR und das akzeptierte Risikoniveau so nicht erreicht wird;

- steigt das Risiko linear/nicht linear und die Toleranzschwelle steigt nicht in dem gleichen Maße, um dies kompensieren zu können.

Im umgekehrten Fall gibt es auch verschiedene Prozesse, die mit einem **Kauf** enden, da das verbleibende wahrgenommene Kaufrisiko die individuelle Toleranzschwelle erreicht. Generell sind dabei folgende Fälle denkbar:

Bei **konstanter** Toleranzschwelle:

- sinkt das wahrgenommene Kaufrisiko linear/nicht linear auf das Niveau der Toleranzschwelle ab.

Bei **veränderlicher** Toleranzschwelle:

- ergibt sich ein Extremfall, wenn trotz steigendem wahrgenommenen Kaufrisiko ein Kauf stattfindet, da sich die Toleranzschwelle stärker **nach oben** verschiebt;
- kann die Toleranzschwelle – selbst wenn sie **sinkt** – durch das noch **stärker sinkende Risiko** erreicht werden, was einen Kaufakt nach sich zieht.

4.4 Die verschiedenen Dimensionen des wahrgenommenen Kaufrisikos

Nachdem *Bauer* als erster Wissenschaftler 1960 den Begriff des Risikos in die Diskussion des Kaufverhaltens einführte und es als **globale Größe** betrachtete, sahen nachfolgende Forscher dieses Konstrukt bereits in den 1970er Jahren differenzierter. Sie unterteilten das wahrgenommene Risiko in unterschiedliche **Risikodimensionen** (synonym auch: **Risikoarten**) und konnten dies auch theoretisch und empirisch nachweisen.[185] Mit Hilfe dieser Unterteilung wurde nun nicht mehr nur das generelle Vorhandensein von Dissonanzen in der Vorkaufphase behandelt, sondern es konnte

[185] Vgl. dazu Jacoby/Kaplan (1972) und Kaplan/Szybillo/Jacoby (1974).

nun beschrieben werden, was tatsächlich bei einem Kauf „auf dem Spiel" steht, d.h. welche konkreten **Verlustinhalte** bei einer Kaufentscheidung beeinflussend wirken können.

Die nächsten Unterkapitel sollen einen Überblick über diese verschiedenen Unterscheidungen geben (Kap. 4.4.1) und aufzeigen, warum und inwieweit für den weiteren Verlauf dieser Arbeit eine Abgrenzung vorgenommen wird (Kap. 4.4.2).

4.4.1 Die verschiedenen Dimensionen des wahrgenommenen Kaufrisikos in der Literatur

Im Folgenden werden die Risikodimensionen

a) funktionales Kaufrisiko,
b) finanzielles Kaufrisiko,
c) gesundheitliches Kaufrisiko,
d) soziales Kaufrisiko und
e) psychisches Kaufrisiko

erläutert, die als die zentralen Risikoinhalte angesehen werden.[186] Daran anschließend werden unter f) sonstige Risikodimensionen kurz betrachtet.

ad a) Risikodimension „funktionales Kaufrisiko"

Bei diesem Risikoinhalt hat der Kunde vor dem Kauf Bedenken, dass ein Produkt nach dem Kauf **mangelnde Funktionstüchtigkeit** aufweist und so nicht den Zweck erfüllt, für den es vorgesehen ist. Die Gründe für eine mögliche **Nicht-Zweckerfüllung** nach dem Kauf können vielfältig sein: Zum einen können die erwarteten (Qualitäts-) Eigenschaften nicht erfüllt werden oder aber es kann mit **unerwünschten Eigenschaften** behaftet sein. Zum anderen könnte es für den individuellen Verwendungszweck nicht zu gebrauchen sein (ohne dass ein Defekt vorliegt). Beim Gebrauch eines Produktes könnte sich herausstellen, dass es schneller verschleißt als erwartet oder die Nutzung des Produktes komplexer ist als gedacht.

---

[186] So auch Trommsdorff (2004), S. 257.

Außerdem könnten vor dem Kauf Bedenken darüber bestehen, dass es andere oder ähnliche Produkte gibt, die die individuellen Erwartungen bzw. das zu befriedigende Bedürfnis besser erfüllen.

ad b) Risikodimension „finanzielles Kaufrisiko“

Diese Risikodimension beschreibt die Unsicherheit des Kunden vor dem Kauf, dass mit dem Kauf unerwartete Kosten/finanzielle Einbußen verbunden sein können. Es existieren dementsprechend Bedenken darüber, dass der Anbieter den **Preis** nach dem Kauf **senken** könnte, es das Produkt **bei einem anderen Anbieter** günstiger gibt, das Produkt **in einem anderen Kanal** innerhalb des MKS desselben Anbieters günstiger ist oder aber ein **substitutives Produkt** existiert, welches günstiger ist. Außerdem könnte auch der **Kauf** des Produktes oder aber **sein Ver- bzw. Gebrauch Kosten** nach sich ziehen, die vorher nicht absehbar waren.

ad c) Risikodimension „gesundheitliches Kaufrisiko“

Hierbei verspürt der Nachfrager vor dem Kauf eine mit dem Kauf des Produktes und dem anschließenden Ge- oder Verbrauch verbundene Gefahr für sein Leben oder seine Gesundheit. Diese kann in den folgenden Aspekten begründet liegen: Zum einen kann der Ge- oder Verbrauch des jeweiligen Guts zu gesundheitlichen Gefährdungen dadurch führen, dass sich **gesundheitsschädliche Stoffe** in ihm befinden (z.B. Glykol in Wein), zum anderen kann aber auch die **Anwendung** selber mit solchen Gefahren verbunden sein (z.B. die Gefahr des Beinbruchs beim Skifahren). Auch **Qualitätsmängel** können eine Gefährdung von Leib und Leben nach sich ziehen (z.B. ein sich im Falle eines Unfalls nicht öffnender Airback). Ähnlich sieht es z.B. bei Medikamenten aus: hier kann ein Qualitätsmangel, also **das Fehlen** von notwendigen Wirkstoffen, auch zu gesundheitlichen Nachteilen führen.

ad d) Risikodimension „soziales Kaufrisiko“

Im Allgemeinen wird in der Literatur unter dem sozialen Kaufrisiko die Unsicherheit darüber beschrieben, dass man vor dem Kauf befürchtet, durch den Kauf des Produktes in seinem **relevanten sozialen Umfeld**

Ansehen zu verlieren, weil die erworbene Leistung nicht den Normen und Werten oder den Erwartungen entspricht (z.B. Imageverlust durch die Wahl einer nicht akzeptierten Marke). In der vorliegenden Untersuchung wird diese Risikoart allerdings weiter gefasst und nicht nur an dem Produkt, sondern an dem Kauf festgemacht. Dies hat zu Folge, dass hier auch die Befürchtung eine Rolle spielt, den Einkauf in einer **Einkaufsstätte** zu tätigen, die nicht auf die Akzeptanz des relevanten Umfeldes stößt. So galt es jahrelang als wenig schick, bei Aldi oder C&A einzukaufen. Heute erreicht Aldi Kunden in allen sozialen Schichten, nämlich „Kunden, die rechnen müssen, und Kunden, die rechnen können".[187] Damit wird aber auch deutlich, dass die Ursachen möglicher Dissonanzen einer dynamischen Entwicklung unterliegen.

ad e) Risikodimension „psychisches Kaufrisiko"

Hierbei spielt die Gefahr eine Rolle, mit der vollzogenen Kaufentscheidung und dem daran anschließenden Ge- oder Verbrauch des Produktes generell **unzufrieden** zu sein. Der Kunde hat also vor dem Kauf Befürchtungen, nach dem Kauf Dissonanzen verspüren zu können. Dafür können **folgende Ursachen** eine Rolle spielen: Der Nachfrager könnte im Vorfeld denken, dass er im Nachhinein Dissonanzen darüber verspüren könnte, sich nicht hinreichend informiert zu haben. Weiterhin könnte er fürchten, generell eine falsche Kaufentscheidung getroffen zu haben oder aber im Nachhinein denken, nicht alle potenziellen Lösungen berücksichtigt zu haben. Auch hier kann wiederum nicht nur das Produkt, sondern auch der Kanal in dem der Kauf vorgenommen wird, bzw. das Vorhandensein eines parallelen Kanals Ursache für das Verspüren von Vorkaufsdissonanzen sein.

ad f) Sonstige Risikodimensionen

Verschiedene Autoren schaffen für ihre Forschungsobjekte jeweils „passende" Risikoarten. So z.B. *Pohl*, der für die Ermittlung des wahrgenommenen Kaufrisikos bei technologischen Innovationen die verwendeten

---

[187] Vgl. Brandes (1998), S. 181.

Risikoitems den Risikodimensionen „Leistungsrisiko“ und „Kostenrisiko“ zuordnet. Dabei unterteilt er das Leistungsrisiko in technologiebezogene und in nachfragerbezogene Risikoitems. Das Kostenrisiko gliedert sich in marktbezogene und in anbieterbezogene Risikoitems.

Ähnlich gehen auch *Lingenfelder/Loevenich* vor, die – bezogen auf den Online-Kanal – das „Übertragungsrisiko“ oder das „Datenrisiko“ als gesonderte Risikodimension ausmachen konnten,[188] oder aber *Immes*, der die Risikodimensionen „Beschränkungsrisiko“ und „persönliches Kaufrisiko“ einführte.[189]

Die Konsequenzen, die daraus im Rahmen der vorliegenden Arbeit gezogen werden, finden im folgenden Kap. 4.4.2 Berücksichtigung. Die konkrete Umsetzung für das Betrachtungsobjekt Mehrkanalsystem findet in Kap. 4.5 und in dem empirischen Teil der Untersuchung – bezogen auf die Operationalisierung des Konstruktes – in Kap. 10.2.3 statt.

4.4.2 Die in der vorliegenden Untersuchung berücksichtigten Risikodimensionen

Stellt sich nun die Frage, welche dieser Risikodimensionen eine hinreichende Abdeckung des gesamten Risikos in einer spezifischen Situation garantieren. In den 1970er Jahren haben verschiedene Forscher theoretisch und empirisch nachweisen können, dass sich das wahrgenommene Kaufrisiko aus mehreren Risikoinhalten zusammensetzt[190] und sich dabei die fünf Risikodimensionen **funktionales, finanzielles, gesundheitliches, soziales und psychisches Kaufrisiko** als die relevanten gezeigt haben. Im Rahmen der vorliegenden Untersuchung werden dementsprechend diese fünf Risikodimensionen weiter betrachtet.[191] Wie dabei die Spezifika des Betrachtungsfeldes „Kundenverhalten innerhalb eines

---

[188] Vgl. Lingenfelder/Loevenich (2001), S. 140 ff.

[189] Vgl. Immes (1993).

[190] Vgl. dazu Jacoby/Kaplan (1972) und Kaplan/Szybillo/Jacoby (1974).

[191] Für dieses Vorgehen plädiert auch Panne (1977), S. 61 ff. und die Autoren der dort angegebenen Literatur.

Mehrkanalsystems“ Berücksichtigung finden, erläutern Kap. 4.5 und Kap. 10.2.3.

Kritik an einer Zuweisung von Kauffolgen zu diesen fünf Risikoarten äußert *Kuhlmann*.[192] Er bemerkt, dass die Zuteilung nicht eindeutig ist und Ursache- und Wirkungsdimensionen auf eine Stufe gestellt werden. So auch *Katz*, der feststellt, dass die Teilrisiken nicht unabhängig voneinander sind.[193] Diese Kritikpunkte sollten nicht völlig unberücksichtigt bleiben. Allerdings ist die verbleibende Alternative, das wahrgenommene Kaufrisiko nur noch global zu messen und sich so von relevanten Inhalten abzuschneiden, weitaus unbefriedigender. Wichtig ist bei dem hier gewählten Vorgehen, die möglichen kritischen Aspekte zu kennen und sie bei der Ergebnisinterpretation in die Überlegungen mit einbeziehen zu können. Weitgehend abgeschwächt sind diese Kritikpunkte, wenn man weiter unten in dem empirischen Teil der vorliegenden Untersuchung die Zuordnung der Risikoitems zu den Risikodimensionen und insbesondere zu den Risikokategorien betrachtet.[194] Es zeigt sich, dass die Zuordnung klaren, eindeutigen und somit überschneidungsfreien Regeln folgt.[195]

4.5 Der Einfluss der unterschiedlichen Kanäle eines Mehrkanalsystems auf das wahrgenommene Kaufrisiko

Kanalspezifische Untersuchungen über den Einfluss der einzelnen Absatzkanäle (abgesehen vom „herkömmlichen“ Kanal: dem stationären Einzelhandel) auf das wahrgenommene Kaufrisiko gibt es z.B. für das **Internet**: *van den Poel/Leunis* (1999), *Bauer/Fischer/Sauer* (2000), *Ben-Ur/Winfield* (2002), *Wilke* (2002) und *Lingenfelder/Loevenich* (2001) sowie für den **Katalogversand**: *Akaah/Koragaonkar* (1988), *Cox/Rich* (1964), *Reynolds* (1974), *Darian* (1987), *Gillett* (1970), *Jasper/Ouellette* (1994), *Lumpkin/Hawes* (1985) und *Mc Corkle* (1990).

---

[192] Vgl. Kuhlmann (1987), S. 525.

[193] Vgl. Katz (1983), S. 79.

[194] Die Erläuterung des Begriffs „Risikokategorie“ findet sich weiter unten in Kap. 4.5.

[195] Vgl. dazu die Ausführungen in Kap. 10.2.3.

Die **Spezifik von Mehrkanalsystemen** wurde nur von sehr wenigen Autoren aufgegriffen. Der überwiegende Teil beschäftige sich mit der Parallelität der Kanäle **stationärer Einzelhandel** und **Katalogversand** (bspw. *Festervand/Snyder/Tsalikis* (1986), *Spence/Engel/Blackwell* (1970), *van den Poel/Leunis* (1996)). Sehr wenige Arbeiten haben die Dualität der Kanäle **stationärer Einzelhandel** und **Online-Shop** zum Thema, wie z.B. *Tan* (1999), aber auch *Lingenfelder* (2001) sowie *Dach* (2002) und *Schramm-Klein* (2003), wobei das Konstrukt des wahrgenommenen Kaufrisikos bei den letzten drei Autoren nur am Rande erwähnt wird.

Die wesentlichen Ergebnisse der Untersuchungen sehen wie folgt aus: *Spence/Engel/Blackwell* (1970) fanden heraus, dass Kunden beim Kauf über den Katalogversand ein höheres wahrgenommenes Kaufrisiko empfanden als beim Kauf im stationären Einzelhandel (vgl. dazu auch die Synopse in Abb. 20). Zu diesem Ergebnis kommen auch die Autoren *van den Poel/Leunis* (1996), wobei sie auf den Einfluss anderer Determinanten hinweisen, wie z.B. den Wert des Produktes oder aber die Kauferfahrung des Nachfragers in den Kanälen.

Zusammenfassend ist zu sagen, dass alle der o.g. Autoren ein **höheres wahrgenommenes Kaufrisiko** in dem durch das **Distanzprinzip** geprägten Kanal **im Gegensatz** zu dem **stationären Kanal** unterstellen und auch nachweisen.[196] Dafür führen sie zwei Gründe an: Zum einen die nicht direkte Überprüfbarkeit der Produkte und zum anderen die Unsicherheiten sowie zusätzliche mögliche Folgen, die mit der Nutzung des vom Distanzhandel geprägten Kanals einhergehen. Weitergehend ist die Aussage, dass im Distanzhandel das wahrgenommene Kaufrisiko als eine der wichtigsten Barrieren beim Kauf gilt.[197]

[196] Ausnahme: Bauer/Fischer/Sauer (2000). Vgl. dazu die Synopse in Abb. 20. Allerdings ist dieses Ergebnis bezogen auf die risikospezifischen Aspekte mit Einschränkung zu betrachten, da ausschließlich Studenten befragt wurden. Vgl. dazu den Kommentar in Fußnote 198.

[197] Vgl. van den Poel/Leunis (1999), S. 251; Bauer/Fischer/Sauer (2000), S. 1143; Schröder (2001) und Ben-Ur/Winfield (2002).

Autor	Untersuchungs-objekt	Hypothesen	Ergebnis
1. stationärer Einzelhandel vs. (Katalog-)Versandhandel			
Spence/Engel/Blackwell (1970)	Mail-Order vs. Retail Store Buying	"There is significantly greater perceived risk in buying products by mail than in buying the same product from a salesman or in a retail store"	Hypothese beibehalten (a = 0.001)
van den Poel/Leunis (1996)	Mail-Order Buying vs. Specialty Store Buying	„Perceived risk in mail-order buying is greater than in specialty store buying"	Hypothese beibehalten (a = 0.000)
2. stationärer Einzelhandel vs. Online-Shop			
Tan (1999)	Internet-Shopping vs. In-Store Shopping	"Consumers perceive higher risk for Internet shopping than in-store shopping"	Hypothese beibehalten (a = 0.000)
Bauer/Fischer/Sauer (2000)	Barrieren des elektronischen Einzelhandels (nur implizite Abgrenzung zum stationären Einzelhandel)	1. „Die Wahrscheinlichkeit eines Online-Kaufs sinkt mit der Einschätzung, dass die Sicherheit der finanziellen Transaktion über das Internet nicht gegeben ist (finanzielles Risiko)." 2. „Wenn Käufer die fehlende psychische Untersuchbarkeit von Produkten als problematisch einschätzen, dann sinkt die Wahrscheinlichkeit eines Online-Kaufs (Informationsrisiko)":	beide Hypothesen widerlegt (a > 0.100)[198]

Abb. 20: Zusammenfassung einer Auswahl an Studien zum wahrgenommenen Kaufrisiko beim Kauf in verschiedenen Kanälen

Soviel zum Blick auf das globale wahrgenommene Kaufrisiko. Wie verhält es sich aber mit den einzelnen Risikodimensionen unter dem Einfluss der unterschiedlichen Kanäle eines Mehrkanalsystems? Wie bereits im vorhergehenden Kapitel erwähnt, entdeckten *Lingenfelder/Loevenich*, je nach betrachtetem Kanal, vermeintlich „neue" Risikodimensionen, wie z.B. beim

198 Eine Begründung für dieses Ergebnis könnte darin liegen, dass in der Untersuchung ausschließlich Studenten (in den USA und in Deutschland) befragt wurden und diese Gruppe ggf. eine andere Risikowahrnehmung hat als der Durchschnitt der Bevölkerung in Deutschland.

Kauf im Online-Shop das **Übertragungsrisiko** oder das **Datenrisiko**.[199] Das Übertragungsrisiko beschreiben sie als „Risiko, dass bei der Bestell- und Zahlungsabwicklung über das Internet persönliche Daten des Kunden aufgrund von Sicherheitslücken beim Datentransfer oder -speicherung an unberechtigte Dritte gelangen können."[200] Beschrieben wird das Datenrisiko als „Risiko, dass Online-Anbieter sensible Kundendaten des Konsumenten erfassen sowie speichern und diese gegebenenfalls an andere Unternehmen veräußern."[201]

Unabhängig davon, dass diese beiden Risiken nicht trennscharf sind, ist die zusätzliche Schaffung immer neuer Risikodimensionen, die je nach den zugrunde liegenden Umständen Einsatz finden, nach Ansicht der Verfasserin wenig sinnvoll. Denn ist es nicht ein typisches finanzielles Risiko, welches aus dem beschriebenen Übertragungsrisiko (bezogen auf Kreditkartendaten oder Informationen über die Bankverbindung) resultiert? Ähnlich verhält es sich mit dem Datenrisiko: Die mögliche Weitergabe der persönlichen Daten zum Nutzen anderer und zum eigenen Schaden zieht das Gefühl einer Dissonanz nach sich und ist entsprechend dem psychologischen Risiko zuzuordnen.
Weitaus einfacher und trotzdem die Umstände der einzelnen Parameter berücksichtigend ist es deshalb, sich auf die fünf bekannten Risikodimensionen zu beschränken und diese mit spezifischen Risikoinhalten zu füllen. Diese **fünf Risikodimensionen** werden in einem weiteren Schritt den einzelnen **Risikoquellen** (dem Produkt, dem jeweiligen Kanal des Mehrkanalsystems (stationärer Einzelhandel und Online-Shop) und dem gesamten Mehrkanalsystem zugeordnet, wodurch so genannte **Risikokategorien** entstehen.

Damit lehnt sich die vorliegende Untersuchung an eine Synthese aller zu Beginn dieses Kapitels zitierten Quellen an, die die Risiken den Hauptkategorien „Produkt" und „Kanal" unterordnen.

---

[199] Vgl. Lingenfelder/Loevenich (2001), S. 140 ff.
[200] Lingenfelder/Loevenich (2001), S. 141.
[201] Lingenfelder/Loevenich (2001), S. 141.

Die generelle Frage, wie sich ein Mehrkanalsystem auf das wahrgenommene Risiko auswirkt – ob es **höher** ist aufgrund der Integration des Online-Kanals bzw. der Informationsüberlastung durch mehrere Kanäle oder ob es **geringer** ist als Folge der Anzahl an Informations- und Wahlmöglichkeiten, sollte an dieser Stelle nicht tiefergehend behandelt werden. Ihre abschließende Beantwortung ist erst dann möglich, wenn die zweite Determinante der vorliegenden Arbeit, die **informationsökonomischen Produkteigenschaften** (Kap. 5), vorgestellt wird.

5 Informationsökonomische Produkteigenschaften als Determinante des wahrgenommenen Kaufrisikos

Um die zweite Größe in dem, dieser Arbeit zugrunde liegenden Bezugsrahmen vorzustellen, die direkten Einfluss auf das wahrgenommene Kaufrisiko hat, bedarf es zuerst einer Beschreibung der Theorie, in der diese relevante Variable eingebettet ist.

5.1 Die Neue Institutionenlehre als Rahmendisziplin der Informationsökonomie

Aus der Kritik, die neoklassische Theorie als Teilgebiet der Mikroökonomie würde die Realität mit ihrer Annahme des vollkommenen Marktes nicht hinreichend abbilden, entwickelte sich die Neue Institutionenlehre.[202]

Warum die Kritik Realitätsferne unterstellte, wird deutlich, wenn man sich die Prämissen des vollkommenen Marktes vor Augen hält:[203]

- Die **Präferenzen** eines Individuums sind **exogen** gegeben und stabil sowie konsistent.
- Die Menschen handeln **rational**, so dass die Aktionen gewählt werden, die den **höchsten realisierbaren Nutzen** nach sich ziehen.
- Das Individuum besitzt **vollkommene Informationen** über alle relevanten Determinanten seines Handelns. Daraus resultiert der Zustand **vollständiger Markttransparenz.**
- Auf dem Markt herrscht atomistische Konkurrenz. Es existieren **viele Anbieter**, denen **viele Nachfrager** gegenüberstehen.

---

202 Synonyme: Neue Mikroökonomie bzw. Neue Mikroökonomik; Neue Institutionenökonomie oder -ökonomik.

203 Vgl. Schumann (1992), S. 45 ff. und S. 211 ff.; Wesseling (1991), S. 65.

- Das **Angebot** ist aus der Sicht der Nachfrager **homogen**, da **keine** räumlichen, sachlichen und persönlichen **Präferenzen** existieren.
- Die Anpassungsprozesse vollziehen sich **kostenlos** und **ohne zeitliche Verzögerung**.
- Aus diesen Aspekten resultiert das **Prinzip der Preisunterschiedslosigkeit** auf dem Markt.[204]

Grundlegende Kritik daran ist, dass die Welt und die Menschen sowie ihr Handeln von Unsicherheiten und Unvollkommenheiten geprägt sind. Diese stellt die Neue Institutionenlehre in den Mittelpunkt ihrer Betrachtung.[205]/[206]

Da in der Wirklichkeit Informationen weder vollkommen noch kostenlos und vor allem nicht symmetrisch zwischen Marktpartnern verteilt sind,[207] kann man von der Annahme ausgehen, dass die Anbahnung einer Transaktion von **Informationsasymmetrien** geprägt ist.
In der Regel wissen die Anbieter mehr über die Qualität ihrer Leistung, den Preis und die Transaktionskosten (auch derer der Konkurrenz) als die Kunden. Aus dieser asymmetrisch verteilten Information resultiert eine **Unsicherheit** des Nachfragers, da der Anbieter sich „unfair" verhalten kann, indem er Nachteile des Angebots verschweigt oder die Vorteile übertrieben positiv darstellt. Dieses Verhalten nennt man **Opportunismus**. Opportunistisches Verhalten kennzeichnet sich somit dadurch, dass Personen ihre eigenen Interessen mit List und Tücke verfolgen. Dabei nutzen sie Informationsvorsprünge auf Kosten anderer aus und handeln strategisch, indem sie ihre wirklichen Ziele, Verhaltensweisen und Restriktionen nicht offen legen.[208]

---

[204] Vgl. Adler (1996a), S. 3.

[205] Vgl. Kaas (1994), S. 245.

[206] *Hayek* betont in seinem Werk, dass dies die Zustände seien, denen man sich widmen müsse, da nur sie erklärungsbedürftig sind. Vgl. Hayek (1976).

[207] Vgl. Akerlof (1970), S. 489 ff.

[208] Vgl. Williamson (1990), S. 73 ff.

In welchen Ausprägungen kann sich das opportunistische Verhalten der Anbieter äußern? Die Kunden müssen bei einem Kauf folgende Sachverhalte befürchten:

- hidden characteristics,
- hidden intentions und
- hidden actions.[209]

Zur Unterscheidung dieser drei Fälle dienen zwei Merkmale: die **Determiniertheit** des Verhaltens **vor** Vertragsabschluss und die **Beobachtbarkeit** des Verhaltens **nach** Vertragsabschluss.[210]

Der Fall der **hidden characteristics** (Qualitätsunsicherheit) liegt vor, wenn ein Anbieter sich einen Vorteil verschafft, indem er Informationen über das Produkt bzw. die Transaktion verschweigt. Der Anbieter kann hierbei die Merkmale nach Abschluss des Kaufaktes nicht mehr verändern – der Käufer kann etwaige Mängel erst nach dem Kauf entdecken. Beispiel: Kauf eines Produktes mit (versteckten) Mängeln, die dem Verkäufer vorher bekannt waren.

Bei den **hidden intentions** (Hold up/Überfall) verschleiert der Verkäufer dem Käufer relevante Informationen. Im Gegensatz zu den hidden characteristics können diese aber vor dem Vertragsabschluss noch verändert werden – der Käufer kann dies aber erst nach dem Kauf erkennen bzw. beurteilen. Typische Beispiele hierfür sind Kulanz, Fairness oder Entgegenkommen des Anbieters.

Hidden actions sind dadurch gekennzeichnet, dass das Verhalten des Anbieters noch nicht festgelegt ist, der Käufer selbst nach dem Kauf bzw. dem Abschluss des Vertrages keine Kenntnis darüber erlangt. Beispiele hierfür sind Anstrengung, Fleiß oder Sorgfalt.[211] Es liegt auf der Hand,

[209] Vgl. zu diesen drei verschiedenen Fällen: Spremann (1990), Arrows (1985), Alchian/Woodward (1988).

[210] Vgl. Adler (1994), S. 41.

[211] Vgl. Adler (1994), S. 42.

dass dem opportunistischen Verhalten in diesem Fall die größte Chance eingeräumt wird, da hierbei ein „Entdecktwerden" am unwahrscheinlichsten ist.

Bei diesen Ausprägungen opportunistischen Verhaltens wird deutlich, um welche „Störungen" aus informationsökonomischer Perspektive es sich handelt, die in der vorliegenden Arbeit im Mittelpunkt des Interesses stehen. Es ist zum einen die **Qualitätsunsicherheit**, die sich aber nicht nur auf die reine Funktionsfähigkeit eines Produktes bezieht (Qualität i.e.S.), sondern auf einen **Qualitätsbegriff** in einem **weiteren Sinne**.[212] Zum anderen ist es aber auch der **Hold up**, womit das Verhalten eines Anbieters nach dem Kauf und etwaig auftretender Probleme (Missbrauch persönlicher Daten, Probleme beim Umtausch, etc.) bezeichnet wird, was ein typisches Beispiel für den zweiten Fall opportunistischen Verhaltens ist.

Wie beschrieben, bilden die eingangs genannten Prämissen der klassischen Mikroökonomie die Wirklichkeit nicht hinreichend ab. Aus diesem Grund stellt die Neue Institutionenlehre gerade die „Störungen" dieser Prämissen in den Mittelpunkt ihrer Analyse. Die Teilbereiche, in denen dies geschieht, sind die folgenden:[213]

- Theorie der Property Rights,
- Prinzipal-Agenten-Ansatz,
- Transaktionskostenansatz und
- Informationsökonomie.

Kurz skizziert, beschäftigt sich der **Property-Rights-Ansatz** mit den durch Rechtsordnung und soziale Normen gegebenen **Verfügungsrechten**.[214]

---

[212] Vgl. Adler (1994), S. 69.
Für eine Erläuterung des Qualitätsbegriffs im weiteren Sinne verweist die Verfasserin auf Meffert (2005), S. 265 ff.

[213] Andere Autoren erwähnen die Informationsökonomik nicht. Vgl. Richter (1991) oder Picot (1991).

[214] Vgl. Tietzel (1981), S. 209 und die dort erwähnten Quellen. Synonym zu dem Begriff der Verfügungsrechte werden auch die folgenden Begriffe verwendet: Eigentums-, Besitz-, Vermögens-, Dispositions- und Handlungsrechte.

Der **Prinzipal-Agenten-Ansatz** erklärt die **Kooperation** zweier Akteure unter Informationsasymmetrie und Opportunismus.[215] Im Rahmen des **Transaktionskostenansatzes** wird analysiert, welche Bedeutung die **Koordinationskosten** für die unterschiedlichen Koordinationsformen (Markt, Hierarchie und Kooperation) haben.[216] Die **Informationsökonomie** untersucht Austauschprozesse unter Berücksichtigung des Vorhandenseins von **Informationsasymmetrien**.

Aus der Betrachtung der Teilbereiche heraus erklärt sich auch der Begriff **Institutionenökonomie** bzw. **Institutionenlehre.** Institution wird hier als „zielgerichtetes System von Normen" verstanden, unter dem Austauschbeziehungen zustande kommen, die von der Unvollkommenheit der Märkte und der daraus resultierenden Unsicherheit gekennzeichnet sind.[217]

Kann man nun die Erkenntnisse der beiden Disziplinen Neue Mikroökonomie und Betriebswirtschaftslehre verknüpfen? Wie bereits in Kap. 2.1 erwähnt, bietet *Kaas* hier als Antwort, dass beide Ansätze insbesondere bezogen auf die hier relevante Verknüpfung des informationsökonomischen Ansatzes mit der Theorie des wahrgenommenen Kaufrisikos besonders bereichernd ist. Ferner betont *Kaas*, dass „der Reiz der Neuen Institutionenlehre nicht nur in ihrer Erklärungskraft in den einzelnen Anwendungsgebieten, sondern auch in ihrer **Integrationskraft** für die Betriebswirtschaftslehre als Ganzes [liegt]."[218] Warum ist eine institutionenökonomische Begründung aber gerade für Probleme des **Marketing** besonders befruchtend? Es liegt auf der Hand, dass die Durchführung von Transaktionen unter der Bedingung asymmetrisch verteilter Informationen und dem daraus resultierenden opportunistischen Verhalten nicht nur die Realität widerspiegeln, sondern auch für das Marketing bestimmend sind. Würden diese Zustände nicht herrschen, so wäre Marketing (i.S.v.

---

[215] Vgl. Arrow (1985); Spremann (1987); Laux (1990).
[216] Vgl. Williamson (1990); Alchian/Woodward (1988); Hax (1991); Richter (1991).
[217] Vgl. Meffert (1999), S. 20 f.
[218] Kaas (1992), S. 4.

Förderung von Austauschprozessen zwischen autonomen Wirtschaftssubjekten) obsolet.
Darüber hinaus sind die Überschneidungen zwischen der Neuen Institutionenlehre und den betriebswirtschaftlichen Funktionen, gerade für das Marketing betrachtet, überzeugend. So ähneln sich die Sichtweisen sehr: Nach der Neuen Institutionenlehre hat das Marketing die Aufgabe, Markttransaktionen in einer unvollkommenen Welt zu fördern. Genau diese Ansicht teilen auch z.B. *Kotler/Bliemel* in ihrer betriebswirtschaftlichen Definition von Marketing, die den Austausch als Kernkonzept zur Definition des Marketingbegriffs bezeichnen.

Trotz der inhaltlichen „Verwandtschaft" dieser beiden Disziplinen ist es noch relativ neu, die Erkenntnisse der Neuen Institutionenlehre mit den Problemstellungen des Marketing zu verknüpfen.[219] **Im Allgemeinen** geschah dies Anfang der 1990er Jahre und wurde im deutschsprachigen Raum im Wesentlichen von den Autoren *Kaas, Weiber* und *Adler* getragen. Andere Autoren, wie z.B. *Spiller* oder *Müller* wendeten es auf **spezielle Probleme** des Marketing an.[220]

Adler beschreibt diese Verknüpfung im Rahmen seiner Forschung in der Form, dass er aus Marketingsicht die informationsökonomischen Aspekte durch Einbeziehung verhaltenswissenschaftlicher Erkenntnisse ergänzt, indem subjektive Komponenten, wie z.B. die Wahrnehmung und die Situation des individuellen Nachfragers berücksichtigt werden.[221]
In der vorliegenden Untersuchung wird die Analyse genau mit umgekehrter Gewichtung der Disziplinen erfolgen – wie bereits ausgeführt, ist die maßgebliche Theorie zur Erklärung des formulierten Forschungsproblems die Verhaltenswissenschaft, die an geeigneter Stelle mit informationsökonomisch orientierten Erkenntnissen untermauert wird.

---

[219] Vgl. Weiber/Adler (1995b), S. 43 ff. und die dort angegebene Literatur.
[220] Vgl. Spiller (1996) oder Müller (1994).
[221] Vgl. Adler (1994), S. 37.

5.2 Die Informationsökonomie in der Literatur

Die Informationsökonomie als Teilbereich der Neuen Institutionenlehre zeichnet sich dadurch aus, dass sich die Wirtschaftssubjekte nicht an einen exogen vorgegebenen Informationsstand anpassen, sondern den individuellen Informationsstand durch aktives Handeln verändern können. Informationsasymmetrien werden somit nicht über eine starre Wahrscheinlichkeitsverteilung potenzieller Umweltzustände exogen widergespiegelt, sondern dadurch endogenisiert, dass sie durch individuelles Verhalten veränderbar sind.

Die Informationsökonomie beschreibt in Folge dessen Aktivitäten der Transaktionspartner, die der Informationsgewinnung dienen – diese haben wiederum direkten Einfluss auf eine (Kauf-) Entscheidung. Dabei wird unterschieden zwischen der aktiven Informationsbeschaffung (Screening) und der Übertragung von Informationen durch die andere Partei (Signaling).

Die Informationsökonomie stellt keine einheitliche, umfassende Theorie dar, sondern sie betrachtet bestimmte Einzelaspekte, um daraus Einsichten zu gewinnen. Die folgenden drei Ansätze sind solche zentralen Modelle der Informationsökonomie. Sie beschäftigen sich mit der Störung von Austauschprozessen, die wiederum bei Unsicherheiten durch Informationsasymmetrien entstehen. Sie bilden somit den Rahmen, um die Informationsaktivitäten der Nachfrager theoretisch abzubilden.
Es handelt sich dabei um:

- das Entscheidungsmodell von *Marschak* mit dem Fokus auf die Unsicherheit über den Eintritt von Umweltzuständen,
- den Suchkostenansatz von *Stigler*, der sich mit der Unsicherheit über den Preis beschäftigt, und
- den Qualitätsunsicherheitsansatz von *Nelson*, der von *Darby/Karni* aufgegriffen und erweitert wurde.

Der Ansatz von *Marshak* berücksichtigt dabei die hier nicht relevante **Umweltunsicherheit**. Auf die in dieser Arbeit betrachtete **Marktunsicherheit** gehen die beiden anderen Ansätze ein, wobei der Ansatz von *Nelson* bzw. *Darby/Karny* der hier relevante ist, da er die informationsökonomischen Produkteigenschaften beschreibt.

Um die aus modelltheoretischer Sicht beeinflussende Variable „informationsökonomische Produkteigenschaften" zu erläutern, wird im Folgenden der **Qualitätsunsicherheitsansatz** beschrieben. Bezüglich der anderen beiden Ansätze verweist die Verfasserin auf die Originalquellen.[222]

5.2.1 Informationsökonomische Eigenschaftstypen

Der Ansatz von *Nelson* beschäftigt sich mit der Unsicherheit, die ein potenzieller Käufer über die Qualität von Gütern haben kann.[223] Ziel ist es, zu erklären, inwieweit Individuen versuchen, Unsicherheit durch Informationsmaßnahmen zu reduzieren.

Dabei unterscheidet er im Jahre 1970 als erster Wissenschaftler zwei verschiedene Informationsstrategien, die gewählt werden können, um die Unsicherheit zu mindern. Es handelt sich zum einen um „search" – hierbei kann die Produktqualität vor dem Kauf durch Inspektion ermittelt werden – und zum anderen um „experience".[224] Wenn ein Käufer das Wissen über die Qualität des Produktes erst nach dem Kauf und der Erfahrung bzw. dem Ver- oder Gebrauch („experience") desselben erlangen kann, so handelt es sich um Erfahrungsgüter, die von Erfahrungsqualitäten geprägt sind.[225]

Analog dazu spricht er bei den Eigenschaften, die durch „search" ermittelt werden können, von search qualities und bei den betroffenen Gütern von

---

[222] Vgl. Marshak (1971); Marshak (1974); Marshak/Miyasawa (1968) bzw. Stigler (1961).

[223] *Nelson* fügt an, dass die Informationssuchkosten bzgl. Qualitätseigenschaften wesentlich höher sind als die, die bei der Suche nach Preisinformationen anfallen und ihnen somit auch eine weitaus höhere Bedeutung zukommt. Vgl. Nelson (1970), S. 311 ff.

[224] Vgl. Nelson (1970), S. 312.

[225] Vgl. Nelson (1974), S. 730.

Suchgütern.[226] *Hirshleifer* verwendet dafür auch den Begriff des inspection good.[227] Als typische Beispiele dienen ein Kleid, welches vor dem Kauf anprobiert werden kann (**Suchgut**) und eine Dose Thunfisch, da hier das Probieren erst nach dem Kauf möglich ist (**Erfahrungsgut**).[228]

Nelson geht bei seinen Ausführungen von reinen Güterkategorien aus und unterstellt somit, dass ein Produkt nur eine der beiden Qualitätseigenschaften aufweisen kann. Wann welche Maßnahme zur Informationsbeschaffung Einsatz findet, beschreibt Nelson wie folgt: „ (...) [for] any good the consumer has the choice between searching and experimenting to obtain information about the good's qualities. The cost of experimenting sets an upper limit to the cost of search that a person is willing to undergo."[229]

Darby/Karni ergänzten 1973 die von *Nelson* unterschiedenen Such- und Erfahrungsqualitäten um die Vertrauensqualitäten („credence qualities").[230] Diese können weder vor dem Kauf noch nach dem Kauf und anschließendem Gebrauch des Produktes von dem Kunden beurteilt werden oder aber eine Beurteilung ist nur zu prohibitiv hohen Kosten möglich.[231] In der Analogie zu dem Ansatz von *Nelson* spricht man auch hier von einem **Vertrauensgut.** Als Beispiele führen *Darby/Karni* eine Blinddarmoperation sowie die Reparatur von Fernsehgeräten oder Autos an.[232]

Im Gegensatz zu *Nelson*, der ein Produkt immer genau einer Eigenschaftskategorie zuordnete, unterstellen sie, dass alle drei Qualitäten bei einem einzigen Gut auftreten können.[233]/[234]

---

[226] Vgl. Nelson (1970), S. 318 f. und (1974), S. 730.

[227] Vgl. Hirshleifer (1973), S. 37 f.

[228] Vgl. Nelson (1970), S. 312.

[229] Nelson (1970), S. 317.

[230] Vgl. Darby/Karni (1973), S. 68 f.

[231] Was an dieser Stelle „zu hohe" Kosten sind, wird weiter unten geklärt. Siehe dazu „objektive oder subjektive Einschätzung der informationsökonomischen Produkteigenschaften" (Kap. 5.2.2).

[232] Vgl. Darby/Karni (1973), S. 68 f.

[233] Vgl. Darby/Karni (1973), S. 69.

[234] In einem späteren Werk trennte sich auch *Nelson* von der Ansicht, dass die drei Gütertypologien nur einzeln auftreten können. Vgl. Nelson (1981), S. 43.

Für die vorliegende Arbeit ist vor allem relevant, dass *Darby/Karni* nicht mehr eine Prozessbetrachtung vornehmen, wie es *Nelson* in Form der beiden Informationsstrategien (Suche vs. Erfahrung) machte. Die Betrachtung der Beurteilungsschwierigkeiten von Produktqualitäten und der daraus resultierenden Unsicherheit findet hier statisch, d.h. zu einem bestimmten Zeitpunkt statt.[235] Die drei Qualitätseigenschaften sind somit keine alternativen bzw. sukzessiv anzuwendenden Informationssuchprozesse, sondern unterschiedliche Qualitätskategorien oder umfassender Eigenschaftskategorien eines Produktes.[236]

Weiber und *Adler* greifen diesen Ansatz von *Nelson* bzw. in seiner Modifikation durch *Darby/Karni* auf und entwickeln ihn weiter. Um den Aspekt der subjektiven Wahrnehmung mit in die Betrachtung einzubeziehen, sprechen sie nicht mehr von i.ö. **Produktqualitäten**, sondern von i.ö. **Eigenschaftstypen** und definieren diese wie folgt:[237]

„**Sucheigenschaften** (...) sind dadurch gekennzeichnet, dass sie von dem Nachfrager durch Inspektion des Leistungsangebotes oder durch eine entsprechende Informationssuche bereits vor dem Kauf vollständig beurteilt werden können. Die Informationssuche wird erst dann abgebrochen, wenn der Nachfrager ein subjektiv als ausreichend wahrgenommenes Informationsniveau erreicht hat oder eine weitere Informationssuche als zu kostspielig empfindet."[238]

„**Erfahrungseigenschaften** (...) sind dadurch gekennzeichnet, dass eine Beurteilung durch den Nachfrager erst nach dem Kauf erfolgt, wobei die

---

[235] Vgl. Adler (1996), S. 43.

[236] Diese Sicht hat sich auch Anfang der 1990er Jahre in der deutschsprachigen Marketingliteratur manifestiert. Vgl. Weiber/Adler (1995b), S. 54 und die dort angegebenen Quellen.

[237] Andere Autoren entwickelten diese Dreiteilung noch weiter und ergänzten diese um zwei weitere Kategorien. Vgl. Bodenstein/Spiller (1998), S. 225. Hier werden so genannte „Neoklassische Güter" und „Pontemkingüter" eingeführt. Bei den neoklassischen Gütern handelt es sich um standardisierte und kontrollierte Waren, wie z.B. börsennotierte Rohstoffe, bei denen der Käufer die Eigenschaften der Ware nicht mehr prüfen muss. Beim Pontemkingut ist es – in Abgrenzung zu dem Erfahrungsgut – niemandem (auch außenstehenden Spezialisten) nicht möglich, selbst zu höchsten Kosten die Eigenschaften des Gutes zu prüfen. Als Beispiel dient hier die Herstellung eines importierten, handgewebten Teppichs mit oder ohne Kinderarbeit.

[238] Weiber/Adler (1995b), S. 54.

Beurteilung entweder erst nach dem Kauf möglich ist oder aber die Beurteilung aufgrund der subjektiven Wahrnehmung eines Nachfragers bewusst auf Erfahrung beim Ge- bzw. Verbrauch eines Produktes verlagert wird."[239]

„**Vertrauenseigenschaften** (...) sind dadurch gekennzeichnet, dass sie durch den Nachfrager weder vor noch nach dem Kauf vollständig beurteilt werden. Das Unvermögen des Nachfragers, eine Beurteilung von Vertrauenseigenschaften vorzunehmen, ist darauf zurückzuführen, dass er nicht über ein entsprechendes Beurteilungs-Know-how verfügt und dieses auch nicht in einer vertretbaren Zeit aufbauen kann bzw. will oder die Kosten der Beurteilung subjektiv als zu hoch einstuft."[240]

Aus diesen Definitionen wird deutlich, dass *Weiber/Adler* zwei verschiedene Kriterien zur Unterscheidung heranziehen:

1. den **Zeitpunkt**, zu dem der Käufer die Eigenschaften beurteilen kann (vor oder nach dem Kauf) und
2. die **Beurteilbarkeit** der Produkteigenschaften durch die jeweilige Person (möglich/nicht möglich).

Abb. 21 zeigt, wie diese Kriterien den i.ö. Eigenschaftstypen zugeordnet werden.

		Zeitpunkt der Eigenschaftsbeurteilung	
		vor dem Kauf	nach dem Kauf
Beurteilbarkeit von Produkteigenschaften	möglich	Sucheigenschaften	Erfahrungseigenschaften
	nicht möglich	Erfahrungs- bzw. Vertrauenseigenschaften	Vertrauenseigenschaften

Abb. 21: Abgrenzung der informationsökonomischen Produkteigenschaften (Quelle: in Anlehnung an Weiber/Adler (1995b), S. 59)

Dabei weisen die Autoren weiter darauf hin, dass es von der subjektiven Wahrnehmung des Befragten, dem Beurteilungsverhalten und seinem

---

[239] Weiber/Adler (1995b), S. 54.

[240] Weiber/Adler (1995b), S. 54.

Anspruchsniveau abhängt, welche Produktmerkmale mit welcher i.ö. Eigenschaft versehen werden.[241] Aus diesem Grund sprechen sie sich strikt dagegen aus, anhand dessen eine Gütertypisierung aufzustellen, wie es *Nelson* und *Darby/Karni* getan haben, sondern betonen, dass es die subjektiv wahrgenommenen Produktmerkmale sind, die sich beeinflussend auf ein bestimmtes Kaufverhalten auswirken.

5.2.2 Informationsökonomisches Dreieck

Eine Gemeinsamkeit gibt es in der Betrachtung dennoch – so wie *Darby/Karni* gehen auch *Weiber/Adler* davon aus, dass bei jedem Kauf eines Produktes alle drei Eigenschaftstypen vorhanden sind und sprechen dabei von einer komplementären Beziehung, wobei sich deren Anteile in der Summe immer zu 100% ergänzen. Zur Verdeutlichung wird diese Beziehung in Abb. 22 grafisch dargestellt.[242]

In der links abgebildeten Pyramide kann **jedes** Produkt mit seinen drei Produkteigenschaften auf der durch die drei Pole aufgespannten Ebene eindeutig positioniert werden. *Weiber/Adler* beschreiben, dass die Reduktion von der dreidimensionalen auf die zweidimensionale Betrachtung (siehe in Abb. 22 rechts) keinen Informationsverlust nach sich zieht,[243] sofern man beachtet, dass jeder Punkt in dem so genannten informationsökonomischen Dreieck ein Tripel aus den jeweiligen Anteilen der drei Eigenschaftstypen darstellt.

Allerdings gehen *Weiber/Adler* mit ihrer Argumentation weiter. Sie erweitern die Überlegungen der informationsökonomischen Produkteigenschaften zu einer Typologisierung von Kaufprozessen, die sich danach diskriminieren lassen, ob es sich um den Kauf von Produkten mit überwiegend Such-, Erfahrungs- oder Vertrauenseigenschaften handelt. Daraus

---

[241] Vgl. Weiber/Adler (1995b), S. 59.

[242] *Weiber/Adler* hinterlegen bei der Dominanz einer bestimmte i.ö. Eigenschaft die Situation mit den Bezeichnungen „Suchkauf", „Erfahrungskauf" oder „Vertrauenskauf" und schaffen so eine Typisierung von Kaufprozessen. Vgl. Weiber/Adler (1995b), S. 61 f.

[243] Vgl. Weiber/Adler (1995b), S. 60.

entwickeln sie Kaufprozesstypen (Suchkauf, Erfahrungskauf und Vertrauenskauf) und unterstellen dabei, dass die drei Kaufprozesse jeweils durch unterschiedliches Kaufverhalten begründet sind.[244]

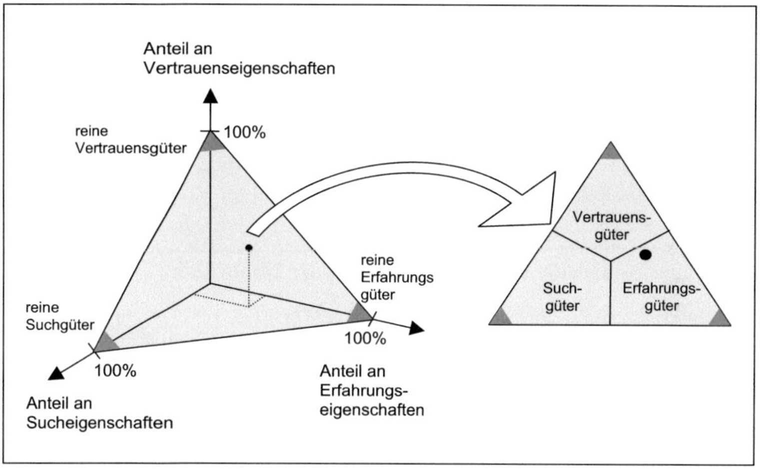

Abb. 22: Komplementarität von Produkteigenschaften (Quelle: in Anlehnung an Weiber/Adler (1995b), S. 61 f.)

In der vorliegenden Arbeit werden die relevanten Produkte, die jeweils von allen drei Eigenschaftstypen betroffen sind,[245] nicht unmittelbar mit den dahinter gelagerten Kaufprozessen gesehen, sondern nur mittelbar. Aus diesem Grund wird im Folgenden immer von „Produkten mit überwiegend Such-, Erfahrungs- oder Vertrauenseigenschaften" gesprochen.

Würde man diese unmittelbaren und somit direkten Wirkungs- und Erklärungszusammenhänge auf die Verhaltenswissenschaft transformieren, so wäre dies ein klassischer S-R-Zusammenhang, bei dem eine bestimmte Mischung aus den informationsökonomischen Produkteigenschaften einen ebensolchen informationsökonomischen Kaufprozesstyp nach sich zieht.

Dieser Weg soll aus den folgenden Gründen hier nicht gewählt werden. In der vorliegenden Untersuchung werden die informationsökonomischen

[244] Vgl. Weiber/Adler (1995b), S. 61 ff.

[245] Vgl. von Ungern-Sternberg/von Weizsäcker (1981), S. 611 und Rapold (1987), S. 12.

Produkteigenschaften, die auf Basis der subjektiven Wahrnehmung der Befragten erhoben werden, als beeinflussende Variable innerhalb eines S-O-R-Modells betrachtet. Diese Variable übt **unmittelbaren** Einfluss auf das subjektiv wahrgenommene Kaufrisiko aus, welches annahmegemäß wiederum ein bestimmtes Verhalten innerhalb eines Kaufprozesses induziert. Somit können die informationsökonomischen Produkteigenschaften nur **mittelbar** Auswirkungen auf das (risikoreduzierende) Verhalten innerhalb eines Kaufprozesses haben und **nicht direkt** in einer Kausalkette mit ihnen verknüpft werden.

Stellt sich abschließend die Frage, worin der Unterschied liegt zwischen **subjektiven** und **objektiven Eigenschaftstypen**, die im Rahmen von informationsökonomisch orientierten Theorien berücksichtigt werden.[246] Generell gilt, dass die Informationsökonomie von einem **objektiven Qualitätsbegriff** ausgeht, indem unterstellt wird, dass alle Kunden den gleichen Qualitätsmaßstab haben. Unterschiede entstehen in diesen Modellen alleine durch die individuellen Ansprüche an ein Qualitätsniveau. In den verhaltenswissenschaftlichen Betrachtungen wird allerdings eine **subjektive Qualitätswahrnehmung** der Nachfrager unterstellt.[247] In einer **Weiterentwicklung des informationsökonomischen Ansatzes** betonen *Weiber/Adler* ausdrücklich, dass die subjektive Wahrnehmung des Befragten das maßgebliche Kriterium zur Kategorisierung der Eigenschaften ist.[248]/[249] Im Rahmen des subjektiven Qualitätsbegriffs geht man von den individuellen menschlichen Bedürfnissen aus. Qualität hat ein Produkt dementsprechend dann, wenn es diese Bedürfnisse erfüllen kann.

---

[246] Vgl. dazu auch Kaas/Busch (1996), S. 244 f.

[247] Vgl. Zeithaml (1988), S. 4 f.

[248] Vgl. Weiber/Adler (1995b), S. 54.

[249] Für die subjektive Wahrnehmung der i.ö. Produkteigenschaften plädieren z.B. *Ford/ Smith/Swasy, die davon aus*gehen, dass für einen Experten jede Eigenschaft eine Inspektionseigenschaft, die für einen Neuling eine Erfahrungs- bzw. im Extremfall sogar eine Vertrauenseigenschaft darstellt. Vgl. Ford/Smith/Swasy (1988), S. 240. *Arnthorsson/Berry/Urbany* vertreten die Ansicht, dass subjektive Faktoren die Zuordnung der Eigenschaften beeinflussen. Vgl. Arnthorsson/Berry/ Urbany (1991). *Wilde* drückt es pointiert aus: „Letztendlich entscheidet der Konsument, ob eine Eigenschaft eine Inspektions- oder Erfahrungseigenschaft ist". Wilde (1981). *Weiber/Adler* sehen die Einordnung in Abhängigkeit von z.B. dem Beurteilungsvermögen, den Erfahrungen oder situationsspezifischen Variablen. Vgl. Weiber/Adler (1995a), S. 99.

Falls man von der objektiven Bestimmung ausgeht, würde man eine Zuordnung der informationsökonomischen Eigenschaften zu den Produkten erhalten, die keine große interpersonelle Streuung aufweist. Bei der subjektiven Qualität als Ausgangspunkt, würde man hingegen eher eine verhältnismäßig große Streuung erhalten. Trotzdem kann man genügend Beispiele dafür finden, dass Eigenschaften ohne Streuung zugeordnet werden. Beispielsweise kann das Design eines PKW nach Inspektion beurteilt werden – unabhängig davon, ob es sich um einen Laien oder einen Auto-Experten handelt. Auch der Geschmack eines Essens wird für alle Gruppen eine Erfahrungseigenschaft sein. Somit könnte man (fälschlicherweise) ableiten, dass es sich bei der Zuordnung der Eigenschaften um eine objektive Produktqualität handelt. Die bedeutet allerdings nicht, dass man hier einen objektiven Qualitätsbegriff zugrunde legt. Vielmehr handelt es sich um eine objektive Sicht auf die Informationslage, mit der die Mühen, Kosten und Hindernisse der Informationsgewinnung über die jeweilige Qualität gemeint sind und nicht das Ergebnis der Qualitätsbeurteilung. Als Folge dessen ist die Zuordnung der i.ö. Eigenschaften nicht ganz eindeutig, aber auch nicht vollständig von subjektiven Zuständen der jeweiligen Befragten abhängig. Zu erwarten ist, dass die Beurteilung mehr oder weniger streut, jedoch eine geringe Streuung nach sich zieht, wenn produktbezogene Experten befragt werden.[250]

5.3 Der Einfluss der Kanäle eines Mehrkanalsystems auf die informationsökonomischen Produkteigenschaften

Beim Blick auf den Bezugsrahmen der vorliegenden Arbeit wird deutlich, dass den informationsökonomischen Produkteigenschaften aus modelltheoretischer Perspektive zwei verschiedene Rollen zuteil werden. Zum einen ist dies die der **unabhängigen** und somit das wahrgenommene Kaufrisiko beeinflussenden **Variable**. Zum anderen die Rolle der durch die unterschiedlichen Kanäle eines Mehrkanalsystems beeinflussten und somit **abhängigen Variable**. Im Folgenden wird die Situation der abhängigen Variable erläutert.

---

[250] Vgl. Kaas/Busch (1996), S. 244 ff.

Der Einfluss, den die i.ö. Produkteigenschaften auf das wahrgenommene Kaufrisiko ausüben, wird weiter unten aufgezeigt.

Stellt sich nun die Frage, wie die drei informationsökonomischen Eigenschaftstypen als abhängige Variable innerhalb des S-O-R-Modells durch die Einbindung innerhalb eines Mehrkanalsystems mit den zwei betrachteten Kanälen stationärer Einzelhandel und Online-Shop beeinflusst werden. Um dies zu betrachten, wird der Fokus auf drei verschiedene Produkte gelegt, denen unterstellt wird, dass sie typische Repräsentanten der drei i.ö. Eigenschaftskategorien sind. Es handelt sich dabei um eine **Hose**, eine Flasche **Wein** und um ein **Vitaminpräparat**.

Warum werden diese Produkte den Eigenschaftskategorien zugeordnet? Diese Frage ist leicht zu beantworten, wenn man die – aus Plausibilitätsgründen heraus unterstellten – wichtigen und somit kaufrelevanten Eigenschaften der Produkte betrachtet. Eine Übersicht, die nicht den Anspruch auf Vollständigkeit hat und auch nicht die Bedingung der richtigen, intersubjektiv gleichen Zuordnung erfüllen kann, bietet Abb. 23. Hier werden den einzelnen Produkten verschiedene Eigenschaften zugeordnet, die nach den Kriterien zur Bestimmung der i.ö. Eigenschaften **Zeitpunkt der Beurteilung** und **Beurteilbarkeit** eingeteilt werden (vgl. Abb. 21).

Das Feld mit den – für das jeweilige Produkt – annahmegemäß wichtigsten Eigenschaften wurde farbig hinterlegt. Daraus ergibt sich, dass die Hose überwiegend von Eigenschaften geprägt ist, die **vor dem Kauf** durch Anprobe und genaue Inspektion überprüft werden können. Bei der **Hose** handelt es sich also um ein Produkt, bei dem die **Sucheigenschaften** dominieren.

Wie verhält sich dieser Einfluss beim Kauf des Weins? Bei einer Flasche Wein scheinen die relevanten Eigenschaften der Geschmack des Weins, und seine Bekömmlichkeit zu sein. Diese Merkmale lassen sich beim Kauf im stationären Einzelhandel nur **nach dem Kauf** und dem dann möglichen

Probieren ermitteln.[251] Somit handelt es sich bei der **Flasche Wein**, die im **stationären Einzelhandel** gekauft wird, um ein Produkt mit überwiegend **Erfahrungseigenschaften,** da die dominierenden Eigenschaften **erst nach dem Kauf** ermittelt werden können.

Produkte / **Überprüfbarkeit (kaufrelevanter) Eigenschaften**	**Hose**	**Wein**	**Vitaminpräparat**
vor dem Kauf	Passform Schnitt Farbe Material Preis Stil Mode	Farbe Weinkategorie Rebsorte Anbaugebiet Jahrgang Preis	Form (Pulver, Brause-, Kautablette) Preis
nach dem Kauf	Tragekomfort Farbechtheit Haltbarkeit Materialabnutzung	Geschmack Lagerfähigkeit Geruch Bekömmlichkeit	Geschmack Bekömmlichkeit
gar nicht	Schadstoffrückstände Herstellungs-bedingungen (z.B. Umweltverträg-lichkeit, Einhaltung von Sozialstandards (Kinderarbeit, etc.))	Schadstoffgehalt Zusammensetzung Herstellungsbe-dingungen Inhaltsstoffe (Gentechnik)	Richtigkeit der Inhaltsangaben Inhaltsstoffe (Gentechnik) Gesundheits-fördernder Nutzen Langzeitwirkung

Abb. 23: Übersicht über die Überprüfbarkeit ausgewählter kaufrelevanter Eigenschaften der drei Beispielprodukte (Quelle: in Anlehnung an Lambert (2003), S. 28 und Verbraucherzentrale Bundesverband e.V. (2004), S. 7.)

[251] Der Kauf von Wein in einem Fachgeschäft, mit dem Angebot der Degustation, wird hier außer Acht gelassen, da diese Möglichkeit nur einen verschwindend geringen Anteil an den realen Kaufakten in der Bundesrepublik Deutschland hat. So wird jede vierte Flasche Wein bei Aldi gekauft. Vgl. o.V. (2003), S. 13. Dabei sind alle anderen Discounter noch nicht berücksichtigt – von anderen Möglichkeiten des Kaufs im stationären Einzelhandel einmal abgesehen, bei dem eine Probiermöglichkeit nicht gegeben ist. Der Kauf von Wein mit Probiermöglichkeit ist also die Ausnahme.

Bei dem letzten Produkt – dem Vitaminpräparat – verhält es sich wiederum anders. Hier wird unterstellt, dass die wesentlichen Eigenschaften die gesundheitsfördernde Wirkung des Präparats, die zukünftige Resistenz gegen Erkrankungen, Stärkung des Immunsystems oder andere diffuse „Versprechen" und (im umgekehrten Fall) mögliche Nebenwirkungen, Wechselwirkungen oder aber sogar langfristig gesundheitsschädigende Wirkungen sind. Dem Laien dürfte die Gewissheit über diese Sachverhalte wohl verschlossen bleiben, da er nicht das Wissen und die finanziellen Möglichkeiten hat, dies herauszufinden. Aus diesem Grund handelt es sich bei dem **Vitaminpräparat** um ein Produkt mit überwiegend **Vertrauenseigenschaften**, da es dem Käufer **selbst nach dem Kauf nicht gelingt**, die wesentlichen Eigenschaften des Produktes zu beurteilen.

Wie wirken sich nun aber die Einflüsse der Kanäle eines Mehrkanalsystems auf diese Einschätzung aus? Betrachten wir zuerst den **stationären Einzelhandel**. Wenn man die Ausführungen zur Zuordnung der drei Produkte zu den i.ö. Eigenschaftskategorien betrachtet, wird deutlich, dass diese nur für den stationären Einzelhandel gelten können. Ausgehend von der Hose wurde aufgezeigt, dass die relevanten Eigenschaften des Kleidungsstücks durch Inspektion aber vor allem durch eine Anprobe beurteilt werden können. Beim Kauf einer Flasche Wein, wie oben beschrieben, kann dies nur nach dem Kauf erfolgen und bezogen auf ein Vitaminpräparat ist dies selbst nach dem Kauf nicht möglich.

Daraus lassen sich zusammenfassend die ersten Aussagen für die Produkte im stationären Einzelhandel ableiten:

Die relevanten Eigenschaften einer **Hose** lassen sich im stationären Einzelhandel **vor dem Kauf** beurteilen. Somit liegt eine Dominanz der **Sucheigenschaften** vor und das Produkt Hose lässt sich in die i.ö. Eigenschaftskategorie **Suchgut** einordnen.
Die relevanten Eigenschaften eines **Weines** lassen sich im stationären Einzelhandel erst **nach dem Kauf** beurteilen. Somit liegt eine Dominanz der **Erfahrungseigenschaften** vor und das Produkt Wein lässt sich in die i.ö. Eigenschaftskategorie **Erfahrungsgut** einordnen.
Die relevanten Eigenschaften eines **Vitaminpräparats** lassen sich im stationären Einzelhandel **selbst nach dem Kauf nicht** beurteilen. Somit liegt eine Dominanz der **Vertrauenseigenschaften** vor und das Produkt Vitaminpräparat lässt sich in die i.ö. Eigenschaftskategorie **Vertrauensgut** einordnen.

Anders verhält es sich im internetbasierten **Online-Shop**. Im Falle des Kaufs einer Hose ist die Anprobe vor dem Kauf in einem Online-Shop nicht möglich.[252] So trivial diese Aussage ist, so gewichtige Auswirkungen hat sie jedoch auf die Zuordnung des Produktes zu den i.ö. Eigenschaftskategorien. Denn die Eigenschaften der Hose, die beim Kauf im stationären Einzelhandel noch den Sucheigenschaften zuzurechnen sind, werden beim Kauf im Online-Shop den Erfahrungseigenschaften zugeordnet.[253] In diesem Fall **determiniert die Art des Kanals**, in dem der Kaufakt vollzogen wird, die **Zuordnung des Produktes zu den i.ö. Eigenschaftskategorien.**

Bei den anderen beiden beispielhaft herangezogenen Produkten verhält es sich jedoch anders, denn wie bereits auf den Kaufakt im stationären Einzelhandel bezogen, können die relevanten Eigenschaften des Weins auch beim Kauf im Online-Shop nur nach dem Kauf und dem Probieren erfolgen. Bezogen auf ein Vitaminpräparat ist dies selbst nach dem Kauf nicht möglich – unabhängig von dem Kanal in dem der Kauf vollzogen wird.

Somit kann hier als Ergebnis festgehalten werden:

Die relevanten Eigenschaften einer **Hose** lassen sich im Online-Shop (anders als im stationären Einzelhandel) erst **nach dem Kauf** beurteilen. Somit liegt eine Dominanz der **Erfahrungseigenschaften** vor und das Produkt Hose lässt sich in die i.ö. Eigenschaftskategorie **Erfahrungsgut** einordnen.
Die relevanten Eigenschaften eines **Weins** lassen sich im Online-Shop (genauso wie im stationären Einzelhandel) erst **nach dem Kauf** beurteilen. Somit liegt eine Dominanz der **Erfahrungseigenschaften** vor und das Produkt Wein lässt sich in die i.ö. Eigenschaftskategorie **Erfahrungsgut** einordnen.
Die relevanten Eigenschaften eines **Vitaminpräparats** lassen sich im Online-Shop (genauso wie im stationären Einzelhandel) **selbst nach dem Kauf nicht** beurteilen. Somit liegt eine Dominanz der **Vertrauenseigenschaften** vor und das Produkt Vitaminpräparat lässt sich in die i.ö. Eigenschaftskategorie **Vertrauensgut** einordnen.

[252] Zur Erinnerung: Von dem „Kauf auf Probe“ wird hier abgesehen.

[253] Im Gegenzug erscheint es auch möglich, dass durch das erhöhte Informationspotenzial im elektronischen Handel Erfahrungsgüter des stationären Handels zu Suchgütern migrieren. Vgl. Zerdick et al. (2001), S. 235.
Dieser Fall wird aus forschungsökonomischen Gründen im Folgenden nicht weiter betrachtet.

5.4 Abgrenzung der Informationsökonomie von der verhaltenswissenschaftlichen Theorie des wahrgenommenen Kaufrisikos

Die vorliegende Arbeit integriert zur Beschreibung und Erklärung des Kundenverhaltens in einem Mehrkanalsystem zwei verschiedene Disziplinen. Dies ist zum einen die verhaltenswissenschaftliche Theorie des wahrgenommenen Kaufrisikos und zum anderen die Informationsökonomie.[254] In diesem Kapitel wird erläutert, worin die Gemeinsamkeiten der beiden Ansätze liegen und worin sie sich maßgeblich unterscheiden. Schließlich wird kurz erläutert, warum die Ansätze sich in ihrer Ergänzung sehr gut zur Ergründung des vorliegenden Forschungsproblems eigenen.

Die Gemeinsamkeit der beiden Ansätze ist, dass sie beide die Unsicherheit von Kunden[255] in der Vorkaufsphase eines Kaufentscheidungsprozesses betrachten.

In dem informationsökonomisch orientierten Ansatz ist es die Unsicherheit, die daraus entsteht, dass der Nachfrager vor dem Kauf nicht oder aber sogar nach getätigtem Kauf nicht mit Sicherheit davon ausgehen kann, dass das jeweilige Produkt die (individuell) relevanten Eigenschaften besitzt. Dies determiniert die dominierende informationsökonomische Produkteigenschaft. Aus dem spezifischen Grad an Unsicherheit, der mit der Dominanz der informationsökonomischen Produkteigenschaft einhergeht, resultieren dann annahmegemäß die Maßnahmen zur Unsicherheitsreduktion. Würde man diesen Zusammenhang auf eine verhaltenswissenschaftliche Sichtweise transponieren, so wäre dies ein klassisches Beispiel für einen S-R-Zusammenhang.[256]

---

[254] Bzw. ihre Weiterentwicklung durch *Weiber/Adler*. Siehe dazu auch die Ausführungen am Ende dieses Kapitels.

[255] Vgl. Adler (1996), S. 25 f.

[256] Siehe zu den verschiedenen Forschungsansätzen des Konsumentenverhaltens Kap. 2.1 der vorliegenden Arbeit.

Die verhaltenswissenschaftlich orientierte Theorie des wahrgenommenen Kaufrisikos betrachtet die Unsicherheit des Nachfragers in der Verkaufsphase als psychische Variable. Diese Betrachtung umfasst allerdings – neben der subjektiv wahrgenommenen Unsicherheit über das vermeintliche Eintreten eines bestimmten (mutmaßlich schlechten) Zustandes – auch noch eine Größe, die das Ausmaß bzw. die Schwere dieses Zustandes für den Fall widerspiegelt, dass er eintreten wird. Im Gegensatz zur Informationsökonomie beschränkt sich die Unsicherheit hier nicht nur auf das Produkt, sondern kann sich auf ungewünschte Zustände beziehen, die den gesamten Kaufentscheidungsprozess umfassen und somit bspw. auf die Person, ihr Umfeld, den Kanal oder das Mehrkanalsystem abzielen.

Wie die Informationsökonomie mit ihrer Variable „Unsicherheit", so unterstellt auch das Konstrukt des wahrgenommenen Kaufrisikos, dass es einen beeinflussenden Effekt auf das Verhalten eines Kunden ausübt. Wie bereits erwähnt, hängen die Maßnahmen zur Risikohandhabung direkt von der Höhe und dem Ausmaß des wahrgenommenen Kaufrisikos ab. Modelltheoretisch handelt es sich dabei – auch in Abgrenzung zu dem oben erwähnten „i.ö. S-R-Modell" – um ein typisches S-O-R-Modell.

Beide Disziplinen trennt allerdings ein Punkt: Die Verhaltenswissenschaft versucht, das tatsächliche Verhalten von Wirtschaftssubjekten zu beschreiben, um in einem nächsten Schritt dieses Verhalten zu erklären. Ihr Ziel ist es dabei, daraus Gesetzmäßigkeiten abzuleiten. Die Informationsökonomie hingegen bietet normative Aussagen,[257] mit denen beschrieben wird, wie sich Personen verhalten, wenn sie rational vorgehen wollen.[258]

Da hier allerdings die subjektive Wahrnehmung eine Rolle spielt und deren Einfluss auf den Kaufprozess, wird sich an die **Weiterentwicklung des informationsökonomischen Ansatzes** durch *Weiber/Adler* angelehnt. Die Autoren trennen sich dabei von der rein rationalen Betrachtung

---

[257] Vgl. Kunz (1985), S. 49 f.

[258] Vgl. Adler (1996), S. 44. Genau dies ist der Hauptansatzpunkt der Kritik des verhaltenswissenschaftlich orientierten Marketing an der Informationsökonomie.

und berücksichtigen die subjektive Wahrnehmung bzw. Einschätzung der Individuen, die eine Verhaltensrelevanz besitzen. Deutlich wird dies an der bereits aufgeführten Definition der informationsökonomischen Produkteigenschaften nach *Weiber/Adler* (Kap. 5.2.1), in der bezogen auf den Einsatz von unsicherheitsreduzierenden Maßnahmen steht, dass die Informationssuche erst dann abgebrochen wird, wenn der Nachfrager ein **subjektiv als ausreichend empfundenes** Informationsniveau erreicht hat, oder eine weitere Informationssuche als zu kostspielig **empfunden** wird.

Stellt sich letztendlich die Frage, warum die vorliegende Untersuchung durch eine Verknüpfung von zwei unterschiedlichen Forschungsansätzen durchgeführt wird? Die Antwort darauf fällt leicht: Die moderne Konsumenten-Verhaltensforschung beschäftigt sich mit dem tatsächlichen Verhalten von Käufern, indem – wie in der vorliegenden Untersuchung – die „Black-Box" durch das Konstrukt des wahrgenommenen Kaufrisikos erhellt wird und somit ein resultierendes Verhalten nicht nur beschrieben, sondern (im Idealfall) sogar erklärt werden kann. Welche Einflussfaktoren bzw. Determinanten darauf einwirken, dabei kann die Informationsökonomie bzw. ihre Weiterentwicklung, deren Erkenntnisse hier Berücksichtigung finden, strukturiert weiter helfen.

6 Risikoreduktionsmaßnahmen der Kunden in einem Mehrkanalsystem

Nachdem im vorangegangenen Kapitel das wahrgenommene Kaufrisiko als abhängige Variable (S-O-Zusammenhang) ausführlich beschrieben wurde, wird im Folgenden der modelltheoretische O-R-Effekt des vorliegenden Bezugsrahmens eingehend erläutert: Der Einfluss des wahrgenommenen Kaufrisikos in einem Mehrkanalsystem auf die daraus resultierenden Maßnahmen zur Risikohandhabung.

Die einfachste Möglichkeit, potenzielle unliebsame Kauffolgen mit Sicherheit zu vermeiden – und in diesem Sonderfall somit das wahrgenommene Kaufrisiko nicht nur zu reduzieren, sondern sogar gänzlich auszuschließen –, ist der **Nicht-Kauf**. Allerdings könnten auch dadurch wiederum Dissonanzen entstehen, wenn das Bedürfnis oder Motiv, welches dem Kaufwunsch bzw. -interesse zugrunde lag, nicht befriedigt wird. Unabhängig von dieser radikalen Maßnahme gibt es alternative Vorgehensweisen, die ein Nachfrager ergreifen kann, um eine Risikoreduktion herbeizuführen und im Anschluss daran den geplanten Kauf tätigen zu können. So sagt die Hauptthese der Theorie des wahrgenommenen Kaufrisikos aus, dass der Kunde, falls das wahrgenommene Kaufrisiko seine individuelle Toleranzschwelle übersteigt, versucht, dieses Risiko durch den Einsatz unterschiedlicher Maßnahmen zu reduzieren. Diese Maßnahmen können verschiedener Natur sein. Wie eingangs beschrieben, werden die risikoreduzierenden Maßnahmen aus modelltheoretischer Sicht als abhängige Variable betrachtet, die direkt von der Höhe des wahrgenommenen Kaufrisikos – diesmal in Form der unabhängigen und somit beeinflussenden Variable – abhängig ist.

Die folgende Abb. 24 bietet einen Überblick über verschiedene Beiträge in der Literatur, die sich bislang mit risikoreduzierenden Maßnahmen beschäftigten.[259]

In der Literatur findet sich die verbreitete Annahme, dass der Kunde im Rahmen von Risikoreduktionsstrategien versucht, sein wahrgenommenes Kaufrisiko anhand der beiden Komponenten **Unsicherheit** und **negative Kauffolgen** zu reduzieren.[260]
Dieser Vorgehensweise wird gefolgt, da in der vorliegenden Untersuchung – wie weiter unten aufgezeigt (siehe Kap. 10.2.2) – ein kompositionelles Modell zur Operationalisierung des wahrgenommenen Kaufrisikos verwendet wird, welches mit den beiden Komponenten „Unsicherheit" und „Ausmaß der negativen Kauffolgen" arbeitet.
Aus diesem Grund werden die noch vorzustellenden Maßnahmen zur Risikoreduktion in einem ersten Schritt nach den Kriterien „reduziert die Unsicherheit bezüglich des **Eintritts** einer negativen Kauffolge" und „reduziert das **Ausmaß** der negativen Kauffolge (für den Fall ihres Eintritts)" unterteilt.

Bei der Vorstellung der einzelnen Maßnahmen in Kap. 6.1 und 6.2 und ihrem Risikoeffekt wird nicht durchgängig beschrieben, inwieweit sie sich auf die einzelnen Risikodimensionen auswirken. Dies liegt darin begründet, dass im weiteren Verlauf der Untersuchung nicht mehr einzelne Risikodimensionen, sondern das aggregierte Gesamtrisiko betrachtet wird. Trotzdem wird an einigen Stellen **exemplarisch** aufgezeigt, wie sich die Maßnahmen zur Risikohandhabung tendenziell auf ausgewählte Dimensionen auswirken könnten.

---

[259] Diese haben entweder einen verhaltenswissenschaftlichen oder informationsökonomischen Hintergrund.

[260] Vgl. Cox (1967b), S. 38 ff. und in neuerer Zeit auch: Kroeber-Riel/Weinberg (2003), S. 249; Kuhlmann (1980) und Bateson (1992b). Sogar aus entscheidungslogischer Sicht wird eine solche Zweiteilung der Handlungen unterstellt, und zwar in den Einsatz von „prophylaktischen Maßnahmen" zur Reduktion der Unsicherheit und in „flankierende Maßnahmen", die die negativen Auswirkungen des eingetretenen ungünstigen Falles eindämmen bzw. kompensieren sollen. Vgl. Mag (1981), S. 482.

Quelle	Risikoreduktion durch ...
Stigler (1961)	Informationssuche
Cox (1967b)	Informationssuche, Markentreue, Empfehlungen, u.a.
Akerlof (1970)	Garantien, Markennamen, Geschäftsketten, Zertifizierung
Nelson (1970); (1974)	Inspektion, Werbung
Roselius (1971)	Testimonials, Markentreue, Markenbekanntheit, private Warentests, Geschäftsimage, Proben, Geld-zurück-Garantie, staatliche Warentests, Shopping, Preis, Empfehlung
Olson/Jacoby (1972)	Preis, Garantie, Reputation, Markenname, Empfehlungen, intrinsische Produktmerkmale
Stiglitz (1974)	direkte Beurteilung, Selbstselektion
Diller (1977)	Preis
Olson (1977)	Preis, Markenname, Geschäftsimage
Spence (1977)	Garantien
Kupsch/Hufschmied (1979)	direkte Informationssuche, Preisorientierung, Marken- und Geschäftstreue
Klein/Leffler (1981)	Werbung, Preis, markenspezifische Informationen
Knappe (1981)	Informationen
Bearden/Shimp (1982)	Garantie, Reputation, Preis
Shimp/Bearden (1982)	Garantie, Reputation, Preis
Müller/Beeskow (1982)	Einkaufsstättenwahl
Shapiro (1982); (1983)	Reputation
Tölle (1983)	Warentestinformationen
Hofacker (1985)	Informationen
Tolle (1991)	markenspezifische irreversible Fixkosten, Höhe der Werbeausgaben, Garantien
Tolle (1994)	markenspezifische verkaufsfördernde Investitionen, Höhe der Werbeausgaben, Garantien
Herrmann/Huber/Wricke (1999)	Änderung der Anspruchsniveaus
Gierl/Winkler (2000)	Gütezeichen
Schröder/Eigen/Mehling (2003)	After-Sales-Leistungen

Abb. 24: Übersicht über Risikoreduktionsmaßnahmen in der Literatur (Quelle: in Anlehnung an Adler (1996), S. 104 – ergänzt um weitere Quellen)

Die Risikoreduktion der Kunden im Rahmen der Theorie des wahrgenommenen Kaufrisikos kann sich also zum einen auf den **Abbau der Unsicherheit** durch Informationsgewinnung, Informationsverarbeitung und Informationsweitergabe sowie die Nutzung von Informationssubstituten, wie z.B. Preis, Marke, Einkaufsstätte, Erfahrung und zum anderen auf eine **Einschränkung der nachteiligen Konsequenzen** (Kauffolgen) z.B. durch Kauf zur Probe oder Kauf kleinerer Mengen oder den Einsatz kognitiver Mechanismen verteilen. Wie später aufgezeigt wird, ist die Zuordnung bestimmter Maßnahmen zu **beiden** Kategorien möglich. Ferner wird dargelegt, dass die Maßnahmen zur Risikohandhabung aufgrund von Überschneidungen nicht isoliert voneinander gesehen werden können.

Als zentraler Punkt wird außerdem betrachtet, inwieweit sich das Vorhandensein bzw. die Nutzung eines **Mehrkanalsystems** auf die Reduktion des Risikos auswirkt. So gilt es z.B. zu überprüfen, ob eine Mehrkanal-Nutzung – also eine Parallelnutzung der beiden Kanäle in der Informationsphase – als risikoreduzierendes Element Einsatz findet.

6.1 Maßnahmen zur Reduktion der „Unsicherheit"

Die Risikoreduktionsmaßnahmen, die sich auf die Komponente **Unsicherheit** beziehen, haben ihre Wurzeln in der Weiterbearbeitung der Theorie des wahrgenommenen Kaufrisikos.[261] *Kupsch/Hufschmied* unterteilen die Maßnahmen in **direkte Informationssuche** und **Heranziehen von Informationssubstituten**.[262] Weitergehend strukturiert wurden diese Maßnahmen im Zusammenhang mit informationsökonomischen Betrachtungen, die dementsprechend in der vorliegenden Arbeit aufgegriffen werden und sich an die Vorgehensweise von *Adler* (1996) anlehnen.

Die Informationsaktivitäten der Nachfrager lassen sich grundsätzlich einteilen in Maßnahmen, die die Nachfrager selbst ergreifen (direkte

[261] Vgl. Kupsch/Hufschmied (1979), S. 236 f.
[262] Vgl. dazu auch Adler (1996), S. 84.

Informationssuche) und in die Wahrnehmung von Indikatoren i.S.v. „Ersatzinformationen" (**Informationssubstitute**).[263]

Weiter lassen sich diese Informationssubstitute gliedern in Informationen, die sich auf Eigenschaften der Produkte beziehen (**leistungsbezogene Informationssubstitute**) und in Informationen, die auf eine globale Größe Bezug nehmen, z.B. den Anbieter und seine Stellung im Markt (**leistungsübergreifende Informationssubstitute**).

Um diese drei verschiedenen Reduktionsmöglichkeiten zu typisieren, werden also die Merkmale „Art der Unsicherheitshandhabung" und „Bezug zu konkreten Eigenschaften des Produktes" herangezogen – man erhält die in Abb. 25 aufgezeigten drei Strategien zur Unsicherheitsreduktion.

Weiber/Adler gehen davon aus, dass zwischen den drei informationsökonomischen Produkteigenschaften bzw. der daraus resultierenden Unsicherheit und den gewählten Maßnahmen zur Reduktion dieser Unsicherheit ein Zusammenhang besteht,[264] was im Folgenden kurz dargelegt wird.

Unsicherheitsreduktion bei Sucheigenschaften

Da bei Produkten, die überwiegend von Sucheigenschaften geprägt sind, die wesentlichen Eigenschaften **vor dem Kauf** ermittelt werden können, kann eine womöglich vorhandene Unsicherheit durch eine direkte Informationsbeschaffung, wie z.B. durch Inspektion oder Anprobe, im Vorfeld des Kaufs reduziert werden, da danach das Vorhandensein der jeweiligen wichtigen Eigenschaft mit Sicherheit beurteilt werden kann. Durch die leistungsbezogene Informationssuche kann in diesem Fall der höchste Reduktionseffekt erzielt werden, da im Vergleich zu der Nutzung von Informationssubstituten das größte Reduktionspotenzial vorliegt.[265]

Zwar ist das Heranziehen von Informationssubstituten in dieser Situation auch möglich, aber nicht sinnvoll, da der Reduktionsnutzen weitaus geringer ist, weil der Nachfrager auf eine direkte Beurteilung der

[263] Vgl. Adler (1998), S. 343.
[264] Vgl. Weiber/Adler (1995b), S. 58 ff.
[265] Vgl. Adler (1998), S. 344.

Produkteigenschaften verzichten würde.[266] Aus diesem Grund ist es eher unwahrscheinlich, dass Informationssubstitute zur Unsicherheitsreduktion bei Produkten angewendet werden, bei denen eine Dominanz der Sucheigenschaften vorliegt.

Unsicherheitsreduktion bei Erfahrungseigenschaften

Dadurch, dass die Erfahrungseigenschaften eines Produktes **nicht vor dem Kauf** überprüft werden können, kann die dadurch induzierte Unsicherheit auch **nicht** durch das Heranziehen **direkter Informationen** gemindert werden. Aus diesem Grund muss der Nachfrager Informationssubstitute nutzen, die einen Indikator für das Vorhandensein der gewünschten Eigenschaften eines Produktes darstellen. So wird weiter unten aufgezeigt, inwieweit **leistungsbezogene Signale** wie z.B. der Preis, die Höhe der Werbeausgaben für das Produkt, die Produktmarke oder aber die angebotenen Garantien als Indikator genutzt werden können. Eine grundlegende Voraussetzung für den unsicherheitsreduzierenden Effekt der leistungsbezogenen Informationssubstitute liegt darin begründet, dass der Käufer nach dem Kauf sicherstellen können muss, ob das Produkt auch tatsächlich die zugesicherten Eigenschaften erfüllt, um (falls dies nicht der Fall sein sollte) den Anbieter sanktionieren zu können.[267] Als solche Sanktionen könnten z.B. die Rückgabe eines nicht den Ansprüchen genügenden Produktes oder aber die Inanspruchnahme von Garantieleistung angesehen werden. Die Nutzung von leistungsübergreifenden Informationssubstituten – bei denen z.B. die bei Dritten vorhandenen Reputationsinformationen über den Anbieter genutzt werden – ist zur Unsicherheitsreduktion bei Erfahrungseigenschaften auch denkbar.[268]

Unsicherheitsreduktion bei Vertrauenseigenschaften

Bei Vertrauenseigenschaften ist die eben erwähnte Bedingung des unsicherheitsreduzierenden Effektes durch die leistungsbezogenen Informationssubstitute (die Nichterfüllung kann nach dem Kauf bemerkt und

---

[266] Vgl. Adler (1998), S. 344.

[267] Vgl. Tolle (1994), S. 929 ff. und Adler (1998), S. 344.

[268] Vgl. Shapiro (1983), S. 663 f.

entsprechend sanktioniert werden) nicht gegeben. Da die relevanten Eigenschaften bei Produkten, die überwiegend von Vertrauenseigenschaften geprägt sind, **selbst nach dem Kauf** und dem Ver- bzw. Gebrauch **nicht** überprüft werden können.

Die Folge ist, dass leistungsbezogene Informationssubstitute hierbei keinen unsicherheitsreduzierenden Effekt auslösen können.[269] *Adler* fügt als Beispiel an, dass eine Garantie über die biologische Abbaubarkeit eines Reinigungsmittels dem Nachfrager in keiner Weise nutzt, da er eben nicht in der Lage ist, dies zu überprüfen.[270] Als Folge dessen kann der Käufer seine empfundene Unsicherheit nur über die Nutzung leistungsübergreifender Informationssubstitute mindern und darauf vertrauen, dass der Anbieter die individuellen Anforderungen an das Produkt erfüllt. Somit ist die Vertrauenswürdigkeit des Anbieters die zentrale Größe und die Suche nach Indikatoren für diese Vertrauenswürdigkeit, wie z.B. seine Reputation die Strategie zur Reduktion der Unsicherheit.

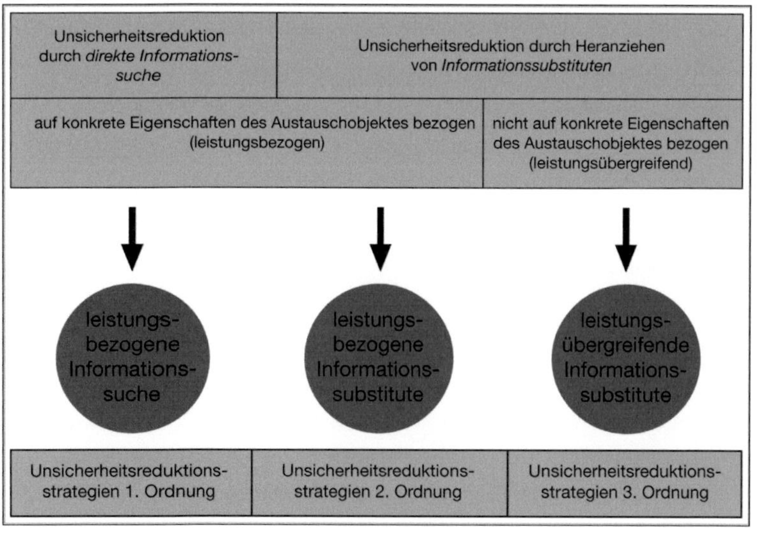

Abb. 25: Typisierung von Unsicherheitsreduktionsstrategien (Quelle: in Anlehnung an Adler (1998), S. 343)

[269] Vgl. Adler (1998), S. 344.

[270] Vgl. Adler (1998), S. 344.

Soweit zu der idealtypischen Zuordnung der drei Unsicherheitsreduktionsstrategien zu den Unsicherheitszuständen, die aus dem Vorhandensein der drei informationsökonomischen Produkteigenschaften resultieren.
Neben dieser isolierten Betrachtung wird es dem Käuferverhalten in der Realität eher entsprechen, wenn man davon ausgeht, dass ein Mix der drei Optionen angewandt wird. Dies wird insbesondere dadurch verstärkt, dass bei einem Produkt alle drei informationsökonomischen Eigenschaftsarten zu unterschiedlichen Anteilen vorhanden sind.
Wie bereits beschrieben, wird die leistungsbezogene Informationssuche bei Sucheigenschaften eingesetzt und kann auch nur in diesem Fall zu einer Minderung der Unsicherheit führen. Aus diesem Grund wird dieser Strategie ein eindimensionales Wirkungsspektrum zugesprochen und ihr der Begriff Unsicherheitsreduktion 1. Ordnung zugeteilt.[271] Die Strategien, in denen Informationssubstitute genutzt werden, können hingegen die Unsicherheit, als Folge verschiedener i.ö. Eigenschaften, reduzieren und sind somit mehrdimensional. *Weiber/Adler* führen zur Verdeutlichung der Abwärtskompatibilität der Strategien an, dass durch die Nutzung der leistungsbezogenen Informationssubstitute (Unsicherheitsreduktion 2. Ordnung), nicht nur bei den Erfahrungseigenschaften, sondern auch bei den Sucheigenschaften eine Minderung der Unsicherheit herbeigeführt werden kann. Ebenso ist es durch die leistungsübergreifenden Informationssubstitute (Unsicherheitsreduktion 3. Ordnung) – die weiter oben den Vertrauenseigenschaften zugeordnet wurden – möglich, die Unsicherheit resultierend aus Such- und Erfahrungseigenschaften zu mindern.[272] Diese Zusammenhänge werden in Abb. 26 noch einmal verdeutlicht, indem den einzelnen Strategien zugeordnet wird, bei welchen Unsicherheitszuständen sie auf der Basis informationsökonomischer Überlegungen Einsatz finden können.

---

[271] Vgl. Adler (1998), S. 345.

[272] Vgl. Weiber/Adler (1995c), S. 70 ff.

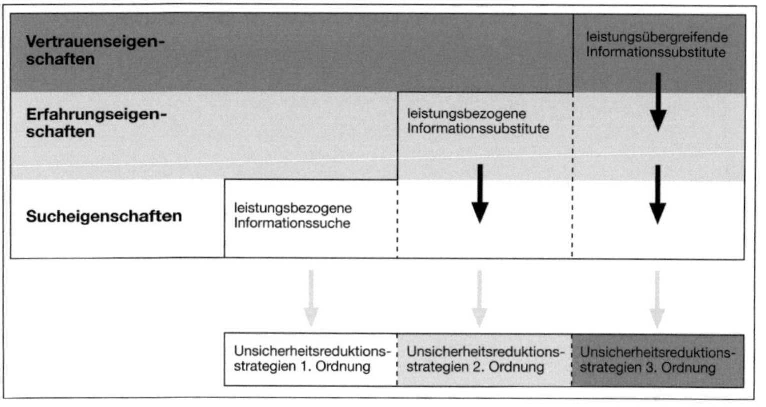

Abb. 26: Wirkungsspektrum einzelner Unsicherheitsreduktionsstrategien (Quelle: Weiber/Adler (1995b), S. 71)

6.1.1 Leistungsbezogene Informationssuche

Aus Sicht der Informationsökonomie handelt es sich bei den Maßnahmen, die in diese Kategorie fallen, um solche, die sich mit einer **direkten Überprüfung** der Produkteigenschaften befassen, wie z.B. die Anprobe eines Kleidungsstückes oder die Inspektion eines Lebensmittels im Ladengeschäft (Kap. 6.1.1.1). Zusätzlich zur Kategorie der leistungsbezogenen Informationssuche zur Reduktion der Unsicherheit vor dem Kauf gehören auch Informationen, die dem Produkt beigefügt sind (Kap. 6.1.1.2) und jene, die sich der Käufer durch das Verkaufspersonal im stationären Einzelhandel einholen kann (Kap. 6.1.1.3).[273] Auch die durch den Anbieter betriebene Internetseite kann dem Nachfrager produktbezogene Informationen zur Verfügung stellen (Kap. 6.1.1.4).

6.1.1.1 Inspektion des Produktes

Wie in Abb. 23 beispielhaft aufgezeigt wurde, sind Produkte von der Dominanz unterschiedlicher informationsökonomischer Eigenschaften geprägt. Trotzdem lassen sich bei allen Sucheigenschaften aufzeigen.

[273] Vgl. Kupsch/Hufschmied (1979), S. 237 ff.

Für die Produkte Hose, Wein und Vitaminpräparat könnte dies (bezogen auf den Kauf im stationären Einzelhandel) wie folgt aussehen:

- Hose → Passform, Schnitt, Farbe, Material
- Wein → „Farbe“
- Vitaminpräparat → Darreichungsform (Pulver, Brause- oder Kautablette).

Durch eine genaue Inspektion im Sinne einer optischen, gustatorischen, akustischen, haptischen und olfaktorischen Überprüfung des jeweiligen Produktes, können wesentliche Sucheigenschaften überprüft und die daraus anfänglich resultierende Unsicherheit reduziert werden.[274]

Wie bereits aufgezeigt wurde, sind die Möglichkeiten zu dieser Unsicherheitsreduktionsmaßnahme in Abhängigkeit von dem Kanal zu sehen. So kann die Überprüfung eines Produktes mit allen Sinnen ausschließlich im stationären Einzelhandel erfolgen. Im Online-Shop stehen zur Gewinnung direkter produktbezogener Informationen andere Möglichkeiten zur Verfügung, die weiter unten beschrieben werden.

6.1.1.2 Produktbegleitende Informationen

Worin ist die Notwendigkeit der produktbegleitenden Informationen begründet? Die Beantwortung dieser Frage fällt leicht, wenn man bedenkt, dass die meisten gekauften Produkte industrielle Massenerzeugnisse sind, bei denen man eben nicht vom Hersteller persönlich über die relevanten Eigenschaften des Produktes unterrichtet wird. Dabei unterteilen sich die Informationen zum einen in **freiwillige Angaben** und zum anderen in solche, die vom **Gesetzgeber vorgeschrieben** sind. Grundsätzlich können sich die produktbegleitenden Informationen auf dem Produkt selbst, auf der Verpackung, auf den beigefügten Informationsmaterialien (wie z.B. „Beipackzettel“) oder am Point of Purchase befinden.[275]

---

[274] Allerdings ist insbesondere die Möglichkeit der gustatorischen Überprüfung stark beschränkt, wenn man bedenkt, dass man beim Weinkauf – selbst nach dem Probieren vor dem Kauf – nicht weiß, ob der Wein in der **gekauften** Flasche (von der man i.d.R. **nicht** probiert hat) nicht doch nach Kork schmeckt.

[275] Vgl. Kuhlmann (1990), S. 142 ff.

Für die Kunden ist – zumindest in Bezug auf den Aspekt der produktbezogenen Information – wenig von Interesse, dass Markierungen in Wort, Bild und Farbe oder subjektive sowie nicht überprüfbare Wertungen und Stimmungen abgebildet werden. Relevant für ihre Kaufentscheidung sind dabei nachvollziehbare oder sogar überprüfbare Fakten und Beurteilungen, die dementsprechend nicht nur **nützlich**, sondern auch noch **nutzbar** sein sollen.[276] Produktbezogene Informationen lassen sich nach ihrem Inhalt unterscheiden, wobei sich die Schwerpunkte **Kosten- und Nutzeninformationen** bilden lassen. Die für den Kunden beim Kauf eines Produktes relevanten produktbezogenen **Kosteninformationen** unterteilen sich in die folgenden Aspekte:

- Kosten, die beim Kauf entstehen (Preis für das Produkt inkl. Preis für Verpackung und Lieferung).
- Kosten, die bei Ver- oder Gebrauch des Produktes entstehen, wie z.B.
    - Betriebskosten (z.B. Angaben über Stromverbrauch),
    - Kosten durch vorzeitigen Verschleiß (i.S.v. entgangenem Nutzen) und
    - Kosten durch die Beeinträchtigung von Gesundheit und Vermögen (durch Ver- oder Gebrauch des Gutes).
- Kosten, die mit der Entsorgung zusammenhängen.

Da der eigentliche Kaufzweck (Produktnutzen) aus dem Ge- oder Verbrauch des Produkts resultiert, sind **Nutzeninformationen** für den Käufer relevant. Durch sie kann er den Nutzen, den das Produkt stiften soll, optimieren. Die Informationen können sich inhaltlich beziehen auf:

- Form, Gestalt (Maße, Kombinierbarkeit, Kompatibilität), Menge und Gewicht,
- Materialien und Inhaltsstoffe,
- Verwendungs- und Gestaltungsmöglichkeit, Handhabung und
- den langfristigen Nutzen z.B. für Gesundheit oder Vermögen des Kunden.

---

[276] Vgl. Kuhlmann (1990), S. 142 ff.

Anhand dieser Daten ist der Käufer nun in der Lage, nicht nur zu ermitteln, was er einsetzt, um das Produkt zu erhalten, sondern auch, was durch den Ge- oder Verbrauch ausgelöst wird. Im Idealfall erlangt er so alle Informationen, um so seine Kosten/Nutzen-Relation beim Kauf optimieren zu können.[277]

In einem Mehrkanalsystem können in beiden betrachteten Kanälen unterschiedliche Informationen im Umfang aber auch in der Form dargeboten werden. Im Gegensatz zum sEH ist es im OS möglich, nicht nur weitaus mehr Informationen zur Verfügung zu stellen, sondern diese auch noch multimedial z.B. in Form eines (ggf. sogar interaktiven) Films darzubieten. Wie das konkret aussehen kann, zeigt Kap. 6.1.1.4 auf, in dem die „Informationen per Internet-Seite des Anbieters" näher erläutert werden.
Die Realität sieht allerdings oftmals anders aus – die produktbezogenen Informationen, die im Online-Shop hinterlegt werden, spiegeln im schlechtesten Fall nicht einmal die Inhalte der Beipackzettel wider. Von daher ist das MKS mit einem Online-Shop als parallelen Kanal nicht zwingend ein Garant für ein Mehr an produktbezogenen Informationen, die zur Risikoreduktion herangezogen werden können.

6.1.1.3 Beratung durch Verkaufspersonal

Eine Betrachtung der **Kunden-Verkäufer-Dyade** ist im Wesentlichen bezogen auf den stationären Einzelhandel von Interesse. Zwar existieren auch im Online-Shop so genannte Avatare als Verkaufsberater oder aber ein interessierter Kunde kann sich per Telefon beraten lassen – das bestimmende Merkmal der „Face-to-face"-Kommunikation ist allerdings nur beim Beratungsgespräch im stationären Einzelhandel gegeben.

---

[277] Dies alles unter der Voraussetzung, dass die jeweilige Person nicht nur zu der Aufnahme und Verarbeitung der Informationen in der Lage ist, sondern auch noch rationales Handeln unterstellt werden kann.

Maßgeblich für den risikoreduzierenden Effekt durch das Verkaufspersonal ist dabei insbesondere die Glaubwürdigkeit der jeweiligen Person.[278]/[279]

Generell ist festzustellen, dass interpersonelle Kommunikation (unabhängig davon ob sie anbieterdominiert bzw. -kontrolliert ist oder nicht), die am stärksten risikoreduzierende Maßnahme ist.[280] Dies liegt darin begründet, dass sie sehr flexibel ist und genau auf das Informationsbedürfnis der jeweiligen Person abgestimmt werden kann. Dabei ist die anbieterunabhängige Kommunikation, die nicht durch den Anbieter in seinem Sinne manipuliert werden kann, aufgrund der höheren Glaubwürdigkeit weitaus wirkungsvoller.

Nun handelt es sich aber beim Verkaufspersonal um eine offensichtlich anbieterdominierte Quelle mit einhergehender geringerer Glaubwürdigkeit.[281] *Kenning* nennt als Determinanten der Glaubwürdigkeit „die Offenheit, die Verlässlichkeit, die Produktkenntnis und das Vermeiden falscher Behauptungen seitens des Verkaufspersonals."[282] Dabei orientiert sich der Kunde an den folgenden Informationsquellen, um die Glaubwürdigkeit des Verkaufspersonals zu beurteilen: Kontextinformationen (Informationen über den äußeren Rahmen, in dem das Verkaufsgespräch stattfindet), die äußere Erscheinung des Verkäufers (Physiognomie und Kleidung), Vorabinformationen über den Verkäufer, welche bereits interpretiert werden können, selbstbeschreibende Äußerungen des Verkäufers (bzgl. Kompetenz, Ehrlichkeit, aktuelle Motivation), den vom Verkäufer dargestellten Sachverhalt und ob dieser subjektiv plausibel ist. Weiterhin fließt die Art und Weise, mit der dieser Sachverhalt dargelegt wird (Konsistenz, Widerspruchsfreiheit) in die Beurteilung ein.[283]

---

[278] Aspekte wie z.B. Flexibilität und Matching zwischen beiden Akteuren dieser Dyade werden hier nicht weiter betrachtet.

[279] Siehe zur weiteren Konzeptualisierung des Glaubwürdigkeitskonstruktes Mayer (2000), S. 482 ff.

[280] Vgl. Arndt (1968) und Lutz/Reilly (1973).

[281] Vgl. Kafka (1999), S. 61. *Kafka* kommt in seiner Untersuchung zu dem Ergebnis, dass Verkäufer im Lebensmittelladen die geringste Glaubwürdigkeit unter verschiedenen Quellen aufweisen.

[282] Kenning (2002), S. 126.

[283] Vgl. Kenning (2002), S. 120 ff.

Falls die jeweilige beratende Person in einer spezifischen Situation in der Lage ist, diese Aspekte aus Sicht des Nachfragers zu erfüllen, so ist der risikoreduzierende Effekt beim Kauf in dem stationären Kanal eines MKS vorhanden. Je nachdem wie gut die einzelnen Punkte erfüllt werden, kann der Effekt dieser anbieterdominierten Informationsquelle nahe an den heranreichen, der durch das Einbeziehen unabhängiger persönlicher Informationsquellen erzielt wird. Im Extremfall kann durch eine subjektive Projektion sehr positiver Aspekte auf die beratende Person sogar ein weitaus größerer Effekt entstehen.

6.1.1.4 Informationen per Internet-Seite des Anbieters

Die Internetseite des Online-Shop-Betreibers kann so gestaltet werden, dass sich der Kunde – unabhängig davon in welchem Kanal er den Kauf tätigen möchte – Informationen über das Produkt beschaffen kann, die ihm beispielsweise im stationären Einzelhandel nicht unbedingt zur Verfügung stehen und ihm somit kaufrelevante Impulse geben können.
So kann das Internet – unabhängig davon, ob es in der Praxis umgesetzt wird – durch seine „rund-um-die-Uhr"-Verfügbarkeit jederzeit Informationen multimedial und interaktiv zur Verfügung stellen.

An dem Beispiel der drei exemplarisch herangezogenen Produkte Hose, Wein und Vitaminpräparat könnten die vom Verbraucher gewünschten Informationen wie folgt aussehen.
Beim Kauf einer Hose könnten den Kunden zusätzliche Informationen bezüglich der Passform und der Größentabellen interessieren, mit denen er seine Unsicherheit vor dem Kauf reduzieren kann. Sehr anschauliche Beispiele dazu bietet der onlinebasierte Versandhandel, wie z.B. Neckermann mit dem interaktiven Größenberater (s. Abb. 27), der die persönliche Bestellgröße findet, indem der Kunde seine jeweiligen Körpermaße eingibt und der Computer sämtliche kaufrelevanten Größen vorgibt.
Nachdem der Kunde so seine Größe ermittelt hat, stellt sich für ihn die Frage, wie ihm das ausgewählte Kleidungsstück steht oder wie es sich mit anderen Artikeln kombinieren lässt. Möglich ist das mit Hilfe der so genannten virtuellen Anprobe. Im Rahmen der „virtuellen Umkleide" bei

Neckermann hat der Kunde zuerst die Möglichkeit, ein „Model" seinen Wünschen entsprechend auszuwählen (vgl. Abb. 28), allerdings werden hierbei nur optische Kriterien herangezogen und keine unterschiedlichen Figuren und Körpermaße, wie dies z.B. bei Otto möglich ist (vgl. Abb. 29). Ebenfalls bietet der elektronische Otto-Shop seinen Kunden als zusätzliche Leistung an, im Rahmen einer persönlichen Anprobe ein eigenes Foto einzuschicken anhand dessen die Waren „anprobiert" werden können.

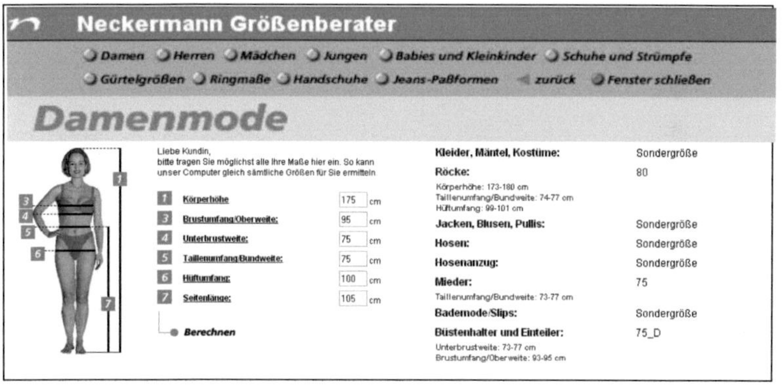

Abb. 27: Der Größenberater von Neckermann (Quelle: Lambert (2003)

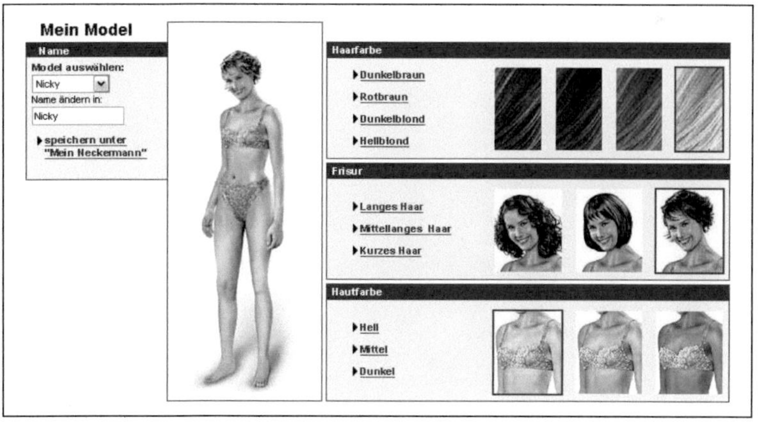

Abb. 28: Virtuelle Umkleide bei Neckermann – Auswahl des Models (Quelle: Lambert (2003)

Im nächsten Schritt kann der Kunde die Kombinationsmöglichkeiten seiner im Vorfeld aus dem Angebot ausgesuchten Waren testen. Ein „Klick“ auf das Kleidungsstück und das Model präsentiert es, ein weiterer „Klick“ und das Model dreht sich und erlaubt eine Ansicht von hinten (vgl. Abb. 30).

Abb. 29: Virtuelle Anprobe bei Otto – Auswahl des Models (Quelle: Lambert (2003)

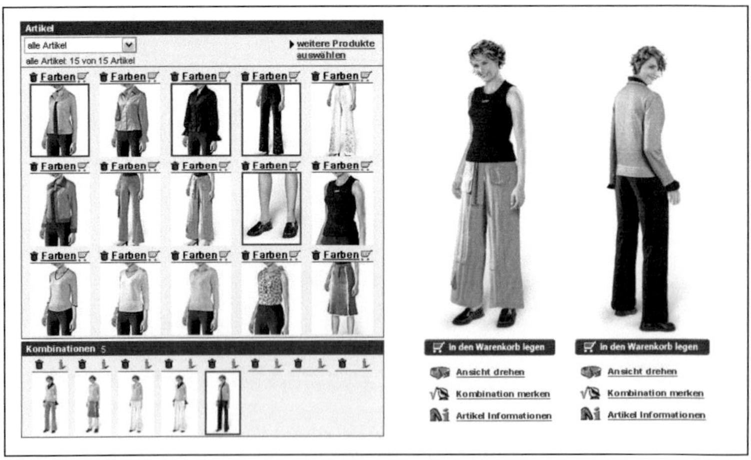

Abb. 30: Virtuelle Umkleide bei Neckermann – Kombinationsmöglichkeiten (Quelle: Lambert (2003)

Als Folge der Nutzung des Online-Shops als (ggf. additive) Informationsquelle kann aus der Sicht der Kunden die medial nicht darstellbare (Such-) Eigenschaft der „Passform“ einer Hose virtuell zumindest annähernd dargestellt werden, um seine Unsicherheit vor dem Kauf zu reduzieren.

Vor dem Kauf einer Flasche Wein könnten im Online-Shop Hinweise zu Herkunft, Rebsorte, „Geschmacksrichtung“, Lagerdauer, Ratschläge zur Lagerung und Kompatibilität mit bestimmten Gerichten hilfreich sein. Die Vielfalt der nützlichen Inhalte ist groß, die risikoreduzierend und somit Kaufbarrieren abbauend wirken können. Dabei lässt sich die Art der Informationen – wie in Kap. 6.1.1.2 aufgezeigt – kategorisieren.

Bezogen auf das Vitaminpräparat könnten Informationen dienlich sein, die über den Inhalt der üblichen Packungstexte hinausgehen. So könnte der Kunde beispielsweise Informationen zu verwandten medizinischen Inhalten wünschen und zu Themen, die sich mit dem subjektiv erwarteten Effekt durch die Einnahme des Präparats (Linderung von Beschwerden oder Prophylaxe aber auch Leistungssteigerung) im weitesten Sinne beschäftigen.

Zu der Wirksamkeit dieser Informationsquelle innerhalb eines Mehrkanalsystems ist zu sagen, dass sich der Kunde sehr wohl darüber bewusst ist, dass es sich hierbei (wie auch bei dem persönlichen Verkaufsgespräch) um eine anbieterdominierte Quellen handelt.[284] Dieses Wissen geht mit der Einschätzung der eingeschränkten Glaubwürdigkeit einher. Allerdings finden diese Quellen insbesondere bei niedrigem wahrgenommenen Kaufrisiko Anwendung, da in dieser Situation (wenn überhaupt) insbesondere Informationsquellen gewählt werden, die leicht zugänglich und leicht verständlich sind. Glaubwürdigkeit und Informationsgehalt spielen in dieser Situation eine eher untergeordnete Rolle.[285]

---

[284] Vgl. Einwiller (2003), S. 52 ff.

[285] Vgl. Katz (1983), S. 85

6.1.2 Leistungsbezogene Informationssubstitute

In der Literatur werden diese Signale, die als **Indikator** für ein bestimmtes Qualitätsniveau stehen sollen, auch **indirekte Qualitätsmerkmale** genannt.[286] Kriterium für die Zugehörigkeit zu dieser Kategorie der Risikoreduktionsmaßnahmen ist in der vorliegenden Untersuchung der **Inhalt** der Information, der sich in Abgrenzung zu den leistungsbezogenen Informationen nur auf Signale bezieht, die aus der Sicht des Nachfragers für eine bestimmte Qualität stehen. Gemäß der Signaling-Theorie[287] können die gesendeten Signale nur dann ihren Zweck ausüben, wenn es sich für Anbieter schlechter Produkte nicht lohnt, Signale zu verbreiten, die eine höhere Qualität vortäuschen. Dies ist nur dann der Fall, wenn die Kosten des Signals für den Anbieter negativ mit der Produktqualität korreliert.[288] Im Folgenden werden der **Preis** des Produktes, die Höhe der **Werbeausgaben**, **Erfahrungen Dritter**, **Garantien** und die **Produktmarke** unter diesen Aspekten betrachtet.[289]

6.1.2.1 Preis des Produktes

Inwieweit kann der Preis eines Produktes als Qualitätsindikator herhalten? Die Verhaltenswissenschaften bieten dazu eine klare Aussage: „Konsumenten stufen ein Produkt qualitativ in vielen Fällen um so besser ein, je höher der Preis eines Produktes ist."[290] Der Zusammenhang zwischen einer hohen Qualität und einem hohen Preis wurde bereits in den 1940ger Jahren von *Scitovsky* untersucht.[291] Im Jahre 1954 wies *Leavitt* in einer empirischen Analyse nach, dass es sich bei der Orientierung am Preis zur Qualitätseinschätzung einer Leistung um eine Informationsentlastung im

---

[286] Vgl. Tolle (1991), S. 1.

[287] Vgl. Spence (1974).

[288] Vgl. Spence (1976), S. 592.

[289] Der von Adler vorgenommenen weiteren Unterteilung in leistungsbezogene Informationssubstitute mit und ohne Voraussetzung der Wirksamkeit eines Reputationsmechanismus wird hier nicht gefolgt. Vgl. Adler (1996), S. 110 ff.

[290] Diller (1977), S. 219. Allerdings sieht die Realität – objektiv gesehen – häufig anders aus. Im Hinblick auf Warentestberichte zeigt sich oftmals, dass objektiv der Preis nicht immer als Indikator für die Qualität einer Leistung genommen werden kann.

[291] Vgl. Scitovsky (1944).

Rahmen des Kaufentscheidungsprozesses handelt.[292] So kommt auch in der jüngeren Vergangenheit *Meffert* zu dem folgenden Schluss: „Da mit einer hohen relativen Produktqualität (im Vergleich zu den Hauptwettbewerbern) in der Regel ein hoher relativer Preis einhergeht, wird in empirischen Untersuchungen die Produkt- und Servicequalität auch durch den (relativen) Preis dargestellt."[293]

Es ist also festzuhalten, dass der Preis eines Produktes als leistungsbezogenes Informationssubstitut für die Qualität des Produktes wirken kann.[294]

Bezogen auf ein Mehrkanalsystem ist es aus diesem Blickwinkel für den Kunden hilfreich, wenn der Anbieter keine kanalspezifische Produktpreisdifferenzierung betreibt, damit keine unterschiedliche Qualitätswahrnehmung der Produkte kanalspezifisch entstehen kann. Andererseits stellt sich bei Konsumentenbefragungen heraus, dass die Probanden im Online-Shop geringere Preise für die Produkte erwarten als im stationären Handel.[295] Schließlich muss im Einzelfall – und vor allem produktabhängig – geprüft werden, welcher dieser beiden gegenläufigen Effekte aus Käufersicht gewichtiger ist. Falls eine Preisdifferenzierung vorgenommen wird, so sollte diese auch für den Käufer, der in seiner Kaufentscheidungsphase zwischen den parallelen Kanälen wählen kann, transparent sein.

6.1.2.2 Höhe der Werbeausgaben für das Produkt

Betrachtet man die direkte Wirkung der Werbe**inhalte**, so kommt *Nelson* zu dem Schluss, dass die Käufer deren manipulative Absicht durchaus erkennen können und sie so mit nur sehr geringer Glaubwürdigkeit

---

[292] Vgl. Leavitt (1969), S. 205 ff.

[293] Meffert (2005), S. 265.

[294] Es muss an dieser Stelle vorweggenommen werden, dass die Höhe des Produktpreises zwei entgegengesetzte Wirkungen auf das wahrgenommene Kaufrisiko haben kann. Zum einen ist dies die gerade beschriebene Wirkung, zum anderen wird in Kap. 6.2.2.2 erläutert, dass sich der Kauf einer preiswerteren Alternative über die Beeinflussung der Risikokomponente „Ausmaß der negativen Kauffolgen" auch risikoreduzierend auswirken kann.

[295] Vgl. EHI (2003), S. 33.

einhergeht.[296] Darüber hinaus wird der Werbung auch eine **indirekte Informationswirkung** zugesprochen: nämlich als Signal für die Qualität der Produkte des jeweiligen Anbieters auf Basis der Quantität der Werbung.

Inwieweit die **wahrgenommene Höhe des Werbebudgets** eines Anbieters als Signal für die Qualität der Produkte dienen kann, wurde bereits Anfang der 1970er Jahre untersucht.[297] Obwohl die Informationsökonomie die Zuverlässigkeit dieses Signals nicht bestätigt,[298] konnten empirische Untersuchungen einen Zusammenhang zwischen der Einschätzung der Produktqualität und der Höhe der Werbeausgaben des Anbieters durch die Nachfrager feststellen.[299] Auch die Verhaltenswissenschaft kommt hier zu einem ähnlichen Ergebnis. Eine wesentliche Erklärung für den von Kunden gesehenen Zusammenhang zwischen der Höhe der Werbeausgaben und der Produktqualität bieten Ansätze aus der Psychologie. Demnach verbinden die meisten Menschen den Leistungseinsatz bei der Erfüllung einer Aufgabe (hier: Werbebudget) mit dem Glauben an den Erfolg (hier: Qualität eines Produktes) bzw. deren Abhängigkeit voneinander. Analog dazu empfindet ein Kunde also die Höhe der Werbeausgaben als einen Indikator für die Anstrengungen durch den Anbieter und somit für das Vertrauen des Anbieters in die Qualität seiner Produkte und als Folge dessen in den eigenen Erfolg.

Allerdings lassen sich Situationen konstruieren, in denen dieses Erklärungsmuster und somit die Indikatorwirkung außer Kraft gesetzt wird, so z.B. falls:

- der Nachfrager weiß, dass der Anbieter nicht an Wiederholungskäufen interessiert ist,
- ihm bewusst ist, dass die Werbeausgaben eines Anbieters für ein Produkt nur einen kleinen Anteil an dem gesamten Werbebudget ausmachen und somit für den Werbenden kein Risiko vorhanden ist,

---

[296] Vgl. Nelson (1974), S. 732 ff.
[297] Vgl. Nelson (1974), S. 732 ff.
[298] Vgl. Tolle (1991), S. 14.
[299] Vgl. Zeithaml (1988); Kirmani/Wright (1989); Duncan (1990) und Kirmani (1990).

- der potenzielle Käufer darüber informiert ist, dass ausdrücklich kein Zusammenhang zwischen der Höhe der Werbeausgaben und der Produktqualität (bzw. dem Vertrauen des Anbieters in den Erfolg seines Produktes) existiert, oder
- der Nachfrager zu hohe Werbeausgaben als übertrieben empfindet, was bei ihm Misstrauen auslöst.[300]

Darüber hinaus werden auch den Gestaltungsfaktoren und der Wahl des Werbeträgers ein Einfluss auf die Wahrnehmung dieses Zusammenhangs unterstellt.[301]

Auf die Situation der Vorkaufphase innerhalb eines Mehrkanalsystems bezogen ist zu sagen, dass die, durch den potenziellen Käufer wahrgenommene Höhe des Werbebudgets – und somit auch der unterstellte risikoreduzierende Effekt – größer ist, wenn der Anbieter alle Kanäle integriert betreibt und somit die Werbemaßnahmen in der Summe einem Anbieter, einer Marke, einem Produkt zuzurechnen sind und nicht nur den einzelnen parallelen Kanälen.

6.1.2.3 Erfahrung von Dritten

Mit der „Erfahrung Dritter“ ist hier nicht die Wiedergabe direkter Produktinformationen gemeint, sondern das Heranziehen der Erfahrungen und subjektiven Meinungen, welche sich bei anderen Personen gebildet haben, nachdem sie ein Produkt kauften und nutzten. Somit handelt es sich bei den Erfahrungen Dritter, die vor einem Kauf herangezogen werden, um einen Indikator für die Eigenschaften des jeweiligen risikobehafteten Produktes.
Dabei muss differenziert werden zwischen den Quellen der Informationsübertragung, da dadurch unterschiedliche Effekte erzielt werden. Zum

---

[300] *Tolle* zitiert dabei ein Experiment, bei dem mit zunehmender Höhe der Werbeausgaben die Qualitätserwartungen die Funktion eines „umgekehrten U“ annahm. Vgl. Tolle (1991), S. 15.

[301] Vgl. Tolle (1991), S. 15.

einen können **unbekannte Dritte** die Quelle sein, zum anderen bekannte Dritte – also **Personen des sozialen Umfeldes**.

Im digitalen Zeitalter ist diese Informationsübertragung vermehrt von **unbekannten Dritten** anzutreffen. So ist es mittlerweile im Online-Shop durchaus üblich, dass die Anbieter ein Gästebuch oder ein so genanntes Forum einrichten, in dem sich Kunden über ihren Kaufakt und ihre (Un-) Zufriedenheit mit der Abwicklung und/oder den Produkten dokumentieren können. Die Glaubwürdigkeit ist dabei allerdings durch die folgenden Aspekte eingeschränkt: Zum einen entstammen die sich mitteilenden unbekannten Dritten nicht dem sozialen Umfeld des Kunden und unterliegen (durch den nicht vorhandenen sozialen Kontakt) keiner sozialen Kontrolle. Zum anderen ist die Internetseite (bzw. der Online-Shop) aus Kundensicht keine objektive Informationsquelle. Die positiven Einträge könnten durch den Anbieter selbst hineingestellt und negative Einträge von „echten" Kunden zensiert worden sein. Einschränkend wirkt sich auch aus, dass diese Informationsquelle sehr unflexibel ist und in den seltensten Fällen eine Interaktion erfolgen kann.

Eine andere Möglichkeit, die Unsicherheit vor dem Kauf zu mindern, ist die, **bekannte Personen** aus dem **persönlichen Umfeld** nach ihren Erfahrungen mit einem bestimmten Produkt zu fragen. Positiv an diesen Informationsquellen ist, dass die Personen des sozialen Umfeldes, die man vor einem Kauf um Rat bzw. Information fragt, eine hohe Glaubwürdigkeit haben und die Flexibilität der Informationsübertragung sehr hoch ist. *Nelson* geht davon aus, dass der Nachfrager eher dann den Rat von Bekannten einholen wird, wenn er mit hohen Suchkosten rechnet. Dies ist – wie bereits weiter oben erwähnt – eher bei den Gütern mit überwiegend Erfahrungseigenschaften als bei denen mit Sucheigenschaften der Fall.[302] So ist auch nachvollziehbar, dass annahmegemäß mit steigendem wahrgenommenen Kaufrisiko auch die Bedeutung der unabhängigen persönlichen Informationsquellen steigt.[303]

---

[302] Vgl. Nelson (1970), S. 321 f.

[303] Vgl. Perry/Hamm (1969).

Neben den allgemeinen interpersonalen Determinanten, die sich sowohl auf den Kaufprozess direkt aufwirken, als auch die Richtung und Stärke des Einflusses durch die Personen des sozialen Umfeldes beschreiben, kommt als Besonderheit noch zusätzlich zum Tragen, welche Erfahrungen die Rat spendende Person mit den einzelnen Kanälen bislang gemacht hat.[304]

Wie bereits weiter oben beschrieben, ist die interpersonelle Kommunikation (unabhängig davon ob anbieterdominiert oder nicht) die am stärksten risikoreduzierende Maßnahme.[305] Eine anbieterunabhängige – wie die von Dritten – ist dabei aufgrund der höheren Glaubwürdigkeit am wirkungsvollsten.
Welche Risikodimensionen sind nun vorrangig von dieser Art der Risikoreduktion betroffen? Neben dem funktionalen, dem gesundheitlichen und dem finanziellen Risiko über deren mögliche Risikoinhalte man durch die Erfahrungen Dritter eine größere Sicherheit erhält, ist auch die Reduktion des sozialen Risikos möglich. Dadurch, dass man seine Kaufentscheidung im Vorfeld vor den relevanten Personen des sozialen Umfeldes legitimiert, kann die potenzielle Kauffolge der mangelnden sozialen Akzeptanz aufgrund der Kaufentscheidung minimiert werden.
Diese risikoreduzierende Maßnahme kann der Kunde unabhängig davon ergreifen, in welchem Kanal innerhalb eines MKS er den Kauf vornehmen möchte.

6.1.2.4 Produktmarken

Die Marke eines Produktes kann auf unterschiedliche Weise risikoreduzierend auf den Nachfrager einwirken. Zum einen kann sie Indikator für eine bestimmte Qualität sein und somit die Unsicherheit vor dem Kauf reduzieren und zum anderen kann Markentreue als habitualisierte Informationsbeschaffung aufgefasst werden.[306] Dieser zweite Aspekt spielt im

[304] Vgl. zum Einfluss der Persönlichkeitsmerkmale, die hier einen mittelbaren Einfluss ausüben Kap. 4.2.1.2.

[305] Vgl. Arndt (1968) und Lutz/Reilly (1973).

[306] Vgl. Fritz (1981), S 136 f.

Folgenden keine Rolle, da das Untersuchungsdesign vorsieht, dass die Probanden zu dem Kauf von Produkten befragt werden, mit deren (Produkt- sowie Anbieter-) Marke sie bislang noch keine Erfahrung gemacht haben, und somit ein habitualisierter Kaufprozess zumindest basierend auf diesem Grund nicht in Frage kommt. Nur so kann ausgeschlossen werden, dass dieser denkbare Effekt die beiden in dieser Untersuchung relevanten Determinanten überlagert.

Um zu erörtern, warum eine Produktmarke risikoreduzierend wirken kann, sollte zuerst eine Definition der Begriffe **Markenartikel**, **Hersteller**- und **Handelsmarke** erfolgen.
So definiert der *Ausschuss für Begriffsdefinitionen aus der Handels- und Absatzwirtschaft* Markenartikel als „(...) Waren oder Dienstleistungen, die unter einem Besonderen, die Ware oder Dienstleistung kennzeichnenden Merkmal (z.B. Name, Bildzeichen) und als Ausdruck eines bestimmten Marketingkonzeptes (Marketing-Mix) allgemeine Verbreitung gefunden haben und die folgenden Kennzeichen aufweisen: Einheitliche Aufmachung, gleichbleibende bzw. verbesserte Qualität, Markierung, intensive Verwenderwerbung [...] auch am Point of Sale, hoher Bekanntheitsgrad und weite Verbreitung im Absatzmarkt. Die Markierung gibt Aufschluss über die Herkunft einer Ware und trägt so zur Differenzierung und Profilierung bei. Aus Verwendersicht erleichtert der Markenartikel die Identifikation und Beurteilung einer Ware. Die Entwicklungs- Vermarktungs- und Rechtsträgerschaft kann bei Hersteller, Handels- und Dienstleistungsunternehmen liegen.“[307]

Anhand dieser Definition zeigt sich, dass die einzelnen hier genannten **leistungsbezogenen Informationssubstitute nicht überschneidungsfrei** sind. So ist z.B. in der Definition und Beschreibung des Begriffs „Markenartikel“ ein anderes leistungsbezogenes Informationssubstitut – die hohen Werbeausgaben – bereits begründend enthalten.

[307] Ausschuss für Begriffsdefinitionen aus der Handels- und Absatzwirtschaft (1995), S. 73.

Der Begriff der produktbezogenen Marke lässt sich je nach Absender der Marke **weiter unterteilen** in **Herstellermarke** und **Handelsmarke**. Hierzu bietet der *Ausschuss für Begriffsdefinitionen aus der Handels- und Absatzwirtschaft* die folgenden Definitionen.

„**Herstellermarken**, auch als Fabrik- oder Industriemarke bezeichnet, sind Waren- oder Firmenkennzeichen, mit denen eine Herstellerunternehmung ihre Ware versieht. In der Praxis ist mit der Herstellermarke häufig nicht nur das Kennzeichen gemeint, sondern auch der Artikel, der damit versehen ist und der als Herstellermarkenartikel (Markenartikel) bezeichnet wird. **Handelsmarken**, auch als Händler- oder Hausmarken bezeichnet, sind Waren- oder Firmenkennzeichen, mit denen eine Handelsunternehmung (Handel im institutionellen Sinne) oder Verbundgruppe Waren markiert oder markieren lässt, um die so gekennzeichnete Waren exklusiv und im allgemeinen nur in den eigenen Verkaufsstätten zu vertreiben. In der Praxis ist mit der Handelsmarke häufig nicht nur das Kennzeichen selbst gemeint, sondern auch der Artikel der damit versehen ist und der als Handelsmarkenartikel (Markenartikel) bezeichnet wird.“[308]/[309]

Das Fazit an dieser Stelle ist, dass die risikoreduzierende Wirkung einer Produktmarke zweigeteilt zu betrachten ist:

- Ein potenzieller Käufer sieht die Marke eines Produktes einerseits generell als Indikator für eine (zumindest) durchschnittliche bzw. sogar überdurchschnittliche Leistung und grenzt seine Erwartungen so z.B. gegen die preisgünstigeren und vermeintlich qualitativ minderwertigen (fälschlicherweise bezeichneten) No-Name-Produkte ab.
- Andererseits kann aufgrund der eindeutigen Markierung die eigene Erfahrung oder die Erfahrungen Dritter mit diesem Produkt ohne Zweifel dem jeweiligen Produkt zugeordnet werden, welches der

[308] Ausschuss für Begriffsdefinitionen aus der Handels- und Absatzwirtschaft (1995), S. 73.

[309] Der Definition wird hier nicht in alle Teilen gefolgt. So wird der Begriff der Händlermarke nicht synonym verwendet für die Markierung eines Produktes durch den Händler, vielmehr bezeichnet Händlermarke die Markierung des Händlers bzw. seines Absatzkanals.

Kunde zu kaufen wünscht. So kann er die positive bzw. zumindest nicht negative Erfahrung mit dem Produkt einer bestimmten Marke in die Zukunft und somit auf die möglichen Kauffolgen transponieren.

Bezogen auf die informationsökonomischen Produkteigenschaften geht *Nelson* davon aus, dass die **Anzahl der Marken**, über die sich der Nachfrager im Verlauf seines Kaufentscheidungsprozesses informieren wird, bei Produkten mit überwiegend **Erfahrungseigenschaften** weitaus **größer** sein wird als bei solchen, die von der Dominanz der **Sucheigenschaften** geprägt sind. Dies sieht er darin begründet, dass die Informationskosten bei Leistungen mit überwiegend Erfahrungseigenschaften höher sind als bei denen mit überwiegend Sucheigenschaften, da bei den ersteren die Information über die relevanten Eigenschaften erst nach dem Kauf (und Gebrauch) vorliegen werden (s.o.).[310]/[311]

Bezogen auf die Situation eines Mehrkanalsystems ist es für den Nachfrager wünschenswert (da risikoreduzierend), dass die Produktmarken in beiden Kanälen nicht nur vorhanden sind, sondern auch noch identisch auftreten und dadurch eine eindeutige Zuordnung von erwarteten Eigenschaften erfolgen kann.

6.1.2.5 Garantien

Bevor die Wirkungsweise von angebotenen Garantien im Folgenden erläutert wird, werden zuerst die notwendigen begrifflichen Grundlagen geschaffen. Dazu wird im ersten Schritt der Unterschied zwischen Gewährleistung, Garantie und Kulanz erläutert, um dann das Augenmerk auf den risikoreduzierenden Einfluss der durch die Anbieter ausgesprochenen Garantien zu legen.

Bei der **Gewährleistung** handelt es sich um das gesetzlich vorgeschriebene Einstehenmüssen, falls bei der Erfüllung von Kaufverträgen

[310] Vgl. Nelson (1970), S. 313 ff.

[311] Diese Argumentation kann somit die Basis für die Aussagen von *Hauser/Wernerfelt* liefern, die eine unterschiedliche Anzahl von verschiedenen Marken in den *relevant sets* von Nachfragern feststellen. Vgl. Hauser/Wernerfelt (1990), S. 395.

Mängel auftreten. Umfang und Frist der Gewährung werden vom Gesetzgeber durch die **Gewährleistungspflicht** vorgeschrieben (§§ 459 - 492 und §§ 633 - 640 BGB).
Der Anbieter kann allerdings darüber hinaus seine Leistungen selbstverpflichtend auf freiwilliger Ebene inhaltlich und zeitlich ausdehnen. Dabei weicht diese vertraglich vereinbarte **Garantie** von der gesetzlichen ab. Diese freiwilligen Garantieleistungen können sich auf verschiedene Leistungskomponenten beziehen, so z.B. auf den Preis im Rahmen sog. „Niedrigpreis-Garantien" oder aber die gesetzliche Gewährleistungsfrist wird vertraglich z.B. auf drei Jahre erhöht.[312] Als Folge dessen kann ein Käufer, der das Leistungsversprechen des Anbieters als nicht zufrieden stellend empfindet, auf dieser Grundlage einen Anspruch auf Mangelfreiheit ableiten, dem der Anbieter Folge leisten muss. Das Garantieversprechen gibt dem Kunden somit vor dem Kauf die Sicherheit, dass er eine normal zu erwartende Qualität erhalten wird.[313]
Falls der Anbieter trotz des Ablaufs der gesetzlichen oder selbst auferlegten Garantiefristen etwaige Mängel des Produktes unentgeltlich behebt, handelt er **kulant**. Diese Leistungen sind ausschließlich freiwillig und dienen im Wesentlichen der Schaffung bzw. Stärkung einer positiven Reputation des Anbieters.

Inwieweit eine vertraglich vereinbarte Garantiegewährung die Risikokomponente Unsicherheit reduzieren kann, wird im Folgenden kurz erläutert.

Die Garantiezusage des Anbieters wird von dem Kunden wahrgenommen, bewertet und kann so eine Indikatorfunktion ausüben.[314] Ein positiver Zusammenhang zwischen der Garantiezusage des Anbieters und einem daraus resultierenden Risikoeffekt beim Käufer kann folglich unterstellt

---

[312] Vgl. zu der Ausgestaltung verschiedener Garantieleistungen durch den Anbieter Schröder (2002a), S. 214 ff.

[313] Vgl. Akerlof (1970), S. 499 f.

[314] Vgl. Arnoldt (1996), S. 152 f.

werden,[315] da durch das gewährte Garantieversprechen die subjektiven Erwartungen an die Produktzuverlässigkeit und somit an die relevanten Eigenschaften des Produktes steigen.[316] Das Ergebnis ist, dass die Unsicherheit des Käufers und so auch sein wahrgenommenes Kaufrisiko sinken.[317] Letztendlich hat diese Kette Auswirkungen auf das Kaufverhalten, indem es sich beschleunigend auswirkt.[318]
In Abb. 31 werden die erläuterten Wirkungszusammenhänge zusammenfassend grafisch dargestellt.

Gestützt wird diese Darstellung durch zwei empirische Studien,[319] in denen bei langlebigen Gebrauchsgütern ein positiver Zusammenhang zwischen dem Garantieumfang und dem dazugehörigen Warentestergebnis nachgewiesen werden konnte.[320] So erzielten Produkte mit einem überdurchschnittlichen Garantieumfang auch überdurchschnittliche Testergebnisse.

Bei der Betrachtung der durch die Garantien berührten Risikodimension, muss man nach den Garantieinhalten differenzieren. Bei der **Leistungsgarantie** ist es das **funktionale Risiko**, da der Nachfrager das Garantieangebot eines Händlers, welches sich auf den problemlosen bzw. fehlerfreien Ge- oder Verbrauch des Produktes bezieht, als Indikator für eine hohe Qualität ansieht und so im Vorfeld seine Unsicherheit darüber reduziert wird. Bei der **Preisgarantie** steht das **finanzielle Risiko** im Vordergrund, da dem Nachfrager dadurch im Vorfeld die Unsicherheit darüber genommen werden kann, dass er durch den Kauf des Produktes finanzielle Nachteile erleiden könnte.[321]

---

[315] Vgl. Innis/Unnava (1991), S. 318.
[316] Vgl. Gal-Or (1989), S. 51. Siehe dazu auch unter Kap. 5.1 die Hinweise zur Signaling-Theorie.
[317] Vgl. Shimp/Bearden (1982), S. 39.
[318] Vgl. Kendall/Russ (1975), S. 41 f. oder auch Bearden/Shimp (1982), S. 230.
[319] Vgl. Wiener (1985) und Kelley (1988).
[320] Vgl. Tolle (1991), S. 16.
[321] Vgl. Schröder (2002a), S. 215.

Inwieweit ein Garantieangebot nicht nur die Risikokomponente Unsicherheit reduziert, sondern auch auf die Komponente der negativen Kauffolgen einwirken kann, wird weiter unten in Kap. 6.2.3.1 erörtert.

Bezogen auf ein Mehrkanalsystem kann der Nachfrager zwei verschiedene Situationen antreffen: Der Anbieter bietet die Garantien kanalspezifisch entweder in der Form an, dass sie sich inhaltlich je nach Kanal unterscheiden und/oder, dass schon vor dem Kauf bekannt ist, dass die Garantien im Eintrittsfall nur in dem Kanal geltend gemacht werden können, in dem auch der Kauf getätigt wurde. Die zweite Möglichkeit ist, dass der Käufer eine kanalunabhängige Garantiezusage hat, die er in jedem Kanal geltend machen kann.

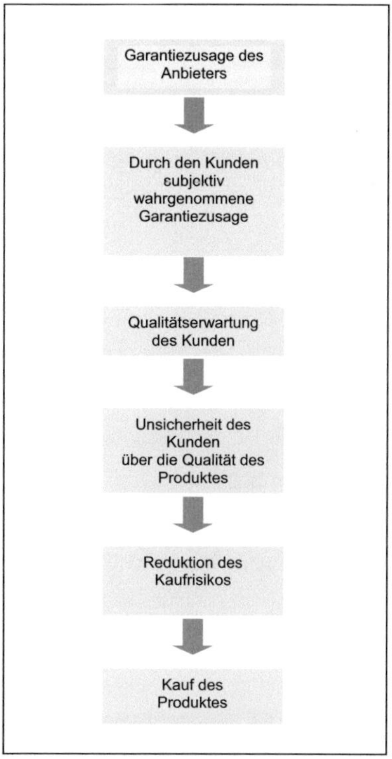

Abb. 31: Die Wirkungskette von Garantiezusagen als risikoreduzierende Maßnahme (Quelle: eigene Darstellung in Anlehnung an Bearden/Shimp (1982), S. 230)

Bei der Beurteilung, welche Garantiegestaltung innerhalb eines Mehrkanalsystems risikoreduzierendere Wirkung bei den Kunden haben wird, muss eine differenzierte Betrachtung durchgeführt werden. Zum einen ist das Angebot, die Garantie über alle Kanäle hinweg einlösen zu können, wahrscheinlich die Situation, die im Vorfeld die wenigsten Dissonanzen beim Kunden hervorruft und somit risikoreduzierend wirkt. Bei dem Umfang der Garantie sieht es allerdings anders aus, da hier zwei u.U. gegenläufige Effekte zum Tragen kommen können.

Da der Online-Kanal annahmegemäß ein höheres wahrgenommenes Kaufrisiko erzeugt, ist es ggf. sinnvoll, hier eine (inhaltlich und zeitlich) weiter gespannte Garantie anzubieten. Dem steht aber der Effekt gegenüber, dass ein vom Kunden wahrgenommenes differenziertes Garantieangebot entweder zu Verwirrung und daraus resultierenden Vorkaufsdissonanzen führen kann oder aber die durch den größeren Garantieumfang verstärkte Indikatorwirkung im Online-Kanal negative Auswirkungen auf die Wahrnehmung der Produktqualität im stationären Einzelhandel haben kann.

Welche Ausprägung welchen Effekt nach sich zieht, muss also anhand der spezifischen Situation überprüft werden.

Diese Erläuterung der Wirkung von freiwilligen Garantiezusagen des Anbieters macht deutlich, inwieweit die **Gewährleistung**, die durch den Gesetzgeber durch die **Gewährleistungspflicht** vorgeschrieben wird, eine ebensolche Signalwirkung nach sich ziehen kann und somit in die Kategorie der leistungsbezogenen Informationssubstitute einzuordnen ist. Und zwar ist dies immer dann der Fall, wenn der Kunde den Unterschied zwischen Gewährleistung und Garantie – also der gesetzlichen und der „freiwilligen" vertraglichen Verpflichtung des Anbieters – nicht kennt und die aus der Gewährleistungspflicht resultierenden Aussagen des Anbieters vor dem Kauf als Signal für eine bestimmte hohe Qualität der Leistungen des Vertragspartners ansieht.

In der Realität ist nicht selten zu beobachten, dass dieses Unwissen nicht nur unter den Kunden vorzufinden ist, sondern auch unter den Händlern bzw. ihrem (Verkaufs-) Personal.

6.1.3 Leistungsübergreifende Informationssubstitute

Leistungsübergreifende Informationssubstitute finden ihren originären Einsatz in der Reduktion von Unsicherheit, die durch Vertrauenseigenschaften hervorgerufen wurde (vgl. Kap. 6.1). Da das Vorhandensein der relevanten Eigenschaften dabei weder vor noch nach dem Kauf überprüft werden kann, bleibt dem Käufer nur darauf zu vertrauen, dass der Anbieter die individuellen Anforderungen an das Produkt erfüllt. Daraus abgeleitet wurde die Vertrauenswürdigkeit des Anbieters als zentrale Größe zur Unsicherheitsreduktion identifiziert und somit die Suche nach Indikatoren für diese Vertrauenswürdigkeit, wie z.B. seine Storebrand, seine Reputation oder Gütesiegel und Zertifikate. Dabei wird aufgezeigt, dass zwischen diesen Indikatoren Interdependenzen bestehen.

6.1.3.1 Storebrand

Unter der Storebrand eines Anbieters[322] (synonym: Händlermarke,[323] Retail Brand,[324] Einzelhandelsmarke[325] oder auch Betriebstypenmarke[326]) „soll (...) eine Marke verstanden werden, die sich im rechtlichen Eigentum einer Handelsunternehmung befindet und mit der die jeweilige Handelsunternehmung ihre Betriebstypen kennzeichnet."[327]
Funktion einer Storebrand ist eine Differenzierung gegenüber den anderen Anbietern und eine Profilierung der Einkaufsstätten. Die Händlermarke wirkt somit der Anonymisierung des Anbieters entgegen, indem der Kunde einen emotionalen Bezugspunkt für die Einkaufsstättenwahl hat.[328] Der Käufer kann dem Anbieter positive und negative Leistungsmerkmale zuordnen, womit der Anbietermarke die Funktion eines Vertrauensankers zukommt.[329] Aus Kundensicht macht eine starke Betriebstypenmarke u.a. hohe Bekanntheit, hohe Verbreitung und eine subjektive Ladung der

---

[322] Vgl. Schmitz (1997), S. 17 und Roeb (1997), S. 9.
[323] Vgl. Roeb (1997), S. 9; Schröder (2002a), S. 174.
[324] Vgl. Koch (1999), S. 20.
[325] Vgl. Jary/Schneider/Wileman (1999), S. 1.
[326] Ahlert/Kenning/Schneider (2000), S. 103.
[327] Ahlert/Kenning/Schneider (2000), S. 104.
[328] Vgl. Ahlert/Kenning/Schneider (2000), S. 102.
[329] Vgl. Ahlert/Kenning/Schneider (2000), S. 103.

Marke mit positiven Merkmalen und daraus resultierendes hohes Vertrauen aus.[330]

Im Falle eines Mehrkanalsystems ist es für den Nachfrager am leichtesten, diese Art der Heuristik anzuwenden und die Händlermarke eines Anbieters als leistungsübergreifenden Indikator für die Qualität seiner Produkte zu nehmen, wenn beide Kanäle dieselbe Ausprägung bzw. denselben Auftritt der Storebrand haben.[331] Nur dann ist es ihm möglich, die erlangte Reputation des Anbieters in dem einen Kanal auch auf den anderen zu übertragen und das daraus resultierende Vertrauen im Informationsprozess risikoreduzierend und somit verkürzend zu nutzen.[332]
In Kap. 6.1.3.3 wird weitergehend dargestellt, inwieweit es Überschneidungen zwischen der Storebrand eines Anbieters, seiner Reputation und dem Vertrauen gibt, welches die Nachfrager ihm entgegenbringen.

6.1.3.2 Gütesiegel und Zertifikate der Anbieter

Gütesiegel und Zertifikate sind ein weiteres Mittel, um die Unsicherheit der Kunden in der Vorkaufphase durch Vertrauensbildung zu reduzieren. Da die leistungsübergreifenden Informationen der Unsicherheitsreduktionsstrategien 3. Ordnung nur auf solche Informationen verweisen, die nicht direkt mit dem zu kaufenden Produkt zusammenhängen, werden hier auch nur Gütesiegel und Zertifikate betrachtet, die sich auf den Anbieter beziehen.
Wie in Abb. 32 aufgezeigt wird, existiert auf den Kanal bzw. die Einkaufsstätte bezogen mittlerweile eine Vielzahl von Zertifizierungen für internetbasierte Online-Shops, die von verschiedenen Stellen ausgegeben werden.

---

[330] Vgl. Ahlert/Kenning/Schneider (2000), S. 111 und v. Weizsäcker (1999), S. 2.

[331] Zu diesem Schluss kommt auch OC&C (2001), nachdem im Jahre 1999 von derselben Quelle noch dringend die Verfolgung einer Mehrmarkenstrategie empfohlen wurde. Vgl. dazu OC&C (1999).

[332] In der Regel findet diese Transformation vom stationären Einzelhandel auf den Online-Shop statt.

Abb. 32: Zertifizierung von Online-Shops – ausgewählte Beispiele (Quelle: Lambert (2003), S. 75)

Um die entsprechende Zertifizierung zu erhalten und somit das jeweilige Logo tragen zu dürfen, müssen Anbieter eine Reihe von **Prüfkriterien** erfüllen. Neben der nachweisbaren Gewährleistung des Datenschutzes sollen dem Nutzer die Allgemeinen Geschäftsbedingungen (AGB) leicht zugänglich sein und verbindliche Aussagen zu Preis und Lieferzeitpunkt getroffen werden. Des Weiteren hat der Händler seiner Mitteilungspflicht bzgl. allgemeiner Informationen (Impressum u.ä.) und des Widerrufs- oder Rückgaberechts sowie der transparenten Gestaltung des Bestellprozesses nachzukommen.[333] Das Zertifikat von **Trusted Shops** – ein Beteiligungsunternehmen der Gerling Versicherungsgruppe – bietet den Kunden einen so genannten „Rundum-Schutz beim Online-Einkauf". Eine Erstattung des Schadens durch die missbräuchliche Nutzung der Kreditkartendaten wird ebenso wie die Absicherung eines vorabbezahlten Online-Einkaufs im Falle einer Nichtlieferung oder Warenrückgabe geboten. Ferner wird die Versicherung abgegeben, dass nur diejenigen Shops die Zertifizierung erhalten, die in punkto Datensicherheit, Transparenz und finanzieller Stabilität die strengen Voraussetzungen erfüllen.[334]

Für den stationären Einzelhandel existieren entsprechende Zertifizierungen, die aber weitaus weniger Verbreitung gefunden haben. So bietet z.B. das Unternehmen SGS als Zertifizierungsdienstleister eine so

[333] Entnommen aus dem Prüfkriterienkatalog des EHI, der 14 Hauptkriterien umfasst, die durch einen unabhängigen Fachbeirat „intensiv geprüft" werden – bei Erfüllung aller Kriterien wird das Zertifikats-Logo durch das Institut verliehen. Vgl. EHI (2002).

[334] Vgl. dazu www.trustedshops.de (Funddatum: 19.06.2003).

genannte „Service-Zertifizierung im Einzelhandel“ an.[335] Ferner gibt es für den Bereich der Anbieter bzw. richtiger, der Produzenten ökologischer Nahrungsmittel, eine Zertifizierung, die beispielsweise von Demeter[336] vorgenommen wird und in deren Rahmen die Einhaltung bestimmter umweltgerechter Kriterien kontrolliert wird.

Welche Risikodimensionen werden hiervon tendenziell betroffen? Exemplarisch betrachtet können dies zum einen die kanalinduzierten wahrgenommenen Kaufrisiken sein, die sich auf Lieferung, Zahlungssicherheit und den Umgang mit persönlichen Daten beziehen. Zum anderen kann sich der unsicherheitsreduzierende Effekt ebenso auf die Einschätzung der verschiedenen Produkteigenschaften auswirken. Durch diesen letztgenannten Effekt wird deutlich, dass das leistungsübergreifende Informationssubstitut des Gütesiegels eines Anbieters auch Auswirkungen auf die Wahrnehmung des Kunden bezüglich eines Produktes hat.

6.1.3.3 Reputation des Anbieters

Nach *Picot* handelt es sich bei der Reputation eines Anbieters um „öffentliche Informationen über die bisherige Vertrauenswürdigkeit eines Akteurs.“[337] Diese Aussage weist direkt auf zwei hier relevante Punkte: zum einen, dass sich die Reputation eines Anbieters auf die Vergangenheit bezieht, welche allerdings als Basis für das Verhalten in der Zukunft herangezogen wird. Zum anderen wird mit der o.g. Definition des Konstruktes Reputation vermittelt, dass es mit dem Vertrauensbegriff eine zirkuläre Beziehung führt, da nur ein bereits öffentlich vorhandenes Vertrauen Basis sein kann, um in einer spezifischen Situation das Vertrauen eines Individuums zu erzeugen, um dann seine risikoreduzierende Wirkung entfalten zu können.

Nach *Coleman* hängen wahrgenommenes (Kauf-)Risiko und das Vertrauen einer Person in einer spezifischen Situation sehr eng zusammen, denn

---

[335] Vgl. dazu die Meldung unter www.einzelhandel.de vom 22.05.2003 (Funddatum: 01.04.2005).

[336] Vgl. dazu www.demeter.de.

[337] Picot/Reichwald/Wigand (2001), S. 126 f.

„Situationen, in denen Vertrauen eine Rolle spielt, (...) sind eine Untergruppe der Situationen, die ein gewisses Risiko beinhalten.[338] Für *Einwiller* entsteht „Vertrauen (...) auf der Basis von Wissen, wobei das Vertrauen der Überbrückung des vorhandenen Restrisikos dient, das weder durch Wissen noch durch das Suchen neuer Informationen vollständig beseitigt werden kann."[339]/[340]

Ausgehend von einem vorhandenen Wissen um eine Situation antizipiert ein Nachfrager also ein bestimmtes Verhalten des Anbieters und begründet die in die Zukunft gerichteten Erwartungen an ein positives (bzw. zumindest nicht opportunistisches) Verhalten auf Vertrauen.[341] *Luhmann* beschreibt dieses Vorgehen wie folgt: „Vertrauen (...) überzieht die Informationen, die es aus der Vergangenheit besitzt und riskiert eine Bestimmung der Zukunft."[342]

Inwieweit kommt aber nun die Reputation eines Unternehmens zum Tragen, an dem die Kunden konkret Orientierung suchen könnten? Da dem Konsumenten eigene Informationen fehlen, um einen Anbieter und dessen Leistungen einschätzen zu können, übernimmt er die Erfahrung von glaubwürdigen Dritten[343] und nutzt so **den guten Ruf eines Anbieters,** um Vertrauen zu bilden.[344]
Zusammenfassend ist festzuhalten, dass das **Vertrauen** eines Kunden auf Basis der **Reputation** eines Unternehmens resultieren kann. Dieses Vertrauen wirkt sich wiederum risikoreduzierend beim Kauf eines Produktes aus, indem es die Unsicherheit mindert.

---

[338] Coleman (1995), S. 115.

[339] Einwiller (2003), S. 55.

[340] Eine Übersicht über verschiedene in der Literatur vorkommende Kozeptualisierungen des Vertrauenskontruktes bietet Kenning (2002).

[341] In dieser Erklärung finden sich auch die fundamentalen Elemente von Vertrauen wieder (Risiko, Abhängigkeit und Zukunftsorientierung), die für die Konzeptualisierung des Vertrauensbegriffs herangezogen werden. Siehe dazu detailliert Einwiller (2003), S. 61 ff.

[342] Luhmann (1989), S. 20.

[343] Vgl. Bonus/Ronte (2000), S. 15 und Bouncken (2000), S. 7.

[344] Vgl. Kenning (2002), S. 15.

Inwieweit wird sich der gute Ruf eines MKS-Anbieters auf die Risikowahrnehmung eines potenziellen Käufers auswirken? *Schramm-Klein* zeigt auf, dass der Vertrauensaufbau in dem internetbasierten Kanal schwieriger ist,[345] da dort einerseits kein Verkaufspersonal vorhanden ist und andererseits sich der Kontakt nur über eine „elektronische Storefront" abspielt. Verbunden damit sind alle durch das Medium determinierten Risiken. Neben dem Verzicht auf den direkten persönlichen Kontakt kommt auch die Unmöglichkeit der direkten physischen Überprüfung der Ware zum Tragen, was wiederum wesentliche Auswirkungen auf den Vertrauensaufbau hat.[346]

Da bislang mehr Bundesbürger Kunden im sEH als im OS waren, ist anzunehmen, dass **vertrauensbildende Erfahrung von glaubwürdigen Dritten** eher bezogen auf den Kauf im sEH übernommen werden können. Fraglich ist, inwieweit diese vertrauensbildenden (positiven) Erfahrungen sich nur auf ein und denselben Kanal beziehen oder aber auf den jeweiligen Anbieter und dafür kanalübergreifend – die Erfahrungen Dritter also kanalunabhängig transformiert werden. Plausibilitätsüberlegungen folgend, müsste die Vertrauensbildung anbieterspezifisch, d.h. kanalübergreifend erfolgen. Dies ist nur dann möglich, wenn durch eine einheitliche Storebrand über alle Kanäle hinweg der Anbieter auch als ein und derselbe zu identifizieren ist und ihm diese positiven Erfahrungen durch die Verbraucher auch eindeutig zuzurechnen sind.
Bei den gesamten Überlegungen muss man allerdings beachten, dass sich der Aspekt der Reputation eines Anbieters sehr stark mit anderen, in dieser Untersuchung bereits angesprochenen, Risikoreduktionsmaßnahmen überschneidet. Dies wird deutlich, wenn man bedenkt, dass Garantie, Kulanz, Marke etc. stark zu einem guten Ruf des Anbieters beitragen.[347]

---

345 Schramm-Klein (2003), S. 79.

346 Vgl. Müller-Hagedorn (2001), S. 38 ff. und Riemer/Totz (2001), S. 175 ff.

347 Vgl. Tolle (1991), S. 17. Dort wird der empirisch nachgewiesene Zusammenhang zwischen Reputation und Garantie beschrieben. *Weiber/Adler* beschreiben in einer ihrer Veröffentlichungen anhand einer Faktorenanalyse die Aspekte, aus denen sich die Reputation eines Anbieters in ihrer Untersuchung zusammensetzt (z.B. Image des Produktes, Markenname, Bekanntheitsgrad, Ruf des Anbieters). Vgl. Weiber/Adler (1995a), S. 106.

Trotzdem wird die Reputation des Anbieters als eigenständiger Punkt zur Reduktion des wahrgenommenen Kaufrisikos im weiteren Verlauf dieser Untersuchung angeführt, da die Probanden eine individuelle Vorstellung von dem Begriff des „guten Rufs eines Anbieters“ haben und hier nur von Relevanz ist, ob dies unter verschiedenen Rahmenbedingungen für sie als risikoreduzierendes Element eine Rolle spielt oder nicht.

6.2 Maßnahmen zur Reduktion der „negativen Kauffolgen“

Neben den Maßnahmen, die darauf abzielen, die Unsicherheit im Rahmen eines Kaufentscheidungsprozesses zu mindern, können verschiedene Handlungen der zweiten Risikokomponente, also der Reduktion der negativen Kauffolgen, zugeordnet werden.
Kuhlmann betont, dass diese Maßnahmen und Strategien, die darauf abzielen **potenzielle negative Kauffolgen abzuwenden** bzw. die **subjektive Bedeutung der Kauffolgen zu reduzieren,** in Verknüpfung mit der Theorie des wahrgenommenen Kaufrisikos kaum untersucht wurden.[348]
Im Folgenden werden die Maßnahmen **Anwendung kognitiver Mechanismen, Reduktion des Mitteleinsatzes bzw. des potenziellen Verlustes** und die **finanzielle Absicherung** vorgestellt und auf ihren risikoreduzierenden Effekt hinsichtlich eines Mehrkanalsystems untersucht.

6.2.1 Anwendung kognitiver Mechanismen

Individuen wenden vor Handlungsentscheidungen innerhalb des kognitiven Feldes die Deformation von Informationen an.[349] Nach *Irle* beinhaltet dieser Einsatz kognitiver Mechanismen, „(...) dass (...) vor Handlungsentscheidungen und (...) nach Erkenntnisentscheidungen bzw. nach Aufnahme einer Hypothese in das Selbst innerhalb des kognitiven Feldes Deformation von Informationen stattfindet (...).“[350]

---

[348] Vgl. Kuhlmann (1987), S. 530.
[349] Irle (1975), S. 327.
[350] Irle (1975), S. 327.

Panne erläutert, dass es so der jeweiligen Person ermöglicht wird, „(...) mit ihren Entscheidungskonflikten fertig zu werden und sich zu Handlungen – wie z.B. dem stark risikobehafteten Kauf eines Konsumgutes – durchzuringen, die vorher nicht möglich und unvorstellbar waren.“[351]

Mit Hilfe dieser **Informationsdeformation** ist es dem Kunden also erst möglich, einen Kauf zu tätigen, der ursprünglich mit einem zu hohen wahrgenommenen Kaufrisiko behaftet war.[352]

Panne erwähnt, dass dem Kunden etliche kognitive Mechanismen zur Verfügung stehen, um „die Unausgeglichenheit in seinen kognitiven Informationsstrukturen und die damit einhergehende Verunsicherung individuell verschieden und je nach Kaufsituation unterschiedlich stark zu beseitigen.“[353] Nach *Abelson/Rosenberg* existieren dabei **drei grundlegende Verhaltensmuster** zur **Deformation** von vorhandenen **Informationen**:

1. Änderung der Einschätzung eines Sachverhaltes bzw. dessen Bewertungsrelationen in der Form, dass eine Situation durch Umbewertung abgeschwächt wird.
2. Vorhandene Informationen (i.S.v. kognitiven Elementen) redefinieren, isolieren und/oder differenzieren.
3. „Stop thinking“ – aufhören, über eine etwaige Unvereinbarkeit nachzudenken oder Vernachlässigung dieser Aspekte.[354]

In welcher Situation welche Maßnahme ergriffen wird, hängt von der Kosten-Nutzen-Relation des Einsatzes,[355] den situativen Begebenheiten und vor allem den personalen Einflussfaktoren ab. Anhand des Beispiels der Differenzierung wird deutlich, dass ein Mindestmaß an Befähigung

[351] Panne (1977), S. 332.
[352] Vgl. Panne (1977), S. 332.
[353] Panne (1977), S. 333.
[354] Vgl. Abelson/Rosenberg (1958), S. 345 f.
[355] Vgl. dazu ausführlich Panne (1977), S. 333 f.

vorhanden sein muss, intellektuelle Fähigkeiten und eine gewisse Flexibilität in den individuellen Programmen anwenden zu können.[356]

Als konkrete Maßnahmen werden im Folgenden die Senkung des eigenen Anspruchniveaus, die Senkungen der Erwartungen der relevanten Umwelt und die kognitive Vorabreduzierung des Ausmaßes der negativen Kauffolgen vorgestellt. Es wird zugleich aufgezeigt, inwieweit sie das Ausmaß der negativen Kauffolgen reduzieren und somit risikomindernd wirken können.

6.2.1.1 Senkung des eigenen Anspruchniveaus

Wie bereits in Kap. 4.3 beschrieben wurde, kann die „Lücke" zwischen einem zu hohen wahrgenommenen Kaufrisiko und der vorhandenen Toleranzschwelle prinzipiell auf zwei Arten geschlossen werden. Zum einen durch Reduktion des empfundenen Risikos auf die Schwelle des gerade noch akzeptierten Risikos und zum anderen durch eine **Erhöhung der individuellen Schwelle** des noch akzeptablen Risikos. Bereits *Cox* wies auf diese letztere Möglichkeit hin, die möglichen negativen Kauffolgen zu begrenzen.[357]

Erklärt wird dies wie folgt: Dadurch, dass Kunden nur eine begrenzte Fähigkeit haben Informationen zu verarbeiten, müssen sie sich in der Regel mit „nur guten" (und nicht sehr guten) Problemlösungen zufrieden geben.[358] Ob eine Lösung als gut oder schlecht zu bezeichnen ist, hängt von dem **individuellen Anspruchsniveau** ab, welches ein Bündel aller Ansprüche und Erwartungen sowie Ziele ist, das befriedigt werden muss, damit der Entscheider mit seiner Wahl zufrieden ist.[359] Erst wenn er ein

---

[356] Vgl. Kupsch (1973), S. 215 ff.

[357] Vgl. Cox (1967), S. 39.

[358] Vgl. Kirsch (1970), S. 83 ff.

[359] Vgl. Sauermann/Selten (1962), S. 579. Erstmalige Erwähnung fand das Konstrukt des Anspruchsniveaus in der Arbeit von Dembo (1931), S. 50 ff. und Hoppe (1931), S. 9 ff. (neuer Druck unter Hoppe (1968), S. 217 ff.). Zur kritischen Auseinandersetzung mit diesem Konstrukt siehe auch Chmielewicz (1970), S. 245 und Schneider (1971), S. 354.

Produkt gefunden hat, das allen Ansprüchen gerecht wird, ist die Person zufrieden gestellt.[360]

Wie bereits aufgezeigt wurde, geht *Pohl* in seiner Arbeit davon aus, dass „sich Nachfrager durch bestimmte Anspruchsniveaus bezüglich der Höhe des wahrgenommenen Risikos kennzeichnen lassen“[361] und verwendet die Begriffe individuelles **Anspruchsniveau**[362] und akzeptiertes Risikoniveau (auch individuelle **Risikotoleranzschwelle**)[363] synonym.[364] Dementsprechend führt eine Senkung des Anspruchsniveaus zu einer Erhöhung der Risikotoleranzschwelle.

Der Anspruchsanpassungsprozess wird in direktem Zusammenhang mit dem Informationsverhalten gesehen, da nicht nur bereits vorhandene Informationen, sondern auch die in der jeweiligen Situation unmittelbar gesammelten Informationen über die gegenwärtige Gegebenheiten und auch über die Zukunftserwartungen zur Bildung des Anspruchsniveaus beitragen.[365] *Panne* geht somit davon aus, dass im Extremfall jede zusätzliche Information sich auf die Höhe des Anspruchsniveaus auswirken kann. Die Ansprüche werden an die (unsicheren) Umweltbedingungen und an die individuelle Möglichkeit angepasst, sich relevante Informationen zu beschaffen.[366]

Befindet sich ein Kunde nun in der Situation, dass kein Produkt seinen Ansprüchen vermeintlich gerecht werden wird und dieses Problem auch nicht durch mehr Informationen gelöst werden kann, so muss er von dem Kauf absehen oder aber eine Alternative wählen, von der er annimmt, dass sie „ausreichend“ ist bzw. sich sogar als „unbefriedigend“ herausstellen kann und somit negative Kauffolgen mit sich bringt, die man vorher nicht bereit war in Kauf zu nehmen.[367] Falls er nicht bereit ist, dieses Mehr

[360] Vgl. dazu auch die Ausführungen zu diesem Thema unter Kap. 4.3.

[361] Pohl (1996), S. 134.

[362] I.S. der Grenze, ab der eine potenzielle Zielerreichung als Erfolg gewertet wird.

[363] I.S. der Grenze, bis zu der man noch bereit ist, mögliche unliebsame Kauffolgen in Kauf zu nehmen.

[364] Vgl. Pohl (1996), S. 134.

[365] Vgl. Panne (1977), S. 345.

[366] Vgl. Kirsch (1970), S. 115 und Kuhlmann (1970), S. 162 ff.

[367] Vgl. Panne (1977), S. 345 f.

an Risiko auf sich zu nehmen – die Kaufentscheidung in Abhängigkeit z.B. situativer Faktoren aber trotzdem fällen will oder muss –, so bleibt für ihn die Möglichkeit, das Anspruchsniveau an die jeweilige Kaufsituation (bzw. einzelne Ansprüche) zu senken.[368] Dabei muss der Kunde festlegen, bei welchen Eigenschaften des Produktes er am ehesten zu einer möglichen Nichterfüllung bereit ist. Kann auch danach das individuelle Anspruchsniveau noch nicht erreicht werden, so wird dieser Prozess mehrfach durchlaufen, bis sich ein Niveau einstellt, bei dem der Kunde die Kaufentscheidung fällen kann.

Kirsch sieht diese Risikoreduktionsmaßnahme nur als Quasilösung, da das gekaufte Produkt nicht mehr dem Idealziel entspricht.[369] Aufgrund der daraus resultierenden geringeren Attraktivität der Problemlösung, ist nur von einer reduzierten Motivation zum Kauf auszugehen,[370] was zu der nahe liegenden Annahme führt, dass diese Maßnahme zur Risikoreduktion eher zurückhaltend Einsatz finden wird.[371]

Wie auch schon bei der vorhergehenden risikoreduzierenden Maßnahme, ist der Einsatz der Senkung des Anspruchsniveaus bzw. die Hochsetzung der individuellen Risikotoleranzschwelle unabhängig von dem Kanal, in dem der Kaufakt vollzogen werden soll. Da die Reduktion des Anspruchsniveaus, wie oben bereits erwähnt, zu den Maßnahmen gehört, die eher „als letztes Mittel" eingesetzt werden, ist anzunehmen, dass es bei sehr hohem wahrgenommenen Kaufrisiko angewandt wird – und dies ist annahmegemäß eher beim Kauf in einem Online-Shop der Fall.

Bezogen auf die Risikodimensionen sind keine Einschränkungen vorzunehmen. Diese Maßnahme kann sich uneingeschränkt auf alle inhaltlichen Aspekte beziehen.

---

[368] Vgl. Cox (1967), S. 72.
[369] Vgl. Kirsch (1970), S. 118.
[370] Vgl. Wiswede (1973), S. 106.
[371] Vgl. Cox (1967), S. 73 f. und Robertson (1970), S. 22.

6.2.1.2 Senkungen der Erwartungen der relevanten Umwelt

Da der Einfluss der relevanten Umwelt (Freunde, Familie, etc.) nicht nur auf die eigene Kaufentscheidung im Rahmen der **Vorkaufphase** von großer Bedeutung sein kann, sondern auch auf die Zufriedenheit **nach dem Kauf,** kann die Senkung der Erwartungen der relevanten Umwelt eine Möglichkeit der Risikoreduktion durch Minderung des Ausmaßes der negativen Kauffolgen sein.

Bei diesem kognitiven Mechanismus handelt es sich um die (vermeintliche) Änderung der Erwartungen des Umfeldes im Vorfeld einer Kaufentscheidung, durch die eine Abschwächung der Situation durch Umbewertung (Änderung der Einschätzung eines Sachverhaltes bzw. dessen Bewertungsrelationen) erfolgt. Ein weiterer kognitiver Mechanismus ist, dass vorhandene Informationen (i.S.v. kognitiven Elementen) redefiniert, isoliert und/oder differenziert werden. Durch die Senkung bzw. Anpassung der Erwartungen des relevanten sozialen Umfeldes, ist es in einem weiteren Schritt möglich, die eigenen Erwartungen zu korrigieren, die direkt mit denen der Umwelt zusammenhängen.

Durch diese Maßnahme kann das Ausmaß der negativen Kauffolgen bezogen auf alle Risikodimensionen gemindert werden. Allerdings ist insbesondere durch die Vorabsprache mit dem persönlichen Umfeld ein starker Effekt auf das soziale Kaufrisiko zu erwarten.

6.2.1.3 Kognitive Vorabreduzierung des Ausmaßes der negativen Kauffolgen

Hierbei tritt der risikoreduzierende Effekt dadurch ein, dass der Nachfrager seine Wahrnehmung potenziell eintretender Kauffolgen vor dem Kauf verändert – somit ist diese Maßnahme den kognitiven Aktivitäten zuzuordnen.

Dies kann beispielsweise durch die bereits in Kap. 6.2.1 eingehend erläuterte **Informationsdeformation** entstehen, wodurch es dem Käufer ermöglicht wird, sich zu einem stark risikobehafteten Kauf eines Konsumgutes zu entschließen, der ihm vorher nicht möglich gewesen wäre.[372]

---

[372] Vgl. Panne (1977), S. 332.

Ein Kunde kann die Einschätzung eines Sachverhaltes und die damit einhergehenden Informationen bzw. deren Bewertungsrelationen abändern. Dies kann in der Form geschehen, dass eine Situation durch Umbewertung abgeschwächt wird, der potenzielle Käufer also das Eintreten einer Kauffolge im Vorfeld als weniger schlimm erachtet und somit das Ausmaß der Kauffolge dementsprechend vorab reduziert.
Der Einsatz dieser risikoreduzierenden Maßnahme ist kanalunabhängig. Sie kann also unbesehen von dem Kanal in dem der Kauf vollzogen werden soll, angewendet werden. Ob sie allerdings eingesetzt wird und wenn ja, in welchen Ausmaß, ist allerdings sehr wohl von dem Kanal abhängig, da mit einer Kanalvariation annahmegemäß eine Veränderung des wahrgenommenes Kaufrisiko einhergeht, was wiederum einen Einfluss auf den Einsatz dieser Risikoreduktionsmaßnahme hat.

6.2.2 Reduktion des Mitteleinsatzes bzw. des potenziellen Verlustes

Indem der Kunde im Rahmen seines Kaufprozesses zu einer **günstigeren Alternative** als der ursprünglich gewählten greift, ist das, „was für ihn finanziell auf dem Spiel steht" vorab geringer geworden. Sein **potenzieller Verlust** hat sich **verringert** und somit auch das subjektiv empfundene Ausmaß einer möglichen negativen Kauffolge. Im Folgenden werden der **Kauf einer kleineren Menge** und der **Kauf einer preiswerteren Alternative,** als die zuvor durch den Kunden ins Auge gefasste, beschrieben.

Das Vorhandensein eines parallelen Kanals innerhalb eines Mehrkanalsystems wirkt sich auf diese Maßnahmen nicht spezifisch aus. Falls ein Käufer in einer Kaufsituation ein zu hohes wahrgenommenes Kaufrisiko verspürt, so ist es für ihn in beiden Kanälen und über alle Produktgruppen hinweg hilfreich, im Zweifelsfall auf eine günstigere Alternative oder kleinere Menge ausweichen zu können.

6.2.2.1 Kauf kleiner Mengen eines teilbaren Verbrauchsgutes

Gerade bei bislang unbekannten Produkten können etwaige Kaufhemmnisse verringert bzw. beseitigt werden, wenn der Kunde die Möglichkeit hat, zuerst nur eine sehr kleine „Probiermenge“ zu kaufen und zu testen. Falls das Produkt nicht seinen Vorstellungen entspricht, so hat er zumindest keinen großen Einsatz getätigt, der nun zu keinem Nutzen geführt hat. Der mögliche Verlust bzw. das, was auf dem Spiel steht, kann so vor dem Kauf so klein wie möglich gehalten werden.

Diese Maßnahme beschränkt sich nur auf bestimmte Produkte und zwar auf teilbare Verbrauchsgüter. So bestimmt den Einkaufsalltag in den Bereichen Lebensmittel oder Pflegeprodukte verschiedentlich das Angebot von Sondergrößen und Sonderverpackungen, die zum Erstkauf anregen sollen.[373] Problematisch könnte die praktische Anwendung aus Kundensicht dadurch sein, dass beim Kauf in einem Online-Shop etwaige Mindestbestellwerte durch den Kauf kleiner Mengen nicht erreicht werden oder aber die Lieferkosten im Verhältnis zum geringen Produktpreis als zu hoch angesehen werden und ein Kauf so nicht zustande kommt.

6.2.2.2 Kauf einer preiswerteren Alternative

Auch hier liegt der risikoreduzierende Effekt auf der Hand: Wenn der Kunde nur eine geringe Menge an finanziellen Mittel bei einem Kauf einsetzt, so ist das, was letztendlich bei dem Eintritt einer negativen Kauffolge auf dem Spiel steht, reduziert worden und dementsprechend geringer.[374]

Die Anwendung dieser risikoreduzierenden Maßnahme könnte beim Kauf in einem Online-Shop Probleme bereiten, da etwaige Mindestbestellwerte durch den Kauf einer preiswerteren Alternative ggf. nicht erreicht werden und ein Kauf so nicht zustande kommt bzw. noch zusätzliche „Füllprodukte“ gekauft werden müssen, um einen Kauf realisieren zu können.

---

[373] Z.B. hat die Drogeriemarktkette dm in den meisten Filialen mindestens ein Regal mit mehreren Schütten, in denen sich Produkte in besonders kleinen Verpackungseinheiten finden.

[374] Es zeigt sich dadurch ein gegenläufiger Effekt zu dem in Kap. 6.1.2.1 aufgezeigten Mittel zur Risikoreduktion („Höhe des Preises eines Produktes als unsicherheitsreduzierender Indikator“).

Wie bereits in dem vorhergehenden Kapitel, so können auch hier wiederum die Lieferkosten eine Kaufbarriere darstellen, da sie in der Relation zu geringen Produktpreisen als zu hoch angesehen werden können bzw. ab einem bestimmten (ggf. höheren) Einkaufspreis zum Teil sogar ganz entfallen.

6.2.3 Finanzielle Absicherung

In der Literatur werden die Begriffe „Reduktion des Risikos durch finanzielle Absicherung“ und „Risikoüberwälzung“ synonym verwendet.

Im engeren Sinne ist damit die Situation gemeint, dass der Käufer vor dem Kauf mit einem Dritten vereinbart, dass dieser für den Fall des Eintritts negativer Konsequenzen den Schaden teilweise oder ganz trägt (im Sinne einer Versicherung). Beim Kauf im Internet findet sich diese Konstellation in den Shops wieder, die mit dem Gütesiegel *Trusted Shop* ausgezeichnet sind. Für den Fall der Nichtlieferung oder bei Kreditkartenmissbrauch können die negativen Kauffolgen auf die Trusted Shops GmbH überwälzt werden. Sie verleiht das Siegel nur an Online-Shop-Anbieter, die bestimmte Anforderungen erfüllen.[375]

Unter Berücksichtigung der risikoreduzierenden Handlungen in einem Mehrkanalsystem, können **in einem weiteren Sinne** auch Vorgänge subsumiert werden, die die Kunden wählen, damit ihnen eine finanzielle Absicherung im Falle des Eintritts einer negativen Kauffolge zuteil wird. Bei den Maßnahmen, die aus Kundensicht einen solchen Effekt nach sich ziehen, handelt es sich um: Garantien sowie Rückgabe- und Widerrufsrecht, die im Folgenden erläutert werden.

6.2.3.1 Garantien

Da das Wesen der Garantieleistung eines Anbieters bereits weiter oben (vgl. Kap. 6.1.2.5) ausführlich dargelegt wurde, wird es an dieser Stelle nicht wiederholt.

Der hier relevante risikoreduzierende Effekt – der sich auf das Ausmaß der möglichen negativen Kauffolgen bezieht – ergibt sich wie folgt: Falls

---

[375] S. dazu unter www.trustedshops.de.

ein Produkt Mängel aufweist und somit nicht den erwarteten Eigenschaften entspricht, kann der Anbieter im Rahmen der Garantiefristen in die Pflicht genommen werden, den Mangel zu beheben. Das Wissen der Nachfrager um diese Garantieverpflichtungen kann sich dementsprechend vor dem Kauf des jeweiligen Produktes risikoreduzierend auswirken.

Auf ein Mehrkanalsystem bezogen ist dieser Effekt annahmegemäß größer, wenn eine kanalübergreifende Handhabung durch den Anbieter nicht nur angeboten, sondern auch transparent gemacht wird. So ist z.B. sinnvoll, dass die Garantieleistung für ein im Online-Shop gekauftes Produkt auch im stationären Einzelhandel zum Tragen kommt.

6.2.3.2 Widerrufs- und Rückgaberecht

Für den Kauf im stationären Einzelhandel gibt es für die Rückgabe und den Widerruf eines einmal wirksam gewordenen Kaufaktes keine gesetzlichen Regelungen. Wenn sich ein Anbieter trotzdem auf die Rücknahme eines Artikels einlässt, der dem Käufer nicht gefällt, so geschieht das aus Gründen der Kulanz oder aber es wurde vorher vertraglich festgehalten.
Anders sieht es jedoch in dem vom Distanzprinzip geprägten Kauf in einem internetbasierten Online-Shop aus. Hier hat der Gesetzgeber den Anbietern, zum Schutz der Kunden, eine Reihe von Regelungen auferlegt, die bereits eingehend in Kap. 3.2 erläutert wurden und einen risikoreduzierenden Effekt ausüben können. Im Einzelnen handelt es sich dabei um das **Widerrufsrecht** und das **Rückgaberecht**.
Beim **Widerrufsrecht** kann ein Anbieter dem Kunden die Kosten der Rücksendung bei einem Bestellwert der zurückgegebenen Ware von bis zu 40 Euro vertraglich auferlegen. Beim **Rückgaberecht** ist der Kunde von allen Kosten der Rücksendung befreit. Falls ein Kunde nach dem Kauf im Online-Shop mit dem zugesendeten Produkt nicht zufrieden ist, und von seinem Widerrufs- bzw. Rückgaberecht Gebrauch machen möchte, so muss er allerdings prüfen:

1. ob der Anbieter ein **Widerrufs- oder** ein **Rückgaberecht** in seine Vertragsbedingungen aufgenommen hat,

2. ob der Rücksender im Fall der kostenlosen Rücksendung der Ware in **Vorleistung** treten muss,
3. wie sich die Rücksendung **logistisch** gestaltet bzw.
4. ob der Verbraucher bei Mehrkanalanbietern die Ware **in Geschäften des stationären Einzelhandels** zurückgeben kann.

Falls die Reduktion negativer Kauffolgen durch das Vorhandensein der gesetzlichen Regelung in der für den Kunden spezifischen Kaufsituation besondere Relevanz besitzt, so ist anzunehmen, dass er sich vor dem Kauf nicht nur über das Vorhandensein dieser gesetzlichen Regelungen informiert, sondern auch vor dem Kauf die genaue Ausgestaltung der soeben genannten Parameter überprüft.

Es zeigt sich, dass ein Kunde verschiedenartigen Ausgestaltungen dieser Parameter gegenüberstehen kann.[376] Abb. 33 fasst die verschiedenen Bausteine zusammen, aus denen ein Mehrkanalsystembetreiber für seinen Online-Shop die Modalitäten zur Rücksendung gestalten kann.[377]

Wie oben beschrieben, greifen die gesetzlich geregelten Rücknahmebestimmungen des elektronischen Einzelhandels beim Kauf im stationären Einzelhandel nicht. Allerdings kommt bei einigen Anbietern des stationären Einzelhandels eine analoge Handhabung aus Gründen der Kulanz zum Tragen. So gewährt z.B. H+M eine 28-tägige Geld-zurück-Garantie, die sogar ohne weitere Angabe von Gründen durch den Käufer Anwendung findet. Anbieter wie Ikea (3 Monate) weiteten diesen Zeitraum deutlich aus und selbst Discounter, wie z.B. Aldi oder Lidl folgten diesem Beispiel, allerdings mit deutlich kürzeren Zeitspannen.
Für die Kunden eines MKS wirkt es risikoreduzierend, wenn eine kanalübergreifende Regelung für die Rückgabe und den Widerruf beim

[376] Für einen Überblick über verschiedene Möglichkeiten, wie Anbieter ihre Rücksendemodalitäten in der Praxis gestalten vgl. Schröder (2001), S. 31 ff.

[377] Die gesetzlich geregelten Punkte wurden jeweils mit der Gesetzes-Quelle versehen. Alle anderen Punkte, die den Nachfrager besser stellen, als es das Gesetz vorschreibt, stammen aus den Praxisbeispielen, die in Schröder (2001), S. 31 ff. angeführt wurden.

Kauf im Online-Shop über beide Kanäle hinweg existiert. So ist es z.B. beim Kauf in dem PLUS-Online-Shop möglich, die Ware bei Nichtgefallen in den Plus-Filialen wieder zurück zu geben und den Kaufpreis zurück zu erhalten (s. dazu auch das Beispiel in Kap. 12).

Dies ist nicht bei allen Mehrkanalsystemen der Fall, wie z.B. bei dem Drogeriefilialisten Rossmann. Für die hier in dem Online-Shop gekaufte Ware kann der Widerruf oder die Rückgabe nicht in den stationären Filialen geltend gemacht werden. Die potenziellen Vorteile des Online-Kaufs, wie z.B. Bequemlichkeit und Rund-um-die-Uhr-Bestellmöglichkeit, werden durch einen möglichen Umtausch in demselben Kanal (Paket packen, das Paket zu einer Postfiliale transportieren und dabei den restriktiven Öffnungszeiten unterliegen, Porto bezahlen, usw.) zunichte gemacht. Es ist offensichtlich, dass der Gedanke daran vor dem Kauf zu erheblichen Dissonanzen führen kann.

Merkmal	**Ausprägung**
Rechtliche Grundlage	• Widerrufsrecht (§ 355 BGB) • Rückgaberecht (§ 356 BGB)
Kosten des Kunden für Rücksendung	• regelmäßige Kosten bei einem Bestellwert von bis zu 40 Euro, falls vertraglich auferlegt (§ 357 BGB Abs. 2) • keine (§ 357 BGB Abs. 2)
Von der Rücksendung rechtlich ausgeschlossene Waren	• nach Kundenspezifikation angefertigte Waren • aufgrund ihrer Beschaffenheit nicht für eine Rücksendung geeignete oder schnell verderbende oder im Fall der Rücksendung das Verfalldatum überschreitende Waren • Audio- oder Videoaufzeichnungen oder Software, sofern die gelieferten Datenträger vom Verbraucher entsiegelt wurden • Zeitungen, Zeitschriften und Illustrierte • in der Form von Versteigerungen erlangte Waren
Logistik der Rücksendung	• Abholung durch Absender • Abgabe an einem dritten Ort (z.B. Einkaufsstätte) • Postsendung
Adresse des Anbieters	• vom Kunden selbst anzufertigen • vorgefertigt
Vorleistung des Kunden für Rücksendung bei Befreiung von der Kostentragung	• nein, Gutschrift nach Eingang der Ware • ja

Abb. 33: Elemente zur Gestaltung der Rücksendung von Waren beim Electronic Shopping (Quelle: in Anlehnung an Schröder (2001), S. 35)

6.3 Zwischenfazit zu den risikorelevanten Effekten eines Mehrkanalsystems

Kann die Nutzung eines parallel vorhandenen Kanals innerhalb eines Mehrkanalsystems, der nicht der Kanal ist, in dem letztendlich der Kaufakt stattfindet, risikoreduzierend wirken?[378] Dass das Vorhandensein eines parallelen Kanals – und somit eines Mehrkanalsystems – einen Einfluss auf das wahrgenommene Kaufrisiko hat, wurde bereits weiter oben aufgezeigt und erörtert. Die eingangs gestellte Frage kann allerdings an dieser Stelle nicht abschließend beantwortet werden, da ein Mehrkanalsystem mehrere verschiedene risikorelevante Effekte nach sich zieht, die teilweise sogar gegenläufiger Natur sind.

Zum einen kann die Nutzung eines Mehrkanalsystems mit allen seinen Kanälen durchaus geeignet sein, das wahrgenommene Kaufrisiko zu reduzieren. Die einzelnen risikomindernden Maßnahmen, die bereits aufgezeigt wurden, sind zum großen Teil in beiden betrachteten Kanälen anzutreffen.[379] Zum anderen kann aber auch der bewusste Verzicht der Nutzung des parallelen Kanals das wahrgenommene Kaufrisiko mindern. Durch die Einschränkung des Informationsangebotes kann eine vermeintliche Informationsflut und daraus resultierende Vorkaufsdissonanzen gemildert oder sogar ganz vermieden werden.[380]

Die in Teil B dieser Arbeit folgende Interpretation der empirischen Daten zu den Risikoreduktionsmaßnahmen in einem Mehrkanalsystem werden zeigen, von welchen beeinflussenden Faktoren die Nutzung des Mehrkanalsystems in einem Kaufentscheidungsprozess zur Risikoreduktion abhängig ist. Somit kann die Beantwortung der eingangs formulierten Frage differenziert mit Inhalt gefüllt werden.

---

[378] Wie die empirische Untersuchung weiter unten zeigen wird, handelt es sich meistens um die Konstellation „Kauf im stationären Einzelhandel und zusätzliche Information im Online-Shop". So auch Dach (2002), der allerdings – wie bereits erwähnt – nicht explizit Mehrkanalsysteme untersuchte.

[379] Wie weiter unten aufgezeigt, bilden die MKS-spezifischen Risikoreduktionsmaßnahmen einen Querschnitt durch die bereits behandelten risikoreduzierenden Aktivitäten des Kap. 6.1. Eine Übersicht über eine analoge Zuordnung bietet das Kap. 11.1 in Teil B dieser Arbeit.

[380] Vgl. Terlutter/Diehl (2002), S. 437.

7 Zusammenfassung der theoretisch begründeten S-O-R-Effekte des Erklärungsmodells

7.1 Zusammenfassung der theoretisch begründeten S-O-Effekte des Erklärungsmodells

Annahmegemäß (s. Bezugsrahmen dieser Arbeit in Abb. 34, welcher bereits in Kap. 2.1 ausführlich beschrieben wurde) sind an dieser Stelle die drei folgenden Effekte innerhalb des betrachteten Partialmodells theoretisch abzuleiten:

1. der **unmittelbare Einfluss** der **informationsökonomischen Produkteigenschaften** auf das wahrgenommene Kaufrisiko,
2. der **unmittelbare Einfluss** der **Kanäle eines Mehrkanalsystems** auf das wahrgenommene Kaufrisiko und
3. der **unmittelbare Einfluss** der **Kanäle** auf die **informationsökonomischen Produkteigenschaften** und dadurch **mittelbar** auf das wahrgenommene Kaufrisiko.

Es wird aufgezeigt, dass den i.ö. Produkteigenschaften aus modelltheoretischer Perspektive zwei verschiedene Rollen zuteil werden. Zum einen die der unabhängigen Variable, die das wahrgenommene Kaufrisiko (als abhängige Variable) beeinflusst. Zum anderen die der beeinflussten Variable, wenn man den Effekt betrachtet, den eine Variation der Kanäle eines Mehrkanalsystems ausübt.

Aber auch das wahrgenommene Kaufrisiko nimmt innerhalb des betrachteten Bezugrahmens eine Doppelfunktion ein. Neben der gerade beschriebenen Funktion in Form der abhängigen Variable, ist das wKR aber auch noch einem anderen Einflussfaktor des Modells ausgesetzt: den beiden Kanälen eines Mehrkanalsystems. Darüber hinaus hat das Ausmaß des wahrgenommenen Kaufrisikos als unabhängige (und somit beeinflussende) Variable auch wiederum Auswirkungen auf den Einsatz der

Maßnahmen zur Risikoreduktion, denen nun die Rolle der abhängigen Größe zukommt (O-R-Zusammenhang, der weiter unten in Kap. 7.2 erörtert wird).

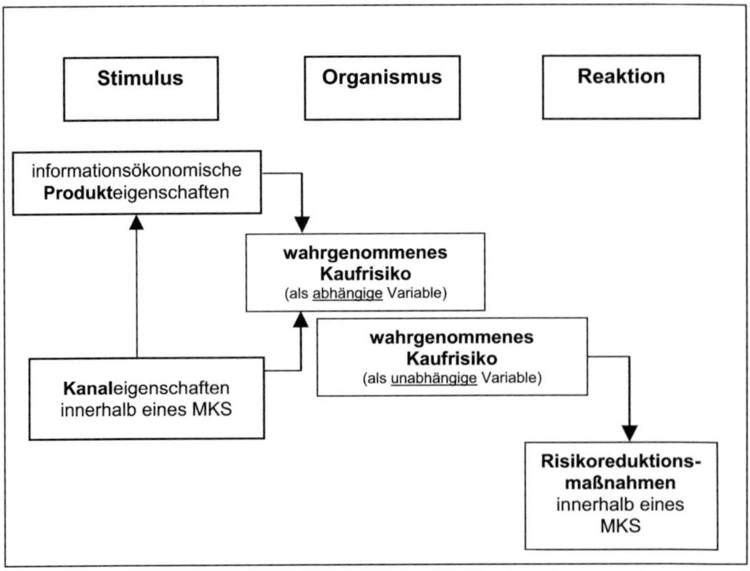

Abb. 34: Bezugsrahmen der vorliegenden Untersuchung

Die beschriebenen **S-O-Wirkungszusammenhänge** werden im Folgenden im Überblick zusammenhängend dargelegt.

(1) Unmittelbarer Einfluss der informationsökonomischen Produkteigenschaften auf das wahrgenommene Kaufrisiko

Die **informationsökonomischen Produkteigenschaften** haben zum Inhalt, die subjektive Unsicherheit über das Vorhandensein (oder aber im umgekehrten Fall deren Abwesenheit) von relevanten Eigenschaften eines Produktes zu beschreiben.

Anhand der bereits erarbeiteten Inhalte können nun Aussagen zu dem Zusammenhang von dominierenden informationsökonomischen Produkteigenschaften und dem daraus resultierenden wahrgenommenen Kaufrisiko getroffen werden. Quantitativ ist dementsprechend davon auszugehen, dass das wahrgenommene Kaufrisiko eher niedrig ist bei

Produkten mit überwiegend **Sucheigenschaften**, da durch Inspektion die Unsicherheit bzgl. der Eigenschaften der Produkte vor dem Kauf beseitigt werden kann.
Anders sieht es bei den **Erfahrungsgütern** aus – hier besteht die Unsicherheit vor dem Kauf über die Qualität des Produktes, da man sich erst nach dem Kauf davon überzeugen kann. Das wahrgenommene Kaufrisiko wird somit höher sein, als dies bei den Suchgütern der Fall ist. Bei den **Vertrauensgütern** wird das wahrgenommene Kaufrisiko am höchsten sein, da hier die Unsicherheit über die relevanten Eigenschaften des jeweiligen Produktes selbst nach dem Kauf nicht beseitigt werden kann.

Zusammenfassend kann hier festgehalten werden, dass eine „**höhere**" informationsökonomische Produkteigenschaft (von der Sucheigenschaft über die Erfahrungseigenschaft hin zur Vertrauenseigenschaft) einen **höheren** Grad an Unsicherheit und somit ein **höheres** wahrgenommenes Kaufrisiko nach sich zieht. Dabei wird der Begriff „höhere i.ö. PE" hier und im Folgenden völlig wertfrei genutzt – er findet Einsatz, um einerseits die Assoziation zu dem höheren Risiko, welches daraus resultiert zu gewährleisten. Andererseits wird diese Begrifflichkeit aufgrund der Tatsache verwendet, dass *Adler* in seiner Untersuchung den drei i.ö. PE wie folgt Unsicherheitsreduktionsstrategien zuordnet, auf die in Kapitel 6 näher eingegangen wird:

- SE → Unsicherheitsreduktionsstrategie 1. Ordnung,
- EE → Unsicherheitsreduktionsstrategie 2. Ordnung und
- VE → Unsicherheitsreduktionsstrategie 3. Ordnung.

Auch hier geht mit der Zuordnung zu den i.ö. PE Sucheigenschaft, Erfahrungseigenschaft und Vertrauenseigenschaft eine Unsicherheitsreduktionsstrategie immer **höherer** Ordnung einher. Aus diesem Grund wird im weiteren Verlauf der vorliegenden Untersuchung – insbesondere im Rahmen der Hypothesenbildung – bei der Variation der i.ö. PE (SE zu EE, SE zu VE und EE zu VE) von einer „höheren Kategorie der informationsökonomischen Produkteigenschaften" gesprochen, allerdings jeweils unter Verwendung des Zusatzes in Klammern, um welche Variation es sich konkret handelt, wie z.B. „von der SE über die EE zur VE".

(2) Unmittelbarer Einfluss der Kanäle eines Mehrkanalsystems auf das wahrgenommene Kaufrisiko

Welche Risiken mit dem Kauf innerhalb eines **Mehrkanalsystems** einhergehen können, ergibt sich zum einen aus der Natur der beiden Kanäle und zum anderen aus der Tatsache, dass dem potenziellen Käufer im Verlauf seines Kaufprozesses beide Kanäle parallel zur Verfügung stehen.

Zur Quantität des wahrgenommenen Kaufrisikos, ausgelöst durch ein Mehrkanalsystem, kann bei der **kanalspezifischen Betrachtung** aufgrund der bisherigen Ausarbeitungen angenommen werden, dass das wKR im vom Distanzprinzip geprägten Online-Shop aufgrund der Eigenarten des Distanzkaufs höher ist als im stationären Einzelhandel (vgl. Kap. 4.5). Auch Misstrauen und die mangelnde Erfahrung mit dem internetbasierten Vertriebskanal können das wahrgenommene Kaufrisiko erhöhen und somit eine Kaufbarriere darstellen.

Wie sieht es beim **Zusammenspiel unterschiedlicher Kanäle** im Rahmen eines Mehrkanalsystems aus? Bedeutet hier ein Mehr an angebotenen Informationen und Möglichkeiten bei der Gestaltung des Kaufprozesses auch gleichsam ein geringeres wahrgenommenes Kaufrisiko? Diese Frage ist an dieser Stelle nicht eindeutig zu beantworten, da hier mehrere – teilweise konträre – Wirkungen aufeinander treffen. Einerseits ist dies der Einfluss des internetbasierten Online-Shops als einer der MKS-Kanäle, der (aufgrund des Distanzprinzips) gemeinhin als risikoerhöhend gilt. Andererseits ist es das dadurch vorhandene vergrößerte Informationsangebot, welches grundsätzlich eher risikomindernde Effekte erzielt, unter bestimmten Gegebenheiten aber durchaus auch risikoerhöhend wirken kann (s.o.). Zusätzlich kann die Parallelität der Kanäle zu weiterer Verwirrung und die größere Handlungsfreiheit eben nicht zu einer Senkung des Risikos führen.

Im Rahmen der Risikoanalyse kann auf diese Fragen eine Antwort gegeben werden, da dort die Risikoquellen „Produkt", „Kanal" und „MKS" getrennt voneinander betrachtet und analysiert werden (vgl. dazu Kap. 10.5.2).

(3) Unmittelbarer Einfluss der Kanäle auf die informationsökonomischen Produkteigenschaften und dadurch mittelbar auf das wahrgenommene Kaufrisiko

Soweit zu der isolierten Wirkung der beiden Stimuli. Innerhalb dieser theoretischen Betrachtung ist aber noch ein weiterer Effekt zu vermuten, der sich aus der Verknüpfung der beiden Stimuli ergibt: Der Einfluss, den das Mehrkanalsystem bzw. seine integrierten Kanäle **unmittelbar** auf die subjektive Wahrnehmung der informationsökonomischen Produkteigenschaften ausübt und auf diesem Weg **mittelbar** auf das wahrgenommene Kaufrisiko einwirkt. Gemeint ist hiermit der Effekt, dass je nach Kanal (Kanalvariation) eine **Transformation der informationsökonomischen Produkteigenschaften** ein und desselben Produktes stattfindet.

Wie bereits unter Kap 5.3 eingehend erläutert, vollzieht sich nur bei einem Produkt, welches im stationären Einzelhandel als Produkt mit überwiegend Sucheigenschaften eingeschätzt wird, bei einer Variation der beeinflussenden Größe „Kanal“ vom stationären Einzelhandel hin zum Online-Shop eine Transformation der i.ö. Produkteigenschaft. Das Produkt, welches im sEH als Produkt mit überwiegend Sucheigenschaften eingeschätzt wird, wird im OS als Produkt mit überwiegend Erfahrungseigenschaften wahrgenommen. Bei allen anderen Einschätzungen bezogen auf den sEH (Dominanz von Erfahrungs- oder Vertrauenseigenschaften) hat eine Kanalvariation keine Auswirkungen auf die Einschätzung der dominierenden i.ö. Produkteigenschaft.

Für den Fall, dass durch die Kanalvariation eine Veränderung der i.ö. PE stattfindet (von der Such- zur Erfahrungseigenschaft), greift gleichsam der Effekt, der bereits zu Beginn dieses Kapitels unter Punkt (1) beschrieben wurde – das wahrgenommene Kaufrisiko ist nach der Erhöhung höher als davor.

7.2 Zusammenfassung des theoretisch begründeten O-R-Effektes des Erklärungsmodells

Wie in den bisherigen Kapiteln bereits theoretisch herausgearbeitet wurde, so kann man in einem **ersten Schritt** den folgenden O-R-Effekt der unabhängigen Variable „wahrgenommenes Kaufrisiko" auf die Maßnahmen zur Risikohandhabung in einem Mehrkanalsystem unterstellen:

Je **höher** das gesamte **wahrgenommene Kaufrisiko** ist, desto **intensiver** werden die **risikoreduzierenden Maßnahmenkategorien** zur Reduktion der **Unsicherheit** und der **negativen Kauffolgen** genutzt. Auch die Nutzung des jeweils **parallelen Kanals**[381] **erhöht** sich mit steigendem gesamten wahrgenommenen Kaufrisiko.

Betrachtet man allerdings die informationsökonomischen Erkenntnisse zum Einsatz von Reduktionsmaßnahmen, so kommt man in einem **zweiten Schritt** zu einer differenzierteren Aussage. Denn immer dann, wenn der Kauf eines Suchgutes im Ladengeschäft vorgenommen wird, resultiert daraus annahmegemäß das niedrigste wahrgenommene Kaufrisiko. Die leistungsbezogene Informationssuche wird allerdings in diesem Falle von allen anderen Produkt-Kanal-Konstellationen (und damit einhergehenden Risikoausmaßen) am intensivsten eingesetzt. Dies liegt darin begründet, dass die Dominanz der informationsökonomischen Produkteigenschaft einen Einfluss auf die Verteilung innerhalb der Maßnahmen zur Reduktion der Risikokomponente „Unsicherheit" hat.[382] Aus diesem Grund muss man sich im Rahmen der Hypothesenbildung in der vorliegenden Untersuchung von der undifferenzierten Aussage „viel Risiko = viel Risikoreduktion gleichverteilt über alle Maßnahmen" verabschieden und von einem weitaus nuancenreicheren Aussagensystem Gebrauch machen, was sich in den folgenden Arbeitshypothesen niederschlägt.

---

[381] Im Sinne des Kanals, in dem der Kaufakt nicht vollzogen wird und somit des gesamten Mehrkanalsystems.

[382] Welcher dies konkret ist, wurde bereits weiter oben in Kap. 6.1 erläutert.

7.3 Arbeitshypothesen der vorliegenden Untersuchung

Aus den gewonnenen Erkenntnissen des ersten Teils dieser Arbeit, können an dieser Stelle Arbeitshypothesen abgeleitet werden, die den Rahmen des nun folgenden empirischen Teils der Untersuchung bilden. Weiter unten findet in den jeweiligen Kapiteln eine Spezifizierung dieser Hypothesen statt.

Die Arbeitshypothesen orientieren sich zum einen an dem eingangs beschriebenen S-O-R-Modell, welches bestimmte Wirkungsbeziehungen zwischen den verwendeten unabhängigen und abhängigen Variablen unterstellt. Zum anderen greifen sie die Erkenntnisse über Art und Ausmaß der Einflüsse auf, die in dem vorangegangenen Teil dieser Arbeit theoretisch erarbeitet wurden. So wird bei der Ausführung der verschiedenen Aussageteile jeweils erwähnt, auf welches Kapitel sie sich stützen.

In Anlehnung an das betrachtete Partialmodell beziehen sich die Aussagen auf:

1. die **informationsökonomischen Produkteigenschaften** als beeinflusste Variable in Abhängigkeit von dem Kanal innerhalb eines Mehrkanalsystems, in dem der Kauf getätigt werden soll (Kanal = unabhängige Variable) und unter Berücksichtigung der Transformation der S-Variable,[383]
2. das **wahrgenommene Kaufrisiko** als beeinflusste Variable in Abhängigkeit von den informationsökonomischen Produkteigenschaften (i.ö. PE = unabhängige Variable),
3. das **wahrgenommene Kaufrisiko** als beeinflusste Variable in Abhängigkeit von dem Kanal innerhalb eines Mehrkanalsystems, in dem der Kauf getätigt werden soll (Kanal = unabhängige Variable) und

---

[383] Zur Erinnerung: Die Transformation der S-Variablen (i.ö. PE) tritt nur dann bei Variation vom sEH hin zum OS auf, wenn es sich beim Kauf im stationären Einzelhandel um ein Produkt mit überwiegend Sucheigenschaften handelt.

4. die **Risikoreduktionsmaßnahmen** als beeinflusste Variable in Abhängigkeit von dem wahrgenommenen Kaufrisiko, welches nun die Stellung der beeinflussenden Variablen einnimmt (wKR = unabhängige Variable).

Bemerkenswert ist dabei, dass in dem betrachteten Modell **zwei Größen** jeweils unterschiedliche Rollen zukommen: der informationsökonomischen Produkteigenschaft und dem wahrgenommenen Kaufrisiko. Beide haben die **Doppelfunktion**, dass sie zum einen die Stellung der unabhängigen und somit beeinflussenden Variable einnehmen und zum anderen die der abhängigen Variable, die wiederum von anderen Größen beeinflusst werden. In welcher Form dies konkret geschieht, wird weiter unten nochmals im Überblick dargestellt.

ad 1.) Die informationsökonomischen Produkteigenschaften als beeinflusste Variable in Abhängigkeit von dem Kanal innerhalb eines Mehrkanalsystems als unabhängige Variable (Transformation der S-Variable)

Bei der Variable der i.ö. PE handelt es sich wie gerade beschrieben einerseits um eine beeinflussende Größe, wenn man den Effekt auf das wahrgenommene Kaufrisiko betrachtet und andererseits aber auch um eine **abhängige Größe**. Der letztgenannte Effekt tritt auf, wenn der Kanal als Modellvariable vom stationären Einzelhandel zum Online-Shop variiert.[384] Dieser Einfluss ist der hier relevante, der in den folgenden Arbeitshypothesen mündet. Abb. 35 verdeutlicht diesen Zusammenhang anhand des schematisch dargestellten und in der Farbgebung leicht veränderten Bezugsrahmens.

---

[384] Vgl. dazu die detaillierten Ausführungen in Kap. 5.3 und 7.1.

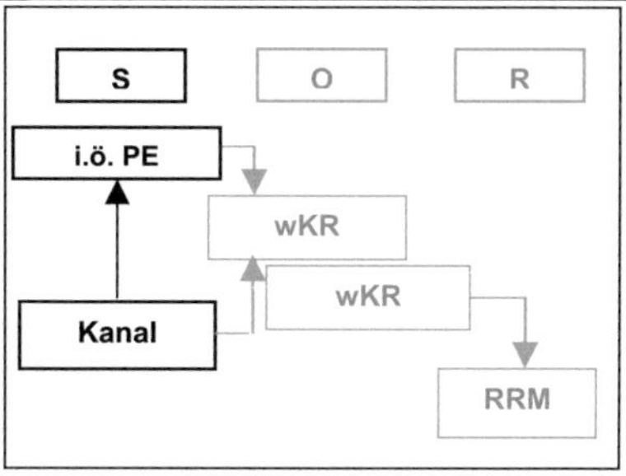

Abb. 35: Bezugsrahmen mit den hier betrachteten Wirkungszusammenhängen „Kanal eines MKS und i.ö. Produkteigenschaften“

Die Annahmen pro Produkt-Kanal-Konstellation dazu lauten:

Wenn eine **Hose** im stationären Einzelhandel ein Produkt mit überwiegend **Sucheigenschaften** ist, dann ist es im Online-Shop ein Produkt mit überwiegend **Erfahrungseigenschaften** (Transformation **findet statt!**).[385]

Wenn ein **Wein** im stationären Einzelhandel ein Produkt mit überwiegend **Erfahrungseigenschaften** ist, dann ist es im Online-Shop **auch** ein Produkt mit überwiegend **Erfahrungseigenschaften** (Transformation findet **nicht** statt!).

Wenn ein **Vitaminpräparat** im stationären Einzelhandel ein Produkt mit überwiegend **Vertrauenseigenschaften** ist, dann ist es im Online-Shop **auch** ein Produkt mit überwiegend **Vertrauenseigenschaften** (Transformation findet **nicht** statt!).

[385] Zur Erinnerung: Mit dem Begriff Transformation ist hier gemeint, dass durch die Kanalvariation eine Veränderung der informationsökonomischen Produkteigenschaften einhergeht.

ad 2.) Das wahrgenommene Kaufrisiko als beeinflusste Variable in Abhängigkeit von den informationsökonomischen Produkteigenschaften als unabhängige Variable

Mit diesem Wirkungszusammenhang wird der modelltheoretische S-O-Effekt der informationsökonomischen Produkteigenschaften auf das wahrgenommene Kaufrisiko beschrieben (siehe Abb. 36).

Schweiger/Mazanec/Wiegele äußern sich zu der Form der Risikoaussagen in der Forschung wie folgt: „In methodologischer Hinsicht erreichen die Hypothesen im Rahmen von Risiko-Modellen nur den Informationsgehalt von Je-desto-Aussagen. Diese Tatsache ist daran erkennbar, dass sich kalkülsprachliche Formulierungen von Risiko-Modellen bestenfalls auf Flussdiagramme stützen können. Wenn in manchen empirischen Studien metrische Zusammenhänge aufgedeckt werden, so sind sie nicht generalisierbar. Der empirische Test von Risiko-Modellen muss sich daher zunächst auf die Prüfung der Einflussrichtung beschränken.“[386]

Auch die vorliegende Untersuchung folgt bei der Formulierung der Aussagesysteme formal dieser Struktur.

Der unterstellte Zusammenhang zwischen den informationsökonomischen Produkteigenschaften und dem wahrgenommenen Kaufrisiko wurde bereits in Kap. 7.1 ausführlich erörtert. Zusammengefasst können hier die folgenden Aussagen festgehalten werden:

Je „höher“ die **informationsökonomische Produkteigenschaft** ist (von der **Sucheigenschaft** über die **Erfahrungseigenschaft** bis zur **Vertrauenseigenschaft**), **desto höher** ist das daraus resultierende **wahrgenommene Kaufrisiko**.

[386] Schweiger/Mazanec/Wiegele (1976), S. 94.

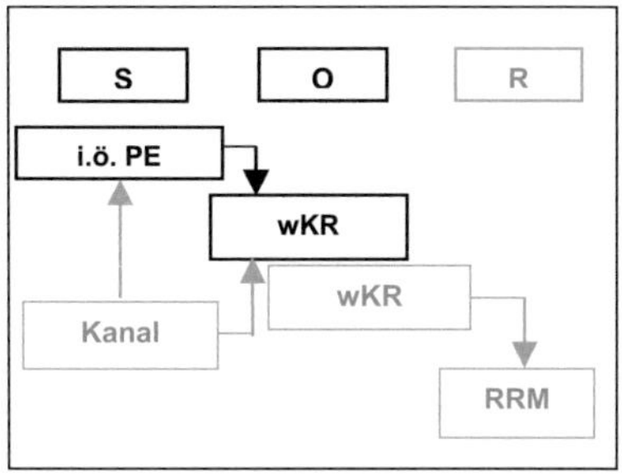

Abb. 36: Bezugsrahmen mit den hier betrachteten Wirkungszusammenhängen „i.ö. Produkteigenschaften und wahrgenommenes Kaufrisiko“

Formal ordnen sich die Arbeitshypothesen dabei der folgenden Struktur unter: Je nach Produkt-Kanal-Kombination werden in einem ersten Schritt die **Wenn**-Komponenten der Hypothesen festgelegt, die den S-O-Zusammenhang des Bezugsrahmens widerspiegeln. Die Formulierung folgt dabei grundsätzlich dem Aufbau:
„Wenn Produkt X in Kanal Y ein Produkt mit überwiegend Z-informationsökonomischer Eigenschaft ist, (...).“
Daran schließt sich die **Dann-Komponente** in der Form, dass ein bestimmter Zusammenhang zwischen der informationsökonomischen Eigenschaften eines Produktes in einem bestimmten Kanal und der Höhe des wahrgenommenen Kaufrisikos und seiner einzelnen Risikodimensionen unterstellt wird. Die allgemeine Formulierung der Dann-Komponente lautet dementsprechend

> *„(...) dann ist das gesamte wahrgenommene Kaufrisiko niedriger (oder höher)“*

als in der parallel betrachteten Produkt-Kanal-Konstellation.

Im empirischen Teil dieser Arbeit werden zur Überprüfung der aufgestellten Hypothesen alle möglichen Produkt-Kanal-Kombinationen[387] miteinander verglichen, um aus den Ergebnissen Erkenntnisse über das Kaufverhalten im Mehrkanalsystem ziehen zu können.

---

[387] 3 Produkte * 2 Kanäle des MKS = 6 Kombinationen. Daraus resultieren 15 verschiedene Vergleichsmöglichkeiten.

ad 3.) Das wahrgenommene Kaufrisiko als beeinflusste Variable in Abhängigkeit von dem Kanal innerhalb eines Mehrkanal-systems als unabhängige Variable

Hierbei werden Aussagen zu dem Einfluss des Kanals eines MKS auf die Höhe und das Ausmaß des wahrgenommenen Kaufrisikos getroffen.[388] Bei der Variable „Kanal“ handelt es sich um die einzige Größe, der in diesem S-O-R-Modell nur diese eine Rolle der unabhängigen und somit beeinflussenden Variable zukommt (vgl. Abb. 37). Die Variable kann in dem betrachteten Partialmodell zwei verschiedene Werte bzw. Ausprägungen annehmen: stationärer Einzelhandel oder Online-Shop.

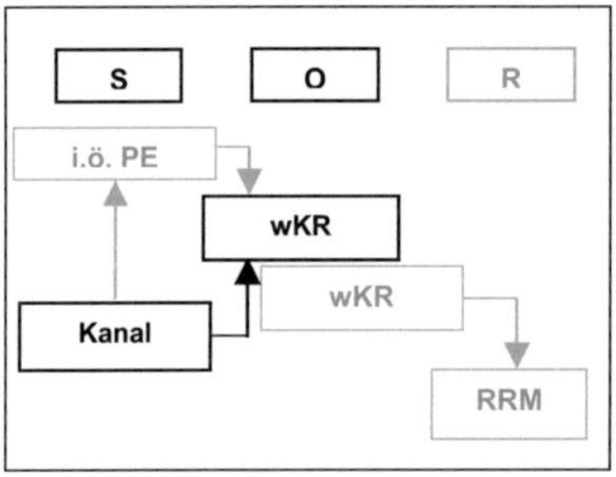

Abb. 37: Bezugsrahmen mit den hier betrachteten Wirkungszusammenhängen „Kanal eines MKS und wahrgenommenes Kaufrisiko“

Wie bereits dargelegt, kann zu dem Zusammenhang dieser beiden Größen folgende vorläufige Arbeitshypothese aufgestellt werden:

Das **wahrgenommene Kaufrisiko** ist beim Kauf im **Online-Shop höher** als beim Kauf im **stationären Einzelhandel**.[389]

---

[388] Vgl. dazu Kap. 4.5 und 7.1.

[389] Diese eher undifferenzierte Aussage wird weiter unten – wie alle anderen Arbeitshypothesen – weiter detailliert.

ad 4.) Die Risikoreduktionsmaßnahmen als beeinflusste Variable in Abhängigkeit von dem wahrgenommenen Kaufrisiko als unabhängige Variable

Will man den **O-R-Zusammenhang** dieses Modells überprüfen (vgl. Abb. 38), so müssen weitere Wenn-dann-Aussagen getroffen werden, die die Beziehung zwischen dem, in einer bestimmten Produkt-Kanal-Konstellation entstandenen wahrgenommenen Kaufrisiko und den daraus resultierenden risikoreduzierenden Handlungen in der Vorkaufphase beschreiben.[390]

Die **Wenn-Komponenten** folgen dem Aufbau:

> *„Wenn das **wahrgenommene Kaufrisiko** in einer Produkt-Kanal-Konstellation **höher** ist als in einer anderen, (...)".*

Die **Dann-Komponenten** im Anschluss daran umfassen zwei verschiedene Teile. Dies ist darin begründet, dass nach der Zwei-Komponenten-Betrachtung des Konstruktes „wahrgenommenes Kaufrisiko" das Risiko durch Maßnahmen reduziert wird, die jeweils den einzelnen Risikokomponenten zugeordnet werden können. Aus diesem Grund bezieht sich die Dann-Komponente zum einen auf Maßnahmen, die die **Unsicherheit** vor dem Kauf reduzieren" („Dann 2") und zum anderen auf solche, die die potenziell eintretenden **negativen Kauffolgen** reduzieren („Dann 1"). Konkret folgen die Dann-Komponenten der folgenden Struktur:

> *„(...), dann ist die **Reduktion der negativen Kauffolgen** im ersten Fall höher als im zweiten und auch die **Unsicherheitsreduktionsstrategien** werden intensiver angewandt".*

Auch die „Dann 2"-Komponente ist in sich zweigeteilt, indem sie neben dem „Inter-Vergleich" („Wird diese Strategie zur Unsicherheitsreduktion innerhalb der Produkt-Kanal-Kombination im Vergleich zu einer anderen Kombination mehr oder weniger intensiv eingesetzt?") auch noch einen

---

[390] Vgl. dazu die detaillierten Ausführungen in Kap. 7.2.

„Intra-Vergleich" beschreibt („Welche Strategie zur Unsicherheitsreduktion wird innerhalb der spezifischen Produkt-Kanal-Kombination am stärksten eingesetzt"?).

Es wird dabei jeweils eine Aussage zu der Unsicherheitsreduktionsstrategie getroffen, die annahmegemäß am stärksten Anwendung findet. Alle anderen unterstützend eingesetzten Maßnahmen werden im Rahmen der Arbeitshypothesen zuerst nicht berücksichtigt.

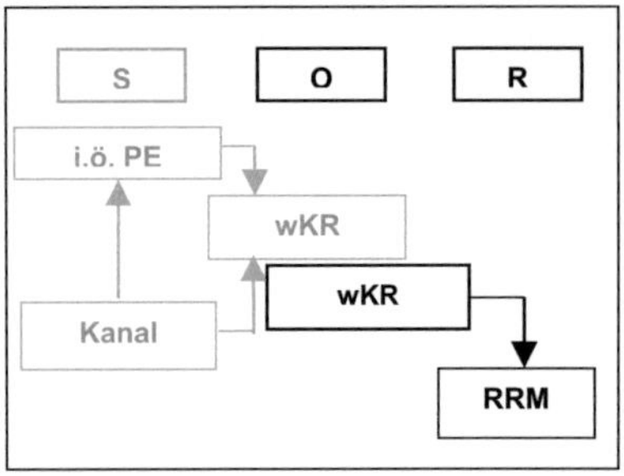

Abb. 38: Bezugsrahmen mit den hier betrachteten Wirkungszusammenhängen „wahrgenommenes Kaufrisiko und Risikoreduktionsmaßnahmen"

Fasst man diese Aussagen zu den einzelnen Wirkungszusammenhängen zusammen und stellt sie nun pro Produkt-Kanal-Kombination dar, so kommt man zu den folgenden Übersichten. Dabei werden jeweils die gleichen Produkte verglichen – bei Variation des Kanals:[391]

- **Fall 1 a)** Kauf einer Hose im stationären Einzelhandel (s. Abb. 39)
- **Fall 1 b)** Kauf einer Hose im Online-Shop (s. Abb. 40)
- **Fall 2 a)** Kauf eines Weins im stationären Einzelhandel (s. Abb. 41)
- **Fall 2 b)** Kauf eines Weins im Online-Shop (s. Abb. 42)
- **Fall 3 a)** Kauf eines Vitaminpräparats im stationären Einzelhandel (s. Abb. 43)
- **Fall 3 b)** Kauf eines Vitaminpräparats im Online-Shop (s. Abb. 44).

[391] Es wird also die Wirkung der beeinflussenden Elemente „Hose" und „stationärer Einzelhandel" mit dem Kaufprozess unter Berücksichtigung der Variablen „Hose" und „Online-Shop" in Bezug gesetzt. Weiter unten im empirischen Teil dieser Arbeit werden hingegen alle möglichen Produkt-Kanal-Kombinationen miteinander verglichen, um daraus Erkenntnisse zu gewinnen. Zur Formulierung der Arbeitshypothesen werden an dieser Stelle beispielhaft nur „dieselben Produkte" bei Kanalvariation miteinander verknüpft betrachtet.

Fall 1a – Kauf einer Hose im stationären Einzelhandel

S-O-R-Modell	Hypothesen-komponente	Inhalt der Komponente
S-O-Beziehung	Wenn	Wenn die Hose im stationären Einzelhandel ein Produkt mit überwiegend Sucheigenschaften ist,
	Dann	dann ist das wahrgenommene Kaufrisiko niedriger als im Fall 1b (H/OS).
O-R – Beziehung	Wenn	Wenn das wahrgenommene Kaufrisiko niedriger ist als im Fall 1b,
	Dann 1.	dann fällt die Intensität der Maßnahmen zur Reduktion der negativen Kauffolgen geringer als im Fall 1b aus und
	Dann 2.	die Unsicherheitsreduktionsstrategie 1. Ordnung wird überwiegend Anwendung finden und im Vergleich zu Fall 1b wird die Unsicherheits-reduktionsstrategie 1. Ordnung mehr als im Fall 1b angewandt.

Abb. 39: Aussagensystem zur Bildung der Hypothesen für den „Kauf einer Hose im stationären Einzelhandel" (Fall 1a) im Vergleich zum „Kauf einer Hose im Online-Shop" (Fall 1b)

Zu den aufgeführten Strukturen der Hypothesen und deren Inhalte kommt noch ein weiterer Schritt dazu, der den bisherigen vorgeschaltet wird und eine mögliche Veränderung der informationsökonomischen Eigenschaften unter der Berücksichtigung des vom Distanzprinzip geprägten Online-Shops beschreibt. Die somit erste Wenn-Dann-Beziehung lautet demnach:

> *„Wenn das Produkt X im stationären Einzelhandel ein Produkt mit überwiegend Z1 informationsökonomischen Eigenschaften ist, (...)", „(...) dann ist das Produkt X im Online-Shop ein Produkt mit überwiegend Z2 informationsökonomischen Eigenschaften".*

Wie erwähnt, schließen sich daran die oben aufgeführten Aussageketten an.

Fall 1b – Kauf einer Hose im Online-Shop

S-O-R-Modell	Hypothesen-komponente	Inhalt der Komponente
S-Transforma-tion	Wenn	Wenn die Hose im stationären Einzelhandel ein Produkt mit überwiegend Sucheigenschaften ist,
	Dann	dann wird sie im Online-Shop als Produkt mit überwiegend Erfahrungseigenschaften eingeschätzt.
S-O-Beziehung	Wenn	Wenn die Hose im Online-Shop ein Produkt mit überwiegend Erfahrungseigenschaften ist,
	Dann	dann ist das wahrgenommene Kaufrisiko höher als im Fall 1a (H/sEH).
O-R – Beziehung	Wenn	Wenn das wahrgenommene Kaufrisiko höher als im Fall 1a ist,
	Dann 1.	dann fällt die Intensität der Maßnahmen zur Reduktion der negativen Kauffolgen höher als im Fall 1a aus und
	Dann 2.	die Unsicherheitsreduktionsstrategie 2. Ordnung wird überwiegend Anwendung finden und im Vergleich zu Fall 1a wird die Unsicherheitsreduktionsstrategie 2. Ordnung mehr als im Fall 1a angewandt.

Abb. 40: Aussagensystem zur Bildung der Hypothesen für den „Kauf einer Hose im Online-Shop“ (Fall 1b) im Vergleich zum „Kauf einer Hose im stationären Einzelhandel“ (Fall 1a)

Fall 2a – Kauf einer Kiste Wein im stationären Einzelhandel

S-O-R-Modell	Hypothesen-komponente	Inhalt der Komponente
S-O-Beziehung	Wenn	Wenn der Wein im stationären Einzelhandel ein Produkt mit überwiegend Erfahrungseigenschaften ist,
	Dann	dann ist das wahrgenommene Kaufrisiko niedriger als im Fall 2b (W/OS).
O-R – Beziehung	Wenn	Wenn das wahrgenommene Kaufrisiko niedriger als im Fall 2b ist,
	Dann 1.	dann fällt die Intensität der Maßnahmen zur Reduktion der negativen Kauffolgen niedriger als im Fall 2b aus und
	Dann 2.	die Unsicherheitsreduktionsstrategie 2. Ordnung wird überwiegend Anwendung finden und im Vergleich zu Fall 2b wird die Unsicherheitsreduktionsstrategie 2. Ordnung weniger als im Fall 2b angewandt.

Abb. 41: Aussagensystem zur Bildung der Hypothesen für den „Kauf einer Kiste Wein im stationären Einzelhandel“ (Fall 2a) im Vergleich zum „Kauf einer Kiste Wein im Online-Shop“ (Fall 2b)

Fall 2b – Kauf einer Kiste Wein im Online-Shop

S-O-R-Modell	Hypothesen-komponente	Inhalt der Komponente
S-Transformation	Wenn	Wenn der Wein im stationären Einzelhandel ein Produkt mit überwiegend Erfahrungseigenschaften ist,
	Dann	dann wird er im Online-Shop auch als Produkt mit überwiegend Erfahrungseigenschaften eingeschätzt.
S-O-Beziehung	Wenn	Wenn der Wein im Online-Shop ein Produkt mit überwiegend Erfahrungseigenschaften ist,
	Dann	dann ist das wahrgenommene Kaufrisiko höher als im Fall 2a (W/sEH).
O-R – Beziehung	Wenn	Wenn das wahrgenommene Kaufrisiko höher als im Fall 2a ist,
	Dann 1.	dann fällt die Intensität der Maßnahmen zur Reduktion der negativen Kauffolgen höher als im Fall 2a aus und
	Dann 2.	die Unsicherheitsreduktionsstrategie 2. Ordnung wird überwiegend Anwendung finden und im Vergleich zu Fall 2a wird die Unsicherheitsreduktionsstrategie 2. Ordnung mehr als im Fall 2a angewandt.

Abb. 42: Aussagensystem zur Bildung der Hypothesen für den „Kauf einer Kiste Wein im Online-Shop" (Fall 2b) im Vergleich zum „Kauf einer Kiste Wein im stationären Einzelhandel" (Fall 2a)

Fall 3a – Kauf eines Vitaminpräparats im stationären Einzelhandel

S-O-R-Modell	Hypothesen-komponente	Inhalt der Komponente
S-O-Beziehung	Wenn	Wenn das Vitaminpräparat im stationären Einzelhandel ein Produkt mit überwiegend Vertrauenseigenschaften ist,
	Dann	dann ist das wahrgenommene Kaufrisiko niedriger als im Fall 3b (VP/OS).
O-R – Beziehung	Wenn	Wenn das wahrgenommene Kaufrisiko niedriger als im Fall 3b ist,
	Dann 1.	dann fällt die Intensität der Maßnahmen zur Reduktion der negativen Kauffolgen niedriger als im Fall 3b aus und
	Dann 2.	die Unsicherheitsreduktionsstrategie 3. Ordnung wird überwiegend Anwendung finden und im Vergleich zu Fall 3b wird die Unsicherheits-reduktionsstrategie 3. Ordnung weniger als im Fall 3b angewandt.

Abb. 43: Aussagensystem zur Bildung der Hypothesen für den „Kauf eines Vitaminpräparats im stationären Einzelhandel“ (Fall 3a) im Vergleich zum „Kauf eines Vitaminpräparats im Online-Shop“ (Fall 3b)

Fall 3b – Kauf eines Vitaminpräparats im Online-Shop

S-O-R-Modell	Hypothesen-komponente	Inhalt der Komponente
S-Transformation	Wenn	Wenn das Vitaminpräparat im stationären Einzelhandel ein Produkt mit überwiegend Vertrauenseigenschaften ist,
	Dann	dann wird es im Online-Shop auch als Produkt mit überwiegend Vertrauenseigenschaften eingeschätzt.
S-O-Beziehung	Wenn	Wenn das Vitaminpräparat im Online-Shop ein Produkt mit überwiegend Vertrauenseigenschaften ist,
	Dann	dann ist das wahrgenommene Kaufrisiko höher als im Fall 3a (VP/sEH).
O-R – Beziehung	Wenn	Wenn das wahrgenommene Kaufrisiko höher als im Fall 3a ist,
	Dann 1.	dann fällt die Intensität der Maßnahmen zur Reduktion der negativen Kauffolgen höher als im Fall 3a aus und
	Dann 2.	die Unsicherheitsreduktionsstrategie 3. Ordnung wird überwiegend Anwendung finden und im Vergleich zu Fall 3a wird die Unsicherheitsreduktionsstrategie 3. mehr als im Fall 3a angewandt.

Abb. 44: Aussagensystem zur Bildung der Hypothesen für den „Kauf eines Vitaminpräparats im Online-Shop" (Fall 3b) im Vergleich zum „Kauf eines Vitaminpräparats im stationären Einzelhandel" (Fall 3a)

Die auf Basis des theoretischen Teils der vorliegenden Arbeit herausgearbeiteten Arbeitshypothesen werden im nun folgenden zweiten Teil dieser Untersuchung einer empirischen Überprüfung unterzogen, um festzustellen, ob sie durch die Realität als beibehaltbar erachtet oder widerlegt werden können.

TEIL B – Der empirische Teil der vorliegenden Untersuchung zum Kundenverhalten im Multi-Channel-Retailing

In dem nun folgenden empirischen Teil dieser Arbeit werden die theoretischen Erkenntnisse des ersten Teils und die daraus resultierenden Arbeitshypothesen aufgegriffen, verfeinert und anschließend einer Überprüfung anhand der Realität unterzogen. Diese Ergebnisse werden dann beschrieben und interpretiert, um darauf aufbauend eine Erklärung zum Kundenverhalten in einem Mehrkanalsystem abgeben zu können. Dazu wird als erstes das Untersuchungsdesign beschrieben, woran sich – nach der bereits erfolgten Konzeptualisierung des untersuchten Partialmodells – die Operationalisierung der einzelnen Parameter und vor allem des hier gewählten theoretischen Konstruktes anschließt.

8 Das Design der vorliegenden Untersuchung

Dem allgemeinen Vorgehen im Rahmen eines Forschungsvorhabens folgend, basieren auch die Ergebnisse dieser Arbeit auf den beiden Prozessschritten **explorative Phase** und **deskriptive Phase**, die im Folgenden erläutert werden.

8.1 Die exlorative und deskriptive Phase des Forschungsdesigns

Der erste Schritt der **explorativen Phase** bestand aus einem tiefgehenden Studium der deutsch- und englischsprachigen Literatur zu den drei großen Themenblöcken: Mehrkanalsysteme (im Einzelhandel), wahrgenommenes Kaufrisiko und Informationsökonomie sowie einer Synthese der Inhalte.

Darauf aufbauend wurden verschiedene Themen zu diesem Komplex im Rahmen des Seminars „Wahrgenommenes Kaufrisiko in Mehrkanalsystemen des Einzelhandels" erarbeitet. Dieses Seminar fand im Sommersemester 2002 an der Universität Essen am Lehrstuhl für Marketing & Handel statt. Es nahmen 25 Studierende teil, die Wirtschaftswissenschaften oder Kommunikationswissenschaften im Hauptstudium studierten.
Im Verlauf dieses Seminars konnten mit den Studierenden zu den wesentlichen Aspekten des Themenkomplexes explorative Erkenntnisse gewonnen werden – zum einen in Form von Gruppendiskussionen und zum anderen durch die Durchführung einer schriftlichen Befragung mit der Möglichkeit, die Ergebnisse anschließend innerhalb der Gruppe auszuwerten und zu interpretieren.[392]

Auf Basis der Erkenntnisse der explorativen Phase wurde zu Beginn der **deskriptiven Phase** ein **Fragebogen** entwickelt, der an 10 Personen im Rahmen eines **Pre-Tests** geprüft wurde. Mit 2 Gruppen à 5 dieser Pre-Test-Probanden wurden im Anschluss daran mögliche Verständnisschwierigkeiten etc. besprochen und der Fragebogen entsprechend angepasst.

Der optimierte Fragbogen umfasst **sechs „Befragungssäulen":**[393]

Säule 1	Die Fragen 1-5 haben den Kauf einer **Hose** im **stationären Einzelhandel** zum Inhalt,
Säule 2	die Fragen 6-10 den Kauf einer **Hose** in einem **Online-Shop,**
Säule 3	die Fragen 12-16 den Kauf einer Kiste **Wein** im **stationären Einzelhandel,**
Säule 4	die Fragen 17-21 den Kauf einer Kiste **Wein** in einem **Online-Shop,**
Säule 5	die Fragen 23-27 den Kauf eines **Vitaminpräparats** im **stationären Einzelhandel** und
Säule 6	die Fragen 28-32 den Kauf eines **Vitaminpräparats** in einem **Online-Shop.**

---

[392] An dieser Stelle nochmals ganz herzlichen Dank an die Studierenden für die äußerst engagierte, konstruktive und freundliche Mitarbeit.

[393] Siehe dazu den Fragebogen in Anhang A.

Den Probanden wurde jeweils der Hinweis gegeben, dass die beiden Kanäle Bestandteil des **Mehrkanalsystems eines Anbieters** sind. Nach den Säulen 2, 4 und 6 wurden allgemeine Fragen zu dem Kaufverhalten und den individuellen Erfahrungen in Bezug auf das jeweilige Produkt gestellt.

Grundsätzlich folgen alle sechs Säulen (oder auch: Produkt-Kanal-Kombinationen) der in Abb. 45 dargestellten Struktur. Im ersten Schritt wird die dominierende informationsökonomische Produkteigenschaft für die jeweilige Produkt-Kanal-Kombination erhoben, danach wird die Höhe des daraus resultierenden wahrgenommenen Kaufrisikos gemessen, um daran anschließend die dadurch hervorgerufenen Risikoreduktionsmaßnahmen zu ermitteln. Die genaue Vorgehensweise wird dabei weiter unten erläutert.

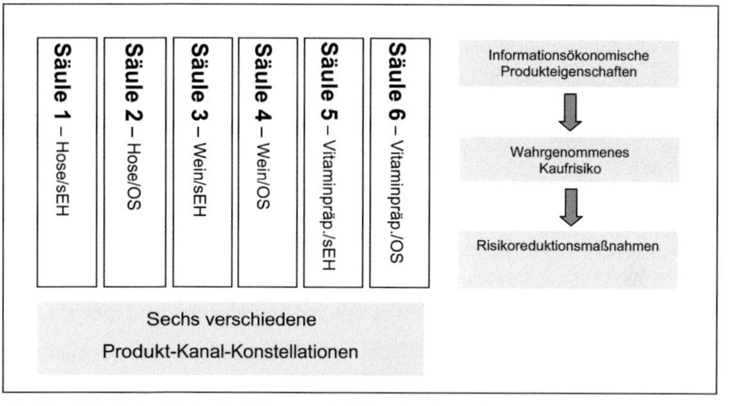

Abb. 45: Struktur der sechs Befragungssäulen des Fragebogens

Der Fragebogen endet mit personenbezogenen Fragen über Geschlecht, Alter, Ausbildung, Beruf und bisherige Erfahrung mit dem Kauf in Online-Shops.

8.2 Wahl der Erhebungsmethode

Aus diesen gerade beschriebenen sechs Befragungssäulen und den drei Themenkomplexen ergibt sich ein **Fragebogenumfang** von 36 Seiten, der eine **Befragungsdauer** im Rahmen einer schriftlichen Befragung von 1-1,5 Stunden nach sich zieht. Dieser Umfang hat natürlich Auswirkungen auf die Wahl der Befragungsmethode. In der vorliegenden Untersuchung wurde die **schriftliche Befragung** gewählt.

Diese wurde jedoch nicht im „klassischen Sinne“ durchgeführt, indem der Fragebogen mit frankiertem Rückumschlag und der Bitte um Bearbeitung sowie Rücksendung an zufällig ausgewählte Personen per Post verschickt wird. Der Grund, der gegen dieses Vorgehen spricht, liegt auf der Hand: Man hätte auf diese Weise eine Rücklaufquote erzielt, die sich mit großer Wahrscheinlichkeit in der Nähe von 0 % befunden hätte, da kaum eine angeschriebene „fremde“ Person bereit gewesen wäre, 1,5 Stunden ihrer Zeit zu opfern.

Deshalb wurde hier ein anderer Weg beschritten. Mit Hilfe so genannter Multiplikatoren aus dem privaten Umfeld wurden 400 Fragebögen persönlich an Probanden verteilt. Die verteilten Bögen wurden jeweils nach einer Woche wieder eingesammelt. Eine Incentivierung gab es nicht. Die ersten Bögen wurden am 30. Oktober 2002 verteilt und der letzte Bogen kam am 30. Dezember 2002 ausgefüllt zurück, insgesamt liegen **301 ausgefüllte Bögen** vor.[394]

8.3 Auswahl und Beschreibung der Stichprobe

Ausgehend von der **Grundgesamtheit** „alle Bewohner der Bundesrepublik Deutschland ab 14 Jahren“ und somit alle Personen, die als potenzielle Käufer von Produkten in Frage kommen und sehr wahrscheinlich bereits Kauferfahrung haben, wurde als Auswahlverfahren zur Ermittlung der Stichprobe das **Quotenverfahren** gewählt. Dabei handelt es sich um ein **Teilerhebungsverfahren**, welches keine Zufallsauswahl, sondern eine **bewusste Auswahl** der Stichprobenelemente vornimmt.

[394] An dieser Stelle auch noch mal recht herzlichen Dank an die „Multiplikatoren“, ohne die diese Arbeit nicht möglich gewesen wäre und natürlich auch an die über dreihundert (der Verfasserin allerdings persönlich unbekannten) Probanden, die bereit waren, über eine Stunde ihrer Freizeit zu opfern und geduldig den Fragbogen ausfüllten.

Es wird die repräsentative Auswahl der Stichprobenelemente vorausgesetzt,[395] wenn sich die **untersuchungsrelevanten Merkmale** der Grundgesamtheit entsprechend in der Stichprobe wieder finden.
Allerdings gibt es bei der Beantwortung der Frage, ob dieses Vorgehen zu einem Datensatz führt, der den Anforderungen der **Repräsentativität** genügt zwei verschiedene Ansätze.
Zum einen ist dies die „marktforscherische Sicht", die bei Erfüllung der gerade beschriebenen Kriterien von Repräsentativität ausgeht (spezifische Repräsentativität).[396] Zum anderen existiert eine „strengere" Sicht (statistische Repräsentativität), die in diesem Fall die Repräsentativität abspricht.

In der vorliegenden Untersuchung wurden den Multiplikatoren zwei **soziodemografische Merkmale** zur **Quotierung** vorgegeben, durch die eine Abbildung der Grundgesamtheit erreicht werden sollte. Es handelte sich dabei um die Merkmale **Alter** und **Geschlecht**.
Ob die hier verwendeten Merkmale untersuchungsrelevant sind und dadurch zu einer (spezifischen) Repräsentativität des vorliegenden Datensatzes führen oder nicht, muss an dieser Stelle nicht weiter diskutiert werden. Dies liegt darin begründet, dass die **Merkmale der befragten Personen** innerhalb des **betrachteten Erklärungsmodells** (s. Abb. 1 auf S. 12) **keine Rolle spielen**.

Wie bei einem Quotenverfahren üblich,[397] wählten dann die Interviewer die Auskunftspersonen – unter Einhaltung der Quotierungen – selber aus.

Mit diesem Vorgehen konnte, wie bereits weiter oben erwähnt, eine Stichprobe von n = 301 erreicht werden, die im Folgenden näher beschrieben

[395] Vgl. Berekoven/Eckert/Ellenrieder (2004), S. 55.
[396] Vgl. Berekoven/Eckert/Ellenrieder (2004), S. 55.
[397] Vgl. Berekoven/Eckert/Ellenrieder (2004), S. 56.

wird. In Abb. 46 wird der Vergleich der Stichprobe mit der Grundgesamtheit (= alle Einwohner der BRD ab 14 Jahren) visualisiert.[398]

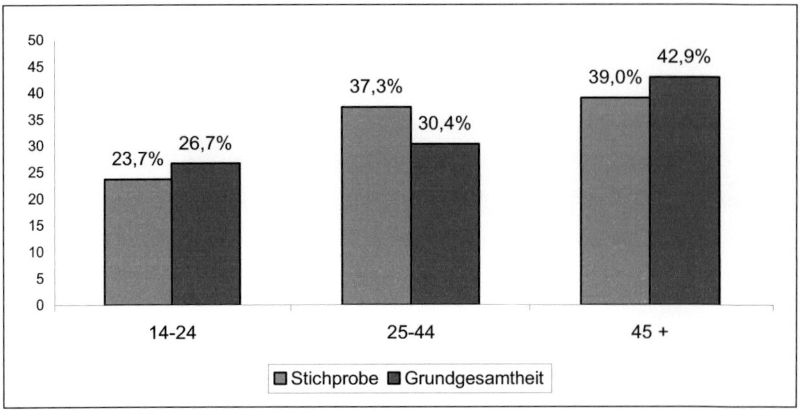

Abb. 46: Alter der Probanden der Stichprobe

In der folgenden Kreuztabelle werden die beiden Quotierungsmerkmale der Stichprobe dargestellt (s. Abb. 47).

		männlich	**weiblich**	**Gesamt**
14-24 Jahre alt	Anzahl	33	38	71
	% der Gesamtzahl	11,0%	12,7%	23,7%
25-44 Jahre alt	Anzahl	56	56	112
	% der Gesamtzahl	18,7%	18,7%	37,3%
älter als 44 Jahre	Anzahl	56	61	117
	% der Gesamtzahl	18,7%	20,3%	39,0%
Gesamt	Anzahl	145	155	300
	% der Gesamtzahl	48,3%	51,7%	100,0

Abb. 47: Quotierungsmerkmale der Stichprobe

Wie man sieht, wurden die beiden Vorgaben bezüglich des Alters und des Geschlechts gut umgesetzt und entsprechen hinsichtlich dieser beiden Merkmale im Wesentlichen der Grundgesamtheit. Die Spanne des Lebensalters der Stichprobe war groß: Die jüngste Person war 14 Jahre alt und die älteste 89.

---

[398] Die Daten über die Grundgesamtheit stammen vom Statistischen Bundesamt Deutschland, beziehen sich auf das Jahr 2001 und sind im Internet unter www.destatis.de zu finden (Funddatum: 06.01.2003).

8.4 Zur statistischen Überprüfung von Hypothesen und Auswahl der statistischen Methode

8.4.1 Zur statistischen Überprüfung von Hypothesen

Das Ziel der empirischen Forschung ist es, aufgestellte Hypothesen zu überprüfen, um auf Basis dieses Überprüfungsprozesses aus einer bloßen Aussage eine empirisch gefestigte These zu formen.[399] Dabei sind Hypothesen beliebige Aussagen und Systeme von Aussagen, die kein sicheres Wissen, sondern nur widerrufbare und widerlegbare Vermutungen darstellen.[400] Sie dienen dabei der Beschreibung und Erklärung unserer Welt oder der von Teilphänomenen – wie hier dem Kundenverhalten in einem Mehrkanalsystem.

Die grundlegende Frage, die bei der Prüfung von Hypothesen beantwortet werden muss, ist: Besteht zwischen zwei Variablen ein angenommener Zusammenhang? Für den Fall, dass anhand des erhobenen Datenmaterials der angenommene Zusammenhang nicht festgestellt werden kann, muss die Hypothese verworfen werden. Problematisch wäre dabei die Situation, in der die Daten nicht die Realität widerspiegeln und im schlechtesten Fall das Resultat von Verzerrungen bei der Auswahl der Probanden einer Stichprobe oder der Messung sind. Für den Fall, dass **Zufallsfehler** vorliegen, kann mit Hilfe von **Signifikanztests** eine Entscheidungshilfe geboten werden. Dabei ist der Ausgangspunkt eines statistischen Signifikanztests aber nicht die eigentlich aufgestellte Hypothese, sondern die so genannte Nullhypothese (H_0). Die **Nullhypothese** (H_0) besagt, dass zwischen den untersuchten Variablen **kein Zusammenhang** besteht – die **Alternativhypothese** (H_1) hingegen nimmt einen **Zusammenhang** an.[401]

---

[399] Auf die wissenschaftstheoretische Diskussion um die Möglichkeiten zur Verifizierung von Aussagen wird an dieser Stelle nicht näher eingegangen, sondern auf Popper (1966) oder Chmielewicz (1979) verwiesen.

[400] Vgl. Wenturis/van Hove/Dreier (1992), S. 314.

[401] Vgl. Laatz (1993), S. 511.

Im Rahmen eines **konservativen Vorgehens** basieren die klassischen Signifikanztests auf der Annahme der Nullhypothese. Das hat zur Folge, dass man nicht die wahrscheinlichere der beiden Hypothesen wählt, sondern nur dann von der Alternativhypothese ausgeht, wenn der in den vorliegenden Daten beobachtete Zusammenhang mit an Sicherheit grenzender Wahrscheinlichkeit nicht zufällig und somit signifikant ist. Falls dies nicht der Fall ist, wird weiterhin von H_0 ausgegangen. Die Folge dessen ist die ggf. falsche Beibehaltung der Nullhypothese, die der Annahme der ggf. falschen Alternativhypothese vorgezogen wird.[402]

Doch wann ist ein unterstellter Zusammenhang empirisch erhobener Daten signifikant? Dazu wird geprüft, wie sich das anhand der empirischen Daten erhobene Signifikanzniveau (α^*) zu dem vorgegebenen Signifikanzniveau (α) verhält. Falls $\alpha^* \leq \alpha$, so ist von der Alternativhypothese auszugehen und für den Fall, dass $\alpha^* > \alpha$ ist, wird die Nullhypothese beibehalten. Das vorgegebene Signifikanzniveau erhält man dadurch, dass per Konvention eine Grenze festgesetzt wird. In der Regel wird die Irrtumswahrscheinlichkeit α bei 5% oder 1% angesetzt.[403] Das bedeutet, dass bei einem Ergebnis nur noch 5% bzw. 1% Wahrscheinlichkeit besteht, dass es per Zufall entstanden ist, obwohl in Wahrheit die Nullhypothese die in der Realität zutreffende ist. Das vorgegebene Signifikanzniveau bestimmt also die Irrtumswahrscheinlichkeit, bei der der Schnitt zwischen der Entscheidung für die Nullhypothese oder die Alternativhypothese gezogen wird. Dabei ziehen höhere Irrtumswahrscheinlichkeiten (z.B. α = 10%) eher eine Entscheidung zugunsten H_1 nach sich und eine niedrigere Irrtumswahrscheinlichkeit (z.B. α = 1%) zu der Beibehaltung von H_0.

Dementsprechend wird in der **vorliegenden Untersuchung** mit **zwei vorgegebenen Signifikanzniveaus** gearbeitet: Bei einer Irrtumswahrscheinlichkeit von bis zu 1% ($\alpha \leq$ **0,01**) wird von einer **hohen Signifikanz**

[402] Vgl. Laatz (1993), S. 511.

[403] Vgl. Laatz (1993), S. 514.

und bei einer Irrtumswahrscheinlichkeit von bis zu 5% ($\alpha \leq$ **0,05**) von einer vorliegenden **Signifikanz** ausgegangen.

Grundsätzlich muss man beachten, dass die Signifikanztests zwar die Entscheidung erleichtern, sie aber nicht mit absoluter Sicherheit zu dem richtigen Ergebnis führen, denn man muss dabei immer von der Möglichkeit des Irrtums ausgehen. Dabei können zwei verschiedene Irrtums-Situationen auftreten: Fehler 1. Art (auch: α-Fehler) und Fehler 2. Art (auch: β-Fehler). Von einem **Fehler 1. Art** kann man ausgehen, wenn in der Realität H_0 zutrifft, man aber auf der Basis eines Signifikanztests davon ausgeht, dass H_1 richtig ist.[404] Wie wahrscheinlich dieser Fehler ist (bzw. wie groß die Irrtumswahrscheinlichkeit ist), hängt von dem vorher bestimmten Signifikanzniveau ab. Für den Fall, dass das vorgegebene Signifikanzniveau wie in der vorliegenden Untersuchung 5 % beträgt, besteht eine 5%-Wahrscheinlichkeit für diesen Fehler.[405] Im umgekehrten Fall nimmt man auf Basis des Signifikanztests an, dass H_0 richtig ist, obwohl es in Wahrheit H_1 wäre. Dieser Zustand beschreibt den **Fehler 2. Art**. Die Wahrscheinlichkeit für diesen Fall wird mit β bezeichnet und hat verschiedene Einflussfaktoren. Neben dem vorgegebenen Signifikanzniveau handelt es sich u.a. um die Stichprobengröße, die Größe der Differenz der Werte der Vergleichsgruppen in der Grundgesamtheit und die Qualität des Signifikanztests.[406] Abb. 48 gibt eine Übersicht über diese Zusammenhänge.

		objektiv richtig ist:	
		H_0	**H_1**
man entscheidet sich für:	**H_0**	richtig entschieden $1 - \alpha$	Fehler 2. Art β
	H_1	Fehler 1. Art α	richtig entschieden $1 - \beta$

Abb. 48: Übersicht über die möglichen Entscheidungskonstellationen bei Signifikanztests (Quelle: Laatz (1993), S. 518)

[404] Vgl. Voß (2000), S. 110.
[405] Vgl. Laatz (1993), S. 518.
[406] Vgl. Laatz (1993), S. 518.

Will man diese beiden Fehlerarten reduzieren, so muss beachtet werden, dass zwischen beiden eine Interdependenz in der Form besteht, dass die eine Fehlerart nur zu Ungunsten der anderen gemindert werden kann. Beide Fehlerwahrscheinlichkeiten können gleichzeitig nur durch andere Maßnahmen, wie z.B. Erhöhung der Stichprobe oder Einsatz eines geeigneteren Tests (falls dies noch nicht der Fall war) gemindert werden – relevant ist dabei, dass die Wahrscheinlichkeit für beide Fehlerarten von der Größe der Stichprobe abhängig ist.

Zusammenfassend ist zu dem Umgang mit Fehlerwahrscheinlichkeiten und der Interpretation der Ergebnisse zu sagen, dass man Entscheidungen, die auf der Basis von Signifikanztests entstanden sind, generell kritisch betrachten muss. So beruhen Signifikanztests nur auf möglichen Fehlern, die sich durch Zufallsprozesse ergeben, Fehler die durch Auswahl und Messung entstehen können, werden nicht berücksichtigt.

Es gibt aber noch einen weiteren Einflussfaktor, der sich auf die Ablehnung oder Beibehaltung der Nullhypothese auswirkt: die Art der **Fragestellung bzw. die Gerichtetheit der Hypothese**.
Manche Signifikanztests unterscheiden dabei zwischen **einseitigen** und **zweiseitigen** Fragestellungen. Bei der **zweiseitigen Fragestellung** besteht zwischen zwei Variablen ein Zusammenhang – dies zieht die Prüfung einer **ungerichteten Hypothese** nach sich. Ein Beispiel: Zwischen der i.ö. Produkteigenschaft und der Höhe des wKR besteht ein Zusammenhang. **Im Rahmen der einseitigen Fragestellung** wird eine begründete Richtung des Wirkungszusammenhangs zwischen den beiden Variablen angegeben – hier wird eine **gerichtete Hypothese** geprüft. Ein Beispiel hierfür: Bei Erfahrungsgütern ist das wKR höher als bei Suchgütern.
Bei diesen Beispielen für ungerichtete und gerichtete Hypothesen handelt es sich um die Alternativhypothesen. Die dazugehörige Nullhypothese wäre: Zwischen den i.ö. Eigenschaften und der Höhe des wKR besteht kein Zusammenhang.

Ausgehend von der einseitigen Fragestellung wird die Nullhypothese widerlegt, wenn ein Zusammenhang positiver als auch negativer Art nachzuweisen ist. Bei der gerichteten Hypothese muss allerdings der Zusammenhang in der angenommenen Richtung vorhanden sein, wenn die Nullhypothese widerlegt werden soll. Der Inhalt der Nullhypothese wäre in diesem Fall erweitert zu sehen. Sie würde sich nicht nur auf das Nichtvorhandensein eines Zusammenhangs beschränken, sondern auch noch das Vorhandensein eines Zusammenhangs behaupten, diesmal aber in der entgegengesetzten Richtung zur Alternativhypothese.

Laatz empfiehlt, wenn möglich a) die Formulierung einer gerichteten Hypothese und b) die Durchführung eines einseitigen Tests.[407] Die Entscheidung für a) liegt darin begründet, dass so eine „sinnvolle“ Hypothese formuliert wird, bei der man einen Zusammenhang für eine andere als die angenommene Richtung ausschließen kann. Diese Vorgehensweise teilt auch die Verfasserin. Genauso verhält es sich mit der Begründung für b), da **gerichtete Hypothesen** – so wie sie auch in dieser Arbeit vorliegen – mit Hilfe eines **einseitigen Tests** überprüft werden müssen.

Ein Effekt, der aus der Anwendung des einseitigen Tests resultiert, beschreibt *Laatz:* Bei einer einseitigen Fragestellung ist es leichter, einen signifikanten Zusammenhang nachzuweisen, da sich die gesamte Irrtumswahrscheinlichkeit auf eine Seite der Verteilung konzentriert. Dies liegt in Folgendem begründet: Bei der zweiseitigen Fragestellung befindet sich links und rechts der Gauß’schen Normalverteilung als so genannter „kritischer Bereich“ jeweils $\frac{1}{2}\,\alpha$. Bei der einseitigen Fragestellung befindet sich am linken oder rechten Rand als kritischer Bereich α. Es ist offensichtlich, dass man für den Fall der gerichteten Hypothesen eher in den Bereich α ($\alpha^* < \alpha$) als in den kleineren Bereich $\frac{1}{2}\,\alpha$ fallen kann ($\frac{1}{2}\,\alpha^* < \alpha$) und somit ein signifikantes Ergebnis erhält, welches zu der Verwerfung der Nullhypothese führt.[408]

---

[407] Vgl. Laatz (1993), S. 520.

[408] Vgl. zu der grafischen Darstellung dieses Sachverhaltes Bleymüller/Gehlert/Gülicher (1991), S. 103 f.

In der **vorliegenden Untersuchung** werden ausschließlich **einseitige Fragestellungen** mit **gerichteten Hypothesen** aufgestellt, in denen mittels der theoretischen Ableitung nicht nur ein Zusammenhang unterstellt wird, sondern darüber hinaus auch noch eine ganz bestimmte Einflussrichtung. Diese werden aus den genannten Gründen mittels **einseitiger Testverfahren** untersucht.

8.4.2 Zur Auswahl der statistischen Methode

Welche Merkmale hat der hier vorliegende Datensatz und inwieweit determinieren diese eine bestimmte Methode zur statistischen Überprüfung der hier aufgestellten Hypothesen? In der Literatur werden dazu drei diskriminierende Aspekte genannt:[409]

1. die Anzahl der Vergleichsgruppen,
2. die Abhängigkeit oder Unabhängigkeit der Stichproben und
3. das Messniveau der abhängigen Variable.

ad 1) Zur Beantwortung der Frage nach der **Anzahl der Vergleichsgruppen** – ob es sich um einen 2-Stichproben-Fall oder k-Stichproben-Fall handelt, – muss man berücksichtigen, ob **zwei oder mehr Ausprägungen der unabhängigen Variable** bzw. zwei oder mehr Gruppen miteinander verglichen werden.[410]
In der vorliegenden Untersuchung werden immer zwei Gruppen gegenüber gestellt und miteinander verglichen, so z.B. das wahrgenommene Kaufrisiko beim Kauf einer Hose zum einen im stationären Einzelhandel und zum anderen beim Kauf in einem Online-Shop – es handelt sich dementsprechend durch die Betrachtung von zwei verschiedenen Ausprägungen der unabhängigen Variable um einen **2-Stichproben-Fall.**

[409] Vgl. Laatz (1993), S. 522 ff.
[410] Vgl. Laatz (1993), S. 522.

ad 2) Die hier zu vergleichenden Daten entstammen aus **verbundenen** (oder auch „gepaarten" bzw. „abhängigen") **Stichproben**. Dies ist der Fall, wenn an „n" zufällig ausgewählten Merkmalsträgern an ein und demselben Probanden ein Merkmalswert vor einer bestimmten Variablenvariation und danach statistisch erhoben wird.[411] Anschaulich beschrieben handelt es sich bei den Stichproben um dieselben Fälle, die mehrmals hinsichtlich der abhängigen Variable untersucht wurden. Das ist hier im Rahmen der vorliegenden Befragung der Fall. Warum ist aber die Unterscheidung von abhängiger und unabhängiger Stichprobe von Bedeutung? Zur Erläuterung muss man an dieser Stelle wahrscheinlichkeitstheoretisch argumentieren. Bei abhängigen Stichproben kann „der Teil der Veränderung, der durch die Kombination der Zufallsprozesse mehrerer unabhängiger Ziehungen zustande kommt, nicht auftreten (...). Daher sind schon geringe Differenzen signifikant."[412] Bezogen auf die vorliegende Untersuchung hat dies – da es sich um verbundene Stichproben handelt, genau die beschriebenen Konsequenzen. Bei der Interpretation der Ergebnisse muss man somit jederzeit die relevanten Merkmale des vorliegenden Datensatzes berücksichtigen.

ad 3) Je nachdem, mit welchem Messniveau (nominal-, ordinal-, intervall- oder verhältnisskaliert) die abhängige Variable gemessen wurde, kommt ein anderes Testverfahren in Frage. In der vorliegenden Untersuchung sind **alle abhängigen Variablen intervallskaliert** und befinden sich somit auf einem hohen Messniveau. Generell können auch Tests genutzt werden, die ein niedrigeres Messniveau bzgl. der abhängigen Variablen verlangen – allerdings muss man dann damit rechnen „Informationen zu verschenken."[413] Die Teststärke fällt somit geringer aus.

Anhand der vorliegenden Merkmale der vorhandenen Daten (Betrachtung von zwei Ausprägungen der unabhängigen Variable, gepaarte Stichproben und intervallskalierte abhängige Variablen), ergibt sich als Methode zur Überprüfung der statistischen Signifikanz der **T-Test** für

[411] Vgl. Eckstein (2000), S. 143.
[412] Laatz (1993), S. 523.
[413] Vgl. Laatz (1993), S. 523.

Mittelwertdifferenzen. Für den Einsatz des parametrischen T-Tests bedarf es allerdings einer Prämisse: der Normalverteilung der vorliegenden Daten. Ist eine Normalverteilung der Daten nicht gegeben, so muss ein nichtparametrischer Test gewählt werden. Unter Berücksichtigung der genannten Bedingungen wäre dies der nichtparametrische **Wilcoxon-Test.**[414] Die Verteilung der Variablen auf Normalverteilung kann mit Hilfe des **Kolmogorov-Smirnov-Anpassungstests**[415] überprüft werden. Es handelt sich dabei um einen nichtparametrischen Einstichprobenverteilungstest, mit dem überprüft werden kann, ob eine hypothetisch erwartete Verteilungsfunktion eines stetigen Merkmals als geeignetes Verteilungsmodell für eine – aufgrund einer Zufallsstichprobe vom Umfang n – beobachtete Verteilungsfunktion angesehen werden kann. Bei einem vorgegebenen Signifikanzniveau α wird die Nullhypothese H_0 (beobachtete Verteilungsfunktion = hypothetisch erwartete Verteilungsfunktion) abgelehnt, wenn die beobachtete Signifikanz kleiner gleich dem vorgegebenen Signifikanzniveau ist ($\alpha^* \leq \alpha$). α^* steht dabei für das empirische Signifikanzniveau – also die Irrtumswahrscheinlichkeit dafür, dass unter der Nullhypothese die Kolmogorov-Smirnov-Statistik Z Werte annimmt, die größer sind als der aus der Stichprobe vom Umfang n ermittelte Kolmogorov-Smirnov-Testvariablenwert z.[416] Bei $\alpha^* > 0{,}01$ (dem vorher vereinbarten Signifikanzniveau α) sind die Werte also hinreichend normalverteilt. Sollte dies nicht der Fall sein, so muss in der weiteren Untersuchung ein nichtparametrischer Test angewandt werden.[417] Nach einer Durchführung des Kolmogorov-Smirnov-Tests konnte festgestellt werden, dass die vorliegenden Daten der Prämisse der Normalverteilung nicht hinreichend gerecht werden.[418] Aus diesem Grund muss ein anderer Test gewählt werden. Für den Fall, dass es sich um gepaarte Stichproben handelt und

---

[414] Bei der Durchführung der Signifikanztests wie auch bei der Interpretation der Daten muss berücksichtigt werden, dass es sich bei den zu überprüfenden Hypothesen um gerichtete Hypothesen mit einer einseitigen Fragestellung handelt.

[415] Synonym: Kolmogorov-Smirnov-Goodness-of-Fit-Test oder 1-Stichproben-K-S-Test.

[416] Vgl. dazu Eckstein (2000), S. 107.

[417] Vgl. Bühl/Zöfel (2000), S. 310 f.

[418] Einzig die Daten der „Säule 6“ weisen teilweise auf eine Normalverteilung hin. Eine Interpretation dieses auffälligen Ergebnisses findet sich weiter unten.

die beobachteten Werte – so wie es hier der Fall ist – sich als nicht normalverteilt erweisen, verbleibt für die Mittelwertanalyse der nichtparametrische **Wilcoxon-Test**. In der Literatur zur statistischen Methodenlehre wird er als verteilungsunabhängiger Signifikanztest charakterisiert, mit dem überprüft werden kann, ob zwei verbundenen Stichproben eine gleiche Verteilung zugrunde liegt.[419] Die Merkmale müssen dabei mindestens ordinalskaliert vorliegen.[420] Der Test basiert auf einer Rangreihe der absoluten Wertepaardifferenzen, wobei die Anzahlen negativer und positiver Ränge, die mittleren Ränge und Rangsummen bei negativen und positiven Rängen eine Rolle spielen.

Im Rahmen der vorliegenden Untersuchung wurde parallel zu der Durchführung des Wilcoxon-Tests der T-Test für alle Mittelwertvergleiche angewendet. Erwähnenswert ist an dieser Stelle, dass die Ergebnisse des T-Tests von den hier relevanten Daten des Wilcoxon-Tests lediglich beim Vergleich von zwei Mittelwertdifferenzen zu unterschiedlichen Ergebnissen führte.

Die **Eingabe** der durch die bereits beschriebene Erhebung beschafften **Daten** erfolgte mit Hilfe des Programms **SPSS 10.0**, welches dementsprechend auch für die weitere **Auswertung** zum Einsatz kam.

---

[419] *Eckstein* bezeichnet diesen Test als „verteilungsunabhängiges Pendant zu dem (...) parametrischen T-Test für verbundene Stichproben mit normalverteilten Paardifferenzen (...)". Eckstein (2000), S. 170.

[420] Die Nullhypothese H_0 lautet: Die Differenzen paarig geordneter beobachteter Werte verteilen sich symmetrisch um einen Nullmedian. Sie wird abgelehnt, wenn das empirische Signifikanzniveau kleiner gleich dem vorher vereinbarten Signifikanzniveau ist ($\alpha^* \leq \alpha$). Das bedeutet, dass die Homogenitätsannahme verworfen wird, da die beiden Verteilungen hinsichtlich ihrer Mediane als inhomogen zu bezeichnen sind.

9 Informationsökonomische Produkteigenschaften

Im Folgenden werden die Aussagen zu der Variable der informationsökonomischen Produkteigenschaften anhand der Realität überprüft.
Dafür wird zunächst beschrieben, inwieweit in der Literatur bereits Modelle zur Operationalisierung der informationsökonomischen Produkteigenschaften existieren, um daran anschließend vorzustellen, mit Hilfe welcher Mittel diese Messung im Rahmen der vorliegenden Arbeit erfolgen soll. Darauf aufbauend werden die relevanten Hypothesen vorgestellt und anhand der Daten der empirischen Untersuchung überprüft.

9.1 Operationalisierung der informationsökonomischen Produkteigenschaften

Bislang existieren nur sehr wenige empirische Studien, in denen für ausgewählte Produkte untersucht wurde, inwieweit die Unterscheidung nach informationsökonomischen Produkteigenschaften Relevanz besitzt. Dabei handelt es sich um die Studien von *Nelson*, *Arnthorsson/Berry/ Urbani* und *Lynch/Schuler*, aus denen *Adler* einen Operationalisierungsansatz entwickelte, der auch der vorliegenden Untersuchung zugrunde liegt. Um einen Überblick über diese Studien zu verschaffen, werden sie im Folgenden in aller Kürze vorgestellt. An diese Übersicht schließt sich jeweils eine knappe Kritik an.[421]

Im Rahmen seiner Studie aus dem Jahre 1970 versuchte *Nelson*, verschiedene Produkte den Kategorien Such- und Erfahrungsgut zuzuordnen.[422]

---

[421] Für weitere Informationen zu den einzelnen Studien verweist die Verfasserin auf die herangezogene Originalliteratur, die an entsprechender Stelle genannt wird. Zur detaillierteren Kritik an diesen Studien und deren eingehende Begründung wird auf *Adler* verwiesen, der sich im Rahmen seiner Untersuchung mit diesem Thema beschäftigte. Vgl. Adler (1996), S. 142 ff.

[422] Vgl. Nelson (1970), S. 318 ff.

Anhand der Höhe der Reparaturkosten teilte er **Gebrauchsgüter** in die beiden Kategorien, indem er eine Dominanz von Erfahrungseigenschaften unterstellt, wenn sie einen hohen Anteil an Reparaturausgaben aufweisen. Bei allen anderen Gütern handelt es sich dementsprechend um Suchgüter.

Aufgrund seiner Erhebung kam er zu dem Schluss, dass es sich bei Sportartikeln, Kameras und Möbeln um Suchgüter handelt, während sich TV-Geräte, Musikinstrumente und PKW als Erfahrungsgüter erwiesen.

Bei den **Verbrauchsgütern** nutzte er ein anderes Kriterium zur Unterscheidung. Suchgüter sind nach seiner Ansicht solche, die durch den Gebrauch zerstört werden, womit diese Definition fast alle Verbrauchsgüter umfasst. In die Kategorie der Erfahrungsgüter fällt nach *Nelson* somit nur noch Bekleidung.

Die Kritik an dieser Vorgehensweise ist vielfältig,[423] sie wird im Folgenden aber nur als Überblick dargestellt. Die zentralen **Kritikpunkte** bemängeln so, z.B.:

- Die Höhe der Reparaturausgaben ist kein geeignetes Kriterium zur Unterscheidung zwischen Such- und Erfahrungsgut, wie es bei Gebrauchsgütern angewandt wurde.
- Auch bei den Verbrauchsgütern ist das Kriterium der Zerstörung durch den Ge- oder Verbrauch nicht sinnvoll, um eine Einordnung des Produktes in die Kategorie der Such- oder Erfahrungsgüter vorzunehmen.
- Schließlich findet die Subjektivität der Einschätzung kaufrelevanter Eigenschaften durch den Probanden im Rahmen dieser Kriterien keine Beachtung.

Bei *Arnthorsson/Berry/Urbani* ist der Ansatzpunkt der Studie die Messung der Unsicherheit von Kunden bei der Qualitätsbeurteilung vor dem Kauf.[424] Der Fokus liegt dabei auf den Produkten, die nach diesem Kriterium unterschieden werden können.

---

[423] Vgl. zu detaillierter Kritik und deren Begründung Adler (1996), S. 142 f.

[424] Vgl. Arnthorsson/Berry/Urbani (1991), S. 217 ff.

Dabei unterstellen die Autoren, dass die aus der Qualitätsbeurteilung resultierende Unsicherheit ausschließlich auf intrinsischen Produktmerkmalen beruht. Dabei handelt es sich um Produkteigenschaften, die die physische Beschaffenheit des Produktes beschreiben und die Hinweise auf die Anspruchererfüllung liefern. Aus diesem Grund klammern sie bei ihrer weiteren Betrachtung extrinsische Produktmerkmale aus.[425] Typische extrinsische Merkmale sind z.B. Marke und Preis eines Produktes, die bereits vor dem Kauf bekannt sind und somit keine diskriminierende Aspekte für das von *Arnthorsson/Berry/Urbani* herangezogene Kriterium der „difficulty of inspection" sein können.

Im Rahmen ihrer Studien gehen die Autoren wie folgt vor: In einer Vorstudie werden für die Produkte die relevanten Qualitätseigenschaften erhoben, um danach in einer Befragung zu ermitteln, wie sicher bzw. unsicher die Probanden über die intrinsischen Produktmerkmale sind. Dabei war der subjektive Nutzenbeitrag eines Qualitätsmerkmals der Wert, auf den sich die Beurteilungs-(un-)sicherheit bezog.

Arnthorsson/Berry/Urbani bildeten Mittelwerte über jede Dimension und ermittelten so den DPQI-Index (difficulty of pre-purchase quality inspection-Index) für jedes Produkt und jeden Probanden, was der Indikator dafür war, inwieweit die intrinsischen Merkmale eines Produktes vor dem Kauf inspizierbar waren.

Die wesentlichen **Kritikpunkte** beziehen sich auf die Methodik, die die Autoren angewandt haben.[426] Ein wesentlicher Aspekt ist außerdem, dass in dieser Studie nur die Such- und Erfahrungsqualitäten berücksichtigt wurden nicht aber die Vertrauensqualitäten.

Lynch/Schuler berücksichtigten in ihrer empirischen Studie aus dem Jahre 1991 erstmals auch Vertrauensgüter, indem sie verschiedene Produkte den drei Eigenschaftskategorien zuordneten, um daran anschließend die

---

[425] Vgl. zur detaillierten Darstellung der Begriffe intrinsische und extrinsische Produktmerkmale Olson/Jacoby (1972), S. 167 ff.; Olson (1977), S. 267 ff. und Adler (1996), S. 144.

[426] Auch an dieser Stelle wird wiederum auf die detaillierte Kritik verwiesen - siehe Adler (1996), S. 145 f.

Glaubwürdigkeit von Werbebotschaften für diese Produkte zu untersuchen.[427]

Entscheidend dafür ist, inwieweit die Probanden in der Lage sind, die Qualitäten von Produkten vor und nach dem Kauf zu beurteilen. Die Zuordnung der Produkte zu den drei i.ö. Produkteigenschaften verknüpfen *Lynch/Schuler* mit der Überprüfung der Werbeaussagen zu diesen Produkten, indem sie die Glaubwürdigkeit der Werbeaussagen in Abhängigkeit der Zuordnung zu den Eigenschaftstypen betrachten.

Zur Operationalisierung sollten die Probanden für verschiedene Produkte angeben, wie wahrscheinlich es für sie ist,

- die Qualität eines Produktes vor und nach dem Gebrauch einschätzen zu können und
- dass sie eine Werbeaussage zu dem Produkt als glaubwürdig erachten.

Die **Kritik** an diesem Vorgehen bezieht sich auf die Methodik, die Fragestellung zur Ermittlung der Erfahrungseigenschaften als auch darauf, dass den Probanden im Rahmen der Befragung keine Kaufsituation vorgegeben wurde. *Adler* bemängelt, dass dies zu einer Antwortverzerrung und zu einem systematischen Messfehler führt. Letztendlich ist zu bemerken, dass die Vertrauenseigenschaften zwar als Kategorie auftauchen, aber nicht explizit erhoben werden, sondern nur als Residualgröße ermittelt werden.

Adler greift in seiner Arbeit die Kritik an den vorher beschriebenen Studien auf und entwickelt daraus die Anforderungen, die er an ein Messinstrumentarium zur Bestimmung der **i.ö. Wareneigenschaften** stellt, wie folgt:[428]

1. Die **subjektive Wahrnehmung** der Probanden bei der Einschätzung der Produkteigenschaften muss berücksichtigt werden.

[427] Vgl. Lynch/Schuler (1991), S. 412 ff.

[428] Vgl. dazu Adler (1996), S. 149 f.

2. Die Beurteilung soll sich auf die für den Probanden **wichtigen Eigenschaften des Produktes** beziehen.

   Adler formuliert zwar diese Anforderung, verwendet allerdings, aus erhebungspraktischen Überlegungen, den Begriff der „Qualität" als Größe, und schränkt damit – nach eigener Aussage – das Konstrukt der Such-, Erfahrungs- und Vertrauenseigenschaften ein, da bei ihm, dem o.g. Postulat folgend, inhaltlich **alle** möglichen **kaufrelevanten Eigenschaften** eines Produktes eine Rolle spielen.[429]
   Da sich in seinen Pre-Tests zeigte, dass die Probanden Schwierigkeiten hatten, wenn die Fragen ganz allgemein auf **kaufrelevante Eigenschaften** eines Produktes bezogen wurden, sie aber Fragen gut beantworten konnten, die sich auf die **Qualität der Produkte** bezogen, griff *Adler* zu dieser Einschränkung.

   Diese Erfahrung konnte in der vorliegenden Untersuchung **nicht** bestätigt werden: Im Rahmen des Pre-Tests stellte sich heraus, dass die Nennung des Begriffs „Qualität" bei den Probanden einen **deutlich einschränkenden Effekt** hatte, indem sie nur die **funktionale Qualität** dahinter vermuteten. Außerdem wurde der Begriff der **relevanten Eigenschaften** nicht nur von den Befragten gut verstanden, sondern kommt in seinem inhaltlichen Ausmaß dem oben postulierten Begriff „alle wichtigen bzw. kaufrelevanten Eigenschaften eines Produktes" und somit auch dem **erweiterten Qualitätsbegriff** sehr nahe. Aus diesen Gründen wird in der vorliegenden Untersuchung der Begriff der **wichtigen Eigenschaften eines Produktes** verwendet.[430]

3. Die **Vertrauenseigenschaften** eines Produktes müssen **explizit** erhoben werden und dürfen nicht als Residualgröße bei der Ermittlung der Such- und Erfahrungseigenschaften anfallen.

---

[429] Vgl. Adler (1996), S. 69.

[430] Vgl. dazu Abb. 49 auf S. 202, in der die entsprechende Frage des Fragebogens dargestellt wird.

4. *Adler* misst die drei i.ö. Eigenschaftstypen über die **Globaleinschätzung** der Probanden.[431] Das heißt, dass **nicht** in einem ersten Schritt ermittelt wird, welche konkreten Eigenschaften ein Proband bei einem bestimmten Produkt als kaufrelevant empfindet, um dann in einem zweiten Schritt diese Person über genau diese Eigenschaften urteilen zu lassen, ob eine Beurteilung vor oder erst nach dem Kauf möglich ist oder nicht. Globaleinschätzung bedeutet in diesem Zusammenhang, dass direkt nach der Beurteilungsmöglichkeit der **relevanten Eigenschaften** gefragt wird – unabhängig davon, welche konkreten Eigenschaften sich dahinter verbergen. Dieser Weg wird auch in der vorliegenden Untersuchung gewählt.

5. Zur Eindämmung von systematischen Messfehlern sollte den Probanden eine **konkrete Kaufsituation inhaltlich vorgegeben** werden, damit die subjektive Interpretierbarkeit dieser Situation und somit der Einfluss subjektiver Situationswahrnehmung zumindest eingeschränkt und so weitgehend kontrollierbar ist.

In seiner empirischen Untersuchung zur Identifikation der **i.ö. Produkteigenschaften** nutzt *Adler* zwei verschiedene Fragen:

1. zu der subjektiven **Wahrscheinlichkeit**, mit der die Probanden die Qualitätseigenschaften eines Produktes beurteilen können und

2. zu den subjektiv empfundenen **Schwierigkeiten** bei dieser Beurteilung.[432]

Anhand dieser Fragen positioniert er die entsprechenden Produkte in das von ihm entwickelte i.ö. Dreieck und ordnet ihnen dementsprechende i.ö. Kaufvorgänge zu.[433]

---

[431] Vgl. Weiber/Adler (1995a), S. 106 ff.

[432] Zur konkreten Ausformulierung dieser beiden Fragen s. Adler (1996), S. 150 f.

[433] Die Erläuterung dieser beiden Begriffe findet sich weiter oben in Kap. 5.2.2 dieser Arbeit.

In der vorliegenden Untersuchung wird als Resultat der bisher aufgeführten Erkenntnisse im Wesentlichen die bereits erläuterte Vorgehensweise von *Adler* in leicht modifizierter Form verfolgt. Abweichungen ergeben sich daraus, dass statt nach „Qualitätseigenschaften" aus den oben genannten Gründen nach dem weitergehenden Begriff der **kaufrelevanten** bzw. **wichtigen Eigenschaften** eines Produktes gefragt und somit der erweiterte Qualitätsbegriff zugrunde gelegt wird. Außerdem werden die dominanten i.ö. Produkteigenschaften nicht mittelbar mit Kaufvorgängen hinterlegt, so wie es in den Untersuchungen von *Weiber/Adler* bzw. *Adler* geschieht.[434]

In der vorliegenden Untersuchung sind somit nur die i.ö. Produkteigenschaften als Typologie relevant,[435] die in der weiterführenden Betrachtung als Variable des S-O-R-Modells dienen.

Die Fragen, die in der vorliegenden Untersuchung zur Identifikation der (dominierenden) i.ö. Eigenschaften verwendet werden, lehnen sich – unter Maßgabe der genannten inhaltlichen Modifikationen[436] – an die von *Adler* verwendeten Fragen 1 und 4 an und werden in den folgenden Abb. 49 und Abb. 51 aufgezeigt.[437]

Mit den beiden Frageteilen a) und b) in Abb. 49 wird jeweils Bezug zu einer hypothetischen Kaufsituation genommen. Eine Kontrolle der Kaufsituation wird in sofern ermöglicht, als dass ein Kauf einer unbekannten Marke eines Anbieters, mit dem man bisher noch keine Erfahrung gemacht hat, als Rahmen vorgegeben wird.[438] Somit wird die Kauferfahrung als Störvariable vermieden bzw. reduziert.

---

[434] Auch hierzu wurde eine ausführliche Erläuterung weiter oben gegeben.

[435] Vgl. zu dieser Vorgehensweise z. B. auch Kaas/Busch (1996), S. 244.

[436] Eine weitere Modifikation, auf die an dieser Stelle nicht eingegangen wird, ist die Verwendung einer anderen Skala als dies in der Arbeit von *Adler* der Fall ist. Die hier verwendete 5-er Skala wird an anderer Stelle detailliert erläutert.

[437] Vgl. Adler (1996), S. 215.

[438] Vgl. Adler (1996), S. 151.

gar nicht in der Lage	eher nicht in der Lage	teils in der Lage, teils nicht	eher in der Lage	sehr gut in der Lage
(1)	(2)	(3)	(4)	(5)

	gar nicht in der Lage (1)	(2)	⟷ (3)	(4)	sehr gut in der Lage (5)
(a) Stellen Sie sich bitte vor, Sie wollen eine neue **Hose** eines Herstellers kaufen, mit dem Sie bisher noch keine Erfahrungen gemacht haben. Wie gut fühlen Sie sich **vor dem Kauf** der **Hose** in einem **Geschäft** in der Lage, die für Sie wichtigen Eigenschaften der Hose **vollständig** zu beurteilen?	❑	❑	❑	❑	❑
(b) Sie haben die **Hose** gekauft und bereits getragen. Wie gut fühlen Sie sich nun **nach dem Kauf** in der Lage, die für Sie wichtigen Eigenschaften der **Hose vollständig** zu beurteilen?	❑	❑	❑	❑	❑

Abb. 49: Frage 1 des Fragebogens

Da in dieser Arbeit, analog zu den theoretischen Betrachtungen Adlers, die wichtigen Eigenschaften eines Produktes als relevant erachtet werden und die Frage nach den Qualitätseigenschaften einschränkenden Charakter hat (ggf. würde sonst nur die funktionale Qualität abgedeckt werden – analog zu der umgangssprachlichen Bedeutung dieses Begriffs),[439] wurde in der vorliegenden Untersuchung nach den **wichtigen Eigenschaften** des jeweiligen Produktes gefragt.

Die Subjektivität – eine nach *Adler* relevante Anforderung an eine empirische Identifikation von i.ö. Produkteigenschaften – wird durch die Frage nach der Beurteilbarkeit der für die Probanden wichtigen Eigenschaften berücksichtigt, da dadurch intrasubjektive Kriterien zum Tragen kommen.

[439] Vgl. weiter oben die Einschränkungen, die *Adler* in seiner Untersuchung vorgenommen hat.

Außerdem wird die Beurteilungsmöglichkeit durch den Befragten vor und nach dem Kauf wiederum subjektiv eingeschätzt
Adler stellt heraus, dass es notwendig ist, alle drei informationsökonomischen Produkteigenschaften explizit zu erheben. Die Erfassung der drei i.ö. Produkteigenschaften ist in der vorliegenden Untersuchung dadurch gegeben, dass eine explizite Messung der Vertrauenseigenschaften durch das dritte Item der zweiten i.ö. orientierten Frage (siehe Abb. 51) erfolgt. Alle drei Produkte Hose, Wein und Vitaminpräparat, die jeweils für die Dominanz einer der drei i.ö. Eigenschaftstypen beim Kauf im stationären Einzelhandel stehen, werden hier abgefragt. Dabei wird im Frageteil a) der Frage 1 erhoben, wie gut der Proband **vor dem Kauf** die wichtigen Eigenschaften des Produktes beurteilen kann. Frageteil b) fragt dasselbe **nach dem Kauf** und Gebrauch ab.

Diese Frage nutzt zur Messung – wie der gesamte Fragebogen – eine **fünfstufige Ratingskala** mit den Werten 1, 2, 3, 4 und 5, wobei die fünf Ausprägungen jeweils durch eine **verbale Ausformulierung** unterstützt werden. Dabei wird unterstellt, dass die Skalen markierte Abschnitte eines Merkmalkontinuums vorgeben, die von den Probanden als gleich groß bewertet werden (verstärkt wird dies durch die äquidistante Ausprägung der verwendeten Begriffe zur Beschreibung des jeweiligen Merkmalkontinuums).[440] Der Proband wird bei der Beantwortung der Fragen die Stufe der Ratingskala ankreuzen, die seinem subjektiven Empfinden von der Merkmalsausprägung bezüglich des jeweiligen Objektes am ehesten entspricht. Aus dieser Unterstellung schließt man auf die intervallskalierte Interpretierbarkeit von Ratingskalen. [441]

Bei der Bestimmung der **Anzahl der verwendeten Antwortkategorien** ist zum einen die Frage zu klären, ob man eine **gerade oder ungerade**

[440] Vgl. Bortz/Döring (2003), S. 175.

[441] Zu diesem Urteil kommen auch Baker et. al. Vgl. Baker et. al. (1966); Binting (1980); Schriesheim/Novelle (1989); Gregoire/Driver (1987), die alle Belege dafür liefern, dass parametrische Verfahren auch dann zu korrekten Entscheidungen führen, wenn die Datengrundlage nicht exakt intervallskaliert ist. So auch z.B. Weiber/Rosendahl (1996), S. 569; Backhaus et. al. (2006), S. XII; Berekoven/Eckort/Ellenrieder (2004), S. 66. Zur Kritik an diesem Vorgehen vgl. Tomczak (1992), S. 80.

Anzahl an Stufen verwendet und zum anderen, wie viele Stufen Einsatz finden.

Die ungeraden Ratingskalen haben eine neutrale Mittelkategorie, womit sie bei unsicheren Urteilen ein Ausweichen auf diese Antwortkategorie ermöglichen. Ratingskalen mit einer geraden Anzahl an Antworten haben diese „neutrale Mitte“ nicht und erzwingen somit ein tendenziell in eine Richtung weisendes Urteil. Problematisch könnte bei der in der vorliegenden Untersuchung präferierten **fünfstufigen Skala** eine übermäßige zentrale Tendenz – als eines der möglichen messtheoretischen Probleme und Urteilsprobleme von Ratingskalen – bei der Beantwortung der Fragen sein.[442]

In der Literatur werden diese Schwierigkeiten bei der Interpretation der Antworten unter dem Thema **Ambivalenz-Indifferenz-Problem** behandelt. Es beschreibt den Zustand, dass man nicht mit Gewissheit sagen kann, ob ein Proband, der eine Frage mit „teils teils“ beantwortete, entweder

- keine dezidierte Meinung zu diesem Thema hat und somit indifferent ist oder aber[443]
- diese Antwort ein Ausdruck von Ambivalenz ist, da der Proband in manchen Situationen das eine Antwortkategorie-Extrem und in einer anderen Situation eben genau das entgegengesetzte für richtig hält.

Trotzdem sollte dem Probanden nicht die Möglichkeit genommen werden, die Frage mit der „neutralen Mitte“ zu beantworten.

Um eine **Verankerung der Ratingskala** – im Sinne eines einheitlichen Verständnisses einer Skala – zu ermöglichen, wurden den Probanden in

---

[442] Für einen Überblick über verschiedene messtheoretische Probleme und Urteilsprobleme: vgl. Bortz/Döring (2003), S. 180 ff.

[443] Auch die vorliegende Untersuchung ist nicht völlig frei von dieser Tendenz. Wie weiter unten aufgezeigt wird, ist die letzte Befragungssäule teilweise von dieser Antworttendenz geprägt. Aus Plausibilitätsgründen wird eine Ermüdung und damit einhergehende Konzentrationsschwäche der Probanden unterstellt, die zum Teil eine inkonsistente Beantwortung der Fragen nach sich zieht (s. dazu auch die Ausführungen weiter unten).

dem Anschreiben des Fragebogens alle sechs hypothetischen Situationen vorgestellt, die von ihnen beurteilt werden sollten. So wird vermieden, dass bestimmte extreme Situationen nicht mehr wie eigentlich gewünscht abgebildet werden können, da die Extremwerte der Skala bereits für weniger extreme (aber vorher abgefragte) Situationen genutzt wurden (Ceiling- bzw. Flooreffekte).[444] Die Verankerung durch die Ankündigung der zu beurteilenden Situationen, wie sie in dieser Untersuchung stattgefunden hat, trägt ebenfalls zur Vermeidung der weiter oben erwähnten Tendenz zur Mitte bei.[445]

Eine Antwortkategorie „weiß nicht" oder „keine Angabe" wurde nicht angeboten, um nicht zu provozieren, dass aufgrund der Länge des Tests nach fortgeschrittener Zeit nur noch ein Ausweichen auf diese Kategorie stattfindet.

Die Verwendung sämtlicher Items bzw. Antwortmöglichkeiten wurde in Form von Selbstaussagen formuliert, da diese einerseits das Verständnis und andererseits die Identifikation des Probanden mit seinen Antworten erhöhen.[446] Dadurch werden Selbstbilder abgerufen und die Befragten dazu bewegt, sich über die angebotenen Antworten zu definieren.[447]

In der psychologischen Persönlichkeitsdiagnostik werden dabei drei Ebenen der Selbstvorstellung differenziert: Verhaltens-, Meinungs- und Gefühlsebene.[448] Dabei erhält man die am wenigsten verlässlichen Aussagen, wenn Probanden Aussagen über die Gefühlsebene machen – die verlässlichsten hingegen erhält man über das Zutreffen eines Items auf ihre Person, wenn es sich um die Verhaltensebene handelt.[449]

Aus diesem Grund beziehen sich die Items der vorliegenden Untersuchung auf die Meinungs- und die Verhaltensebene.

In Anlehnung an *Weiber/Adler* wird das Vorliegen von informationsökonomischen Produkteigenschaften anhand des Frageteils a) und b) wie folgt

[444] Vgl. zu diesen Effekten Bortz/Döring (2003), S. 183.

[445] Vgl. Bortz/Döring (2003), S. 183.

[446] Vgl. Adler (1996), S. 150.

[447] Vgl. Fisseni (1990), S. 207 ff.

[448] Vgl. Seitz/Rausche (1976), S. 6.

[449] Vgl. Adler (1996), S. 150.

bestimmt. Die Dominanz von **Sucheigenschaften** liegen bei dem Produkt dann vor, wenn der Differenzwert zwischen Antwort b) und a) nahe Null liegt (hier: 0 und 1) und auf beiden Skalen relativ hohe Werte angekreuzt wurden (4 und 5).

Die Dominanz von **Vertrauenseigenschaften** ist dann gegeben, wenn der Differenzwert auch wiederum nahe Null liegt (hier: 0 und 1) aber auf den beiden Skalen – in Abgrenzung zu den Sucheigenschaften – relativ niedrige Werte angegeben wurden (1 und 2).

Von der Dominanz von **Erfahrungseigenschaften** kann man dann ausgehen, wenn die Differenz zwischen den beiden Werten größer Null ist (hier: größer gleich 2 ist). Ist dies der Fall, so kann der Befragte die Eigenschaften des jeweiligen Produktes vor dem Kauf relativ schlecht einschätzen, wohingegen er sich nach dem Kauf dazu relativ gut in der Lage fühlt.[450] Generell ermittelt man mit Hilfe des 2. Items dieser Frage nicht nur das Ausmaß der Erfahrungseigenschaften, sondern auch den Anteil der Such- zzgl. der Erfahrungseigenschaften und somit die Summe aller Eigenschaften, die nach dem Kauf zu beurteilen sind. Man erhält darüber Auskunft, wenn man die Differenz aus Item 2 und Item 1 ermittelt.[451]

In Abb. 50 werden die Antwort-Kombinationen und die Zugehörigkeit zu der dominanten Eigenschaftskategorie noch einmal zusammengefasst.

	Such-eigenschaften			**Erfahrungs-eigenschaften**			**Vertrauens-eigenschaften**		
Antwort 1 a)	4	4	5	1	2	3	1	1	2
Antwort 1 b)	4	5	5	4 oder 5	4 oder 5	5	1	2	2

Abb. 50: Bestimmung der informationsökonomischen Produkteigenschaften anhand der Frage 1

[450] Aus diesem Grund fällt hierbei die Kombination 1 und 3 weg, da sich in diesem Fall der Proband selbst nach dem Kauf nicht in der Lage fühlt, eine Einschätzung der wesentlichen Eigenschaften des Produktes abzugeben. Für die Kombination 3 und 5 sieht dies hingegen anders aus, hier kann der Proband die Eigenschaften vor dem Kauf „teils, teils“ beurteilen, wohingegen er sich nach dem Kauf (und der Verwendung) sogar „sehr gut“ dazu in der Lage fühlt.

[451] Vgl. Adler (1996), S. 152.

Für den Fall, dass sich bei der Subtraktion eine negative Differenz ergeben sollte, liegt der Schluss einer inkonsistenten Beantwortung nahe, da die Antworten dann so gegeben wurden, dass vor dem Kauf eine Beurteilung besser möglich gewesen sein soll als nach dem Kauf – und dies ist nicht plausibel zu begründen.
Eine Einschränkung ist allerdings theoretisch ableitbar: Falls 1a > 1b, so würde dies bedeuten, dass der Proband die Eigenschaften eines Produktes **nach dem Kauf schlechter** beurteilen kann, als er vor dem Kauf dazu in der Lage war. Das ginge nur unter der Prämisse, dass die befragten Personen nach dem Kauf andere Eigenschaften als relevant empfinden (als vor dem Kauf) und/oder ihre Beurteilungsmöglichkeiten danach schlechter einschätzen.
Die vorliegende Untersuchung geht davon aus, dass diese beiden Effekte nicht eintreten können und schließt somit eine schlechtere Beurteilungslage **nach** dem Kauf aus. Dies geschieht im Wesentlichen, da Frage 1a nicht vor einem realen Kauf und Frage 1b nicht nach einem solchen und der Verwendung des Produktes gefragt werden. Stattdessen wird ein hypothetischer Kauf abgefragt, wobei keine Zeit und Erfahrung zwischen der Beantwortung dieser beiden Fragen liegt, die dem Probanden die Möglichkeit zu einer dynamischen Änderung seiner Sets zur Beurteilung gegeben hätte.

Alle anderen Kombinationen entziehen sich der weiteren Betrachtung, da sie nicht eindeutig einer der drei informationsökonomischen Produkteigenschaften zugeordnet werden können (z.B. 3 und 4, 1 und 3 oder 2 und 3) und somit nicht in den eng gefassten Ergebnisraum fallen.
Anders als in der Untersuchung von *Weiber/Adler*,[452] haben sich in der vorliegenden schriftlichen Befragung Inkonsistenzen in der Beantwortung durch die Probanden ergeben.[453] Die vorliegende Befragung hat gezeigt, dass trotz vorhergehender Gruppendiskussionen, Pre-Tests und dem Bezug zu einer bereits vorhandenen Untersuchung nicht gewährleistet

[452] Es handelte sich dabei um eine mündliche Befragung.
[453] Siehe dazu die Beispiele weiter unten in diesem Kap.

werden kann, dass ein Befragungsteil nicht doch einen Schwierigkeitsgrad aufweist, dem nicht alle Probanden gewachsen waren.[454]

Um sicher sein zu können, dass diese Untersuchung nur die „tatsächlich gemeinten" informationsökonomischen Einschätzungen der Probanden abbildet, wird unterstützend Frage 2 hinzugenommen und die Ergebnisse der Fragen 1 und 2 nur in ihrer Verknüpfung betrachtet. Diese Maßnahme trägt zu einer **Steigerung der Validität** der vorliegenden Untersuchung bei.

Frage 2 beginnt mit einer kurzen Erläuterung, wie diese Frage zu verstehen ist – daran schließt sich die folgende Aufforderung:

> Bitte schätzen Sie genauso den Kauf einer neuen **Hose** eines Ihnen unbekannten Herstellers in einem **Geschäft** ein. Denken Sie dabei an die für Sie wichtigen Eigenschaften der Hose. Verteilen Sie bitte **insgesamt 100 Prozent** auf die folgenden drei Kategorien.
>
> In Prozentzahlen ausgedrückt kann ich die für mich wichtigen Eigenschaften der Hose...

a	**bereits vor** dem Kauf der **Hose** im **Geschäft** beurteilen	----- %
b	**erst nach** dem Kauf im **Geschäft** und Tragen der **Hose** beurteilen	----- %
c	**selbst nach** dem Kauf im **Geschäft** und Tragen der **Hose nicht** beurteilen	----- %
	SUMME	**100 %**

Abb. 51: Frage 2 des Fragebogens

Im Rahmen der Befragung wird von einer Dominanz einer informationsökonomischen Eigenschaft eines Produktes bei der Eigenschaftskategorie ausgegangen, die mit der höchsten Prozentzahl versehen wird.[455]

Wie in der folgenden Abb. 52 gezeigt, geht die vorliegende Untersuchung ausschließlich nur dann von der Dominanz einer informationsökonomischen Produkteigenschaft aus, wenn die Beantwortung der Fragen 1

[454] Stellt sich die Frage, ob in bereits durchgeführten Untersuchungen die Probanden intelligenter waren und/oder der Interviewereinfluss eine intervenierende Größe im Rahmen der mündlichen Befragung darstellte.

[455] Im Extremfall trifft dies schon bei der Nennung von „33,34 %" zu, falls die Verteilung 33,33%, 33, 33% und 33,34% beträgt. Vgl. Pohl (1996), S. 96.

und 2 widerspruchsfrei dieselbe Ausprägung anzeigen. Somit fallen Ergebnisse heraus, die entweder in Frage 1 und 2 unterschiedliche Eigenschaften als dominant ausweisen oder aber eine Dominanz der einen Frage nicht durch eine Dominanz der anderen Frage gestützt werden kann. Dies ist z.B. der Fall, wenn bei einer Frage gar keine Dominanz vorliegt, sondern eine inkonsistente Beantwortung dieser Frage oder aber deren Nichtbeantwortung anfiel. Die inkonsistenten Beantwortungen, die bereits bzgl. Frage 1 auftauchen können und weiter unten zusammenhängend diskutiert werden, finden sich auch wieder bei der Beantwortung der Frage 2. So trugen z.B. einige Probanden Prozentzahlen ein, deren Summe die 100% entweder über- oder unterschritten.

	Such-eigenschaften			**Erfahrungs-eigenschaften**			**Vertrauens-eigenschaften**		
Antwort 1 a)	4	4	5	1	2	3	1	1	2
Antwort 1 b)	4	5	5	4 oder 5	4 oder 5	5	1	2	2
Antwort 2 a), b) und c)	Dominanz der %-Zahl bei 2 a)			Dominanz der %-Zahl bei 2 b)			Dominanz der %-Zahl bei 2 c)		

Abb. 52: Abschließende Bestimmung der informationsökonomischen Produkteigenschaften anhand der Frage 1 und 2

Diese beiden Fragen spiegeln die beiden weiter oben erörterten Kriterien **Beurteilbarkeit von Produkteigenschaften** und **Zeitpunkt der Eigenschaftsbeurteilung** wider, die zur Abgrenzung der Eigenschaften von Produkten aus informationsökonomischer Sicht dient.

Wichtig ist die Frage, welche Fälle der i.ö. Eigenschaftseinschätzung pro Produktkategorie nun in die weitere Betrachtung eingehen. Die Beantwortung ist einfach, bedarf allerdings einer ausführlicheren Erläuterung. Nur die Fälle werden analysiert, die bezogen auf den stationären Einzelhandel den (aus Plausibilitätsgründen getroffenen) Annahmen über die Zuordnung der drei Beispielprodukte zu den i.ö. Eigenschaftstypen entsprechen (Hose → Suchgut; Wein → Erfahrungsgut; Vitaminpräparat → Vertrauensgut).

Der Grund dieser selektiven Nutzung der Fälle liegt in der Formulierung der Hypothesen als Wenn-Dann-Aussage.[456] Auch dieses Vorgehen steigert wiederum die Validität der Untersuchung erheblich.

Ein weiteres Motiv für dieses Vorgehen ist in der Eigenart der Erhebungsmethode zu finden. Zum einen wurde eine Frage – trotz Prüfung innerhalb von Gruppendiskussionen und dem Pre-Test des Fragebogens, wie auch der Nutzung innerhalb einer bereits bestehenden wissenschaftlichen Untersuchung – nicht in jedem Fall dem Inhalt gemäß verstanden. So stellte sich z.B. heraus, dass etliche Probanden der Hose eine Dominanz der Erfahrungseigenschaften zusprachen. Zum anderen wird dieser Eindruck verstärkt durch die Beantwortung der Frage 11, bei der zuerst gefragt wird, in welchem Kanal der Proband die Hose eher kaufen würde (fast ausschließlich wurde der sEH genannt) und danach als Begründung dafür angab, dass er die Hose dort anprobieren könnte. So kommt der Inspektion der Ware vor dem Kauf augenscheinlich die größte Bedeutung zu, was eindeutig auf die Dominanz von Sucheigenschaften hinweist.
Im Nachgang konnte man von einer Reihe von Probanden erfahren, dass sie die Hose zwar als ein Gut mit überwiegend Sucheigenschaften einschätzen, es aber mit der Erfahrungseigenschaften-Bewertung belegten, da eine Unklarheit bzgl. des Begriffs „Kauf“ bestand. Frage 1 lautet: „Wie gut können sie die wichtigen Eigenschaften der Hose vor dem Kauf in einem Geschäft beurteilen“. Einige der Befragten verstanden unter Kauf nicht den Kaufakt mit seinen rechtlichen Implikationen als solchen, sondern subsumierten unter „Kauf“ auch schon das Betreten des Geschäfts – und somit auch das Anprobieren (im umgangssprachlichen Sinne von „Einkaufen“). In Folge dessen wird die Hose zwar als Suchgut eingeschätzt, dessen relevante Eigenschaften durch Inspektion etc. beurteilt werden können, aber aus ihrem Verständnis des Begriffs „Kauf“ ist dies nicht <u>vor</u> dem Kauf möglich, da Kauf diese Handlungen aus ihrer Sicht direkt mit umfasst (also auch zum „Einkaufen“ gehört).

---

[456] Die zu prüfenden Hypothesenketten haben die folgende Form: Wenn Hose im sEH=Suchgut, dann X-Gut im OS usw. Vgl. dazu die Herleitung der Arbeitshypothesen in Kap. 7.3.

Eine weitere Besonderheit dieser Methode ergibt sich bei der Einschätzung des Weins und des Vitaminpräparats.
Beim Wein konnte man feststellen, dass etliche Probanden nicht analog zu ihrem tatsächlichen Kaufverhalten antworteten, sondern ein „sozial erwünschtes“ oder von ihnen als ideal eingeschätztes Verhalten angaben. So betrachten etliche Probanden bemerkenswerterweise den Wein als Produkt mit überwiegend Sucheigenschaften. Die Begründung dafür war leicht zu ermitteln, wenn man sich im gleichen Zug die Antworten der Fragen 22 a und b ansieht. Auf die Frage „Stellen Sie sich bitte vor, Sie wollen eine Kiste neuen Wein kaufen! Wo würden Sie die Kiste Wein höchstwahrscheinlich kaufen? Eher in einem Geschäft oder eher in einem Online-Shop?“ antworteten fast alle Befragten „eher im Geschäft“. Auf die anschließende Frage „Was ist der Grund für Ihre Entscheidung? Bitte geben Sie hier kurz Ihre Begründung an.“ teilte eine große Anzahl Probanden mit, dass sie Wein lieber in einem Geschäft kaufen würden, da sie den Wein dort probieren können (was das Gut tatsächlich zu einem Gut mit überwiegend Sucheigenschaften machen würde – vorausgesetzt, der Geschmack und die Verträglichkeit sind die wesentlichen Eigenschaften des Weins **und** (!) man kauft genau die eine Flasche, von der man probiert hat). Dies ist eine Antwort, die zwar den starken Wunsch nach der Probiermöglichkeit des Weins vor dem Kauf manifestiert, die allerdings in absolutem Gegensatz zu dem tatsächlichen Kaufverhalten der Probanden steht. Veröffentlichungen zeigen auf, dass in Deutschland jede vierte Flasche Wein bei Aldi gekauft wird[457] – von allen anderen Discountern, Warenhäusern, etc. einmal abgesehen – und dort nicht die Möglichkeit besteht, Wein probieren zu können.

Die Einschätzung des Vitaminpräparats durch die Probanden könnte hingegen eine gute Nachricht für alle Anbieter solcher Produkte sein. Annahmegemäß sollte ein Vitaminpräparat aufgrund der Nichtüberprüfbarkeit des Nutzens nach der Einnahme als ein Gut mit überwiegend Vertrauenseigenschaften eingeschätzt werden. Die Probanden waren allerdings zu

---

[457] Vgl. o.V. (2002), S. 13.

einem Großteil anderer Meinung. Sie sprachen sich mehrheitlich dafür aus, dass es sich bei den relevanten Merkmalen um Erfahrungseigenschaften handelt, über die man nach der Nutzung bzw. Einnahme urteilen kann. Der positive Aspekt für die Anbieter liegt darin begründet, dass mit dieser Einschätzung die Wahrnehmung eines geringeren Risikos einhergeht, was zu niedrigeren Kaufbarrieren führt. Warum die Probanden zu einer solchen Einschätzung tendieren, kann verschiedene Gründe haben. Hier die beiden Extreme: Zum einen können die Probanden ausgesprochene Experten (Ärzte, etc.) in diesem Bereich sein, die über die Wirkungen tatsächliches Wissen haben – oder aber sie halten sich für solche. Zum anderen könnte es auch darin begründet sein, dass die Verbraucher einfach uninformiert oder unkritisch sind, daher gar kein Wissen über etwaige (Neben-) Wirkungen haben und diese somit auch nicht in ihre Beurteilung einbeziehen können.

Abschließend ist zu dieser Methode zu sagen, dass – im Gegensatz zu der von anderen Forschungseinrichtungen durchgeführten *mündlichen* Befragung – im Rahmen der vorliegenden Untersuchung zugrunde liegenden *schriftlichen* Befragung sehr wohl Inkonsistenzen bei der Beantwortung der Fragen 1 und 2 (und entsprechende ff.) auftraten. Die in der vorliegenden Untersuchung daraufhin vorgenommenen Einschnitte, die weiter unten beschrieben werden, beschneiden die daraus resultierenden Erkenntnisse in keinster Weise und dienen einer **Erhöhung der Validität**.

9.2 Hypothesen zu den informationsökonomischen Produkteigenschaften in Mehrkanalsystemen

Aus den bisherigen Erkenntnissen ergeben sich die ersten Hypothesen der vorliegenden Untersuchung: $H_{i.ö.}$ 1, $H_{i.ö.}$ 2 und $H_{i.ö.}$ 3.[458]

Diese gehen von einer Wenn-Dann-Beziehung in der Form aus, dass für jedes der drei Beispielprodukte eine Einschätzung der dominierenden i.ö. Eigenschaftstypen beim Kauf im stationären Einzelhandel unterstellt wird („Wenn-Komponente“) und darauf aufbauend eine entsprechende

Einschätzung für den Kauf des selben Produktes im Online-Shop abgegeben wird („Dann-Komponente").

Diese drei Aussagen beruhen auf den theoretischen Erkenntnissen, die im Verlauf dieser Untersuchung herausgearbeitet wurden.

$H_{\text{i.ö.}}$ 1 → Das Produkt „**Hose**" wird von den Probanden, die es im **stationären Einzelhandel** als Produkt mit überwiegend **Sucheigenschaften** einschätzen, im **Online-Shop** als Produkt mit überwiegend **Erfahrungseigenschaften** beurteilt.

$H_{\text{i.ö.}}$ 2 → Das Produkt „**Wein**" wird von den Probanden, die es im **stationären Einzelhandel** als Produkt mit überwiegend **Erfahrungseigenschaften** einschätzen, auch im **Online-Shop** als Produkt mit überwiegend **Erfahrungseigenschaften** beurteilt.

$H_{\text{i.ö.}}$ 3 → Das Produkt „**Vitaminpräparat**" wird von den Probanden, die es im **stationären Einzelhandel** als Produkt mit überwiegend **Vertrauenseigenschaften** einschätzen, auch im **Online-Shop** als Produkt mit überwiegend **Vertrauenseigenschaften** beurteilt.

9.3 Darstellung und Interpretation der Ergebnisse der Messung der informationsökonomischen Produkteigenschaften

Im Folgenden werden die Ergebnisse der Messung der informationsökonomischen Eigenschaften dargestellt und es wird daran anschließend erläutert, ob diese empirische Untersuchung die oben aufgestellten Hypothesen widerlegen oder ob sie vorläufig beibehalten werden können.
Da die Hypothesen nur anhand der Werte „ja" oder „nein" in Form von Wahrnehmung einer bestimmten i.ö. PE als die dominierende (bezogen auf eine spezifische Produkt-Kanal-Konstellation) überprüft werden, kann man die folgende Aussage für die vorläufige Beibehaltung bzw. Verwerfung der Hypothesen aufstellen:[459]

---

[458] Siehe dazu auch die Herleitung der Arbeitshypothesen dieser Arbeit in Kap. 7.3.

[459] Es wird hier und im Folgenden zur Überprüfung der Hypothesen das Konzept der Falsifikation nach *Popper* als Testregel verfolgt. Das bedeutet, dass eine Aussage so lange nur vorläufig beibehalten wird, bis dass sie durch eine wiederholbare Beobachtung (die als wahr akzeptiert wird) widerlegt wird. Vgl. Popper (1966), S. 21. Im diesem Falle gilt sie als endgültig falsifiziert (so auch *Chmielewicz*, der betont, dass die Verifikation nur vorläufig, die Falsifikation hingegen endgültig ist). Vgl. Chmielewicz (1979), S. 102).

> Eine Hypothese zu den informationsökonomischen Produkteigenschaften bezogen auf eine bestimmte Produkt-Kanal-Kombination wird vorläufig beibehalten, wenn die „Dann-Komponente" zu wenigstens 95% erfüllt ist, also mindestens 95% der Probanden sie hypothesenkonform einschätzen.

Eine darüber hinausgehende Anwendung von statistischen Methoden ist hierbei (noch) nicht notwendig.

Informationsökonomische Einschätzung „Hose/stationärer Einzelhandel"

Bei der Auswertung der vorliegenden Daten ergab sich das folgende Bild (s. Abb. 53). Von den 301 Personen, die die informationsökonomischen Produkteigenschaften anhand der bereits beschriebenen Fragen einschätzen sollten, beurteilten die Hose beim Kauf im stationären Einzelhandel:

115	Personen als Produkt mit überwiegend **Sucheigenschaften**
48	Personen als Produkt mit überwiegend **Erfahrungseigenschaften**
0	Personen als Produkt mit überwiegend **Vertrauenseigenschaften**
138	Fälle gaben inkonsistente Antworten zwischen den beiden Fragen und
0	Fälle gingen als unbeantwortet in die Wertung ein

Abb. 53: Einschätzung der dominierenden informationsökonomischen Produkteigenschaften für die Produkt-Kanal-Kombination „Hose/stationärer Einzelhandel"

Chmielewicz weist ferner darauf hin, dass bei der Wahl der „Falsifizierung (...) jede schöne Theorie durch hässliche Tatsachen erschlagen" werden kann (Chmielewicz (1979), S. 103) und dass es ein „idealistisches oder normatives Konzept ist, das vom Aufsteller einer Aussage viel Opfermut und Verstöße gegen seine persönliche Motivstruktur" erfordert. (Chmielewicz (1979), S. 103). Vgl. zu der Abwägung zwischen Falsifikation und Verifikation als Testregeln zur Überprüfung von Hypothesen Chmielewicz (1979), S. 102 ff.

Da die „Wenn-Komponente" der ersten Hypothese von den Fällen ausgeht, die die Hose im stationären Einzelhandel als Produkt mit überwiegend Sucheigenschaften einschätzten, werden im Folgenden auch nur ausschließlich diese 115 Fälle betrachtet.

Informationsökonomische Einschätzung „Hose/Online-Shop"

Von diesen 115 Probanden, die die Hose im sEH als Produkt mit überwiegend Sucheigenschaften einschätzten, teilt sich die Beurteilung für die Hose im Online-Shop wie folgt auf (s. Abb. 54) in:

3	Personen als Produkt mit überwiegend **Sucheigenschaften**
82	Personen als Produkt mit überwiegend **Erfahrungseigenschaften**
0	Personen als Produkt mit überwiegend **Vertrauenseigenschaften**
26	Fälle gaben inkonsistente Antworten zwischen den beiden Fragen und
4	Fälle gingen als unbeantwortet in die Wertung ein

Abb. 54: Einschätzung der dominierenden informationsökonomischen Produkteigenschaften für die Produkt-Kanal-Kombination „Hose/Online-Shop"

Für diese Bewertung benötigt es nun keine komplexe statistische Auswertung. Da von den 115 Fällen aus der „Wenn-Komponente" der Hypothese nun **96,5%** der gültigen Antworten (= 82 Personen von insgesamt 85 Antworten) die Hose im Online-Shop als Produkt mit überwiegend Erfahrungseigenschaften einschätzten, kann die **Hypothese H $_{i.ö.}$ 1** vorläufig **beibehalten** werden, da sie mit Hilfe des vorliegenden Datenmaterials nicht endgültig widerlegt werden konnte.

Informationsökonomische Einschätzung „Wein/stationärer Einzelhandel"

Beim hypothetischen Kauf einer Kiste Wein im stationären Handel schätzten alle 301 Probanden den Wein so ein, wie in Abb. 55 aufgezeigt:

11	Personen als Produkt mit überwiegend **Sucheigenschaften**
172	Personen als Produkt mit überwiegend **Erfahrungseigenschaften**
10	Personen als Produkt mit überwiegend **Vertrauenseigenschaften**
105	Fälle gaben inkonsistente Antworten zwischen den beiden Fragen und
3	Fälle gingen als unbeantwortet in die Wertung ein

Abb. 55: Einschätzung der dominierenden informationsökonomischen Produkteigenschaften für die Produkt-Kanal-Kombination „Wein/stationärer Einzelhandel"

Informationsökonomische Einschätzung „Wein/Online-Shop"

Wie bereits oben erläutert, werden auch hier wiederum nur die Fälle betrachtet, die den Wein im stationären Einzelhandel als Produkt mit überwiegend Erfahrungseigenschaften sehen (s. Abb. 56).

Von den 172 Fällen, in denen der Wein im sEH als Produkt mit überwiegend Erfahrungseigenschaften eingeschätzt wurde, teilten sich die Antworten bezogen auf den Online-Kanal wie folgt auf:

0	Personen als Produkt mit überwiegend **Sucheigenschaften**
143	Personen als Produkt mit überwiegend **Erfahrungseigenschaften**
1	Person als Produkt mit überwiegend **Vertrauenseigenschaften**
28	Fälle gaben inkonsistente Antworten zwischen den beiden Fragen und
0	Fälle gingen als unbeantwortet in die Wertung ein

Abb. 56: Einschätzung der dominierenden informationsökonomischen Produkteigenschaften für die Produkt-Kanal-Kombination „Wein/Online-Shop"

99,3 % der Probanden, die den Wein beim Kauf im stationären Einzelhandel als Produkt mit überwiegend Erfahrungseigenschaften sahen, taten dies auch beim Kauf im Online-Shop – die **Hypothese H $_{i.ö.}$ 2** kann somit als **beizubehalten** erachtet werden.

Informationsökonomische Einschätzung „Vitaminpräparat/stationärer Einzelhandel“

Bemerkenswerterweise beurteilten 23 Personen ein Vitaminpräparat beim Kauf im stationären Einzelhandel als Produkt mit überwiegend Sucheigenschaften. Welche Eigenschaften sind ihnen wohl besonders wichtig, die man vor dem Kauf beurteilen kann? Oder handelt es sich dabei um Experten, für die die Wirksamkeit bereits vorher eingeschätzt werden kann? Leider geben uns die Daten dieser Untersuchung keinen Hinweis zur Beantwortung dieser Fragen.

Wie in Abb. 57 verdeutlicht, schätzen die Probanden das Vitaminpräparat beim Kauf im stationären Einzelhandel wie folgt ein:

23	Personen als Produkt mit überwiegend **Sucheigenschaften**
32	Personen als Produkt mit überwiegend **Erfahrungseigenschaften**
75	Personen als Produkt mit überwiegend **Vertrauenseigenschaften**
170	Fälle gaben inkonsistente Antworten zwischen den beiden Fragen und
1	Fall ging als unbeantwortet in die Wertung ein

Abb. 57: Einschätzung der dominierenden informationsökonomischen Produkteigenschaften für die Produkt-Kanal-Kombination „Vitaminpräparat/stationärer Einzelhandel“

In die weitere Betrachtung fallen auch hier wiederum nur die 75 Probanden, die das Vitaminpräparat beim Kauf im stationären Einzelhandel als Produkt mit überwiegend Vertrauenseigenschaften einordnen.

Informationsökonomische Einschätzung „Vitaminpräparat/Online-Shop“:

Wie diese 75 Versuchspersonen das Vitaminpräparat beim Kauf im Online-Shop beurteilten, stellt sich wie folgt dar (Abb. 58):

0	Personen als Produkt mit überwiegend **Sucheigenschaften**
2	Personen als Produkt mit überwiegend **Erfahrungseigenschaften**
52	Personen als Produkt mit überwiegend **Vertrauenseigenschaften**
19	Fälle gaben inkonsistente Antworten zwischen den beiden Fragen und
2	Fälle gingen als unbeantwortet in die Wertung ein

Abb. 58: Einschätzung der dominierenden informationsökonomischen Produkteigenschaften für die Produkt-Kanal-Kombination „Vitaminpräparat/Online-Shop“

Das Ergebnis lautet hier, dass **96,3 %** der Probanden, die das Vitaminpräparat beim Kauf im stationären Einzelhandel als Produkt mit überwiegend Vertrauenseigenschaften einschätzen, dies auch beim Kauf im Online-Shop tun – die **Hypothese H** $_{i.ö.}$ **3** kann somit **beibehalten** werden.

Das folgende **Fazit** (s. Abb. 59) bietet einen kurzen Überblick über die Ergebnisse zu den informationsökonomischen Produkteigenschaften als beeinflusste Größe in Abhängigkeit von dem Kanal eines Mehrkanalsystems.

Es kann an dieser Stelle festgehalten werden, dass die drei Hypothesen, die das Zusammenspiel der Determinanten „informationsökonomische Produkteigenschaften“ und „Kanäle eines Mehrkanalsystems“ zum Inhalt haben, beibehalten werden können.

	Inhalt	Ergebnis
H i.ö. 1	Das Produkt „**Hose**“ wird von den Probanden, die es im **stationären Einzelhandel** als Produkt mit überwiegend **Sucheigenschaften** einschätzen, im **Online-Shop** als Produkt mit überwiegend **Erfahrungseigenschaften** beurteilt.	Hypothese beibehalten
H i.ö. 2	Das Produkt „**Wein**“ wird von den Probanden, die es im **stationären Einzelhandel** als Produkt mit überwiegend **Erfahrungseigenschaften** einschätzten, auch im **Online-Shop** als Produkt mit überwiegend **Erfahrungseigenschaften** beurteilt.	Hypothese beibehalten
H i.ö. 3	Das Produkt „**Vitaminpräparat**“ wird von den Probanden, die es im **stationären Einzelhandel** als Produkt mit überwiegend **Vertrauenseigenschaften** einschätzten, auch im **Online-Shop** als Produkt mit überwiegend **Vertrauenseigenschaften** beurteilt.	Hypothese beibehalten

Abb. 59: Zusammenfassung der Ergebnisse der Hypothesen zu den informationsökonomischen Produkteigenschaften als abhängige Variable

10 Das Konstrukt des wahrgenommenen Kaufrisikos

Dieses Kapitel beschäftigt sich mit der zentralen Größe des Bezugsrahmens: dem theoretischen Konstrukt des wahrgenommenen Kaufrisikos. Dazu beantwortet das erste Unterkapitel die Frage, wann es im Verlauf eines Kaufprozesses sinnvoll ist, das wahrgenommene Kaufrisiko zu messen und ob es anhand eines realen Kaufes nachvollzogen oder aber anhand eines hypothetischen Kaufs erhoben werden kann. Daran schließt sich die Frage der Operationalisierung des Konstruktes des wahrgenommenen Kaufrisikos an. Es werden verschiedene Modelle zu Messung vorgestellt und kritisch durchleuchtet, um darauf aufbauend das in dieser Untersuchung angewandte Modell vorzustellen. Dazu werden die konkreten Risikoitems erörtert, mit deren Hilfe potenzielle Risikoinhalte bezogen auf verschiedene Situationen abgebildet werden sollen. Es werden Hypothesen zu dem wahrgenommenen Kaufrisiko in einem Mehrkanalsystem aufgestellt, die sich von den bislang erarbeiteten Inhalten ableiten lassen. Diese Hypothesen werden schließlich anhand der erhobenen Daten überprüft.

10.1 Operationalisierung des wahrgenommenen Kaufrisikos in der Literatur

In den folgenden Kapiteln werden die verschiedenen Ansätze der Literatur zur Konzeptualisierung und Messung des Konstruktes „wahrgenommenes Kaufrisiko" in ihrer Entwicklung aufgezeigt und bewertet, um daran anschließend den Ansatz vorzustellen, der im Rahmen der vorliegenden Arbeit Anwendung finden wird.

10.1.1 Nicht-kompositionelle Globalmodelle

So genannte nicht-kompositionelle eindimensionale Globalmodelle zur Ermittlung des wahrgenommenen Risikos haben sich aus der ersten Idee

Bauers entwickelt, das Risiko als verhaltensbeeinflussende Größe zu betrachten.

Die Messung des nicht-kompositionellen globalen Risikos erfolgt dabei vollkommen undifferenziert. Es werden weder Komponenten berücksichtigt, aus denen sich das Risiko zusammensetzt („nicht-kompositionell"), noch werden Risikodimensionen herangezogen, die die konkreten Inhalte des empfundenen Risikos widerspiegeln („eindimensional" bzw. auch „global"). Eine mögliche Frage, mit der das wahrgenommene Kaufrisiko nicht-kompositionell und global ermittelt wird, könnte so z.B. lauten: „Wie hoch empfinden Sie auf einer Skala von 1 „sehr hoch" bis 6 „sehr niedrig" das Risiko, beim Kauf des Produktes x eine Fehlentscheidung zu begehen?"[460]

10.1.2 Kompositionelle Globalmodelle

Die Ansätze, die sich kurz nach Bauers „Entdeckung" dieses Konstruktes, mit dem Thema beschäftigten und dessen Operationalisierung weiterentwickelten, unterstellten, dass die Messung des wahrgenommenen Kaufrisikos nur anhand **zwei verschiedener Komponenten** erfolgen kann. Die wesentlichen Modelle, die das Risiko anhand von zwei Komponenten erfassen, stammen aus dem Ende der 1960er bzw. Anfang der 1970er Jahre von *Cunningham* (1967) und *Bettman* (1973 sowie 1975).

Beide Modelle werden in den weiteren Ausführungen zunächst beschrieben und danach einer kritischen Würdigung unterzogen.

10.1.2.1 Das Modell von Bettman

Bettman prägte in seiner Untersuchung aus dem Jahr 1973 die Begriffe inherent risk und handled risk und hob somit den prozessualen Charakter des wahrgenommene Kaufrisikos von seiner Entstehung bis zum Kaufakt hervor.[461]

---

[460] Pohl (1996), S. 122.

[461] Vgl. zum Folgenden Bettman (1973), S. 184. Die Begriffe inherent und handled risk wurden bereits eingehend im Rahmen des prozessualen Charakters des wahrgenommenen Kaufrisikos erläutert (vgl. Kap. 4.3).

Unter inherent risk versteht er das auf einem tatsächlichen Kaufwunsch basierende Konfliktpotenzial, welches einer bestimmten Produktklasse subjektiv anhängt. Handled risk umschreibt das verbleibende Konfliktpotenzial (i.S. eines Restrisikos), welches bei der Auswahlentscheidung einer bestimmten Marke aus einer speziellen Produktklasse zum Zeitpunkt der Kaufentscheidung noch vorhanden ist.

In der empirischen Untersuchung unterschied *Bettman* zwischen diesen beiden Risiken, allerdings konzentrierte er sich bei der Entwicklung eines Messinstrumentariums auf das inhärente Risiko.[462]
Um dieses inhärente Risiko messen zu können, verwendete *Bettman* im Rahmen seiner beiden Untersuchungen (1973 und 1975) die beiden Komponenten **Unsicherheit** und **Wichtigkeit**.
Dabei unterstellte er, dass die Höhe dieses Risikos von zwei Aspekten abhängig ist: zum einen von der **subjektiven Wichtigkeit**, die der Kunde einer zufrieden stellenden Markenwahl (aus einer bestimmten Produktklasse) zugesteht, die wiederum durch zwei verschiedene Größen dargestellt wird. Als erstes durch das Markenanspruchsniveau, welches sich durch das Ausmaß, in dem ein Kunde eine zufrieden stellende Marke zu erwerben wünscht ausdrückt und als zweites durch den subjektiv wahrgenommenen Preis. Diese letzte Variable nutzte *Bettman* allerdings nur in der ersten Untersuchungsreihe, da ihm einige methodische Probleme wie z.B. die unterschiedlichen Packungsgrößen bewusst wurden.[463] Außerdem stellte *Bettman* durch den Einsatz der Regressionsanalyse fest, dass es eine starke Abhängigkeit zwischen den beiden unabhängigen Variablen gab, so dass er in seiner weiteren Forschung nur noch „den Anteil akzeptabler Marken in der Produktklasse“ als Indikator nutzte.[464]
Bei der zweiten Komponente zur Risikoermittlung handelt es sich zum anderen um die **Unsicherheit**. Diese erfasste *Bettman*, indem er den Prozentsatz der Produkte einer Produktklasse ermittelte, die der Kunde

---

[462] Vgl. Immes (1993), S. 41.
[463] Vgl. dazu Katz (1983), S. 102.
[464] Vgl. Pohl (1996), S. 126.

als qualitativ akzeptabel einstuft.[465] Als Determinanten der Unsicherheit identifizierte er die wahrgenommene Qualitätsvariation innerhalb der jeweiligen Produktklasse, den Anteil der qualitativ akzeptablen Marken und die Höhe des durchschnittlichen Qualitätsniveaus.

Die Operationalisierung stellte sich dabei wie folgt dar, indem beide Größen auf einer vierstufigen Rating-Skala ermittelt werden:
„You feel that:
about [5% - 35% - 65% - 95%] of the brand in this product class were acceptable to you if you were going to use them and it is [not at all - somewhat - moderately – very] important to you, that you choose the most satisfactory brand in this product class."[466]

Für seine Auswertungen stellte *Bettman* sowohl eine multiplikative als auch eine additive Verknüpfung der beiden Komponenten her.[467] Es gilt dementsprechend:

$\mathbf{wKR_{jk} = W_{jk} * U_{jk}}$ bzw. $\mathbf{wKR_{jk} = W_{jk} + U_{jk}}$

wobei:

W_{jk} = Wichtigkeit (W_{jk} = 1, 2, 3, 4); wobei: 1 → sehr unwichtig und 4 → sehr wichtig
U_{jk} = Unsicherheit (U_{jk} = 1, 2, 3, 4) ; wobei: 1 → sehr sicher und 4 → sehr unsicher
wKR_{jk} = wahrgenommenes Kaufrisiko
j: Personenindex (j = 1,..., m)
k: Produktindex (k = 1,..., n).

Ein Beispiel für die multiplikative Verknüpfung der Komponenten bezogen auf die o.g. Fragestellung lautet: Bezogen auf ein Produkt wird von einem Probanden die erste Frage mit „95%" (sehr sicher - 1) beantwortet.

---

[465] Die Werte dieser Variablen wurden in seiner ersten Untersuchungsreihe (1973) anhand einer 20-stufigen Ratingskala ermittelt. In der späteren Untersuchung (1975) nutzte Bettman eine 4-stufige Ratingskala.

[466] Vgl. dazu Bettman (1973), S. 184 ff. und Bettman (1975), S. 382.

[467] Vgl. Bettman (1973), S. 185 ff.

Die zweite Komponente beantwortet er mit „sehr unwichtig“ (1). Multipliziert man diese beiden Werte, führt dies zu dem Ergebnis 1, was somit für das niedrigste wahrgenommene Kaufrisiko steht. Die jeweiligen Nennungen mit der Maximalausprägung „4“ (sehr unsicher/sehr wichtig) führen zum Faktor 16, was das höchste wahrgenommene Kaufrisiko beschreibt.

Bezüglich einer in jedem Fall zu vertretenden **Verknüpfungsregel** kommt *Bettman* jedoch zu keinem eindeutigen Ergebnis.[468] Zum Thema der **Gewichtung** der beiden Komponenten zog er anhand empirischer Überprüfung den Schluss, dass die Komponente „Schwere der Handlungsfolgen“ bei der Entstehung des wKR dominiert, da bei steigendem Vorteil bzw. Schaden die „Wahrscheinlichkeit des Eintritts“ eine immer geringere Rolle spielt.[469]

Zu **kritisieren** ist an diesem Modell insbesondere die undifferenzierte (globale) Messung des wahrgenommenen Kaufrisikos. Durch die Nichterhebung der **Verlustinhalte** ist es nicht möglich zu ergründen, welche Risikoinhalte nun genau zu dem subjektiven Empfinden und zu einem spezifischen Kaufverhalten führen. *Bettman* versuchte in seiner Untersuchung diesen Mangel abzuschwächen, indem er zusätzlich gestellte Fragen einsetzte.[470]

10.1.2.2 Das Modell von Cunningham

Das zweite hier vorgestellte Risikomodell, welches zur Messung zwei Komponenten nutzt, ist das von *Cunningham* 1967 entwickelte.
Cunningham geht in der Weiterentwicklung der Ansätze von *Bauer*[471] und *Cox*[472] davon aus, dass es sich bei der Kaufentscheidung um einen Problemlösungsprozess handelt, in dessen Verlauf der Käufer bestimmte Ziele anstrebt.[473] In dem Maße, in dem er bei dem Kauf die Nichterfüllung

---

[468] Vgl. Katz (1983), S.102.
[469] Vgl. Bettman (1975), S. 384.
[470] Vgl. Bettman (1975), S. 381.
[471] Vgl. Bauer (1967), S. 23 ff.
[472] Vgl. Cox (1967), S. 5.
[473] Vgl. Schweiger/Mazanec/Wiegele (1976), S. 94 f.

der Ziele bzw. darüber hinaus Verluste verschiedenster Art befürchtet, empfindet der Kunde diese Situation als risikobehaftet. Als Folge dessen geht *Cunningham* davon aus, dass man das wahrgenommene Kaufrisiko mittels der beiden Komponenten **Unsicherheit** und Ausmaß der negativen **Kauffolgen** operationalisieren kann.

Die Komponente **Unsicherheit** bezieht sich auf die vom Nachfrager **subjektiv eingeschätzte Wahrscheinlichkeit** der Nichterfüllung der Ziele, die er mit dem Kauf eigentlich beabsichtigte zu erreichen. Es ist somit die subjektiv eingeschätzte Wahrscheinlichkeit, mit der die jeweilige Person eine Fehlentscheidung erwartet.

Inwieweit die Komponente der (negativen) **Kauffolgen** von der subjektiven Betrachtung des Individuums abhängig ist, verdeutlicht Cunningham in seiner Untersuchung sehr anschaulich: „For instance, a consumer might face the uncertainty of wether a piece of fish may be bad, not as she expected, or at least different from what she anticipated. In addition, she must consider what will happen (the consequences) if such a situation should occur. Depending upon the individual, the type of fish, and the host of other factors, the consequences (or danger) perceived in getting a "bad" fish could range from an unusual taste, a ruined dinner for twelve, sickness or even death."[474]

Diese Komponente der negativen Kauffolgen bezieht sich also auf die Schwere der Konsequenzen, mit der der Kunde rechnen muss, falls seine Kaufziele nicht erfüllt werden.

In dem empirischen Teil der Untersuchung wurde das wahrgenommene Kaufrisiko bezüglich der Produkte: Kopfschmerzmittel, Enthärter und Spaghetti ermittelt. Die Befragten wurden in einem Interview dementsprechend mit zwei Fragen konfrontiert, zu denen sie ihre Einstellungen auf einer 4-stufigen Rating-Skala angeben sollten. Die Komponente **Unsicherheit** wurde durch die folgende Frage operationalisiert:

[474] Cunningham (1967), S. 83.

„Would you say, that you are: very certain; usually certain; sometimes certain; or almost never certain that a brand of headache remedy (fabric softener, dry spaghetti) you haven't tried will work as well as your present brand?“[475]

Die Operationalisierung der Komponente **Kauffolgen** erfolgte durch die Frage:
„We all know that not all products work as well as others. Compared with other products, would you say that there is: a great deal of danger; some danger; not much danger; or no danger in trying a brand of headache remedy (fabric softener, dry spaghetti) you never used before?“[476]
In der Befragung wurde eine Skala mit vier Ausprägungen und der Zuordnung der Werte 1, 2, 3 und 4 genutzt. Bei der Auswertung der Daten wurden von den vier Antwortmöglichkeiten der beiden Fragen die jeweils mittleren Kategorien zusammengefasst mit der Folge, dass nur noch drei Ausprägungen für jede Komponente existierten. Den Kategorien wurden dann die Werte 1, 2,5 und 4 zugeordnet (1 für die risikoerhöhende Nennung, 4 für die am geringsten risikorelevante Nennung und 2,5 für die mittlere). *Cunningham* bietet für dieses Vorgehen die folgende Erläuterung: „In order to avoid the circularity of evaluating the best combination of these two questions in terms of ability to produce the strongest relationship between perceived risk and purchase behavior, an arbitrary method of constructing the perceived risk index was used. The two questions relating to perceived risk were each collapsed into a three-point scale and a numeric value assigned to each point on the scale."[477]
Die beiden Komponenten wurden danach multiplikativ miteinander verknüpft und ergaben die in Abb. 60 aufgezeigten Ergebnisse. *Cunnigham* führt zur Zusammenlegung der beiden mittleren Wertebereiche weiter aus, dass „The decision to group the perceived risk scale into three equivalent gradations was based primarily on an evaluation of the resultant cell sizes.

[475] Vgl. Cunningham (1967), S. 84.
[476] Vgl. Cunningham (1967), S. 84.
[477] Cunningham (1967), S. 84 f.

To obtain more gradations of perceived risk would have left inadequate cell sizes in one or more perceived risk categories."[478]

Die Formel zur Messung des wahrgenommenen Kaufrisikos stellt sich demnach wie folgt dar:

$wKR_{jk} = WZ_{jk} * K_{jk}$

WZ_{jk} = Wahrscheinlichkeit der Zielerreichung bzw. **Sicherheit für das Auftreten eines Ereignisses** (WZ_{jk} = 1, 2, 3, 4 → 1, 2,5, 4);

wobei: 1 → hohe Unsicherheit und 4 → geringe Unsicherheit

K_{jk} = Kauffolgen bzw. **Konsequenzen, die mit dem Auftreten dieses Ereignisses verbunden sind** (K_{jk} = 1, 2, 3, 4 → 1, 2,5, 4)

wobei: 1 → hohe Gefahr und 4 → geringe Gefahr

wKR_{jk} = wahrgenommenes Kaufrisiko

wobei:

j: Personenindex (j = 1,...,m)

k: Produktindex (k = 1,...,n)

Welche Werte nun in der Untersuchung *Cunninghams* welcher Höhe des wahrgenommenen Kaufrisikos konkret zugeordnet wurden, zeigt Abb. 60 auf.

Wie man sieht, ordnete er den Begriffen hohes, mittleres und geringes wahrgenommenes Kaufrisiko die einzelnen Produkte der beiden Komponenten zu. Die Produkte 1 und 2,5 stehen für ein hohes wKR, die Werte 4 und 6,25 für ein mittleres und die Produkte 10 und 16 für ein geringes Risiko.

[478] Cunningham (1967), S. 84 f.

Komponente Unsicherheit	Komponente Kauffolgen		
	Hohe Gefahr (1)	Mittlere Gefahr (2,5)	Keine Gefahr (4)
Geringe Unsicherheit (4)	4	10	16
Mittlere Unsicherheit (2,5)	2,5	6,25	10
Hohe Unsicherheit (1)	1	2,5	4

Abb. 60: Perceived Risk Skala nach Cunningham (Quelle: in Anlehnung an Cunningham (1967), S. 85 mit Modifikationen von Pohl (1996), S. 129)

Die multiplikative Verknüpfung der beiden Komponenten hat zur Folge, dass ein hohes Risiko nicht erreicht werden kann, wenn einer der Faktoren als gering eingeschätzt wird und dementsprechend mit dem Wert 4 versehen wird (hohes Risiko → Dreieck unterhalb der markierten Diagonalen). Andersherum verhält es sich mit dem geringen Risiko. Es kann insgesamt kein geringes wKR erreicht werden, wenn eine der Komponenten den höchsten Wert 1 hat (geringes Risiko → Dreieck oberhalb der markierten Diagonalen).[479]

Cunningham geht im Rahmen seines Modells von einer kritischen Annahme aus: der **Gleichgewichtung** der beiden **Komponenten**. Ihm war bewusst, dass diese Annahme problematisch ist, da er vermutete, dass die Komponente „Handlungsfolgen" höher zu gewichten ist. Dies begründet er damit, dass in den Fällen, in denen eine Fehlentscheidung eine schwerwiegende Konsequenz hätte, die Unsicherheit über den Eintritt keine so große Rolle mehr spielt. Aufgrund dieser Überlegung überprüft er die Komponentenverknüpfung anhand sieben verschiedener Indizes, die den Komponenten unterschiedliche Gewichte beimessen. Als Ergebnis daraus stellte er fest, dass keine dieser Umgewichtungen aussagekräftiger ist als die ungewichtete Ermittlung des Risikos.[480] So wird dieser ungewichtete Ansatz auch in der überwiegenden Mehrzahl der darauf aufbauenden Studien anderer Wissenschaftler verwendet.[481]

---

[479] Vgl. Pohl (1996), S. 128.
[480] Vgl. Cunningham (1967), S. 86 ff.
[481] Vgl. Katz (1983), S. 101.

Positiv beurteilt werden kann die multiplikative Verknüpfung der beiden Komponenten zur Ermittlung des wahrgenommenen Kaufrisikos. Allerdings ist die hier verwendete Skalenausprägung (1, 2, 3 und 4), bei der die **niedrige Ziffer** mit einer Einschätzung der jeweiligen Komponente einhergeht, die zu **hohem Risiko** führt et vice versa, verbesserungswürdig. Es wäre sinnvoll, einerseits eine Skala zu verwenden, die den Wert 0 beinhaltet und andererseits die Skalenausprägungen so zu wählen, dass **niedrige Ziffernwerte** der Komponentenausprägungen in ihrer Multiplikation ein **geringes Risiko** nach sich ziehen. Falls die Skalenausprägung einer Komponente gleich „0" ist, hätte dies zur Folge, dass die Multiplikation mit der Ausprägung der anderen Komponente zum Wert Null führt, was formal und inhaltlich gleichsam die Abwesenheit des wahrgenommenen Kaufrisikos ausdrücken würde.

Kritisch betrachtet werden muss auch der Aspekt, dass *Cunnigham* das wahrgenommene Kaufrisiko nur **undifferenziert** – also ohne die Erhebung verschiedener Risikoarten und somit global – misst und sich die Ergebnisse aufgrund des Fehlens konkreter Risikoinhalte nicht für genauere Analysen eignen.

10.1.3 Kompositionelle mehrdimensionale Modelle

Aus der grundlegenden Kritik an den bisherigen Modellen zur Messung des wahrgenommenen Kaufrisikos (nicht-kompositionell als auch kompositionell), dass das Risiko nur global, also ohne Bezug zu etwaigen Risikoinhalten erhoben wurde, entwickelten sich die kompositionellen mehrdimensionalen Risikomodelle.

Dass im Rahmen der globalen Messung des wKR darauf verzichtet wurde, konkrete Risikoinhalte zu erheben,[482] empfand bereits *Cunnigham* als schwerwiegenden Mangel. Aus diesem Grund ergänzte er seine Untersuchung um zusätzliche, an den Probanden offen gestellte Fragen.[483] Allerdings konnte damit nicht der Nachteil behoben werden, dass sich

[482] Unabhängig davon, ob dies kompositionell oder nicht-kompositionell gemessen wurde.

[483] Vgl. Cunningham (1967), S. 91 ff. und Arndt (1975), S. 1103 ff.

diese Inhalte nicht nahtlos in die vorangegangenen Ergebnisse zur Risikomessung einbinden ließen. Erschwerend kommt hinzu, dass sich die Befragten bei der Beantwortung eher abstrakter und globaler Fragen zur Risikobeurteilung auf konkrete, erfahrungsbedingte Inhalte stützen, die dementsprechend einen starken Einfluss auf das Antwortverhalten bei abstrakten Fragen haben.[484]

Schweiger/Mazanec/Wiegele kommen aus diesem Grund zu dem Schluss, dass die globale Risikomessung ohne den Bezug zu verschiedenen Risikoinhalten zu einem Informationsverlust und einem Mangel an Vergleichbarkeit führt, insbesondere dann, wenn die Anzahl der potenziellen Risikoinhalte bei einem bestimmten Produkt groß ist.[485]
Daraus entwickeln sie einen Messansatz, der das wahrgenommene Kaufrisiko[486] nicht nur mit Hilfe von zwei Komponenten (**Unsicherheit** und **Wichtigkeit**) operationalisiert, sondern auch noch den Inhaltsaspekt in dem Messverfahren direkt berücksichtigt, indem als weiterer Punkt die **Risikodimensionen** (i.S. von einzelnen subjektiv wahrgenommenen Gefahren, die mit dem Kauf und einer etwaigen Fehlentscheidung einher gehen können) einbezogen werden.
Daraus ergibt sich der in Abb. 61 schematisierte Aufbau des „erlebten Risikos".

Zur Erläuterung der einzelnen zur Operationalisierung herangezogenen Komponenten ist es notwendig, kurz auf den Inhalt einzugehen. Als Beispiel geben *Schweiger/Mazanec/Wiegele* den Kauf eines PKW der Marke k an und berücksichtigen dabei die Kauffolge „Reparaturanfälligkeit".

[484] Vgl. Schweiger/Mazanec/Wiegele (1976), S. 96, die sich dabei auf Untersuchungen von Cunningham (1967), S. 95 und Arndt (1975), S. 1103 ff. stützen.

[485] Vgl. Schweiger/Mazanec/Wiegele (1976), S. 96.

[486] Die Autoren nennen es „erlebtes Risiko".

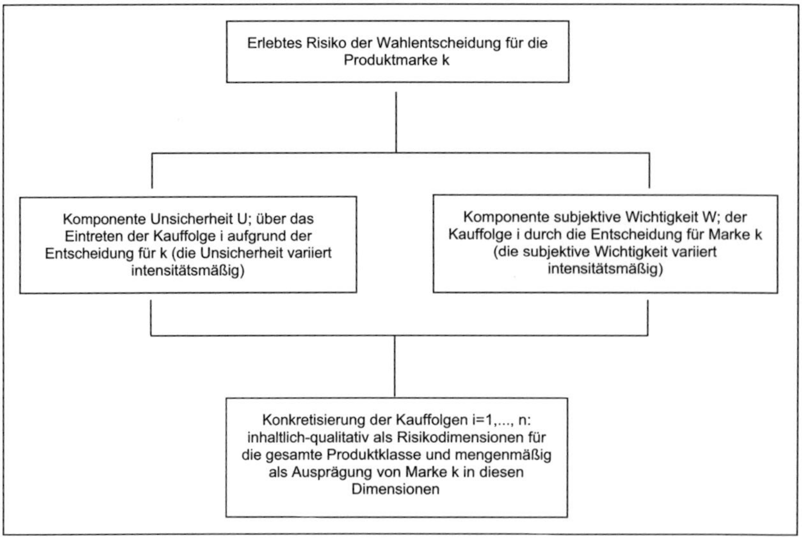

Abb. 61: Schematische Darstellung des „erlebten" Risikos (Quelle: Schweiger/Mazanec/Wiegele (1976), S. 96)

Die Ermittlung der Komponente erlebte **Unsicherheit** bezüglich dieser Konsequenz erfolgt durch die Aussage: "Person j ist sich der geringen Reparaturanfälligkeit sehr sicher."[487] Zur Erhebung der Komponente subjektive **Wichtigkeit** wird eine Frage gestellt, mit der z.B. die folgende Aussage getroffen werden kann: "Person j ist die geringe Reparaturanfälligkeit sehr wichtig."[488]

Aus dieser Formulierung lässt sich ableiten, dass die hier verwendete Komponente „Wichtigkeit" nicht der Bedeutung im Sinne Bettmans entspricht.

Bettman füllt den Begriff inhaltlich mit der subjektiven Wichtigkeit einer zufrieden stellenden Markenwahl, die wiederum durch die Größen Markenanspruchsniveau (Ausmaß, in dem ein Kunde eine zufrieden stellende Marke zu erwerben wünscht) und den subjektiv wahrgenommenen Preis dargestellt wird (s. Kap. 10.1.2.1).[489]

---

487 Schweiger/Mazanec/Wiegele (1976), S. 96.

488 Schweiger/Mazanec/Wiegele (1976), S. 96.

489 *Bettman* nutzte den Preis allerdings nur in seiner ersten Untersuchungsreihe (s.o.).

Schweiger/Mazanec/Wiegele hingegen zielen mit ihrer Frage eher auf die Schwere des Ausmaßes einer negativen Kauffolge ab (oder eben positiv formuliert auf die Wichtigkeit des Eintritts einer bestimmten positiven Kauffolge). Damit wird die Komponente inhaltlich ähnlich belegt wie bei der Konzeptualisierung *Cunnighams*.

In der ersten Auswertungsvariante werden die beiden Komponenten jeweils pro Kauffolge multiplikativ miteinander verknüpft und ergeben so eine Risikodimension D_i, die ein „erlebtes Teilrisiko" darstellt (siehe dazu die folgende Formel). Diese können anschließend noch auf verschiedene Arten weiter aggregiert und zugeordnet werden.

$$R_{jk} = \sum_{i=1}^{n} U_{ijk} \bullet W_{ijk} = \sum_{i=1}^{n} D_i$$

wobei:
R = Index des wahrgenommenen Risikos
U = Unsicherheit
W = Wichtigkeit
D = Risikodimension
j = Index der Personen (j = 1, ..., m)
k = Index der Produkttypen (k = 1, ..., l)
i = Index der Dimensionen (Risikoinhalte) (i = 1, ..., n)

Im Rahmen der zweiten Variante werden Gruppen mit Probanden gebildet, die bezogen auf ein Produkt eine zumindest ähnliche Wichtigkeitsstruktur haben. Für jede Gruppe werden dann anhand der für die Risikoinhalte abgegebenen Unsicherheitsurteile so genannte Risikoindizes gebildet. Die Autoren lehnen sich damit an die Untersuchungen von *Peter/Ryan* an, die die Aussage trafen, dass mit diesem Risikoindex die Markenpräferenzen prognostiziert werden können, falls diese eine hohe subjektive Wichtigkeit unerwünschter Kauffolgen wahrnehmen.[490]

[490] Vgl. Peter/Ryan (1976), S. 184 ff.

Da der Beitrag von *Schweiger/Mazanec/Wiegele* aus dem Jahre 1976 keine empirische Untersuchung zum Inhalt hat, sondern die Konzeption eines Messmodells, können an dieser Stelle nicht – wie zuvor bei den anderen Modellen geschehen – die verwendeten **Fragen** und **Skalen** aufgezeigt werden. Diese Lücke wird hier gefüllt, indem die Informationen bezogen auf eine andere empirische Untersuchung aufgezeigt werden, die mit einem kompositionellen mehrdimensionalen Messmodell arbeitet: es handelt sich dabei um die Arbeit von *Pohl* (1996).

Pohl formuliert in seinem Fragebogen zur Ermittlung der Risikowahrnehmung bei technologischen Innovationen folgende Frage, die mit einer Skala versehen wurde. Als Beispiel wird in Abb. 62 nur das erste Risikoitem dargestellt. Die Analyse erfolgte in Anlehnung an die o.g. Formel von *Schweiger/Mazanec/Wiegele.*

„Stellen Sie sich vor, Sie hätten in den letzten Wochen einen PC gekauft.“

	Für wie ärgerlich empfänden Sie dann den Eintritt folgender Tatbestände? weniger ärgerlich — sehr ärgerlich	Wie sicher sind Sie sich bezüglich... sehr unsicher — sehr sicher
- Starker **Preisverfall** in den nächsten Monaten	0 | 1 2 3 4 5 6	1 2 3 4 5 6

Abb. 62: Frage zum wahrgenommenen Kaufrisiko aus einer Untersuchung mit einem kompositionellen mehrdimensionalen Messmodell (Quelle: Pohl (1996), S. 270)

Schweiger/Mazanec/Wiegele betonen den erheblichen Aufwand, den diese Vorgehensweise nach sich zieht, da für jedes Produkt und jeden damit verbundenen Risikoinhalt die beiden Komponenten erhoben werden müssen. Eine Erhöhung der Risikoinhalte erhöht analog dazu den Erhebungsaufwand multiplikativ.

Zur Beurteilung des kompositionellen mehrdimensionalen Ansatzes ist Folgendes zu sagen: Die Untersuchungen, die auf den mehrdimensionalen Ansätzen basieren, erfassen das wahrgenommene Kaufrisiko fast durchweg a priori.[491] Dieses Vorgehen bietet den Vorteil, dass auch

[491] Vgl. Panne (1977), S. 60.

das tatsächlich vorhandene Risiko bei Konfrontation mit einer bestimmten Situation gemessen wird und nicht das verbleibende Risiko vor einem Kauf, welches somit bereits den Prozess der Reduktion durchlaufen hat.[492]

Der Einsatz der **Zwei-Komponenten-Messung** ermöglicht darüber hinaus eine differenzierte Analyse u.a. auch des aus dem Risiko resultierenden Verhaltens. Weiter füllt die Berücksichtigung der **Risikodimensionen** mit konkreten produktspezifischen Inhalten das Konstrukt des wahrgenommenen Kaufrisikos mit Inhalt, was dazu führt, dass das Ausmaß und die Ursache der Dissonanzen untersucht werden können.

Der bei den Zwei-Komponenten-Modellen angeführten Einwand von der Gleichgewichtung der Komponenten, betrifft natürlich auch die kompositionellen mehrdimensionalen Modelle. *Schweiger/Mazanec/Wiegele* schließen sich dabei der Erkenntnis Cunninghams an, der im Rahmen seiner Forschung nach einer Bestimmung von Gewichtungsfaktoren zu dem Schluss kam, dass trotz unterschiedlicher Indizierung keine wesentliche Veränderung zwischen dem so ermittelten wahrgenommenen Kaufrisiko und allen anderen Variablen auftrat, was ihn veranlasste, nunmehr von einer Gleichgewichtung der Komponenten auszugehen.[493]

[492] Vgl. dazu auch Kap. 10.2.1.

[493] Vgl. Cunningham (1967), S. 86.

10.1.4 Zusammenfassende Übersicht

Die folgende Abb. 63 bietet einen Überblick über verschiedene Ansätze zur Messung des wahrgenommenen Kaufrisikos in der Literatur.

Autoren	Komponenten	Verknüpfung	Risikoarten	Analyseschwerpunkt
Cox/Rich (1964)	nicht-kompositionelle Risikomessung	keine	keine (globale Risikomessung)	Risikowahrnehmung bei verschiedenen Produkten
Cunningham (1967)	1. Unsicherheit 2. Kauffolgen	multiplikativ	keine (globale Risikomessung)	Messansatz
Cox (1967b)	1. Unsicherheit 2. Kauffolgen	keine	keine	Messansatz
Arndt (1967)	1. Wichtigkeit 2. Unsicherheit	multiplikativ	keine (globale Risikomessung)	Einfluss von Verkaufsgesprächen auf die Akzeptanz einer Innovation
Perry/Hamm (1969)	nicht-kompositionelle Risikomessung	keine	zwei Risikoarten	Einfluss von Informationsquellen
Spence/ Engel/Blackwell (1970)	nicht-kompositionelle Risikomessung	keine	keine (globale Risikomessung)	Einfluss der Kaufsituation
Roselius (1971)	nicht-kompositionelle Risikomessung	keine	vier Risikoarten	Risikoreduktion
Gronhaug (1972)	1. Wichtigkeit 2. Unsicherheit	multiplikativ	keine (globale Risikomessung)	Zusammenhang zwischen Risiko und Intensität der Informationsnutzung
Jacoby/Kaplan (1972)	nicht-kompositionelle Risikomessung	keine	fünf Risikoarten	Zusammenhang zwischen Risikotypen
Bettman (1973)	1.Markenwahl-kriterium 2. Wichtigkeit	additiv	keine (globale Risikomessung)	Messansatz
Lutz/Reilly (1973)	nicht-kompositionelle Risikomessung	keine	zwei Risikoarten	Informationssuche in Abhängigkeit vom Typ des Risikos
Zigmund/Scott (1973)	1. Unsicherheit 2. Konsequenzen	multiplikativ	vier Risikoarten	Messansatz und Informationssuche
Taylor (1974)	1. Unsicherheit 2. Konsequenzen	keine	keine (globale Risikomessung)	Risikoreduktion
Horton (1976)	1. Konsequenzen 2. Wahrschein-lichkeit	multiplikativ	drei Risikoarten	Messansatz
Schweiger/Mazanec/ Wiegele (1976)	1. Unsicherheit 2. Wichtigkeit	multiplikativ	versch. Kauffolgen	Messansatz
Kupsch et al. (1978)	nicht-kompositionelle Risikomessung (Unsicherheit)	keine	eine Risikoart	Auswirkung auf die Anzahl der benutzten Informationsquellen
Weinberg (1980)	nicht-kompositionelle Risikomessung (Unsicherheit)	keine	drei Risikoarten	Zahl der berücksichtigten Produkteigenschaften
Katz (1983)	1. Unsicherheit 2. Wichtigkeit	multiplikativ	fünf Risikoarten	Nutzungsintensität versch. Informationsquellen
Pohl (1996)	1. Kauffolgen 2. Unsicherheit	multiplikativ	vier Risikoarten	Risikowahrnehmung bei technologischen Innovationen
Schröder/Eigen/ Mehling (2003)	nicht-kompositionelle Risikomessung (Unsicherheit)	keine	drei Risikoarten	After-Sales-Leistungen

Abb. 63: Ausgewählte Untersuchungen/Beiträge zum Thema wahrgenommenes Kaufrisiko (Quelle: in Anlehnung an Pohl (1996), S. 122)

Es zeigt sich, dass die nicht-kompositionelle Risikomessung in der jüngeren Vergangenheit nicht mehr durchgeführt wird.[494]

[494] Ausnahme bildet die letztgenannte Untersuchung aus dem Jahre 2003.

Einen Ansatz zur Strukturierung der verschiedenen Modelle, mit denen das Konstrukt des wahrgenommenen Kaufrisikos operationalisiert werden kann, bietet Abb. 64. Die Einteilung wird anhand der Kriterien vorgenommen, die am ehesten zur Unterscheidung dienen. Dabei handelt es sich zum einen um die Verwendung von **Komponenten** (nicht-kompositionell vs. kompositionell) und zum anderen um die betrachteten unterschiedlichen **Risikodimensionen** (global vs. differenziert). Anhand dieser beiden Merkmale kommt man zu der folgenden Unterscheidung.

		Verwendung von Risiko-Komponenten	
		nicht-kompositionell	kompositionell
Betrachtung unterschiedlicher Risikodimensionen	global	Typ 1	Typ 3
	differenziert	Typ 2	Typ 4

Abb. 64: Strukturierung unterschiedlicher Ansätze zur Theorie des wahrgenommenen Kaufrisikos
(Quelle: in Anlehnung an Adler (1996), S. 93)

10.2 Operationalisierung des wahrgenommenen Kaufrisikos im Rahmen der vorliegenden Untersuchung

Nachdem ein strukturierter und detaillierter Überblick über die verschiedenen Modelle zur Operationalisierung des theoretischen Konstruktes „wahrgenommenes Kaufrisiko“ geboten wurde, wird in den folgenden Kapiteln dargelegt, welches Modell mit welchen Ausprägungen in der vorliegenden Untersuchung zum Einsatz kommt.

Dazu wird zuerst erläutert, zu welchem Zeitpunkt im Kaufprozess das wahrgnommenen Kaufrisko idealerweise gemessen werden soll (Kap. 10.2.1). Daran anschließend wird das verwendete Modell selbst erörtert (Kap. 10.2.2), die konkreten Risikoitems strukturiert und daraufhin inhaltlich vorgestellt (Kap. 10.2.3), um abschließend zu aufzuzeigen, wie daraus das wahrgenommene Kaufrisiko von Kunden in einem Mehrkanalsystem ermittelt wurde (Kap. 10.2.4).

10.2.1 Messbarkeit des wahrgenommenen Kaufrisikos im Rahmen eines Kaufprozesses

Wann soll das wahrgenommene Kaufrisiko im Verlauf eines Entscheidungsprozesses gemessen werden? Es ist wenig sinnvoll, die Messung nach einem getätigten Kauf durchzuführen. Durch diesen Messzeitpunkt würde man Gefahr laufen, das Untersuchungsdesign einer schwerwiegenden Kritik auszusetzen. Denn bei dem erfragten subjektiv erinnerten Risiko, welches sich auf einen tatsächlich in der Vergangenheit getätigten Kauf bezieht, besteht die Gefahr, dass man nur noch das nach der Entscheidung (und vollzogenem Kauf) vorhandene Residualrisiko misst. Auf diese Art hätte man nicht die Ursache, sondern die Folge des risikoreduzierenden Verhaltens gemessen.[495]

Sinnvoll ist deshalb, einen hypothetischen Kauf zu erfragen, da man so das mögliche Initialrisiko, welches in der kreierten Situation entstehen würde und welches dann bestimmte Reduktionsmaßnahmen nach sich ziehen würde, am besten erfassen kann. Diese Vorgehensweise ist auch in der empirischen Forschung zu diesem Thema kein Novum. So haben bspw. *Hansen,*[496] *Katz,*[497] *Locander/Herrmann,*[498] *Lutz/Reilly,*[499] *Raju*[500] und *Schweiger/Mazanec/Wiegele*[501] dieses Untersuchungsdesign gewählt. Auch in der vorliegenden Untersuchung wird dieser Messzeitpunkt zugrunde gelegt.

10.2.2 Modell zur Operationalisierung des wahrgenommenen Kaufrisikos

Um der Komplexität potenzieller Risikoinhalte beim Kaufprozess innerhalb eines Mehrkanalsystems gerecht zu werden, ist es erforderlich, das

---

495 Vgl. Gemünden (1985b), S. 7.

496 Vgl. Hansen (1972) in dem ersten Experiment.

497 Vgl. Katz (1983) im Rahmen von jeweils zwei Untersuchungen.

498 Vgl. Locander/Herrmann (1979) im Rahmen von jeweils zwei Untersuchungen.

499 Vgl. Lutz/Reilly (1974) im Rahmen von jeweils zwei Untersuchungen.

500 Vgl. Raju (1979) im Rahmen von jeweils zwei Untersuchungen.

501 Vgl. Schweiger/Mazanec/Wiegele (1977) im Rahmen von jeweils zwei Untersuchungen.

wahrgenommene Kaufrisiko zum einen mit Hilfe zweier Komponenten zu messen. Zum anderen sollte – trotz des ungleich höheren Erhebungsaufwandes – anhand der Abbildung verschiedener Risikodimensionen eine differenzierte Darstellung dessen ermöglicht werden, was konkret „auf dem Spiel steht". Aus diesem Grund wird sich im Folgenden an den Operationalisierungsansatz von *Schweiger/Mazanec/Wiegele* angelehnt, der aber noch eine weitere, u.a. durch den hier vorliegenden Forschungsschwerpunkt induzierte Modifikation durchläuft.

Für die Differenzierung auf der ersten Ebene wird auch hier der Zwei-Komponenten-Ansatz verwendet, indem die **Unsicherheit** über den Eintritt einer negativen Kauffolge erhoben wird. Welcher Wahrscheinlichkeits- bzw. Unsicherheitsbegriff in dieser Untersuchung gewählt wird und warum dies geschieht, zeigt der folgende Exkurs auf.
Für die zweite Komponente wird das Ausmaß bzw. die Schwere des Eintritts der jeweiligen **negativen Kauffolge** ermittelt und somit der Zwei-Komponenten-Aufteilung von *Cunningham* gefolgt. Aus diesen beiden Größen lässt sich das wahrgenommene Kaufrisiko für jede potenzielle negative Kauffolge ermitteln.[502]

Exkurs

In den 60er Jahren des letzten Jahrhunderts existierten bereits weitreichende Forschungen über Entscheidungen unter Unsicherheit – diese stiften allerdings für die Erklärung des Konsumentenverhaltens keinen Nutzen, da die **Entscheidungstheoretiker** eine **optimale Entscheidung** innerhalb eines definierten Rahmens ermitteln, was für Aussagen über die tatsächliche Entscheidungsfindung von Individuen im Rahmen eines Kaufentscheidungsprozesses nicht hilfreich ist.

Der Begriff der „Unsicherheit", die eine der Komponenten zur Messung des wahrgenommenen Kaufrisikos im Rahmen der meisten Zwei-

[502] Die konkrete Vorgehensweise wird weiter unten erläutert.

Komponenten-Modellen darstellt,[503] wird auch in der Entscheidungstheorie verwendet. Allerdings findet in den beiden Ansätzen keine einheitliche Anwendung der Begrifflichkeiten statt und – was für die vorliegende Arbeit von weitaus größerer Relevanz ist – werden sie in dieser Disziplin nicht mit demselben Inhalt gefüllt, wie es in den Verhaltenswissenschaften der Fall ist. Da diese exakte inhaltliche Unterscheidung wesentlich ist für das Verständnis der Genauigkeit der Methodik innerhalb der vorliegenden Arbeit, nimmt die folgende Erklärung etwas mehr Raum ein.

Bea/Dicht/Schweitzer unterteilen Entscheidungssituationen anhand des Grades der vorliegenden Information über zukünftige Umweltzustände, wie es in Abb. 65 aufgezeigt wird.[504]

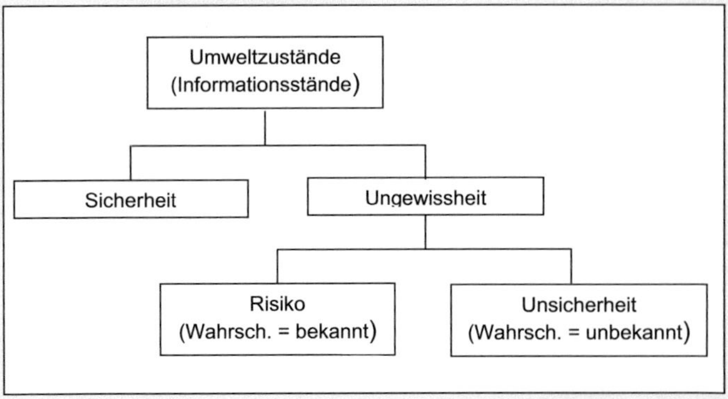

Abb. 65: Entscheidungen unter verschiedenen Informationsständen (Quelle: Bea/Dichtl/Schweitzer (2000), S. 318)

Dabei ergeben sich grundsätzlich zwei Entscheidungssituationen: Zum einen die Situation, die von vollständiger Information geprägt ist. Hier kann der Entscheider von einem einzigen Umweltzustand ausgehen, was zur Folge hat, dass er die Ergebnisse der einzelnen Entscheidungsalternativen genau vorhersagen kann. Seine Entscheidung findet unter **Sicherheit** statt. Zum anderen gibt es die – weitaus realistischere – Annahme, dass der Entscheider mit mehreren Umweltzuständen rechnen muss. Diese Entscheidungssituation wird hier als Ungewissheit bezeichnet.

[503] Siehe dazu weiter oben in Kap. 10.1.2.

[504] Bea/Dichtl/Schweitzer (2000), S. 317 ff.

Ungewisse Entscheidungssituationen unterteilen sich wiederum in das Vorliegen von Risiko und der Präsenz von Unsicherheit. Bei Entscheidungssituationen unter Risiko liegen für das Eintreten der unterschiedlichen Umweltzustände (mindestens subjektive) Wahrscheinlichkeiten vor. Ist dies nicht der Fall – die Wahrscheinlichkeiten für den Eintritt eines Zustandes sind also nicht bekannt, so spricht man von einer Entscheidung unter Unsicherheit.

Andere Autoren bezeichnen diese Umstände anders und verwenden dabei unterschiedliche Kriterien zur Abgrenzung. *Knight*, auf dem die gesamte entscheidungslogische Literatur im Wesentlichen basiert, unterscheidet zum einen Situationen unter Risiko, in denen der Entscheider auf Basis einer empirischen Häufigkeitsanalyse objektive oder statistische Wahrscheinlichkeiten für Ereignisse angeben kann und zum anderen Ungewissheitssituationen, für die man nur subjektive Glaubwürdigkeitsgrade abgeben kann, da es sich um einmalige, nicht wiederholbare Entscheidungssituationen handelt.[505] Sein Kriterium zur Unterscheidung ist also die Messbarkeit bzw. Nichtmessbarkeit der Wahrscheinlichkeit für das Eintreten einer Situation.[506]

Autoren, wie z.B. *Sorger*, trennen in ihren Ausführungen nicht zwischen Risiko und Unsicherheit, sondern verwenden diese Begriffe synonym.[507] Er begründet dies damit, dass Risiko für die Existenz objektiver Zustandwahrscheinlichkeiten steht und Unsicherheit auf das Fehlen objektiver Zustandswahrscheinlichkeiten hinweist. Nach seiner Meinung ist diese Unterscheidung bedeutungslos, da reale Wirtschaftssubjekte ihre Entscheidung aufgrund subjektiver und nicht objektiver Zustandswahrscheinlichkeiten treffen.

Mag unterscheidet die Zustände, die nicht von Sicherheit gekennzeichnet sind und somit in seiner Zuordnung Unsicherheitsfälle genannt werden, in Risiko und Ungewissheit.[508] Risiko liegt dann vor, wenn den

505 Vgl. Knight (1921).

506 Andere Autoren nutzen den Entscheidungsbezug als Unterscheidungskriterium. Vgl. Mag (1981), S. 479.

507 Vgl. Sorger (2000), S. 3.

508 Diese Einteilung verwenden auch: Bamberg/Coenenberg (2000), S. 19; Perridon/Steiner (1991), S. 95 ff.; Bitz (1981), S. 13 ff.; Engelhardt (1981), 76 ff.

Umweltzuständen eine Wahrscheinlichkeit zugeordnet werden kann – die Entscheidung also messbar ist. Ist dies nicht der Fall und liegen keine Wahrscheinlichkeiten vor, so spricht Mag von Ungewissheit.

Bamberg/Coenenberg favorisieren eine ähnliche Aufteilung. Bei ihnen ist eine Risikosituation dadurch charakterisiert, dass dem Entscheidungsträger subjektive oder objektive Wahrscheinlichkeiten für das Eintreten der möglichen Zustände bekannt sind. Die Situationen, bei denen dies nicht der Fall ist werden unter Ungewissheit (im engeren Sinne) entschieden.[509]

Wie sieht nun die Operationalisierung einer solchen Situation aus bzw. mit welcher Skala misst man nun genau diese letztgenannte Ungewissheit (bzw. Unsicherheit nach der Begrifflichkeit von Bea/Dichtl/Schweitzer). „Entscheidungslogische Puristen“ führen an, dass die Wahrscheinlichkeit in einer solchen Situation ausschließlich mit einer dichotomen Verteilung der beiden Wahrscheinlichkeitswerte 0 und 1 versehen werden kann, da die Entscheidungen einmalig sind und sich somit nicht auf beobachtete Häufigkeiten stützen können.

Dem folgt die Mehrheit der entscheidungslogischen und der statistischen Literatur nicht, denn neben den „Statistikern“ spricht sich auch die Mehrheit der „Entscheidungslogiker“ für die Nutzung der subjektiven Wahrscheinlichkeit im Rahmen von Entscheidungsmodellen bei Unsicherheit aus.[510] Um das zu fundieren werden nun – in gebotener Kürze – die verschiedenen Begriffe der Wahrscheinlichkeit erläutert.

Unter Wahrscheinlichkeit im Allgemeinen versteht man ein Maß zur Quantifizierung der Sicherheit bzw. Unsicherheit des Eintretens eines bestimmten Ereignisses (im Rahmen eines Zufallsexperiments).[511]

Bei dem **klassischen**, von *Laplace* geprägten **Wahrscheinlichkeitsbegriff** wird die Wahrscheinlichkeit, dass bei einem bestimmten Zufallsexperiment das Ereignis A eintritt als Quotient aus der Zahl der günstigen Fälle und der Zahl aller gleichmöglichen Fälle gebildet. Ereignisse werden immer dann als gleichmöglich angesehen, wenn man keinen Grund zu der

---

[509] Bamberg/Coenenberg (2000), S. 77 f.

[510] Vgl. dazu beispielhaft: Hax (1974), S. 43 ff.; Bamberg/Coenenberg (2000), S. 77 ff.; Mag (1981), S. 479 ff.; Raiffa (1973), S. 133 ff.; Grunert (1982), S. 114.

[511] Vgl. Bleymüller/Gehlert/Gülicher (1991), S. 27 f.

Annahme hat, dass eines der beiden Ereignisse eher eintreten wird als das andere. Der klassische Wahrscheinlichkeitsbegriff wird nur auf eine bestimmte Klasse von Zufallsexperimenten angewandt, nämlich auf solche mit gleichwahrscheinlichen Elementarereignissen,[512] womit deutlich wird, dass die praktische Bedeutung dieses Wahrscheinlichkeitsbegriffes sehr begrenzt ist.

Die **statistische Wahrscheinlichkeit** beruht auf der Annahme, dass ein Zufallsexperiment durchgeführt wird, welches aus einer langen Folge voneinander unabhängiger Versuche besteht. Der Wert der Wahrscheinlichkeit für das Eintreten des Zustandes A ergibt sich aus dem Grenzwert der relativen Häufigkeit des Auftretens von A.

Dem durch *Savage* geprägten Begriff der **subjektiven Wahrscheinlichkeit** liegt die Feststellung zugrunde, dass sich bei Entscheidungssituationen im Wirtschaftsalltag Wahrscheinlichkeiten weder durch den klassischen noch durch den statistischen Wahrscheinlichkeitsbegriff objektiv bestimmen lassen.[513] Trotzdem hat der Entscheider in solchen Situationen eine Vorstellung von dem unterschiedlichen Glaubwürdigkeitsgrad verschiedener Prognosen bei ungewissen Ereignissen. Für den Fall, dass keine objektiven Wahrscheinlichkeitswerte zu ermitteln sind, aber subjektive Werte erhoben werden können, werden diese also analog verwendet.[514] Dies wird von *Hax* bestätigt, wenn er beschreibt, dass es in einer solchen Situation nahe liegt, subjektive Glaubwürdigkeitsschätzungen zur Basis stochastischer Entscheidungsmodelle zu machen:

---

[512] Als Beispiel dient hier die folgende Urnenziehung: In einer Urne befindet sich jeweils die gleiche Anzahl schwarzer und weißer Kugeln. Nach jeder Ziehung wird das gezogene Element wieder in die Urne zurückgelegt, so dass das Ereignis der Ziehung keinen Einfluss auf die Verteilung und somit die Wahrscheinlichkeit der Ziehung einer bestimmten Farbe im Rahmen einer folgenden Ziehung hat.

[513] Vgl. Savage (1972) – insb. S. 27 ff.

[514] Ein Vorschlag, diese subjektive Wahrscheinlichkeit in eine zahlenmäßige Vorstellung transformieren zu können, sieht wie folgt aus: Für das Ereignis, dass es morgen regnen wird, ist keine objektive Wahrscheinlichkeit zu ermitteln, so dass man zur Ermittlung der zahlenmäßigen Vorstellung einer subjektiven Wahrscheinlichkeit z.B. aus dem Abschätzen der Wettchancen ableitet, den man dem Ereignis „kein Regen morgen" einräumt. Würde man mit der Quote 4:1 dafür wetten, so ergäbe sich der folgende subjektive Wahrscheinlichkeitswert, der analog des Quotienten im Rahmen der klassischen Wahrscheinlichkeitsermittlung entsteht. Somit beträgt die subjektive Wahrscheinlichkeit für das Ereignis „morgen kein Regen" der o.g. Quote entsprechend 0,8 (4/5). Vgl. Bleymüller/Gehlert/Gülicher (1991), S. 28.

„Seit Kolmogoroffs Axiomatisierung (1933) kann auf interpretationsfähige und interpretationsnotwendige Definitionen verzichtet werden. Kann ein Entscheidungssubjekt für die Ereignisse (Umweltlagen) seines Entscheidungsproblems Ziffern angeben, die den Axiomen der Nichtnegativität der Normiertheit und der Additivität entsprechen, ist nicht einzusehen, warum subjektiv geschätzte Ziffern nicht so in den entscheidungstheoretischen Kalkül eingehen sollen, *als ob* sie objektiv wären.“[515]

Die Kritik an diesem Vorgehen liefert *Hax* allerdings direkt mit – er merkt an, dass „Entscheidungsmodelle, die auf nicht überprüfbaren subjektiven Meinungen über Wahrscheinlichkeiten beruhen können, so wird argumentiert, auch keine Ergebnisse liefern, die mehr sind als der Ausfluss subjektiver Meinungen.“[516] So können die mit Hilfe einer subjektiven Wahrscheinlichkeit im Rahmen von entscheidungslogischen Problemen ermittelten Ergebnisse nur unter den Einschränkungen ihres Zustandekommens genutzt werden.

Stochastische Entscheidungsmodelle, die auf subjektiven Wahrscheinlichkeiten anstatt der objektiven Wahrscheinlichkeit beruhen, weisen zwei Vorteile auf. Zum einen kommen durch die Wahrscheinlichkeitsschätzung subjektive Vorstellungen zu Tage, die bezogen auf ihre Widerspruchsfreiheit untersucht werden können. Zum anderen können subjektive Wahrscheinlichkeiten helfen, die richtigen Konsequenzen für die Entscheidung abzuleiten, wobei das darauf basierende Kalkül somit überprüfbar wird.[517]

Damit kommt es zu der „entscheidungslogischen Faust-Regel“: logische oder statistische Wahrscheinlichkeiten soweit wie möglich, subjektive Wahrscheinlichkeiten, wenn nötig.[518]

Soweit zur entscheidungslogischen Betrachtung des Begriffs der Unsicherheit und den in der Literatur verankerten „Kniffen“, um trotz nicht vorhandener objektiver Wahrscheinlichkeiten eine Messbarkeit bzw. eine Einschätzung von Entscheidungssituationen und damit einhergehenden potenziellen zukünftigen Zuständen zu ermöglichen.

---

[515] Hax (1974), S. 44.
[516] Hax (1974), S. 44.
[517] Vgl. Hax (1974), S. 46.
[518] Vgl. Hax (1974), S. 46.

Was sind nun die hier relevanten Unterschiede des Begriffs „Unsicherheit", wie er in den verhaltenswissenschaftlichen Ansätzen und somit auch im Rahmen des psychologischen Konstruktes des wahrgenommenen Kaufrisikos ein Rolle spielt? Die Begriffe Risiko und Unsicherheit werden zwar in beiden Disziplinen verwendet, allerdings mit verschiedenen Inhalten, was im Folgenden aufgezeigt wird.

Begründet wird die inhaltliche Nicht-Kongruenz der Begriffe dadurch, dass hier im Rahmen der Messung des psychologischen Konstruktes des subjektiv wahrgenommenen Kaufrisikos nicht die faktischen – rechnerisch exakt zu ermittelnden – Wahrscheinlichkeiten des möglichen Eintretens einer negativen Kauffolge relevant sind,[519] sondern die subjektiv wahrgenommene Unsicherheit der jeweiligen Person verbunden mit einer subjektiven Zuordnung einer Wahrscheinlichkeit, mit der der Befragte kennzeichnet, inwieweit er mit einem Eintreten rechnet. Synonyme, die diese subjektive Wahrscheinlichkeit ebenfalls umschreiben sind: Glaubwürdigkeitsgrad, subjektiver Überzeugungsgrad, Grad der Gewissheit, usw.[520]

Bei der Operationalisierung des wahrgenommenen Kaufrisikos ist eben nicht das faktische, objektiv bzw. rechnerisch zu ermittelnde Risiko des Entscheidungssubjektes relevant, sondern das psychologische Konstrukt des subjektiv wahrgenommenen Risikos. Analog dazu muss als eine wesentliche Komponente das Ausmaß an subjektiv empfundener Unsicherheit erhoben werden, welche einer **subjektiven Glaubensaussage** entspricht, mit der jemand den Eintritt eines Ereignisses für wahrscheinlich hält.[521]

Um diesen Unterschied abschließend zusammenzufassen, kann *Hellbrück* herangezogen werden, der zwischen **Risikoabschätzung** und **Risikowahrnehmung** unterscheidet.[522] Der erste Begriff beschreibt „eine objektive und rationale, auf Modellen der Wahrscheinlichkeitstheorie begründete

[519] Unabhängig davon, ob es sich um objektive oder „nur" um subjektive Wahrscheinlichkeiten handelt (s. dazu die Ausführungen weiter oben).

[520] Vgl. Bamberg/Coenenberg (2000), S. 77 f.

[521] Vgl. Cunningham (1967b), S. 83 oder auch Panne (1977), S. 49 f. und Immes (1991), S. 38.

[522] Vgl. Hellbrück (1999), S. 496.

Berechnung der Eintreffenswahrscheinlichkeit potenzieller Schäden."[523] Risikowahrnehmung wird dagegen oft als eine subjektive, meist emotional gefärbte und damit auch irrationale Risikobewertung verstanden. Es handelt sich hierbei jedoch eher um ein Urteil als um eine Wahrnehmung, so dass nach *Hellbrück* Risikokognition dementsprechend eine angemessenere Bezeichnung wäre.

Risikoforscher, die eine sozialwissenschaftliche Ausrichtung haben,[524] vertreten sogar die Ansicht, dass es Risiken im Sinne eines naturwissenschaftlichen Gegenstandes nicht gibt. Zwar sind die Gefahren real, die Beurteilung des Risikos ist jedoch immer von Wertvorstellungen und von gesellschaftlichen und kulturellen Kontextfaktoren abhängig. Ob man sich freiwillig einem Risiko aussetzt, ob man glaubt, es kontrollieren zu können oder ihm hilflos gegenübersteht, ob es sich um ein bekanntes Risiko handelt oder um ein neu aufgetretenes, die Beantwortung dieser Fragen sowie die Einschätzung des damit verbundenen Schadenspotenzials beeinflussen die subjektive Risikobeurteilung entscheidend.[525]

Nachdem nun geklärt wurde, warum im Rahmen der vorliegenden Untersuchung welcher Begriff der Wahrscheinlichkeit (bzw. der Unsicherheit) genutzt wird, können im Folgenden weitere Aspekte des verwendeten Risikomodells beleuchtet werden.

Zu der Frage, ob die multiplikative oder die additive Verknüpfung der einzelnen Komponenten zu nutzen ist, folgt die vorliegende Untersuchung dem Vorschlag Cunninghams und geht von einer **multiplikativen Verknüpfung** der einzelnen Komponenten zur Ermittlung des wahrgenommenen Kaufrisikos aus.[526] Gestützt wird diese Entscheidung durch die Erkenntnisse, die *Katz* in seiner empirischen Untersuchung gewinnen konnte. Er führte in seiner Ermittlung des wahrgenommenen Kaufrisikos die multiplikative Verknüpfung und parallel dazu die additive Verknüpfung

---

[523] Hellbrück (1999), S. 496.

[524] Vgl. z.B. Slovic (1996), S. 51 ff.

[525] Vgl. Hellbrück (1999), S. 497.

[526] Hier allerdings mit der fünfstufigen Skala von 0-4, wobei der Wert „0" für sehr geringes bzw. gar kein Risiko und der Wert „4" für sehr hohes Risiko steht (s. dazu weiter unten).

durch. Daran anschließend untersuchte er per Korrelationsanalyse, „inwieweit sich zwischen additiver und multiplikativer Verknüpfung der Komponenten Unterschiede nachweisen lassen (...).“[527] Da er aufgrund der sehr hohen Korrelationskoeffizienten zu dem Schluss kam, dass „der Entscheidung über eine additive oder multiplikative Verknüpfung der Komponenten (...) wenig praktische Bedeutung zukommt“,[528] entschied sich *Katz* im Rahmen seiner Untersuchung für die multiplikative Verknüpfung der Komponenten.

Wie oben erwähnt, wird dieses Vorgehen auch hier gewählt, da nur dadurch bei der Verknüpfung der Komponenten „negative Kauffolgen“ und „Unsicherheit“ gewährleistet ist, dass ohne Wahrnehmung negativer Kauffolgen oder bei Sicherheit über den Eintritt (besser: Nichteintritt) einer bestimmten (negativen) Kauffolge als Resultat kein Risiko vorliegt.[529] *Hellbrück* betont dabei, dass das Risikokonzept der multiplikativen Verknüpfung eine Äquivalenz annimmt „zwischen einem Risiko mit einem hohen Schadenspotenzial, aber geringer Eintrittswahrscheinlichkeit und einem Risiko, dem eine relativ hohe Wahrscheinlichkeit, jedoch ein vergleichsweise geringes Schadensausmaß zukommt.“[530] Gegenteilige Meinung, dass diese Kompensation der beiden Komponenten im Rahmen der subjektiven Risikowahrnehmung keine Rolle spielt, findet man in der Literatur selten.[531]

Zu der **Gewichtung** der einzelnen Komponenten vermutete *Cunningham* – wie bereits beschrieben – eine höhere Gewichtung der Komponente „Handlungsfolgen“ als die der Komponente „Unsicherheit“. Gerade für den Fall, in dem eine Fehlentscheidung schwerwiegende Konsequenzen mit sich bringen könnte, würde sich die ungleiche Gewichtung besonders stark auswirken. Auch *Panne* beantwortet die Frage, welche der

---

[527] Katz (1983), S. 107.
[528] Katz (1983), S. 107.
[529] Vgl. Pohl (1996), S. 137.
[530] Vgl. Hellbrück (1999), S. 496.
[531] Vgl. Hellbrück (1999), S. 497.

Komponenten des wKR schwerer wiegen würde, eindeutig mit der Antwort „die der negativen Kauffolgen".[532] Wie oben bereits beschrieben, verwendete *Cunningham* als Folge dieser angenommenen Ungleichgewichtung sieben Indizes, die dazu dienten, die Komponenten mit Hilfe verschiedener Verknüpfungsregeln unterschiedlich zu gewichten und kam zu dem Schluss, dass keiner dieser sieben Indizes aussagekräftiger ist als die gleichgewichtete Behandlung der beiden Komponenten.[533]
Als Folge dessen wird im weiteren Verlauf dieser Arbeit eine **Gleichgewichtung** zwischen den beiden **Risikokomponenten** zugrunde gelegt. Auch die **Risikoitems untereinander** werden **gleichgewichtet**. *Pohl* weist darauf hin, dass „die individuelle Bedeutung der einzelnen Risikoitems (...) sich in der Beurteilung des Ausmaßes der negativen Kauffolgen wider[spiegelt]."[534] Somit dürfen keine zusätzlichen Faktoren zur Gewichtung der Risikoitems verwendet werden, da diese dadurch doppelt gewichtet würden.

Den Gegebenheiten des Untersuchungsobjektes „Mehrkanalsystem" wird durch **eine weitere Differenzierung** der Risikoinhalte Rechnung getragen, indem die einzelnen Risikodimensionen innerhalb **drei verschiedener Kategorien** betrachtet werden. In die erste Kategorie der Risikoinhalte fallen alle möglichen negativen, Kauffolgen, die sich auf das Produkt direkt beziehen (**produktspezifische Risikoitems**). Die zweite Kategorie zeichnet sich dadurch aus, dass sie alle Risiken umfasst, die mit dem jeweiligen Kanal einhergehen (**kanalspezifische Risikoitems**) und die dritte Kategorie, dass sie die potenziellen Kauffolgen abdeckt, die durch das Vorhandensein des Mehrkanalsystems induziert werden (**mehrkanalspezifische Risikoitems**). Jeder dieser drei Kategorien werden wiederum die fünf verwendeten Risikodimensionen untergeordnet. Abb. 66 gibt einen Überblick über den hier verwendeten Messansatz. Durch diese Vorgehensweise ist es erstmalig möglich, alle hier betrachteten Einflussfaktoren (Produkt, Kanal und MKS) in den verschiedenen

---

[532] Vgl. Panne (1977), S. 58.
[533] Vgl. Cunningham (1967), S. 86 ff.
[534] Pohl (1996), S. 145.

Konstellationen und ihren jeweiligen Einfluss auf das wahrgenommene Kaufrisiko ermitteln zu können, um daraus einen Erklärungsansatz für das Kaufverhalten innerhalb eines Mehrkanalsystems zu bieten.

Eine grundlegende Änderung zu den anderen Risikomodellen ergibt sich in dieser Untersuchung dadurch, dass die Reihenfolge der abgefragten Komponenten eine andere ist. In den Modellen von *Cunningham*, *Bettman* als auch von *Schweiger/Mazanec/Wiegele* wird erst die Unsicherheit und dann die inhaltliche Komponente Kauffolgen bzw. Wichtigkeit berücksichtigt. In der vorliegenden Untersuchung wird eine andere Reihenfolge gewählt.[535]

Stellt sich die Frage, warum in der vorliegenden Arbeit – abweichend von anderen Untersuchungen – erst die Komponente „Ausmaß der negativen Kauffolgen" und dann „Unsicherheit" abgefragt wurde. Die Verfasserin geht anhand von Plausibilitätsüberlegungen davon aus, dass die Reihenfolge der Fragestellung die Beantwortung maßgeblich beeinflusst.
Dazu ein Beispiel: Sollte ein Proband bei einem Item als erstes angekreuzt haben, dass er dessen Eintritt für sehr unwahrscheinlich hält, so ist es in einem 2. Schritt nahe liegend, dass er das Ausmaß der Folge als sehr gering erachtet – immer noch mit der Einschätzung im Gedächtnis, dass die Folge eher nicht eintreten wird. Umgekehrt verhält es sich annahmegemäß ebenso – schätzt man den Eintritt einer negativen Kauffolge als sicher ein, so ist denkbar, dass der Proband sie in dem weiteren Schritt auch als sehr gewichtig angibt (da er ja sicher ist, dass sie auf jeden Fall eintreten wird).

[535] So auch Pohl (1996), S. 270.

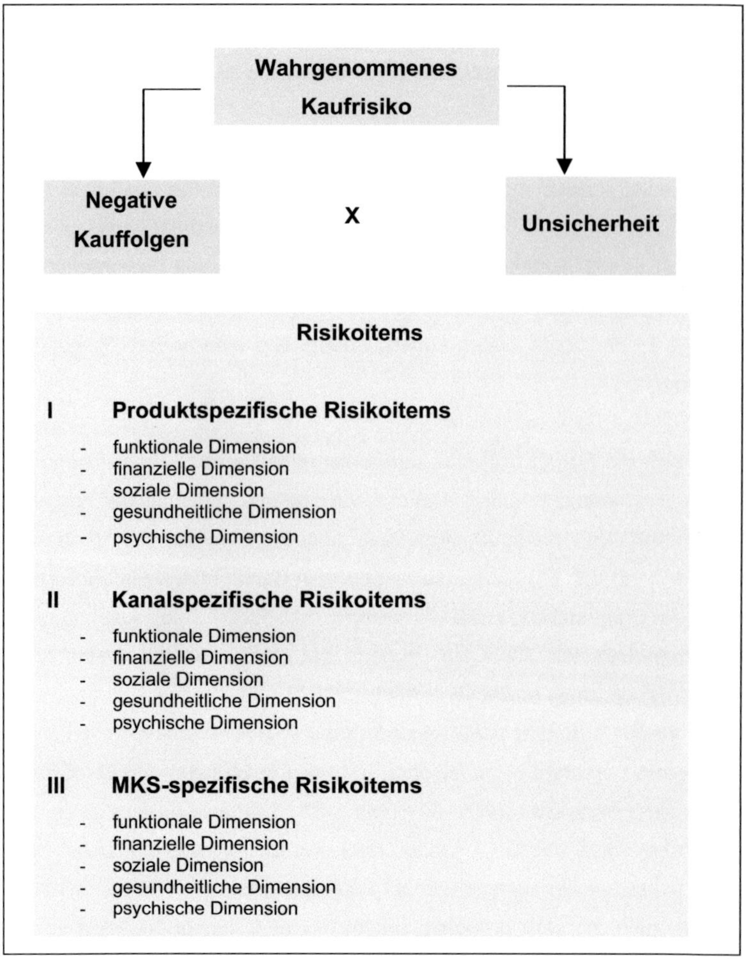

Abb. 66: Der Operationalisierungsansatz des wahrgenommenen Kaufrisikos in einem Mehrkanalsystem im Rahmen der vorliegenden Untersuchung

Um die beschriebene Beeinflussung der beiden Komponenten voneinander zu entkoppeln, wurde eine andere Reihenfolge gewählt. Die Probanden wurden zuerst aufgefordert, sich zu dem Ausmaß der negativen Kauffolgen zu äußern (sollten sie denn eintreten), um sich dann mit der subjektiven Einschätzung der Wahrscheinlichkeit, mit der diese Folge eintreten wird, auseinanderzusetzen. Zwar kann so ein Folgeeffekt nicht gänzlich ausgeschlossen werden, doch wird diese potenzielle

Interdependenz weitaus geringer eingeschätzt als es im umgekehrten Fall eintreten würde.

Mit welchen Fragestellungen werden nun die beiden Komponenten im Rahmen der vorliegenden Untersuchung erhoben? Im Folgenden werden beide Fragen mit den dazugehörigen Skalen beispielhaft an einem Risikoitem vorgestellt. Dabei berücksichtigen sie sämtliche Erkenntnisse zur Operationalisierung, die in den vorangegangenen Kapiteln erarbeitet wurden.

Die 1. Komponente des wahrgenommenen Kaufrisikos

Das **Ausmaß** der jeweiligen **negativen Kauffolge** wurde mit Hilfe der folgenden Frage erhoben (s. Abb. 67).

*„Stellen Sie sich bitte vor, Sie wollen eine **Hose** in einem **Geschäft** kaufen. Für wie **ärgerlich** empfänden Sie es dann, wenn die hier aufgeführten Folgen nach dem Kauf eintreten?“*

überhaupt nicht ärgerlich	eher wenig ärgerlich	mittel	eher mehr ärgerlich	sehr ärgerlich
(1)	(2)	(3)	(4)	(5)

	Hose/Geschäft	überhaupt nicht ärgerlich	↔			sehr ärgerlich
		(1)	(2)	(3)	(4)	(5)
(a)	Die Hose passt nicht richtig	❑	❑	❑	❑	❑

Abb. 67: Frage zur Ermittlung des Ausmaßes der jeweiligen negativen Kauffolge

Die 2. Komponente des wahrgenommenen Kaufrisikos

Die **Wahrscheinlichkeit** des Eintritts der jeweiligen **negativen Kauffolge** wurde mittels der folgenden Frage erhoben (s. Abb. 68).

*„Stellen Sie sich bitte nochmals vor, Sie wollen eine **Hose** in einem **Geschäft** kaufen. Für wie **wahrscheinlich** halten Sie dann den Eintritt der hier aufgeführten Kauffolgen?“*

sehr unwahrscheinlich	eher unwahrscheinlich	mittel	eher wahrscheinlich	sehr wahrscheinlich
(1)	(2)	(3)	(4)	(5)

	Hose/Geschäft	sehr unwahr-scheinlich		↔		sehr wahr-scheinlich
		(1)	(2)	(3)	(4)	(5)
(a)	Die Hose passt nicht richtig	❑	❑	❑	❑	❑

Abb. 68: Frage zur Ermittlung der Wahrscheinlichkeit des Eintritts der jeweiligen negativen Kauffolge

Die konkreten Inhalte der Risikoitems werden in den folgenden Kapiteln erläutert.

10.2.3 Risikoitems und Risikodimensionen des wahrgenommenen Kaufrisikos

Wie bereits im Rahmen der Operationalisierung des wahrgenommenen Kaufrisikos in der vorliegenden Untersuchung aufgezeigt wurde, wird das Risiko beim Kauf eines Produktes in einem bestimmten Kanal eines Mehrkanalsystems durch die drei folgenden Aspekte abgebildet:

1. den **produktspezifischen** negativen Kauffolgen und der Unsicherheit über deren Eintritt,
2. den **kanalspezifischen** negativen Kauffolgen und der Unsicherheit über deren Eintritt sowie
3. den **mehrkanalspezifischen** negativen Kauffolgen und der Unsicherheit über deren Eintritt.

Wenn man jeder dieser drei „Risikoquellen“ nun die fünf Risikodimensionen gegenüberstellt, so ergibt sich die folgende 15-Felder-Matrix. Diese

Felder bilden den theoretischen Rahmen für die Ausformulierung der einzelnen Risikoitems, die in dem Fragebogen verwendet werden.

	Produkt	Kanal	MKS
funktionales Risiko	1	6	11
finanzielles Risiko	2	7	12
gesundheitliches Risiko	3	8	13
soziales Risiko	4	9	14
psychisches Risiko	5	10	15

Abb. 69: Matrix zur Systematisierung der verschiedenen Risikoitems

Den Inhalt aller im Fragebogen eingesetzten Risikoitems – bezogen auf die drei Produkte und jeweils auf beide Kanäle – zu erläutern, würde nicht nur den Umfang dieser Arbeit sprengen, sondern zu etlichen Wiederholungen führen. Dies liegt darin begründet, dass die Items über den gesamten Fragebogen hinweg – soweit möglich – deckungsgleich sind, um eine Vergleichbarkeit zwischen den Produkten und Kanälen zu ermöglichen.

Aus diesem Grund werden im Folgenden die Risikoitems für den Kauf einer Hose im stationären Einzelhandel exemplarisch erläutert und ihre Zuordnung zu den verschiedenen Risikodimensionen dargelegt (Kap. 10.2.3.1). Daran anschließend sind die Ausführungen zur Produkt-Kanal-Kombination Hose/Online-Shop beispielhaft zu finden (Kap. 10.2.3.2). Für diese „Fragebogen-Säule" geschieht dies inhaltlich allerdings nur dann, wenn das jeweilige Item bislang noch nicht erwähnt wurde oder aber die neue Produkt-Kanal-Kombination einen anderen inhaltlichen Schwerpunkt nach sich zieht.

Die Inhalte der Fragebogen-Säulen Wein/sEH, Wein/OS, Vitaminpräparat/sEH und Vitaminpräparat/OS werden hier nicht mehr dargestellt.

Bei der Zuordnung der einzelnen Items zu den jeweiligen Kategorien wird deutlich, dass es zwischen den einzelnen Risikodimensionen zu Überschneidungen kommen kann. Aus diesem Grund muss man im Vorfeld eine Regel finden, die eine überschneidungsfreie Zuordnung gewährleistet.

Dazu ein Beispiel: Ein Risikoitem könnte sein, vor dem Kauf zu befürchten, dass die Hose nach dem Kauf nicht richtig passt. Die Zuordnung hierbei ist offensichtlich – es handelt sich um ein Risikoitem der Kategorie 1, dem produktspezifischen funktionalen Risiko. Wie sieht es aber bei dem Risikoitem „Die (im Geschäft) genannten Größentabellen und -abmessungen stimmen nicht" aus? Der Eintritt dieser negativen Kauffolge könnte wiederum nach sich ziehen, dass die Passform der Hose nicht optimal ist. Handelt es sich deshalb um ein Risiko der Kategorie 6 (funktionales Risiko/kanalinduziert)? Die Antwort muss hier „nein" lauten. Das Risiko, welches mit dem Item beschrieben wird, ist einer anderen Kategorie zuzuordnen und zwar Kategorie 10. Der Grund dafür liegt darin, dass das Item die Sorge darüber beschreibt, nach dem Kauf festzustellen, dass die Informationen, die einem der Handel bzgl. des Produktes gegeben hat, nicht zufrieden stellend waren. Das Misstrauen gegenüber der Leistung des Handels verursacht bei dem Käufer ein psychisches Kaufrisiko – er vertraut den Informationen des Handels zu diesem Produkt nicht. Noch deutlicher wird diese Argumentation in ihrer Abgrenzung, wenn man sich das eingangs erwähnte Item bzgl. der Passform ansieht. Falls die Hose tatsächlich nicht passt, könnte es in einem weiteren Schritt zu einer großen Verärgerung darüber kommen – trotzdem würde man dieses Item nicht in die Kategorie der psychischen Risiken einordnen.

Somit ist die Maßgabe zur Einordnung der Items in die Systematik also Folgende: Der konkrete Inhalt des Items ist entscheidend für seine Systematisierung und nicht vor- oder nachgelagerte potenzielle Sachverhalte bzw. Zustände.

10.2.3.1 Risikoitems zum Kauf einer Hose im stationären Einzelhandel

Die in Abb. 70 aufgezeigten Items der Fragen 3 und 4 werden nun inhaltlich erläutert. Die jeweiligen Felder der Matrix stellen eine **Risikokategorie** dar, die dort durchnummeriert wurden – diese Nummerierung wird im Folgenden durch die Bezeichnung „Kategorie 1-15" aufgegriffen und aus Gründen der Lesefreundlichkeit nochmals verbal hinterlegt.

Kategorie 1 - „funktionales Risiko – induziert durch das Produkt":

(a)[536] *Die Hose passt nicht richtig*

Diese Aussage zielt auf eine der wichtigsten Eigenschaften beim Kauf einer Hose ab, der Passform des Kleidungsstückes. Unter Passform ist hier nicht die Größe zu verstehen, sondern die Tatsache, dass sich nach dem Kauf herausstellt, ob die Hose zu der Körperform passt oder nicht.

(f) Die Hose übersteht die erste Wäsche nicht

Dies steht für einen Mangel, der der Hose bzw. ihrem Material oder der Verarbeitung anhängt und sich erst nach einer gewissen Nutzungsdauer und dem anschließenden Waschen bemerkbar macht.

Kategorie 2 - „finanzielles Risiko – induziert durch das Produkt":

(b) Der Preis der Hose wird direkt nach meinem Kauf reduziert

Hierbei handelt es sich um ein „klassisches" Beispiel für das einem Produkt anhängige finanzielle Risiko, nämlich die Befürchtung, dass der Kauf mit dem Nachteil verbunden ist und eine zeitliche Verschiebung des Kaufs einen niedrigeren Kaufpreis nach sich ziehen würde.

536 Der Buchstabe in Klammern steht für die Position des jeweiligen Items innerhalb des Fragebogens.

(u) Aus dem Kauf der Hose resultieren weitere Kosten, die ich vorher nicht absehen konnte

Auch ein typisches Beispiel der Literatur für eine finanzielle negative Kauffolge, wobei der konkrete Risikoinhalt ausdrücklich nicht erwähnt wird, sondern der Einschätzung des Probanden überlassen wird.[537]

Kategorie 3 - „gesundheitliches Risiko – induziert durch das Produkt“:

(o) Das Tragen der Hose gefährdet meine Gesundheit durch ungesunde Färbung oder Appretur

Diese gesundheitliche negative Kauffolge wurde insbesondere Anfang der 1990er Jahre diskutiert. Dabei ging es um die Schädlichkeit von Stoffen, die sich insbesondere in der schwarzen Farbe eines Kleidungsstückes befinden können und nur durch mehrmaliges Waschen verschwinden.

(r) Das Tragen der Hose gefährdet meine Gesundheit durch schlechte Passform

Auch diese, für die Gesundheit negative Folge, wurde vor längerem diskutiert. Allerdings sollte diese Folge in erster Linie für Männer relevant sein (Zeugungsunfähigkeit durch zu enge Jeans).

Kategorie 4 - „soziales Risiko – induziert durch das Produkt“:

(g) Die Hose hat nicht die richtige Marke

Marken spielen bei der Integration in soziale Gruppen eine große Rolle. Im entgegengesetzten Fall kann eine „falsche“ Marke zu Irritationen führen. Die Literatur führt hier oft das Beispiel der Sportbekleidung der Marke „Lonsdale“ an, die auch von einer Vielzahl von politisch extrem rechtsorientierten Personen getragen wird. Es ist nachvollziehbar, dass hier das Tragen der Marke als eine Sympathiebekundung dieser Gesinnung

---

[537] Die Beispiele können hier sehr vielfältig sein. Es könnte sich bspw. um die Kosten für eine Änderungsschneiderei handeln oder aber um die Aufwendungen, die anfallen würden, falls die Hose in der Waschmaschine ausfärbt und die übrigen Bekleidungsstücke unbrauchbar macht.

angesehen werden könnte. In einer abgeschwächten Form als in diesem Beispiel dargestellt, würde das Umfeld eine Bekleidungsmarke einfach nur als unpassend empfinden, was bereits zu hinreichend Dissonanzen führen kann, wenn man die Diskussionen um den „Markenzwang“ in Schulen und sogar Kindergärten verfolgt.

(l) Meinem persönlichen Umfeld gefällt die Hose überhaupt nicht
Diese negative Kauffolge zielt auf die (Nicht-)Akzeptanz der Hose durch das Umfeld bzgl. Modestil, Schnitt, Passform, Material und Farbe ab.

Kategorie 5 - „psychisches Risiko – induziert durch das Produkt“:

(h) Ich habe nach dem Kauf das Gefühl, dass ich mich vor dem Kauf hätte besser informieren sollen
Bei diesem Risikoitem (wie auch dem Folgenden) handelt es sich um ein typisches Beispiel für eine psychische negative Kauffolge. Ohne etwas an dem Produkt konkret aussetzen zu können, hat man den Verdacht, dass eine größere (bzw. andere) Informationsmenge ggf. zu einem anderen (vermeintlich besseren) Kauf geführt hätte. Man hat also vor dem Kauf das ungute Gefühl, dass man sich nach dem Kauf über die Menge der in der Vorkaufphase gesammelten Informationen unsicher ist.

(s) Nach dem Kauf habe ich das Gefühl, die falsche Hose gekauft zu haben
Diese Kauffolge deckt die Bedenken vor dem Kauf darüber ab, dass man generell nach dem Kaufprozess mit dem vollzogenen Kauf unzufrieden sein könnte und deshalb Dissonanzen verspürt.

Kategorie 7 - „finanzielles Risiko – induziert durch den Kanal“:

(e) Die Rechnung stimmt nicht
Hierunter versteht man die Vorkauf-Dissonanz, vor dem Kauf zu denken, möglicherweise nach dem Kauf festzustellen, dass die Rechnung nicht stimmt, was eindeutig einem bestimmten Kanal zugerechnet werden kann.

Es wird ausdrücklich nicht darauf hingewiesen, dass die negative Kauffolge eher aus einer falschen Rechnung zu ungunsten des Käufers resultiert als aus einer zu seinen Gunsten.[538]

Kategorie 9 - „soziales Risiko – induziert durch den Kanal“:

(j) Nach dem Kauf ist es peinlich, wenn mich jemand in diesem Geschäft gesehen hätte

Hierbei handelt es sich um eine beim Kauf einer Hose denkbare negative Kauffolge, die anhand des Kaufs anderer Produkte überspitzt verdeutlicht werden kann. So ist nachzuvollziehen, dass diese Frage beim Kauf in einem Sex-Shop besondere Relevanz hat und die Reaktion der Händler, die Ware in dem Absender nicht zuzuordnenden Paketen zu versenden, eine Reaktion darauf ist. Zum sozialen Kaufrisiko gehört es deshalb, weil die Wahrnehmung von Peinlichkeit die Widerspiegelung einer sozialen Interaktion ist.

(p) Nach dem Kauf ist es mir unangenehm, die Hose im Geschäft anprobiert zu haben

Diese negative Kauffolge ist besonders bei Personen mit Übergrößen und hierbei eher bei Frauen denkbar. Es könnte z.B. sein, dass ihnen die Blicke der anderen Kunden oder einer schlanken Verkäuferin bei der Anprobe unangenehm sind. Bestätigt wird dies in der Realität dadurch, dass der Bekleidungs-Versandhandel gerade bei großen Größen sehr erfolgreich ist.

Kategorie 10 - „psychisches Risiko – induziert durch den Kanal“:

(c) Das Verkaufspersonal hat mich zu dem Kauf überredet – die Beratung war nicht objektiv

---

[538] Die Probanden der explorativen Phase und des Pre-Tests haben die Frage auch in diesem (ungünstigen) Sinne verstanden, dass sie „zu viel“ zahlen müssten.

Offen bleibt bei dieser Kauffolge (weil nicht relevant), ob die Überredungskunst des Verkaufspersonals zu dem Kauf einer Hose geführt hat, mit der man unzufrieden ist – implizit beinhaltet es diese Aussage allerdings schon. Wer würde sich sonst von den Verkäufern überrumpelt fühlen, wenn das Ergebnis zufrieden stellend wäre? Trotzdem ist mit diesem Risikoitem nicht ein befürchteter Mangel der Hose gemeint, sondern die Annahme, dass man nach dem Kauf Dissonanzen darüber verspüren könnte, dass man ohne die Beratung einen anderen (vermeintlich besseren) Kauf getätigt hätte oder sogar von dem Kauf Abstand genommen hätte.

(d) Bei Mängeln an der Hose gibt es Probleme bei der Reklamation

Hierbei ist nicht der Fehler der Hose zentral (dass dieser vorhanden ist, wird innerhalb dieses Items implizit vorausgesetzt), sondern der potenzielle Ärger bei dem Versuch, diesen Mangel beim Händler zu reklamieren. Aus diesem Grund wird dieses Item dem psychischen Risiko zugeordnet.

(i) Wenn mir die Hose nach dem Kauf nicht gefällt, gibt es Probleme beim Umtausch

Bei diesem Item ist die Argumentation sehr ähnlich. Ausgehend von einem gedanklich vorweggenommenen Nichtgefallen der Hose, sieht man die Probleme beim Umtausch als mögliche negative Kauffolge an.

(m) Die Hose entspricht nicht der Beschreibung im Laden

Mit „Beschreibung im Laden" sind sämtliche eher emotionalen, subjektiven Informationen gemeint,[539] die zwar bei einer Nichteinhaltung zu einer negativen Kauffolge funktionaler Art führen können, was aber im Rahmen der Systematisierung dieses Items keine Rolle spielt, da es sich dabei bereits um die Folge der eigentlichen Gefahr handelt. Relevant ist hier, dass man sich nicht auf die Information des Handels zu der Hose verlassen kann. Somit beschreibt dieses Item die Unsicherheit bzgl. des

[539] Zum Beispiel können dies Bilder mit Verwendungshinweisen sein.

Wahrheitsgehalts der Informationen durch den Handel, was sich in einem subjektiv wahrgenommenen psychischen Kaufrisiko niederschlägt.

(n) Die genannten Größentabellen und -abmessungen stimmen nicht

Diese Art der Information, die einem ein Händler zur Verfügung stellt (z.B. im Bereich der Umkleidekabinen) bezieht sich auf „Hard-Facts", wie z.B. Körpermaße in cm und die dazugehörige Kleidergröße. Sollten diese objektiven Informationen nicht korrekt sein, so könnte dies nach dem Kauf zu einer negativen Kauffolge funktionaler Art durch falsche Passform, falsche Länge etc. führen. Relevant ist auch hier wiederum die Unsicherheit über die Informationen des Handels bzgl. der Hose.

(t) Der Anbieter nutzt meine persönlichen Daten, die er z.B. durch die Zahlung mit der ec-Karte erhält, noch für andere Zwecke

Mit dieser Frage wird die Furcht vor einem möglichen Datenmissbrauch erhoben, der in die Kategorie des psychischen Risikos fällt. Die Folgen der missbräuchlichen Datennutzung werden nicht näher beschrieben, sie können z.B. den Missbrauch der Kontoinformationen als auch den Verkauf der Anschrift und anschließender Zusendung unerwünschter Werbung umfassen.

Ein Beispiel zeigt, inwieweit diese Bedenken gerechtfertigt sein können. So weist eine Computerzeitschrift im Mai 2003 auf Folgendes hin: „Internethändler mit US-amerikanischen Muttergesellschaften geben unter Umständen Kundendaten an dortige Behörden weiter. Dazu seien Unternehmen, wie Amazon und Ebay nach dem 11. September 2000 im Rahmen des „Patriot Act" gezwungen worden. Zu den weitergereichten Informationen gehörten neben der Anschrift des Kunden auch Vorlieben für bestimmte Bücher."[540]

[540] o.V. (2003), o.S.

Kategorie 12 - „finanzielles Risiko – induziert durch das Vorhandensein eines parallelen Kanals bzw. eines MKS“:

(k) Die Hose wird im Internet-Shop des selben Händlers günstiger angeboten

Dies ist ein Beispiel für die Wahrnehmung eines Risikos aufgrund des Vorhandenseins eines parallelen Kanals (hier: Online-Shop), der durch denselben Händler betrieben wird. Der Kunde ist sich vor dem Kauf nicht sicher, ob die Preisgestaltung über alle Kanäle eines Anbieters hinweg identisch ist und ob er sich nach dem vollzogenen Kauf sicher darüber sein kann, ihn in dem „günstigeren Kanal“ getätigt zu haben.

Kategorie 15 - „psychisches Risiko – induziert durch das Vorhandensein eines parallelen Kanals bzw. eines MKS“:

(q) Nach dem Kauf denke ich, dass ich die Hose besser im Online-Shop des selben Händlers bestellt hätte

Ohne auf die konkrete Ursache einzugehen, wird hier die Unsicherheit über das potenzielle Eintreten einer Dissonanz nach dem Kauf beschrieben, die darauf basiert, dass man nach dem Kauf generell denken könnte, die Ware besser im Online-Shop bestellt zu haben, da man sich davon eine bessere Leistung/Abwicklung verspricht als im stationären Einzelhandel.

	Produkt	Kanal	MKS
funktionales Risiko	**1** (2)	**6** (0)	**11** (0)
finanzielles Risiko	**2** (2)	**7** (1)	**12** (1)
gesundheitliches Risiko	**3** (2)	**8** (0)	**13** (0)
soziales Risiko	**4** (2)	**9** (2)	**14** (0)
psychisches Risiko	**5** (2)	**10** (6)	**15** (1)

Anmerkung: Die fett gedruckten Zahlen spiegeln die Nummerierung zur Identifikation der jeweiligen Risiken wider – die Zahlen in Klammern stehen für die Anzahl der Risikoitems pro Feld bezogen auf die relevante Produkt-Kanal-Konstellation.

Abb. 70: Die Risikoitems zum Kauf einer Hose im stationären Einzelhandel und deren Zuordnung zu den verschiedenen Risikokategorien

10.2.3.2 Risikoitems zum Kauf einer Hose im Online-Shop

Im Folgenden werden nur die Risikoitems der Fragen 8 und 9 erläutert, die eine inhaltliche Abweichung zu den bereits weiter oben behandelten aufweisen. Bei einer Deckungsgleichheit der Inhalte werden die Items mit dem Hinweis „s.o." gekennzeichnet.

Kategorie 1 - „funktionales Risiko – induziert durch das Produkt":

(a) Die Hose passt nicht richtig - s.o.

(f) Die Hose übersteht die erste Wäsche nicht - s.o.

Kategorie 2 - „finanzielles Risiko – induziert durch das Produkt":

(b) Der Preis der Hose wird direkt nach meinem Kauf reduziert - s.o.

(w) Aus dem Kauf der Hose resultieren weitere Kosten, die ich vorher nicht absehen konnte - s.o.

Kategorie 3 - „gesundheitliches Risiko – induziert durch das Produkt“:

(o) Das Tragen der Hose gefährdet meine Gesundheit durch ungesunde Färbung oder Appretur - s.o.
(r) Das Tragen der Hose gefährdet meine Gesundheit durch schlechte Passform - s.o.

Kategorie 4 - „soziales Risiko – induziert durch das Produkt“:

(g) Die Hose hat nicht die richtige Marke - s.o.
(l) Meinem persönlichen Umfeld gefällt die Hose überhaupt nicht - s.o.

Kategorie 5 - „psychisches Risiko – induziert durch das Produkt“:

(h) Ich habe nach dem Kauf das Gefühl, dass ich mich vor dem Kauf hätte besser informieren sollen - s.o.
(s) Nach dem Kauf habe ich das Gefühl, die falsche Hose gekauft zu haben - s.o.

Kategorie 6 - „funktionales Risiko – induziert durch den Kanal“:

(u) Die Ware wird beschädigt angeliefert
Hierbei handelt es sich um die Furcht, dass das Produkt nicht (bzw. eingeschränkt) verwendbar angeliefert wird. Da dies nur im Rahmen des Distanzhandels möglich ist, fällt es in diese Kategorie.

Kategorie 7 - „finanzielles Risiko – induziert durch den Kanal“:

(e) Die Rechnung stimmt nicht.
Neben den Anmerkungen, die bereits weiter oben gemacht wurden, ist hier relevant, dass eine falsche Rechnung im Distanzgeschäft für den Käufer eine größere Anstrengung nach sich ziehen kann, diese zu

korrigieren als es im stationären Einzelhandel der Fall wäre, wo dieses Problem zeitnah und mündlich geklärt werden kann.

Kategorie 9 - „soziales Risiko – induziert durch den Kanal“:

Da es beim Kauf in einem Online-Shop keinen physischen Besuch einer Geschäftsstätte gibt, entfallen diese sozialen Risiken hier.[541]

Kategorie 10 - „psychisches Risiko – induziert durch den Kanal“:

(c) Die Hose wird nicht geliefert

Unter den Begriff Fulfillment fallen alle logistischen Leistungen des Anbieters von der Kommissionierung, der Verpackung und dem Versand der Ware. Mit diesem Risikoitem wird das Misstrauen des Kunden vor dem Kauf gegenüber den Leistungen des Anbieters bzw. des durch ihn beauftragten Unternehmens verdeutlicht. Es bestehen Befürchtungen, dass die bestellte Hose überhaupt nicht bei ihm ankommen wird.

(d) Bei Mängeln an der Hose gibt es Probleme bei der Reklamation - s.o.

Zusätzlich zu den weiter oben (unter den Risikoitems der Fragen 3 und 4) erwähnten Aspekten tritt hier die besondere Eigenart des Distanzhandels hinzu. Manche Menschen empfinden es als schwieriger, eine solche Situation nicht persönlich, sondern „aus der Ferne“ regeln zu müssen. Dieser Punkt trifft auch für das nächste Item (i) zu.

(i) Wenn mir die Hose nach dem Kauf nicht gefällt, gibt es Probleme beim Umtausch - s.o.

[541] Man könnte höchstens einen Fall konstruieren, in dem die Anlieferung z.B. von den Nachbarn bemerkt wird und dadurch unangenehme Folgen für den Käufer hätte. Dies wurde aber hier und im Folgenden unterlassen.

(j) Die Hose wird zu spät geliefert

Hierbei handelt es sich um ein Risiko, welches i.d.R. auch nur im Distanzhandel auftauchen kann.[542] Die Ware wird nach der Bestellung durch den Anbieter oder durch ein von ihm beauftragtes Unternehmen zum Käufer transportiert. Die Auswirkungen der verspäteten Lieferung können sehr vielfältig sein. Zu spät gelieferte Ware kann zum einen nicht mehr benötigt werden, zum anderen kann sie noch für die vorgesehene Verwendung genutzt werden – wobei die Verärgerung über die Unzuverlässigkeit des Anbieters/seines Lieferanten in beiden Fällen hinzukommen kann.

(m) Die Hose entspricht nicht der Abbildung oder der Beschreibung im Online-Shop

Ein typisches Risiko, welches dem Medium „Internet" anhängt. Die Darstellung der Waren kann durch den Anbieter nicht wahrheitsgetreu sein. Zusätzlich können verzerrende Effekte – gerade was die Farbdarstellungen betrifft – durch die Hard- und Software-Ausstattung der Anwender auftreten.

(n) Die genannten Größentabellen und -abmessungen stimmen nicht - s.o.

(p) Die falsche Hose wird geliefert

Der Versand der falschen Ware führt beim Käufer zu einem zweifachen Ärgernis. Einerseits hat er die gewünschte Ware nicht zur Verfügung und andererseits muss er sich um Rücksendung und Beanstandung kümmern.

(t) Der Anbieter nutzt meine persönlichen Daten (z.B. Kreditkarten-Nr., Anschrift) noch für andere Zwecke

Der potenzielle Risikoraum ist hierbei größer als beim Kauf im stationären Einzelhandel, da in Online-Shops öfter die Zahlung per Kreditkarte verlangt wird, Name sowie meist die Adresse des Wohnorts bekannt sind

[542] Abgesehen natürlich von der Möglichkeit, sich im stationären Einzelhandel gekaufte Ware nach Hause liefern zu lassen.

und das Missbrauchspotenzial dadurch gegenüber dem stationären Einzelhandel erhöht wird.

Welche Auswirkungen der Datenmissbrauch haben kann und welche gesetzlichen Regelungen dazu existieren, wurde bereits in Kap. 3.2 ausführlich beschrieben. Durch Verstöße gegen diese Regelungen kann das Vertrauen eines Kunden in den Mehrkanalsystembetreiber nachhaltig erschüttert werden.[543]

Kategorie 12 - „finanzielles Risiko – induziert durch das Vorhandensein eines parallelen Kanals bzw. eines MKS“:

(k) Die Hose wird im Geschäft des selben Händlers günstiger angeboten – s.o.

Laut *Dach* lassen empirische Untersuchungen den Schluss zu, dass das Preisniveau im Online-Shop niedrigerer eingeschätzt wird.[544] Zwei Studien stützen diese Aussage mit unterschiedlichem Detaillierungsgrad. Eine *GfK*-Studie stellt heraus, dass 43% der Online-Shopper in Deutschland nicht nur äußern, dass der Kauf im Internet billiger sei als im stationären Einzelhandel, für diese Gruppe ist es sogar der Grund für die Wahl dieses Kanals.[545] Eine andere Studie von *Ernst & Young* identifiziert einen ebensolchen Effekt, differenziert diesen allerdings nach unterschiedlichen Warengruppen und stellt dabei Unterschiede fest. So beträgt bspw. der Anteil der Online-Shopper, die erwarten, dass eine Warengruppe im Online-Shop günstiger ist als im stationären Einzelhandel, bei Spielwaren 83% (höchste Nennung) und bei Lebensmitteln 50% (niedrigste Nennung).[546]

---

[543] Vgl. Schröder (2001), S. 17.

[544] Vgl. Dach (2002), S. 137 f.

[545] Vgl. Pringle (2001), S. 26.

[546] Vgl. Ernst & Young (2001), S. 36. Dabei muss beachtet werden, dass diese Studie sich nicht nur auf den deutschen Markt bezog, sondern eine internationale Ausrichtung hatte und darüber hinaus nicht frei von inhaltlich problematischen Annahmen war.

(v) Ich konnte im Online-Shop keine individuellen Rabatte aushandeln, so wie es im Geschäft möglich ist

Seit dem Fall des Rabattgesetzes ist es beim Kauf möglich, individuelle Rabatte auszuhandeln. In der Regel wird dies im stationären Einzelhandel durch ein Gespräch vor dem Kauf erfolgen. Beim Kauf in einem Online-Shop hat dieses Verhandeln meist gar keinen Spielraum. Somit beschreibt dieses Risiko die Befürchtung, dass man im internetbasierten Online-Shop durch die Unmöglichkeit, einen individuellen Rabatt aushandeln zu können, einen höheren Preis zahlt, als man dies für den stationären Einzelhandel angenommen hätte.

Kategorie 15 - „psychisches Risiko – induziert durch das Vorhandensein eines parallelen Kanals bzw. eines MKS“:

(q) Nach dem Kauf denke ich, statt der Bestellung der Hose im Online-Shop hätte ich lieber in das Geschäft desselben Händlers gehen können – s.o.

	Produkt	**Kanal**	**MKS**
funktionales Risiko	**1** (2)	**6** (1)	**11** (0)
finanzielles Risiko	**2** (2)	**7** (1)	**12** (2)
gesundheitliches Risiko	**3** (2)	**8** (0)	**13** (0)
soziales Risiko	**4** (2)	**9** (0)	**14** (0)
psychisches Risiko	**5** (2)	**10** (8)	**15** (1)

Abb. 71: Die Risikoitems zum Kauf einer Hose im Online-Shop und deren Zuordnung zu den verschiedenen Risikokategorien

Wie bereits erwähnt, wurden die Inhalte der verschiedenen Risikoitems an dieser Stelle exemplarisch für die Produkt-Kanal-Kombinationen „Hose/ stationärer Einzelhandel“ und „Hose/Online-Shop“ erläutert.

Die Items für die Kombinationen „Wein/sEH“, „Wein/OS“, „Vitaminpräparat/ sEH“ und „Vitaminpräparat/OS“ werden hier nicht mehr dargestellt.

10.2.4 Ermittlung des wahrgenommenen Kaufrisikos

Um nun auf Basis der Nennung der Skalenausprägungen durch die Probanden (pro Risikoitem und den beiden Komponenten), das von ihnen subjektiv wahrgenommene Kaufrisiko zu ermitteln, wird in der vorliegenden Untersuchung die Behandlung der Daten in den folgenden vier Schritten vorgenommen:

1. Transformation der Skala zur Messung der beiden Komponenten „Wahrscheinlichkeit“ und „Ausmaß der Kauffolge“ bzw. aller Nennungen.
2. Berechnung des wahrgenommenen Kaufrisikos durch multiplikative Verknüpfung der beiden Risikokomponenten pro Risikoitem.
3. Additive Zusammenfassung der Risiko-Einschätzungen pro Item zu den einzelnen Risikokategorien und Bildung von Mittelwerten.
4. Kategorisierung der Ergebnisse pro Risikokategorien.
5. Ermittlung des Gesamtrisikos über alle Risikokategorien hinweg.

ad 1.) Die o.g. Skala mit den Ausprägungen 1 - 5, die für beide Risiko-Komponenten eingesetzt wurde, muss im Rahmen der Auswertung transformiert werden zu einer Skala mit den Maximal-Ausprägungen 0 und 4. Nur so kann nach der multiplikativen Verknüpfung der beiden Komponenten gewährleistet werden, dass durch die Abwesenheit einer der beiden Faktoren durch die Multiplikation mit Null auch tatsächlich die Abwesenheit von Risiko angezeigt wird. Der Grund, warum die Skala nicht wie benötigt von 0 bis 4 in den Fragebogen aufgenommen wurde, ist Folgender: Dadurch, dass der Fragebogen die Probanden durch seine Länge und Komplexität bereits sehr beanspruchte, sollten sie nicht zusätzlich durch die Verwendung unterschiedlicher Zahlenwerte unnötig belastet werden. Deshalb wurden **alle verwendeten Skalen einheitlich**

mit den Endwerten 1 und 5 bestückt. Diese Vorgehensweise trägt durch die kognitive Entlastung der Probanden zu einer **Steigerung der Validität** bei.

ad 2.) Anschließend wurden die jeweils zusammengehörenden Komponenten eines Items multiplikativ verknüpft. Durch das Zusammentreffen der beiden Fünfer-Skalen mit den Maximalausprägungen 0 und 4, konnten aus den Faktoren somit die folgenden Produkte entstehen: 0, 1, 2, 3, 4, 6, 8, 9, 12 und 16.

ad 3.) In einem weiteren Schritt wurden die Risikoitems (über die ein Mittelwert gebildet wurde) nach der oben erläuterten Vorgehensweise zu Risikokategorien zusammengefasst.[547] Dies geschieht durch Addition der Risiko-Einschätzungen pro Item innerhalb einer Risikokategorie und der daran anschließenden Bildung von Mittelwerten pro Risikokategorie, indem die entstandene Summe durch die Anzahl der einfließenden Indikatoren dividiert wurde.

ad 4.) Diese Mittelwerte, die auf der multiplikativen Verknüpfung der Skalenwerte basieren, wurden nun für die weitere Verarbeitung wie folgt kategorisiert:

Kategorie	**1**	**2**	**3**	**4**	**5**
Ergebnis der multiplikativen Verknüpfung	0 und 1	2, 3 und 4	6	8 und 9	12 und 16

Abb. 72: Kategorisierung der Produkte beider Risiko-Komponenten

ad 5.) Auf der Basis der einzelnen Risikokategorien wird das Gesamtrisiko (oder auch aggregiertes Gesamtrisiko) pro befragter Situation ermittelt. Dies geschieht dadurch, dass die Werte der einzelnen Risikokategorien gleichgewichtet in die Mittelwertbildung eingehen.

---

[547] Zur Erinnerung: Die Risikokategorien ergeben sich aus den fünf Risikodimensionen, die jeweils den „Risikoquellen" Produkt, Kanal und Mehrkanalsystem zugeordnet werden. Vergleiche dazu beispielhaft Abb. 71.

Zur Begriffsbestimmung ist für das weitere Vorgehen von großer Bedeutung, folgende Terminologie abzugrenzen:

- **Globales Risiko** ist das Risiko, welches durch eine undifferenzierte Messung erhoben wird. Es wird dabei **nicht** zwischen **verschiedenen Risikoinhalten** unterschieden. Die Operationalisierung kann dabei nicht-kompositionell oder aber kompositionell erfolgen (siehe dazu Kap. 10.1.1).
- **Gesamtrisiko** oder auch **aggregiertes (Gesamt-) Risiko** stellt das Risiko dar, welches **differenziert** erhoben wurde (nicht-kompositionell oder kompositionell und unter Berücksichtigung der **unterschiedlichen Risikodimensionen**), danach aber in Summe als aggregierte Größe über alle einzelnen Ausprägungen betrachtet wird.

Wichtig ist diese Abgrenzung insbesondere deshalb, weil in der Literatur die Nutzung der Begriffe nicht einheitlich ist, so wird z.T. für beide Sachverhalte der Begriff des globalen Risikos (oder auch overall risk) verwendet, ohne einen Hinweis auf die relevante Art der Entstehung zu geben.

Mit dieser Größe des **aggregierten Gesamtrisikos** arbeiten verschiedene Autoren in ihren Untersuchungen, indem sie in ihrer Erhebung **differenziert Teilrisiken** erheben, die im weiteren Verlauf ihrer Betrachtung zu einem sogenannten Gesamtrisiko aggregiert und nur noch als solches betrachtet werden.[548]

10.3 Hypothesen zum wahrgenommenen Kaufrisiko in Mehrkanalsystemen

Ausgehend von den Arbeitshypothesen, die am Ende des theoretischen Teils dieser Arbeit hergeleitet wurden, können nun die hier relevanten Hypothesen zum wahrgenommenen Kaufrisiko in einem Mehrkanalsystem formuliert werden. Dabei wird nur das aggregierte Gesamtrisiko in Form einer Synthese der einzelnen Risikokategorien betrachtet. Implizit wird

[548] So z.B. Kumpf (1977), Newall (1977), Kupsch et al. (1978), Katz in zwei verschiedenen Studien (1983) und Grunert (1984).

unterstellt, dass sich die Teilrisiken ebenso verhalten, wie es für das aggregierte Gesamtrisiko in der Hypothese angenommen wird.
Die jeweiligen Risikokategorien, ihre Ausprägungen aber auch ggf. auftretende Abweichungen von den Hypothesen (und somit vom Gesamtrisiko), werden im Rahmen der Interpretation herangezogen und erläutert.

Wie auch schon bei der Hypothesenformulierung im Rahmen der informationsökonomischen Eigenschaften, handelt es sich bei den Risikohypothesen formal um „Wenn-Dann-Aussagen". Die „Wenn-Komponente" beruht dabei auf einer bestimmten Produkt-Kanal-Konstellation und der damit aus Kap. 9.3 resultierenden dominierenden informationsökonomischen Produkteigenschaft.[549]

Der folgende Hypothesenblock mit den drei Hypothesen $H_{wKR}1$, $H_{wKR}2$ und $H_{wKR}3$ hat zum Inhalt, inwieweit sich das wahrgenommene Gesamtrisiko bezogen auf **das selbe Produkt** verändert, wenn man den **Kanal variiert**.

Als zentrale Annahme ist an dieser Stelle zu betonen, dass das gesamte wahrgenommene Kaufrisiko unter der Voraussetzung desselben Produktes beim Kauf im Online-Shop grundsätzlich höher sein wird als beim Kauf im stationären Einzelhandel (vgl. Kap. 4.5 und 7.1) und dass bei „höherer" informationsökonomischer Produkteigenschaft (von SE über EE hinzu VE) auch das wahrgenommene Kaufrisiko höher sein wird (vgl. Kap. 7.1).
Der erste Hypothesenblock $H_{wKR}1$, $H_{wKR}2$ und $H_{wKR}3$ trifft pro Produkt eine Aussage zu dem wahrgenommenen Kaufrisiko beim Kauf im stationären Einzelhandel im Vergleich zu dem Kauf im Online-Shop. Unter Beibehaltung der Determinante „Produkt" wird also die beeinflussende Variable „Kanal" verändert, was sich – wie aufgezeigt – mittelbar und unmittelbar auf das subjektiv wahrgenommene Kaufrisiko auswirkt.

[549] Vgl. zu der Verknüpfung der einzelnen Wenn-dann-Komponenten Kap. 7.3.

$H_{wKR}1$ → (Hose sEH/OS)	Wenn das Produkt „**Hose**“ beim Kauf im **stationären Einzelhandel** als Produkt mit überwiegend **Sucheigenschaften** eingeschätzt wird und beim Kauf im **Online-Shop** als Produkt mit überwiegend **Erfahrungseigenschaften**, dann ist das gesamte wahrgenommene Kaufrisiko im ersten Fall niedriger als im zweiten Fall.
$H_{wKR}2$ → (Wein sEH/OS)	Wenn das Produkt „**Wein**“ beim Kauf im **stationären Einzelhandel** als Produkt mit überwiegend **Erfahrungseigenschaften** eingeschätzt wird und beim Kauf im **Online-Shop** auch als Produkt mit überwiegend **Erfahrungseigenschaften**, dann ist das gesamte wahrgenommene Kaufrisiko im ersten Fall niedriger als im zweiten Fall.
$H_{wKR}3$ → (Vitaminpräparat sEH/OS)	Wenn das Produkt „**Vitaminpräparat**“ beim Kauf im **stationären Einzelhandel** als Produkt mit überwiegend **Vertrauenseigenschaften** eingeschätzt wird und beim Kauf im **Online-Shop** auch als Produkt mit überwiegend **Vertrauenseigenschaften**, dann ist das gesamte wahrgenommene Kaufrisiko im ersten Fall niedriger als im zweiten Fall.

Der nun folgende Hypothesenblock beinhaltet Aussagen darüber, wie sich das gesamte wahrgenommene Kaufrisiko verändert, unter der Betrachtung des **selben Kanals** und einer **Variation der Produkte**. Zuerst wird dabei der stationäre Einzelhandel berücksichtigt ($H_{wKR}4$, $H_{wKR}5$ und $H_{wKR}6$) und dann der Online-Shop ($H_{wKR}7$, $H_{wKR}8$ und $H_{wKR}9$).

$H_{wKR}4$ → (Hose sEH/ Wein sEH)	Wenn das Produkt „**Hose**“ beim Kauf im **stationären Einzelhandel** als Produkt mit überwiegend **Sucheigenschaften** eingeschätzt wird und das Produkt „**Wein**“ beim Kauf im **stationären Einzelhandel** als Produkt mit überwiegend **Erfahrungseigenschaften,** dann ist das gesamte wahrgenommene Kaufrisiko im ersten Fall niedriger als im zweiten Fall.
$H_{wKR}5$ → (Hose sEH/ Vitaminpräparat sEH)	Wenn das Produkt „**Hose**“ beim Kauf im **stationären Einzelhandel** als Produkt mit überwiegend **Sucheigenschaften** eingeschätzt wird und das Produkt „**Vitaminpräparat**“ beim Kauf im **stationären Einzelhandel** als Produkt mit überwiegend **Vertrauenseigenschaften,** dann ist das gesamte wahrgenommene Kaufrisiko im ersten Fall niedriger als im zweiten Fall.
$H_{wKR}6$ → (Wein sEH/ Vitaminpräparat sEH)	Wenn das Produkt „**Wein**“ beim Kauf im **stationären Einzelhandel** als Produkt mit überwiegend **Erfahrungseigenschaften** eingeschätzt wird und das Produkt „**Vitaminpräparat**“ beim Kauf im **stationären Einzelhandel** als Produkt mit überwiegend **Vertrauenseigenschaften,** dann ist das gesamte wahrgenommene Kaufrisiko im ersten Fall niedriger als im zweiten Fall.

$H_{wKR}7$ → (Hose OS/ Wein OS)	Wenn das Produkt „**Hose**" beim Kauf im **Online-Shop** als Produkt mit überwiegend **Erfahrungseigenschaften** eingeschätzt wird und das Produkt „**Wein**" beim Kauf im **Online-Shop** als Produkt mit überwiegend **Erfahrungseigenschaften,** dann ist das gesamte wahrgenommene Kaufrisiko in beiden Fällen gleich hoch.
$H_{wKR}8$ → (Hose OS/ Vitaminpräparat OS)	Wenn das Produkt „**Hose**" beim Kauf im **Online-Shop** als Produkt mit überwiegend **Erfahrungseigenschaften** eingeschätzt wird und das Produkt „**Vitaminpräparat**" beim Kauf im **Online-Shop** als Produkt mit überwiegend **Vertrauenseigenschaften,** dann ist das gesamte wahrgenommene Kaufrisiko im ersten Fall niedriger als im zweiten Fall.
$H_{wKR}9$ → (Wein OS/ Vitaminpräparat OS)	Wenn das Produkt „**Wein**" beim Kauf im **Online-Shop** als Produkt mit überwiegend **Erfahrungseigenschaften** eingeschätzt wird und das Produkt „**Vitaminpräparat**" beim Kauf im **Online-Shop** als Produkt mit überwiegend **Vertrauenseigenschaften,** dann ist das gesamte wahrgenommene Kaufrisiko im ersten Fall niedriger als im zweiten Fall.

Bei der Hypothese $H_{wKR}7$ handelt es sich um einen Sonderfall. Unter der Voraussetzung des in der vorliegenden Untersuchung betrachteten Partialmodells des Kundenverhaltens und des damit einhergehenden Ausschlusses sämtlicher Einflussfaktoren außer der Intervention der beiden beschriebenen Stimuli „informationsökonomische Produkteigenschaften" und „Kanal eines Mehrkanalsystems", kann Aussage $H_{wKR}7$ getroffen werden. Diese Hypothese zielt darauf ab, dass **gleiche i.ö. Produkteigenschaften** und **gleiche Kanäle** ein **gleich hohes gesamtes wahrgenommenes Kaufrisiko** nach sich ziehen. Dies trifft nur in einem Fall zu, in dem man den Kauf einer Hose im Online-Shop mit dem Kauf des Weins im Online-Shop (beides Produkte mit überwiegend Erfahrungseigenschaften im Online-Kanal) betrachtet.

Ein weiterer Sonderfall liegt bei der folgenden Konstellation vor: Betrachtet man die Produkt-Kanal-Kombinationen Hose/Online-Shop und Wein/ stationärer Einzelhandel, so kann hierbei festgestellt werden, dass man die gleiche dominierende informationsökonomische Produkteigenschaft in zwei unterschiedlichen Kanälen betrachtet. Aus diesem Grund wird die folgende Aussage getroffen:

$H_{wKR}10$ → (Hose OS/ Wein sEH)	Wenn das Produkt „**Hose**" beim Kauf im **Online-Shop** als Produkt mit überwiegend **Erfahrungseigenschaften** eingeschätzt wird und das Produkt „**Wein**" beim Kauf im **stationären Einzelhandel** als Produkt mit überwiegend **Erfahrungseigenschaften,** dann ist das gesamte wahrgenommene Kaufrisiko in beiden Fällen nicht gleich hoch, sondern durch den Online-Kanal im ersten Fall höher.

Der Vollständigkeit halber sollen auch noch die folgenden Produkt-Kanal-Konstellationen erwähnt werden, die sich auch auf eine Kombination eines unterschiedlichen Produktes und des jeweils anderen Kanals beziehen:

$H_{wKR}11$ → (Hose sEH/ Wein OS)	Wenn das Produkt „**Hose**" beim Kauf im **stationären Einzelhandel** als Produkt mit überwiegend **Sucheigenschaften** eingeschätzt wird und das Produkt „**Wein**" beim Kauf im **Online-Shop** als Produkt mit überwiegend **Erfahrungseigenschaften**, dann ist das gesamte wahrgenommene Kaufrisiko im ersten Fall niedriger als im zweiten Fall.
$H_{wKR}12$ → (Hose sEH/ Vitaminpräparat OS)	Wenn das Produkt „**Hose**" beim Kauf im **stationären Einzelhandel** als Produkt mit überwiegend **Sucheigenschaften** eingeschätzt wird und das Produkt „**Vitaminpräparat**" beim Kauf im **Online-Shop** als Produkt mit überwiegend **Vertrauenseigenschaften,** dann ist das gesamte wahrgenommene Kaufrisiko im ersten Fall niedriger als im zweiten Fall.
$H_{wKR}13$ → (Wein sEH/ Vitaminpräparat OS)	Wenn das Produkt „**Wein**" beim Kauf im **stationären Einzelhandel** als Produkt mit überwiegend **Erfahrungseigenschaften** eingeschätzt wird und das Produkt „**Vitaminpräparat**" beim Kauf im **Online-Shop** als Produkt mit überwiegend **Vertrauenseigenschaften,** dann ist das gesamte wahrgenommene Kaufrisiko im ersten Fall niedriger als im zweiten Fall.

Ein Sonderfall tritt auch hier auf, bei der Betrachtung der Konstellation Wein OS/Vitaminpräparat sEH. Welche Änderung der Parameter wirkt sich dabei schwerer auf die Höhe des wahrgenommenen Kaufrisiko aus, die Variation der i.ö. Produkteigenschaften von der Erfahrungseigenschaft hin zur Vertrauenseigenschaft, die sich **risikoerhöhend** auswirkt, oder aber die Variation vom Online-Shop hinzu dem stationären Einzelhandel, die den **gegenteiligen Effekt** hervorruft?

Die Verfasserin geht an dieser Stelle davon aus, dass der Online-Kanal einen so großen risikoerzeugenden Effekt ausübt, welcher in diesem Fall die Differenz zwischen den beiden i.ö. Produkteigenschaften kompensiert. Die **Annahme**, dass eine **Variation des Online-Kanals schwerer wiegt** als die **Modifikation der informationsökonomischen Produkteigenschaft,** lässt sich wie folgt begründen.

Die **informationsökonomischen Produkteigenschaften** wirken sich – im Gegensatz zu dem jeweiligen Kanal eines Mehrkanalsystems – **nur begrenzt** auf das wahrgenommene Kaufrisiko aus. Dies ist insbesondere dadurch der Fall, dass sie im Wesentlichen auf die **produktinduzierten Risikokategorien** Einfluss haben.
Was die Auswirkungen auf die beiden **Risikokomponenten** angeht, ist Folgendes festzuhalten: Aus der Frage nach der subjektiven Einschätzung der i.ö. PE resultiert zwar die Unsicherheit darüber, dass der Kunde vor dem Kauf meint, alle kaufrelevanten Eigenschaften zu einem bestimmten Zeitpunkt einschätzen zu können oder nicht. Diese Situation, vor dem Kauf nicht einschätzen zu können, ob nach dem Kauf alle relevanten Eigenschaften des Produktes auch tatsächlich dem Anspruchsniveau entsprechen, bildet sie subjektive Wahrscheinlichkeit einer potenziellen negativen Kauffolge ab (→ relevante Eigenschaft ist nicht vorhanden). Im Rahmen der individuellen Risikoeinschätzung versieht der Kunde diese Wahrnehmung zusätzlich mit einer subjektiven Einschätzung darüber, wie schwerwiegend dieses Fehlen der jeweiligen Eigenschaft (oder im umgekehrten Fall das Vorhandensein einer ungewünschten Eigenschaft) für ihn wäre.

Aus diesem Grund kann man innerhalb des betrachteten S-O-R-Modells nicht davon ausgehen, dass sich die informationsökonomischen Produkteigenschaften nur auf die Risikokomponente „Unsicherheit“ auswirken. Vielmehr ist festzuhalten, dass der Effekt in einem ersten Schritt die Unsicherheit über einen bestimmten Zustand betrifft und in einem zweiten Schritt das Ausmaß der negativen Kauffolgen.

Der von dem Distanzprinzip geprägte **Online-Kanal innerhalb eines Mehrkanalsystems** hat hingegen auf **mehrere Risikokategorien** Einfluss. Er wirkt sich schwerpunktmäßig nicht nur auf die **kanalinduzierten Risikokategorien** aus, sondern auch noch auf die **mehrkanalsysteminduzierten Teilrisiken**, wobei die **produktinduzierten Risikokategorien** – wie aufgezeigt – zusätzlich noch einen Effekt durch den jeweiligen Kanal verzeichnen. Bezogen auf diese Risikoinhalte sind, wie auch schon bei den informationsökonomischen Produkteigenschaften, jeweils beide Risikokomponenten betroffen.

Aus diesem Grund kann die folgende Hypothese aufgestellt werden.

H_{wKR}14 → (Wein OS/ Vitaminpräparat sEH)	Wenn das Produkt „**Wein**" beim Kauf im **Online-Shop** als Produkt mit überwiegend **Erfahrungseigenschaften** eingeschätzt wird und das Produkt „**Vitaminpräparat**" beim Kauf im **stationären Einzelhandel** als Produkt mit überwiegend **Vertrauenseigenschaften,** dann ist das gesamte wahrgenommene Kaufrisiko im zweiten Fall niedriger als im ersten Fall.

Der gleiche Effekt tritt auch beim Vergleich der Produkt-Kanal-Konstellationen Hose/OS und Vitaminpräparat/sEH auf. Auch hier wird wiederum unterstellt, dass der risikoerzeugende Effekt des Online-Kanals überwiegt und somit die Hypothese H_{wKR}15 aufgestellt werden kann.

H_{wKR}15 → (Hose OS/ Vitaminpräparat sEH)	Wenn das Produkt „**Hose**" beim Kauf im **Online-Shop** als Produkt mit überwiegend **Erfahrungseigenschaften** eingeschätzt wird und das Produkt „**Vitaminpräparat**" beim Kauf im **stationären Einzelhandel** als Produkt mit überwiegend **Vertrauenseigenschaften,** dann ist das gesamte wahrgenommene Kaufrisiko im zweiten Fall niedriger als im ersten Fall.

Auf Grund der Vielzahl an Hypothesen wird in Abb. 73 eine kurze inhaltliche Zusammenfassung gegeben, die für Produkte, Kanäle, informationsökonomische Produkteigenschaften und wahrgenommenes Kaufrisiko jeweils Abkürzungen verwendet.

	Wenn-Komponente	Dann-Komponente
$H_{wKR}1$	Wenn H/sEH → SE und H/OS → EE	Dann H/sEH → wKR niedriger
$H_{wKR}2$	Wenn W/sEH → EE und W/OS → EE	Dann W/sEH → wKR niedriger
$H_{wKR}3$	Wenn VP/sEH → VE und VP/OS → VE	Dann VP/sEH → wKR niedriger
$H_{wKR}4$	Wenn H/sEH → SE und W/sEH → EE	Dann H/sEH → wKR niedriger
$H_{wKR}5$	Wenn H/sEH → SE und VP/sEH → VE	Dann H/sEH → wKR niedriger
$H_{wKR}6$	Wenn W/sEH → EE und VP/sEH → VE	Dann W/sEH → wKR niedriger
$H_{wKR}7$	Wenn H/OS → EE und W/OS → EE	Dann wKR gleich
$H_{wKR}8$	Wenn H/OS → EE und VP/OS → VE	Dann H/OS → wKR niedriger
$H_{wKR}9$	Wenn W/OS → EE und VP/OS → VE	Dann W/OS → wKR niedriger
$H_{wKR}10$	Wenn H/OS → EE und W/sEH → EE	Dann W/sEH → wKR niedriger
$H_{wKR}11$	Wenn H/sEH → SE und W/OS → EE	Dann H/sEH → wKR niedriger
$H_{wKR}12$	Wenn H/sEH → SE und VP/OS → VE	Dann H/sEH → wKR niedriger
$H_{wKR}13$	Wenn W/sEH → EE und VP/OS → VE	Dann W/sEH → wKR niedriger
$H_{wKR}14$	Wenn W/OS → EE und VP/sEH → VE	Dann VP/sEH → wKR niedriger
$H_{wKR}15$	Wenn H/OS → EE und VP/sEH → VE	Dann VP/sEH → wKR niedriger

Abb. 73: Zusammenfassung der Hypothesen zum wahrgenommenen Kaufrisiko

10.4 Darstellung und Interpretation der Ergebnisse zum wahrgenommenen Kaufrisiko innerhalb eines Mehrkanalsystems

In Abb. 74 werden die Ergebnisse aller Teilrisiken für die sechs untersuchten Produkt-Kanal-Kombinationen dargestellt.

	H/sEH 1	H/OS 2	W/sEH 3	W/OS 4	VP/sEH 5	VP/OS 6
Kat. 1 funktionales wKR (Produkt)	2,47 n = 114	3,67 n = 82	3,06 n = 172	3,41 n = 143	3,16 n = 75	3,04 n = 52
Kat. 2 finanzielles wKR (Produkt)	2,39 n = 114	2,82 n = 82	2,34 n = 172	2,48 n = 143	2,52 n = 75	2,42 n = 52
Kat. 3 gesundheitl. wKR (Produkt)	2,27 n = 114	2,56 n = 82	2,51 n = 172	2,64 n = 143	2,71 n = 75	2,62 n = 52
Kat. 4 soziales wKR (Produkt)	1,55 n = 114	1,89 n = 82	1,94 n = 172	2,16 n = 143	1,71 n = 75	1,79 n = 52
Kat. 5 psychisches wKR (Produkt)	1,96 n = 114	2,87 n = 82	2,44 n = 172	2,66 n = 143	2,67 n = 75	2,52 n = 52
Kat. 6 funktionales wKR (Kanal)	./.	2,96 n = 81	./.	2,99 n = 141	./.	2,73 n = 52
Kat. 7 finanzielles wKR (Kanal)	2,06 n = 113	2,77 n = 82	2,24 n = 172	2,78 n = 143	2,39 n = 74	1,18 n = 52
Kat. 9 soziales wKR (Kanal)	1,10 n = 114	./.	1,15 n = 172	./.	1,29 n = 75	./.
Kat. 10 psychisches wKR (Kanal)	2,56 n = 114	3,24 n = 82	2,82 n = 172	3,06 n = 143	3,05 n = 75	2,85 n = 52
Kat. 12 finanzielles wKR (MKS)	2,36 n = 113	2,90 n = 82	2,48 n = 171	2,86 n = 143	2,29 n = 73	2,56 n = 52
Kat. 15 psychisches wKR (MKS)	1,37 n = 113	2,91 n = 82	1,42 n = 172	2,70 n = 142	1,53 n = 75	2,40 n = 52
aggregiertes Gesamtrisiko[550]	**2,03** **n = 114**	**2,90** **n = 82**	**2,23** **n = 172**	**2,78** **n = 143**	**2,32** **n = 75**	**2,58** **n = 52**
./. → Die jeweilige Risikokategorien wurde für die entsprechende Produkt-Kanal-Kombination nicht erhoben						
1 → sehr niedriges wahrgenommenes Kaufrisiko (...) 5 → sehr hohes wahrgenommenes Kaufrisiko						

Abb. 74: Mittelwerte des gemessenen wahrgenommenen Kaufrisikos pro Risikokategorie in den einzelnen Produkt-Kanal-Kombinationen

Im Rahmen einer Forschungsarbeit erfolgt im ersten Schritt eine Beschreibung der zu untersuchenden Zustände und deren Bedingungen. Daran schließt sich im zweiten Schritt die Erklärung dieser Zusammenhänge an,

[550] Wenn die Fallzahl der aggregierten Risikogröße von den Fallzahlen der zugrunde liegenden Teilrisiken abweicht, liegt dies darin begründet, dass natürlich die höchste Fallzahl der Teilrisiken hier herangezogen wird (siehe zur Ermittlung des aggregierten Gesamtrisikos Kap. 10.2.4).

um das Kundenverhalten in einem Mehrkanalsystem ergründen zu können.

Die Beschreibung und Erklärung findet im Folgenden anhand eines Vergleichs der Mittelwerte der verschiedenen Produkt-Kanal-Variationen statt. Es wird pro Hypothese anhand von Signifikanztests überprüft, ob die Werte und deren Differenzen auf die Grundgesamtheit übertragbar sind oder aber auf Zufall beruhen.

Die ermittelten Signifikanzwerte zwischen allen Produkt-Kanal-Konstellationen und allen Teilrisiken (i.S.v. Risikokategorien) sowie dem aggregierten Gesamtrisiko finden sich bei den Betrachtungen der jeweiligen Produkt-Kanal-Kombinationen in den folgenden Kapiteln.

10.4.1 Käufe eines Produktes bei Variation des Kanals

Mittelwertvergleich „Hose/sEH" und „Hose/OS"

Bei der Betrachtung des hypothetischen Kaufs einer Hose im stationären Einzelhandel im Vergleich zum Kauf im Online-Shop wurde weiter oben bereits festgestellt, dass es zu einer Transformation der dominierenden informationsökonomischen Produkteigenschaft kommt. Im sEH wird die Hose als Produkt mit überwiegend Sucheigenschaften wahrgenommen[551] und beim Kauf im OS als Produkt mit überwiegend Erfahrungseigenschaften.[552]

Als Folge dessen und resultierend aus den unterstellten theoretischen Ableitungen zum direkten Einfluss der informationsökonomischen Produkteigenschaften auf das wKR und zu den Effekten der Kanäle eines MKS – zum einen unmittelbar und zum anderen mittelbar über die informationsökonomischen Produkteigenschaften – auf das wKR, kann die folgende Hypothese aufgestellt werden:

---

[551] Zur Erinnerung: Hierbei können die wesentlichen Eigenschaften vor dem Kauf bewertet werden.

[552] Hierbei können die wesentlichen Eigenschaften des Produktes erst nach dem Kauf und dem Gebrauch eingeschätzt werden.

$H_{wKR}1$ → (Hose sEH/OS)	Wenn das Produkt „**Hose**" beim Kauf im **stationären Einzelhandel** als Produkt mit überwiegend **Sucheigenschaften** eingeschätzt wird und beim Kauf im **Online-Shop** als Produkt mit überwiegend **Erfahrungseigenschaften**, dann ist das gesamte wahrgenommene Kaufrisiko im ersten Fall niedriger als im zweiten Fall.

Als Ergebnis ist festzuhalten, dass Hypothese $H_{wKR}1$ durch die empirische Untersuchung nicht widerlegt wurde.

Das Gesamtrisiko wurde beim Kauf der Hose im OS (MW 2,90) im Gegensatz zum sEH (MW 2,03) signifikant höher wahrgenommen und sogar jede einzelne Risikokategorie verzeichnet beim Kauf im Online-Kanal ein höheres Risiko (vgl. Abb. 75).

Jede dieser Differenzen ist dabei nicht nur hoch signifikant (mit mindestens $\alpha < 0{,}01$), sondern der Wert der ermittelten Signifikanzen befindet sich sogar bei α=0,000 (Ausnahme Kat. 3 mit α=0,001).

Interessant ist es nun, die einzelnen Risikokategorien näher zu betrachten, bei denen die Differenz zwischen den Mittelwerten – also aufgrund der Kanalvariation – besonders hoch ausgefallen ist.

Es handelt sich dabei um die Kategorie 1 (funktionales wKR/Produkt) mit einer Erhöhung des MW vom sEH auf den OS um 1,20; Kategorie 5 (psychisches wKR/Produkt) mit der Erhöhung von 0,91 und der Kategorie 15 (psychisches wKR/MKS) mit der größten hier aufgetretenen Differenz zwischen den beiden Mittelwerten in Höhe von 1,54.

Um die Unterschiede zu interpretieren ist es sinnvoll, sich jeweils die konkreten Risikoitems der einzelnen Kategorien vor Augen zu führen.

Beim funktionalen wKR/Produkt (Kat. 1) und den dazugehörigen potenziellen negativen Kauffolgen „Hose passt nicht richtig" und „Hose übersteht die erste Wäsche nicht", ist offensichtlich, warum die Antworten der Probanden eine solche Differenzierung zwischen den Situationen bezogen auf den sEH und den OS erzeugten.

Die Kauffolge der nicht passenden Hose ist im sEH eher gering, da eine Hose vor dem Kauf in der Regel anprobiert wird. Im OS hingegen ist es ein gewichtiges Risiko, da die Hose durch den Distanzkauf eben nicht anprobiert werden kann, um sich somit vor dem Kauf ein Urteil über die Passform erlauben zu können. Selbst die Aussage zu dem Zustand der Hose nach der ersten Wäsche kann (ggf. nur subjektiv) durch haptische und optische Überprüfung vor dem Kauf im sEH (und zwar nur dort) erfolgen, so dass hier das funktionale wKR/Produkt geringer eingeschätzt wird.

Als nächste Risikokategorie mit einer hohen Mittelwertdifferenz soll Kat. 5, das produktinduzierte psychische wKR, betrachtet werden. Die dazugehörigen Risikoinhalte beziehen sich jeweils auf die negative Kauffolge, nach dem Kauf das Gefühl zu haben, man hätte sich vor dem Kauf besser informieren sollen oder man habe generell eine falsche Hose gekauft. Es liegt auf der Hand, dass hierbei wiederum der Distanzkauf und der Mangel, die Hose vor dem Kauf nicht anprobieren zu können die Basis für diese Einschätzung liefert.[553] Daraus resultieren dementsprechend Dissonanzen darüber, einen nicht optimalen Kauf durchgeführt zu haben.

Die letzte Kategorie, die hier intensiver betrachtet wird, ist Kat. 15: das mehrkanalsysteminduzierte psychische wahrgenommene Kaufrisiko. Hierbei handelt es sich um die Risikokategorie mit der größten Differenz der Mittelwerte in Höhe von 1,54. Das dabei relevante Risikoitem beschreibt die negative Kauffolge, dass man nach dem getätigten Kauf denkt, man hätte das Produkt lieber in dem jeweils anderen Kanal gekauft. Es ist nicht verwunderlich, dass dies besonders für den Fall als Risiko empfunden wird, in dem es um den Kauf der Hose im Online-Shop geht. Zum einen kommt hierbei zum Tragen, dass in der Frage 11 des Fragebogens fast alle Probanden antworteten, dass sie den Kauf einer Hose eher im sEH durchführen würden und deshalb in der Situation des Kaufs im OS eher denken, dass sie sich den Kauf in dem anderen Kanal (dem sEH) wünschen würden. Zum anderen durchlaufen die Probanden durch das Ausfüllen der einzelnen Fragen den Prozess, dass sie sich des Risikos beim Kauf in den unterschiedlichen Kanälen bewusst werden. So könnten Sie sich die Situation herbeiwünschen, den Kauf in dem anderen Kanal getätigt zu haben, in dem das geringste wKR vorhanden ist – in diesem Fall also dem sEH.

[553] Weiter unten wird aufgezeigt, ob die risikoreduzierende Handlung des Anprobierens tatsächlich diese zentrale Rolle einnimmt.

H_{wKR}1	H/sEH 1	H/OS 2	Signifikanz	
Kat. 1 funktionales wKR (Produkt)	2,47 n = 114	3,67 n = 82	**0,000**	++
Kat. 2 finanzielles wKR (Produkt)	2,39 n = 114	2,82 n = 82	**0,000**	++
Kat. 3 gesundheitl. wKR (Produkt)	2,27 n = 114	2,56 n = 82	**0,001**	++
Kat. 4 soziales wKR (Produkt)	1,55 n = 114	1,89 n = 82	**0,000**	++
Kat. 5 psychisches wKR (Produkt)	1,96 n = 114	2,87 n = 82	**0,000**	++
Kat. 6 funktionales wKR (Kanal)	./.	2,96 n = 81	./.	./.
Kat. 7 finanzielles wKR (Kanal)	2,06 n = 113	2,77 n = 82	**0,000**	++
Kat. 9 soziales wKR (Kanal)	1,10 n = 114	./.	./.	./.
Kat. 10 psychisches wKR (Kanal)	2,56 n = 114	3,24 n = 82	**0,000**	++
Kat. 12 finanzielles wKR (MKS)	2,36 n = 113	2,90 n = 82	**0,000**	++
Kat. 15 psychisches wKR (MKS)	1,37 n = 113	2,91 n = 82	**0,000**	++
aggregiertes Gesamtrisiko	2,03 n = 114	2,90 n = 82	**0,000**	++
$\alpha^* \leq 0{,}01$ → hoch signifikant (++) / $\alpha^* \leq 0{,}05$ → signifikant (+) / $\alpha^* > 0{,}05$ → nicht signifikant (-)				
./. → Die jeweilige Risikokategorie wurde für die entsprechende Produkt-Kanal-Kombination nicht erhoben				
1 → sehr niedriges wahrgenommenes Kaufrisiko (...) 5 → sehr hohes wahrgenommenes Kaufrisiko				

Abb. 75: Mittelwertvergleiche des wKR pro Risikokategorie und den Produkt-Kanal-Kombinationen „Hose/sEH“ und „Hose/OS“

Mittelwertvergleich „Wein/sEH“ und „Wein/OS“

Der Weinkauf ist in beiden Kanälen ein Prozess, der maßgeblich von der Dominanz der Erfahrungseigenschaften geprägt ist.

Falls man nur diesen Parameter betrachten würde, könnte man annahmegemäß unterstellen, dass das gesamte wKR in beiden Kanälen gleich hoch ist. Wenn man allerdings den unmittelbaren risikoerhöhenden Einfluss des vom Distanzprinzip geprägten Kanal (hier: OS) in die Betrachtung mit einbezieht, so kommt man zu dem Schluss, dass das gesamte Risiko beim Kauf des Weins im OS höher sein muss als im sEH.[554]

---

[554] Der mittelbare risikoerhöhende Effekt der Kanäle – über den Umweg der Transformation der i.ö. Produkteigenschaften – kommt hier nicht zum Zug, da beide Situationen von der Dominanz der Erfahrungseigenschaften geprägt sind.

$H_{wKR}2$ → (Wein sEH/OS)	Wenn das Produkt „**Wein**" beim Kauf im **stationären Einzelhandel** als Produkt mit überwiegend **Erfahrungseigenschaften** eingeschätzt wird und beim Kauf im **Online-Shop** auch als Produkt mit überwiegend **Erfahrungseigenschaften**, dann ist das gesamte wahrgenommene Kaufrisiko im ersten Fall niedriger als im zweiten Fall.

Wie in Abb. 76 ersichtlich, ist dies im Rahmen der vorliegenden Untersuchung auch tatsächlich der Fall: Der Mittelwert des aggregierten Gesamtrisikos beim Kauf im sEH beträgt 2,23 und beim Kauf im OS 2,78, wobei die Differenz zwischen diesen Werten mit α=0,000 hoch signifikant ist. Die aufgestellte Hypothese kann dementsprechend beibehalten werden, da sie aufgrund der empirischen Daten nicht widerlegt werden konnte.

Bei der Betrachtung der einzelnen Risikokategorien stechen zwei hervor, die nicht nur jeweils eine große Differenz aufweisen, sondern auch noch hoch signifikant sind. Dies ist zum einen Kat. 7 (finanzielles wKR/Kanal) mit einer Differenz der Mittelwerte in Höhe von 0,54 (α=0,000) und zum anderen Kat. 15 (psychisches wKR/MKS) mit einer Differenz der Mittelwerte von 1,28 (α=0,000). Die Probanden schätzten dabei insbesondere das Risiko beim Kauf im OS als viel höher ein, nach dem Kauf des Weins zu denken, den Kauf besser im sEH getätigt zu haben. Diese Einschätzung könnte die Ursache darin haben, dass die Probanden (der Realität nicht entsprechend) davon ausgehen, dass sie den Wein beim Kauf im sEH vor dem Kauf probieren können und somit u.a. kein Risiko bezüglich des Geschmacks mehr haben.[555]

Interessant ist es, die Differenz der beiden Mittelwerte des aggregierten Gesamtrisikos (beim Kauf im sEH beträgt das MW 2,23 und beim Kauf im OS 2,78) in Höhe von 0,55 zu betrachten. Da beide Fälle das gleiche Produkt zum Inhalt haben, welches von derselben informationsökonomischen Eigenschaft dominiert wird, könnte man den Risikozuwachs auf die Variation des Kanals vom stationären Einzelhandel zum Online-Shop zurückführen. Welche Schlussfolgerungen daraus gezogen werden

[555] Siehe dazu auch die Ausführungen in Kap. 11.3, wo der Einsatz der verschiedenen Risikoreduktionsmaßnahmen diskutiert wird.

können, wird weiter unten (Kap. 12) ausführlich diskutiert und mit den Erkenntnissen aus der Analyse der noch folgenden Hypothesen ergänzt.

$H_{wKR}2$	W/sEH 3	W/OS 4	Signifikanz	
Kat. 1 funktionales wKR (Produkt)	3,06 n = 172	3,41 n = 143	0,000	++
Kat. 2 finanzielles wKR (Produkt)	2,34 n = 172	2,48 n = 143	0,009	++
Kat. 3 gesundheitl. wKR (Produkt)	2,51 n = 172	2,64 n = 143	0,022	+
Kat. 4 soziales wKR (Produkt)	1,94 n = 172	2,16 n = 143	0,001	++
Kat. 5 psychisches wKR (Produkt)	2,44 n = 172	2,66 n = 143	0,001	++
Kat. 6 funktionales wKR (Kanal)	./.	2,99 n = 141	./.	./.
Kat. 7 finanzielles wKR (Kanal)	2,24 n = 172	2,78 n = 143	0,000	++
Kat. 9 soziales wKR (Kanal)	1,15 n = 172	./.	./.	./.
Kat. 10 psychisches wKR (Kanal)	2,82 n = 172	3,06 n = 143	0,000	++
Kat. 12 finanzielles wKR (MKS)	2,48 n = 171	2,86 n = 143	0,000	++
Kat. 15 psychisches wKR (MKS)	1,42 n = 172	2,70 n = 142	0,000	++
aggregiertes Gesamtrisiko	2,23 n = 172	2,78 n = 143	0,000	++

$\alpha^* \leq 0{,}01$ → hoch signifikant (++) / $\alpha^* \leq 0{,}05$ → signifikant (+) / $\alpha^* > 0{,}05$ → nicht signifikant (-)
./. → Die jeweilige Risikokategorie wurde für die entsprechende Produkt-Kanal-Kombination nicht erhoben
1 → sehr niedriges wahrgenommenes Kaufrisiko (...) 5 → sehr hohes wahrgenommenes Kaufrisiko

Abb. 76: Mittelwertvergleiche des wKR pro Risikokategorie und den Produkt-Kanal-Kombinationen „Wein/sEH" und „Wein/OS"

Mittelwertvergleich „VP/sEH" und „VP/OS"

Ausgehend von dem Kauf eines Vitaminpräparates im sEH, welcher von der Dominanz der Vertrauenseigenschaften geprägt wurde, konnte nachgewiesen werden, dass auch der Kauf dieses Produktes im OS ebensolchen Bedingungen unterlag.

Den bislang erlangten Erkenntnissen zum wahrgenommenen Kaufrisiko folgend, wird die folgende Hypothese $H_{wKR}3$ aufgestellt:

$H_{wKR}3$ → (Vitaminpräparat sEH/OS)	Wenn das Produkt „**Vitaminpräparat**" beim Kauf im **stationären Einzelhandel** als Produkt mit überwiegend **Vertrauenseigenschaften** eingeschätzt wird und beim Kauf im **Online-Shop** auch als Produkt mit überwiegend **Vertrauenseigenschaften**, dann ist das gesamte wahrgenommene Kaufrisiko im ersten Fall niedriger als im zweiten Fall.

Bei der Interpretation der Ergebnisse muss berücksichtigt werden, dass diese, die sich auf das Produkt „Vitaminpräparat" beziehen (Befragungssäule 5 und 6), nur bedingt nutzbar sind.
Diese Einschränkung ergibt sich aus dem Umstand, dass inhaltlich nicht plausible, zum Teil inkonsistente und deshalb kaum nachvollziehbare Ergebnisse aus der Befragung resultieren. Denn warum sollte beispielsweise das gesundheitliche Risiko (Kat. 3) im sEH größer sein als beim Kauf des Präparats im OS?[556]
Ähnlich verhält es sich mit dem finanziellen wKR/Kanal (Kat. 7), welches die negative Kauffolge „Rechnung stimmt nicht" beinhaltet (vgl. Abb. 77). Warum sollte dieses Risiko im OS geringer sein als im sEH, obwohl es sich – bezogen auf die anderen Produkte – genau andersherum verhält.
Grund für diese Tatsache kann in der Länge der Beantwortungsdauer zur Bearbeitung des Fragebogens liegen. Bei einer Dauer zwischen 1 und 1,5 Stunde ist die Grenze der Konzentrationsfähigkeit für manche Personen deutlich überschritten. Dies kann zur Folge haben, dass nicht mehr der tatsächlichen, individuellen Einschätzung folgend angekreuzt wird. Ein Indiz zur Bestätigung dieser Annahme kann in der folgenden Gegebenheit gesehen werden:
Eine Voraussetzung zur Anwendung des T-Tests ist eine Gleichverteilung der Daten (s.o. unter Kap. 8.4.2). Um dies herauszufinden, führt man den Kolmogorov-Smirnov-Anpassungstest durch. Dieser ergab, dass die Daten der Befragungssäulen 1, 2, 3 und 4 nicht normalverteilt waren, einige Daten der Stränge 5 (VP/sEH) und 6 (VP/OS) hingegen schon. Man könnte daraus schließen, dass die Probanden nicht mehr wahrheitsgemäß antworteten, sondern ihre Antworten aus Ermüdung um einen bestimmten Wert herum platzierten.

Betrachtet man – unter Berücksichtigung der womöglich eingeschränkten Gültigkeit dieser Daten – das aggregierte Gesamtrisiko, so stellt man fest, dass es sich konform zu der aufgestellten Hypothese $H_{wKR}3$ verhält.

---

[556] Natürlich könnte man an dieser Stelle Beispiele konstruieren, die auch dies begründen, diese wären allerdings wenig an der Realität orientiert.

Das wahrgenommene Kaufrisiko ist beim Kauf des Vitaminpräparats im OS im Vergleich zum sEH signifikant höher mit α=0,001 und einer Differenz der Mittelwerte von 0,26. Die Hypothese könnte dementsprechend beibehalten werden. Allerdings werden im Folgenden die Befragungsstränge 5 und 6 nicht weiter berücksichtigt. Dies liegt darin begründet, dass die oben angeführten Punkte (Länge des Beantwortungszeitraumes, Normalverteilung der Daten, inkonsistente Antworten, usw.) so schwerwiegend sind, dass eine Streichung dieser Daten für das weitere Vorgehen unumgänglich ist.

Aus diesem Grund werden im Folgenden nur noch die Hypothesen betrachtet, die die Stränge 1, 2, 3 und 4 zum Inhalt haben.[557]

$H_{wKR}3$	VP/sEH 5	VP/OS 6	Signifikanz	
Kat. 1 funktionales wKR (Produkt)	3,16 n = 75	3,04 n = 52	0,353	-
Kat. 2 finanzielles wKR (Produkt)	2,52 n = 75	2,42 n = 52	0,414	-
Kat. 3 gesundheitl. wKR (Produkt)	2,71 n = 75	2,62 n = 52	0,302	-
Kat. 4 soziales wKR (Produkt)	1,71 n = 75	1,79 n = 52	0,197	-
Kat. 5 psychisches wKR (Produkt)	2,67 n = 75	2,52 n = 52	0,309	-
Kat. 6 funktionales wKR (Kanal)	./.	2,73 n = 52	./.	./.
Kat. 7 finanzielles wKR (Kanal)	2,39 n = 74	1,18 n = 52	0,171	-
Kat. 9 soziales wKR (Kanal)	1,29 n = 75	./.	./.	./.
Kat. 10 psychisches wKR (Kanal)	3,05 n = 75	2,85 n = 52	0,226	-
Kat. 12 finanzielles wKR (MKS)	2,29 n = 73	2,56 n = 52	**0,021**	**+**
Kat. 15 psychisches wKR (MKS)	1,53 n = 75	2,40 n = 52	**0,000**	**++**
aggregiertes Gesamtrisiko	2,32 n = 75	2,58 n = 52	**0,001**	**++**
$\alpha^* \leq 0{,}01$ → hoch signifikant (++) / $\alpha^* \leq 0{,}05$ → signifikant (+) / $\alpha^* > 0{,}05$ → nicht signifikant (-)				
./. → Die jeweilige Risikokategorie wurde für die entsprechende Produkt-Kanal-Kombination nicht erhoben				
1 → sehr niedriges wahrgenommenes Kaufrisiko (...) 5 → sehr hohes wahrgenommenes Kaufrisiko				

Abb. 77: Mittelwertvergleiche des wKR pro Risikokategorie und den Produkt-Kanal-Kombinationen „VP/sEH“ und „VP/OS“

[557] Weitere Begründungen und Konsequenzen dieses Vorgehens werden in Kap. 11.2 erläutert.

10.4.2 Käufe im stationären Einzelhandel bei Variation des Produkts

Mittelwertvergleich „Hose/sEH“ und „Wein/sEH“

Wie bereits aufgezeigt, ist der Kauf einer Hose im sEH von der Dominanz von Sucheigenschaften geprägt und der Wein – bezogen auf den sEH – wird von Erfahrungseigenschaften dominiert.

Wenn man unterstellt, dass bei gleichem Kanal der Kauf eines Erfahrungsgutes mit einem höheren Risiko behaftet ist als der eines Suchguts, kann man die folgende Hypothese aufstellen:

$H_{wKR}4$ → (Hose sEH/ Wein sEH)	Wenn das Produkt „**Hose**“ beim Kauf im **stationären Einzelhandel** als Produkt mit überwiegend **Sucheigenschaften** eingeschätzt wird und das Produkt „**Wein**“ beim Kauf im **stationären Einzelhandel** als Produkt mit überwiegend **Erfahrungseigenschaften,** dann ist das gesamte wahrgenommene Kaufrisiko im ersten Fall niedriger als im zweiten Fall.

Der Blick auf Abb. 78 zeigt, dass die empirischen Ergebnisse diese Hypothese nicht widerlegen können. Der Mittelwert des gesamten wKR ist beim Kauf des Weins mit 2,23 hoch signifikant höher als dies beim Kauf der Hose der Fall ist (MW 2,03).

Würde man von sämtlichen Einflussfaktoren abstrahieren und nur die informationsökonomischen Eigenschaften und die Kanäle betrachten, so käme man zu dem Schluss, dass diese MW-Differenz (hier: 0,20) den Risikozuwachs ausmacht, der einzig und allein auf die Variation der i.ö. Eigenschaft zurückzuführen ist. Dies ist theoretisch unter c.p.-Setzung aller denkbaren (insbesondere weiterer produktinduzierten) Faktoren innerhalb eines Partialmodells korrekt.

Diese Differenz in Höhe von 0,20 aufgrund der Variation der i.ö. PE und die Differenz der Mittelwerte aus $H_{wKR}2$ in Höhe von 0,55, die auf die Variation des Kanals zurückzuführen ist, können als **Indikator** dafür gesehen werden, dass die **Veränderung des Kanals** vom sEH zum OS **einen größeren Risikoeffekt** ausübt als die **Veränderung der i.ö. PE** von der SE zur EE.

Diese Schlussfolgerung aus diesem Sachverhalt wird weiter unten in Kap. 12 verbal und grafisch ausgeführt.

$H_{wKR}4$	**H/sEH 1**	**W/sEH 3**	**Signifikanz**	
Kat. 1 funktionales wKR (Produkt)	2,47 n = 114	3,06 n = 172	**0,000**	**++**
Kat. 2 finanzielles wKR (Produkt)	2,39 n = 114	2,34 n = 172	0,500	-
Kat. 3 gesundheitl. wKR (Produkt)	2,27 n = 114	2,51 n = 172	0,082	-
Kat. 4 soziales wKR (Produkt)	1,55 n = 114	1,94 n = 172	**0,000**	**++**
Kat. 5 psychisches wKR (Produkt)	1,96 n = 114	2,44 n = 172	**0,000**	**++**
Kat. 6 funktionales wKR (Kanal)	./.	./.	./.	./.
Kat. 7 finanzielles wKR (Kanal)	2,06 n = 113	2,24 n = 172	**0,011**	**+**
Kat. 9 soziales wKR (Kanal)	1,10 n = 114	1,15 n = 172	0,183	-
Kat. 10 psychisches wKR (Kanal)	2,56 n = 114	2,82 n = 172	**0,004**	**++**
Kat. 12 finanzielles wKR (MKS)	2,36 n = 113	2,48 n = 171	**0,039**	**+**
Kat. 15 psychisches wKR (MKS)	1,37 n = 113	1,42 n = 172	0,186	-
aggregiertes Gesamtrisiko	2,03 n = 114	2,23 n = 172	**0,000**	**++**

$\alpha^* \leq 0{,}01$ → hoch signifikant (++) / $\alpha^* \leq 0{,}05$ → signifikant (+) / $\alpha^* > 0{,}05$ → nicht signifikant (-)

./. → Die jeweilige Risikokategorie wurde für die entsprechende Produkt-Kanal-Kombination nicht erhoben

1 → sehr niedriges wahrgenommenes Kaufrisiko (…) 5 → sehr hohes wahrgenommenes Kaufrisiko

Abb. 78: Mittelwertvergleiche des wKR pro Risikokategorie und den Produkt-Kanal-Kombinationen „Hose/sEH“ und „Wein/sEH“

Mittelwertvergleich „Hose/sEH“ und „Vitaminpräparat/sEH“

Dieser Vergleich entfällt aus den oben angeführten Gründen,[558] Hypothese $H_{wKR}5$ wird somit nicht weiter betrachtet.

Mittelwertvergleich „Wein/sEH“ und „Vitaminpräparat/sEH“

Dieser Vergleich entfällt aus den oben angeführten Gründen,[559] Hypothese $H_{wKR}6$ wird somit nicht weiter betrachtet.

---

558 Vgl. Kap. 10.4.1, S. 280 f.

559 Vgl. Kap. 10.4.1, S. 280 f.

10.4.3 Käufe im Online-Shop bei Variation des Produkts

Mittelwertvergleich „Hose/OS" und „Wein/OS"

Aufgrund der Tatsache, dass es sich bei dem Kauf einer Hose im Online-Shop genauso wie bei dem Weinkauf im Online-Shop um Produkte mit überwiegend Erfahrungseigenschaften handelt (s.o.), und auch der beeinflussende Kanal in beiden Fällen derselbe ist, kann man in diesem Fall die folgende Hypothese aufstellen, die als Kernaussage unterstellt, dass in beiden Fällen das aggregierte wKR gleich hoch ist:

$H_{wKR}7$ → (Hose OS/ Wein OS)	Wenn das Produkt „**Hose**" beim Kauf im **Online-Shop** als Produkt mit überwiegend **Erfahrungseigenschaften** eingeschätzt wird und das Produkt „**Wein**" beim Kauf im **Online-Shop** als Produkt mit überwiegend **Erfahrungseigenschaften,** dann ist das gesamte wahrgenommene Kaufrisiko in beiden Fällen gleich hoch.

Anhand der Daten der empirischen Erhebung in Abb. 79 wird ersichtlich, dass diese Hypothese $H_{wKR}7$ beibehalten werden kann. Die Differenz der Mittelwerte zwischen den beiden Gesamtrisiken (0,12) ist nicht signifikant. Somit ist anhand des Datenmaterials kein Unterschied auszumachen. Genauso verhält es sich mit fast allen übrigen Teilrisiken – Ausnahmen bilden die Risikokategorien 2 (finanzielles wkR/Produkt) und 4 (soziales wkR/Produkt).

Bei dem auf das Produkt bezogene finanzielle wkR (Kat. 2) ist die Risikowahrnehmung beim Kauf der Hose im Online-Shop hoch signifikant höher ist als beim Kauf des Weins. Bezogen auf das soziale Risiko/ Produkt (Kat. 4) verhält es sich genau entgegengesetzt: Hier wird das Teilrisiko beim Kauf des Weins im Online-Shop signifikant höher eingeschätzt.

$H_{wKR}7$	H/OS 2	W/OS 4	Signifikanz	
Kat. 1 funktionales wKR (Produkt)	3,67 n = 82	3,41 n = 143	0,114	-
Kat. 2 finanzielles wKR (Produkt)	2,82 n = 82	2,48 n = 143	**0,002**	**++**
Kat. 3 gesundheitl. wKR (Produkt)	2,56 n = 82	2,64 n = 143	0,483	-
Kat. 4 soziales wKR (Produkt)	1,89 n = 82	2,16 n = 143	**0,036**	**+**
Kat. 5 psychisches wKR (Produkt)	2,87 n = 82	2,66 n = 143	0,107	-
Kat. 6 funktionales wKR (Kanal)	2,96 n = 81	2,99 n = 141	0,426	-
Kat. 7 finanzielles wKR (Kanal)	2,77 n = 82	2,78 n = 143	0,328	-
Kat. 9 soziales wKR (Kanal)	./.	./.	./.	./.
Kat. 10 psychisches wKR (Kanal)	3,24 n = 82	3,06 n = 143	0,058	-
Kat. 12 finanzielles wKR (MKS)	2,90 n = 82	2,86 n = 143	0,431	-
Kat. 15 psychisches wKR (MKS)	2,91 n = 82	2,70 n = 142	0,266	-
aggregiertes Gesamtrisiko	2,90 n = 82	2,78 n = 143	0,064	-
α* ≤ 0,01 → hoch signifikant (++) / α* ≤ 0,05 → signifikant (+) / α* > 0,05 → nicht signifikant (-)				
./. → Die jeweilige Risikokategorie wurde für die entsprechende Produkt-Kanal-Kombination nicht erhoben				
1 → sehr niedriges wahrgenommenes Kaufrisiko (…) 5 → sehr hohes wahrgenommenes Kaufrisiko				

Abb. 79: Mittelwertvergleiche des wKR pro Risikokategorie und den Produkt-Kanal-Kombinationen „Hose/OS" und „Wein/OS"

Mittelwertvergleich „Hose/OS" und „Vitaminpräparat/OS"

Dieser Vergleich entfällt aus den oben angeführten Gründen,[560] Hypothese $H_{wKR}8$ wird somit nicht weiter betrachtet.

Mittelwertvergleich „Wein/OS" und „Vitaminpräparat/OS"

Dieser Vergleich entfällt aus den oben angeführten Gründen,[561] Hypothese $H_{wKR}9$ wird somit nicht weiter betrachtet.

[560] Vgl. Kap. 10.4.1, S. 280 f.

[561] Vgl. Kap. 10.4.1, S. 280 f.

10.4.4 Käufe bei Variation der Produkte und des Kanals

Mittelwertvergleich „Hose/OS" und „Wein/sEH"

Bei diesem Vergleich kann man exemplarisch alle direkten und indirekten Einflussfaktoren des betrachteten Partialmodells ableiten.

Das Produkt Hose ist beim Kauf im Online-Shop, wie aufgezeigt, von der Dominanz der Erfahrungseigenschaften geprägt. Im Vergleich zu dem Kauf der Hose im sEH hat also durch die Kanalvariation eine Transformation der informationsökonomischen Produkteigenschaften stattgefunden, die mit einem erhöhten wahrgenommenen Gesamtrisiko einhergeht (s. dazu $H_{wKR}1$). Diese Erhöhung ist **mittelbar** der Veränderung des Kanals als Parameter zuzuschreiben.

Der Weinkauf im sEH wird von den Erfahrungseigenschaften des Produktes bestimmt. Mit diesem Zustand geht ein bestimmter Grad an wKR einher.

Kann man nun schließen, dass durch die Erfahrungseigenschaften, die die beiden Kaufprozesse maßgeblich prägen, auch das wKR gleich hoch ist? Falls man nur diesen Bestimmungsfaktor berücksichtigen würde, wäre dieser Schluss richtig. Da hier aber auch die Unterschiedlichkeit der beiden Kanäle und der daraus resultierende **unmittelbare** Einfluss auf das wKR berücksichtigt wird, kommt man zu einem anderen Ergebnis.

Da der Online-Kanal durch das Distanzprinzip annahmegemäß das wKR direkt (also isoliert betrachtet von einem möglichen Einfluss auf die i.ö. Produkteigenschaften) erhöht, wird die folgende Hypothese $H_{wKR}10$ aufgestellt:

$H_{wKR}10$ → (Hose OS/ Wein sEH)	Wenn das Produkt „**Hose**" beim Kauf im **Online-Shop** als Produkt mit überwiegend **Erfahrungseigenschaften** eingeschätzt wird und das Produkt „**Wein**" beim Kauf im **stationären Einzelhandel** als Produkt mit überwiegend **Erfahrungseigenschaften,** dann ist das gesamte wahrgenommene Kaufrisiko in beiden Fällen nicht gleich hoch, sondern durch den Online-Kanal im ersten Fall höher.

Die Hypothese kann durch die Daten in Abb. 80 nicht widerlegt werden und wird aus diesem Grund beibehalten.

Das aggregierte Gesamtrisiko beim Kauf der Hose im Online-Shop ist mit einem Mittelwert von 2,90 um 0,67 höher als der Mittelwert bezogen auf den Weinkauf im stationären Einzelhandel. Die Differenz ist dabei hochsignifikant mit α=0,000. Auch die Teilrisiken der Risikokategorien 1, 2, 5, 7, 10, 12 und 15 verhalten sich so, wobei die Differenzen jeweils hochsignifikant sind. Einzig die Kategorien 3 und 4 bilden eine Ausnahme – in Kat. 3 verhalten sich die Mittelwerte zwar hypothesenkonform, die Differenz ist aber nicht signifikant und in der Kat. 4 verhalten sich die Mittelwerte sogar entgegen der Hypothese, ohne jedoch signifikant zu sein.

H_{wKR}10	**H/OS 2**	**W/sEH 3**	**Signifikanz**	
Kat. 1 funktionales wKR (Produkt)	3,67 n = 82	3,06 n = 172	**0,002**	++
Kat. 2 finanzielles wKR (Produkt)	2,82 n = 82	2,34 n = 172	**0,000**	++
Kat. 3 gesundheitl. wKR (Produkt)	2,56 n = 82	2,51 n = 172	0,173	-
Kat. 4 soziales wKR (Produkt)	1,89 n = 82	1,94 n = 172	0,242	-
Kat. 5 psychisches wKR (Produkt)	2,87 n = 82	2,44 n = 172	**0,001**	++
Kat. 6 funktionales wKR (Kanal)	2,96 n = 81	./.	./.	./.
Kat. 7 finanzielles wKR (Kanal)	2,77 n = 82	2,24 n = 172	**0,002**	++
Kat. 9 soziales wKR (Kanal)	./.	1,15 n = 172	./.	./.
Kat. 10 psychisches wKR (Kanal)	3,24 n = 82	2,82 n = 172	**0,001**	++
Kat. 12 finanzielles wKR (MKS)	2,90 n = 82	2,48 n = 171	**0,007**	++
Kat. 15 psychisches wKR (MKS)	2,91 n = 82	1,42 n = 172	**0,000**	++
aggregiertes Gesamtrisiko	2,90 n = 82	2,23 n = 172	**0,000**	++
$\alpha^* \leq 0{,}01$ → hoch signifikant (++) / $\alpha^* \leq 0{,}05$ → signifikant (+) / $\alpha^* > 0{,}05$ → nicht signifikant (-)				
./. → Die jeweilige Risikokategorie wurde für die entsprechende Produkt-Kanal-Kombination nicht erhoben				
1 → sehr niedriges wahrgenommenes Kaufrisiko (...) 5 → sehr hohes wahrgenommenes Kaufrisiko				

Abb. 80: Mittelwertvergleiche des wKR pro Risikokategorie und den Produkt-Kanal-Kombinationen „Hose/OS“ und „Wein/sEH“

Mittelwertvergleich „Hose/sEH“ und „Wein/OS“

Wenn man diese Variation der Produkt- und Kanal-Konstellation betrachtet, so fällt auf, dass hier wiederum zwei Effekte zum Tragen kommen: Zum einen die Variation von Sucheigenschaften hin zu Erfahrungseigenschaften und zum anderen die vom sEH zum OS. Aufgrund der bislang aufgestellten Annahmen und gewonnenen Erkenntnisse kommt man zu der folgenden Hypothese:

$H_{wKR}11$ → (Hose sEH/ Wein OS)	Wenn das Produkt „**Hose**“ beim Kauf im **stationären Einzelhandel** als Produkt mit überwiegend **Sucheigenschaften** eingeschätzt wird und das Produkt „**Wein**“ beim Kauf im **Online-Shop** als Produkt mit überwiegend **Erfahrungseigenschaften**, dann ist das gesamte wahrgenommene Kaufrisiko im ersten Fall niedriger als im zweiten Fall.

Die Hypothese $H_{wKR}11$ kann beibehalten werden – der Blick auf die Daten (vgl. Abb. 81) zeigt, dass das gesamte Risiko beim Weinkauf im OS hochsignifikant auf einem höheren Niveau liegt (α=0,000), als beim Hosenkauf im sEH. Bis auf Risikokategorien 2 und 3 verhalten sich alle Teilrisiken ebenso.

Welche Risikoveränderung ist dabei auf welche Variation zurückzuführen? Wenn man die Differenz der Mittelwert des aggregierten Risikos zwischen dem Kauf einer Hose im stationären Einzelhandel (MW 2,03) mit dem Kauf eines Weins im Online-Shop (MW 2,78) in Höhe von 0,75 isoliert vergleicht, so kann man keine Effektzuordnung vornehmen. Unter Hinzunahme der Ergebnisse der Hypothesen $H_{wKR}2$ und $H_{wKR}4$, ergibt sich ein anderes Bild: Im Rahmen der Risikohypothese $H_{wKR}2$ (W/sEH vs. W/OS) ergibt sich eine MW-Differenz bezogen auf das gesamte wKR in Höhe von 0,55, die einzig auf der Variation der Kanals vom stationären Einzelhandel hin zum Online-Shop basiert. Bei der Hypothese $H_{wKR}4$ (H/sEH vs. W/sEH) ergibt sich eine entsprechende Differenz in Höhe von 0,20, die ihre modelltheoretisch begründete Ursache in der Variation der i.ö. PE unter Beibehaltung des Kanals hat.

Der in $H_{wKR}11$ aufgetretene Risikoeffekt in Höhe von 0,75 kann nun zerlegt werden in Effekt 1 → 0,55 durch die Kanalvariation und in Effekt 2 → 0,20 aufgrund und der Variation der i.ö. Produkteigenschaften.

Diese Zuordnung wird weiter unten in Kap. 12 verbal und grafisch ausgeführt.

$H_{wKR}11$	H/sEH 1	W/OS 4	Signifikanz	
Kat. 1 funktionales wKR (Produkt)	2,47 n = 114	3,41 n = 143	**0,000**	++
Kat. 2 finanzielles wKR (Produkt)	2,39 n = 114	2,48 n = 143	0,393	-
Kat. 3 gesundheitl. wKR (Produkt)	2,27 n = 114	2,64 n = 143	0,082	-
Kat. 4 soziales wKR (Produkt)	1,55 n = 114	2,16 n = 143	**0,000**	++
Kat. 5 psychisches wKR (Produkt)	1,96 n = 114	2,66 n = 143	**0,000**	++
Kat. 6 funktionales wKR (Kanal)	./.	2,99 n = 141	./.	./.
Kat. 7 finanzielles wKR (Kanal)	2,06 n = 113	2,78 n = 143	**0,000**	++
Kat. 9 soziales wKR (Kanal)	1,10 n = 114	./.	./.	./.
Kat. 10 psychisches wKR (Kanal)	2,56 n = 114	3,06 n = 143	**0,000**	++
Kat. 12 finanzielles wKR (MKS)	2,36 n = 113	2,86 n = 143	**0,001**	++
Kat. 15 psychisches wKR (MKS)	1,37 n = 113	2,70 n = 142	**0,000**	++
aggregiertes Gesamtrisiko	**2,03 n = 114**	**2,78 n = 143**	**0,000**	++
α* ≤ 0,01 → hoch signifikant (++) / α* ≤ 0,05 → signifikant (+) / α* > 0,05 → nicht signifikant (-)				
./. → Die jeweilige Risikokategorie wurde für die entsprechende Produkt-Kanal-Kombination nicht erhoben				
1 → sehr niedriges wahrgenommenes Kaufrisiko (…) 5 → sehr hohes wahrgenommenes Kaufrisiko				

Abb. 81: Mittelwertvergleiche des wKR pro Risikokategorie und den Produkt-Kanal-Kombinationen „Hose/sEH“ und „Wein OS“

Mittelwertvergleich „Hose/sEH“ und „Vitaminpräparat/OS“

Dieser Vergleich entfällt aus den oben angeführten Gründen,[562] Hypothese $H_{wKR}12$ wird somit nicht weiter betrachtet.

Mittelwertvergleich „Wein/sEH“ und „Vitaminpräparat/OS“

Dieser Vergleich entfällt aus den oben angeführten Gründen,[563] Hypothese $H_{wKR}13$ wird somit nicht weiter betrachtet.

[562] Vgl. Kap. 10.4.1, S. 280 f.

[563] Vgl. Kap. 10.4.1, S. 280 f.

Mittelwertvergleich „Wein/OS“ und „Vitaminpräparat/sEH“

Dieser Vergleich entfällt aus den oben angeführten Gründen,[564] Hypothese $H_{wKR}14$ wird somit nicht weiter betrachtet.

Mittelwertvergleich „Hose/OS“ und „Vitaminpräparat/sEH“

Dieser Vergleich entfällt aus den oben angeführten Gründen,[565] Hypothese $H_{wKR}15$ wird somit nicht weiter betrachtet.

10.5 Zusammenfassung der Ergebnisse zum wahrgenommenen Kaufrisiko innerhalb eines Mehrkanalsystems

In diesem Kapitel wird zuerst eine Übersicht über die differenzierten Hypothesen zur Entstehung des wahrgenommenen Kaufrisikos in einem Mehrkanalsystem gegeben (Kap. 10.5.1). Es wird zusammenfassend aufgezeigt, welche Effekte die Änderung der Parameter nach sich gezogen haben und ob diese der statistischen Überprüfung standhielten. Darauf aufbauend wird in Kap. 10.5.2 eine zusammenfassende Betrachtung der Ergebnisse auf einem höher aggregierten Niveau betrieben. Es werden die drei Risikoblöcke mehrkanalsysteminduziertes wKR, produktinduziertes wKR und kanalinduziertes wKR betrachtet. Dies geschieht zuerst aus der Sicht der beiden Kanäle und daran anschließend auf Basis der beiden Produkte.

10.5.1 Die Hypothesen zum wahrgenommenen Kaufrisiko innerhalb eines Mehrkanalsystems im Überblick

Beim Blick auf Abb. 82 zeigt sich, dass von den fünfzehn ursprünglich aufgestellten Hypothesen zur Entstehung des wahrgenommenen Kaufrisikos sechs Hypothesen letztendlich noch betrachtet werden. Diese Hypothesen beinhalten die **Befragungsstränge 1 (H/sEH), 2 (H/OS), 3 (W/sEH)** und **4 (W/OS)** und konnten alle nach der empirischen

[564] Vgl. Kap. 10.4.1, S. 280 f.

[565] Vgl. Kap. 10.4.1, S. 280 f.

Überprüfung vorläufig beibehalten werden. Es handelt sich dabei um die Hypothesen $H_{wKR}1$, $H_{wKR}2$ und $H_{wKR}4$ sowie $H_{wKR}7$, $H_{wKR}10$ und $H_{wKR}11$.

	Inhalt	Differenz der MW	Signifikanz	Ergebnis
$H_{wKR}1$	wKR bei H/OS höher als bei H/sEH	0,87	++ (0,000)	Hypothese beibehalten
$H_{wKR}2$	wKR bei W/OS höher als bei W/sEH	0,55	++ (0,000)	Hypothese beibehalten
$H_{wKR}3$	wKR bei VP/OS höher als bei VP/sEH	Hypothese wurde nicht weiter betrachtet		
$H_{wKR}4$	wKR bei W/sEH höher als bei H/sEH	0,20	++ (0,000)	Hypothese beibehalten
$H_{wKR}5$	wKR bei VP/sEH höher als bei H/sEH	Hypothese wurde nicht weiter betrachtet		
$H_{wKR}6$	wKR bei VP/sEH höher als bei W/sEH	Hypothese wurde nicht weiter betrachtet		
$H_{wKR}7$	wKR bei H/OS ist gleich dem wKR W/OS	0,12	- (0,064)	Hypothese beibehalten
$H_{wKR}8$	wKR bei VP/OS höher als bei H/OS	Hypothese wurde nicht weiter betrachtet		
$H_{wKR}9$	wKR bei VP/OS höher als bei W/OS	Hypothese wurde nicht weiter betrachtet		
$H_{wKR}10$	wKR bei H/OS höher als bei W/sEH	0,67	++ (0,000)	Hypothese beibehalten
$H_{wKR}11$	wKR bei W/OS höher als bei H/sEH	0,75	++ (0,000)	Hypothese beibehalten
$H_{wKR}12$	wKR bei VP/OS höher als bei H/sEH	Hypothese wurde nicht weiter betrachtet		
$H_{wKR}13$	wKR bei VP/OS höher als bei W/sEH	Hypothese wurde nicht weiter betrachtet		
$H_{wKR}14$	wKR bei W/OS höher als bei VP/sEH	Hypothese wurde nicht weiter betrachtet		
$H_{wKR}15$	wKR bei H/OS höher als bei VP/sEH	Hypothese wurde nicht weiter betrachtet		
$\alpha^* \leq 0,01$ → hoch signifikant (++) / $\alpha^* \leq 0,05$ → signifikant (+) / $\alpha^* > 0,05$ → nicht signifikant (-)				

Abb. 82: Zusammenfassende Betrachtung der Hypothesen zur Entstehung des wahrgenommenen Kaufrisikos in einem Mehrkanalsystem

Alle Hypothesen, die das Produkt „Vitaminpräparat“ als eine Determinante zum Inhalt haben ($H_{wKR}3$, $H_{wKR}5$, $H_{wKR}6$, $H_{wKR}8$, $H_{wKR}9$, $H_{wKR}12$, $H_{wKR}13$, $H_{wKR}14$ und $H_{wKR}15$), wurden aus den bereits erörterten Gründen von einer weiteren Betrachtung ausgeschlossen.

10.5.2 Zum Einfluss eines Mehrkanalsystems auf die Risikoentstehung

Die folgenden zusammenfassenden Darstellungen befassen sich mit der Risikoentstehung innerhalb eines Mehrkanalsystems. Dazu werden **drei verschiedene Analysen** aus jeweils unterschiedlichen Blickwinkeln durchgeführt.

Zuerst wird dafür aus der Sicht der beiden **Kanäle** der Einfluss auf das aggregierte gesamte wahrgenommene Kaufrisiko dargestellt und erörtert **(1a)**. Daran anschließend geschieht dies aus einer anderen Perspektive – aus der der **Produkte (1b)**. Diese tiefere Analyse wird nur noch für die Produkt-Kanal-Konstellationen erfolgen, die im Folgenden relevant sind: H/sEH und H/OS sowie W/sEH und W/OS.
Diese beiden Analyseschwerpunkte aus der Sicht der Produkte und aus der der beiden Kanäle finden sich ebenso weiter unten bei der Aggregation und Analyse der Hypothesen zu den Risikoreduktionsmaßnahmen wieder (Kap. 11.4), so dass diese inhaltlich gegenübergestellt werden und die aggregierten Ergebnisse über alle Variablen des Bezugsrahmens schließlich in ihrer Verknüpfung betrachtet werden können.

Daran anschließend erfolgt eine zusätzliche Analyse der Risikoentstehung **(2)**, die nur dadurch möglich ist, dass das wahrgenommene Kaufrisiko in der vorliegenden Untersuchung eine aggregierte Größe ist, die sich aus verschiedenen Risikokategorien (bzw. Teilrisiken) zusammensetzt, welche wiederum mehrere Risikodimensionen umfassen. Diese Teilrisiken konnten nach ihrer Entstehung kategorisiert werden in **produktinduzierte, kanalinduzierte und mehrkanalsysteminduzierte Teilrisiken** (vgl. Abb. 87). Um einen abschließenden Blick auf die Risikoentstehung zu ermöglichen, werden diese Risikokategorien näher betrachtet.

(1a) Kanalorientierte Betrachtung des aggregierten Gesamtrisikos

Bei dieser Analyse stehen die **Kanäle eines MKS** im Mittelpunkt, d.h. es werden jeweils nur Vergleiche innerhalb desselben Kanals vorgenommenen (z.B. Hose/sEH und Wein/sEH). Die Erörterungen basieren auf den Risikohypothesen $H_{wKR}4$ und $H_{wKR}7$ (vgl. dazu Abb. 83 und Abb. 84).[566]

---

[566] Der in den folgenden schematischen Darstellungen im Feld „Signifikanz" verwendete Pfeil bezieht sich auf die Höhe der beiden Mittelwerte zueinander, falls ihre Differenz signifikant ist. Das Gleichheitszeichen wird eingesetzt, wenn die Differenz nicht signifikant ist und man so einen Unterschied nicht empirisch nachweisen konnte.

$H_{wKR}4$ Kanal: sEH	H/sEH 1	W/sEH 3	Signifikanz	Zwischenfazit (wKR – kanalorientiert)
aggregiertes Gesamtrisiko ($H_{wKR}4$)	2,03	2,23	α=0,000 →	Im **stationären Einzelhandel** ist das gesamte wahrgenommene Kaufrisiko **höher, je höher** die Kategorie der informationsökonomischen Produkteigenschaften ist (von der **Such- zur Erfahrungseigenschaft).**

Abb. 83: Kanalorientierte Betrachtung des aggregierten Gesamtrisikos anhand der Hypothese $H_{wKR}4$

$H_{wKR}7$ Kanal: OS	H/OS 2	W/OS 4	Signifikanz	Zwischenfazit (wKR – kanalorientiert)
aggregiertes Gesamtrisiko ($H_{wKR}7$)	2,90	2,78	α=0,064 = (n.s.)	Im **Online-Shop** ist das gesamte wahrgenommene Kaufrisiko bei **unterschiedlichen** Produkten **derselben** Kategorie der informationsökonomischen Produkteigenschaften **gleich hoch.**

Abb. 84: Kanalorientierte Betrachtung des aggregierten Gesamtrisikos anhand der Hypothese $H_{wKR}7$

(1b) Produktorientierte Betrachtung des aggregierten Gesamtrisikos

Hierbei richtet sich die Risikobetrachtung an den **Produkten** aus, d.h. es werden jeweils nur Vergleiche zwischen demselben Produkt dafür aber kanalübergreifend vorgenommenen (z.B. Hose/sEH und Hose/OS) (vgl. dazu Abb. 85 und Abb. 86). Die hier getroffenen Aussagen beziehen sich auf die weiter oben bereits sehr detailliert erörterten Risikohypothesen $H_{wKR}1$ und $H_{wKR}2$.

$H_{wKR}1$ Produkt: Hose	H/sEH 1	H/OS 2	Signifikanz	Zwischenfazit (wKR – produktorientiert)
aggregiertes Gesamtrisiko ($H_{wKR}1$)	2,03	2,90	α=0,000 →	Beim Kauf der **Hose** ist das gesamte wahrgenommene Kaufrisiko im **Online-Shop** (Dominanz der Erfahrungseigenschaften) **höher als im stationären Einzelhandel** (Dominanz der Sucheigenschaften).

Abb. 85: Produktorientierte Betrachtung des aggregierten Gesamtrisikos anhand der Hypothese $H_{wKR}1$

$H_{wKR}2$ **Produkt: Wein**	**W/sEH 2**	**W/OS 4**	**Signifi-kanz**	**Zwischenfazit (wKR – produktorientiert)**
aggregiertes Gesamtrisiko ($H_{wKR}2$)	2,23	2,78	α=0,000 →	Beim Kauf des **Weins** ist das gesamte wahrgenommene Kaufrisiko im **Online-Shop** (Dominanz der Erfahrungseigenschaften) **höher als im stationären Einzelhandel** (Dominanz der Erfahrungseigenschaften).

Abb. 86: Produktorientierte Betrachtung des aggregierten Gesamtrisikos anhand der Hypothese $H_{wKR}2$

Fasst man die Ergebnisse der Analyse **(1a)** und **(1b)** zusammen, so erhält man das folgende **Gesamtfazit** zur **Risikoentstehung in einem Mehrkanalsystem**.

Gesamtfazit zu der Entstehung des wahrgenommenen Kaufrisikos in einem Mehrkanalsystem (wKR – kanalorientiert) und (wKR – produktorientiert):

- Ausgehend vom Kauf im **stationären Einzelhandel** ist das gesamte wahrgenommene Kaufrisiko **höher**, **je höher** die Kategorie der informationsökonomischen Produkteigenschaften ist (hier: von der **Such- zur Erfahrungseigenschaft).**
- Ausgehend vom Kauf im **Online-Shop** ist das gesamte wahrgenommene Kaufrisiko bei **unterschiedlichen** Produkten der**selben** Kategorie der informationsökonomischen Produkteigenschaften **gleich hoch.**
- Ausgehend vom Kauf einer **Hose** ist das gesamte wahrgenommene Kaufrisiko im **Online-Shop höher als im stationären Einzelhandel**.
- Ausgehend vom Kauf eines **Weins** ist das gesamte wahrgenommene Kaufrisiko im **Online-Shop höher als im stationären Einzelhandel**.

(2) Produktinduzierte, kanalinduzierte und mehrkanalsystem-induzierte Teilrisiken

Bei dieser abschließenden Analyse zur **Ursache** der Risikoentstehung in einem Mehrkanalsystem werden jeweils drei verschiedene aggregierte Risikoblöcke betrachtet, die sich an den drei verschiedenen risikoinduzierenden Einflussfaktoren des zugrunde liegenden Bezugsrahmens orientieren: dem **Mehrkanalsystem**, dem **Produkt** und dem **Kanal**, in dem der Kauf vollzogen werden soll. Dabei werden jeweils nur Vergleiche innerhalb derselben Produktkategorie vorgenommenen (z.B. Hose/sEH und Hose/OS). Die informationsökonomischen Produkteigenschaften finden hier implizit Berücksichtigung.

Jede einzelne dieser Perspektiven endet mit einem Zwischenfazit, welche zum Schluss zu einem Gesamtfazit zusammengefasst werden.

	H/sEH 1	**H/OS 2**	**W/sEH 3**	**W/OS 4**
MW Kat. 1-5 **wKR Produkt**	2,13	2,76	2,46	2,67
MW Kat. 6-10 **wKR Kanal**	1,91	2,99	2,07	2,94
MW Kat. 12+15 **wKR MKS**	1,87	2,91	1,95	2,78

Abb. 87: Vergleich der durch Produkt, Kanal und Mehrkanalsystem induzierten Teilrisiken innerhalb der verschiedenen Produkt-Kanal-Variationen

Wie angekündigt, werden im Folgenden die:

a) produktinduzierten Teilrisiken,

b) kanalinduzierten Teilrisiken und

c) mehrkanalsysteminduzierten Teilrisiken

auf aggregiertem Niveau betrachtet (s. Abb. 88 und Abb. 89).

Produkt: Hose	H/sEH 1	H/OS 2	Signifikanz	Zwischenfazite (wKR – Teilrisiken)
MW Kat. 1-5 wKR **poduktinduziert (a)**	2,13	2,76	α=0,000 →	Beim Kauf einer **Hose** ist das produktinduzierte wahrgenommene Kaufrisiko im stationären Einzelhandel **niedriger** als im Online-Shop.
MW Kat. 6-10 wKR **kanalinduziert (b)**	1,91	2,99	α=0,000 →	Beim Kauf einer Hose ist das kanalinduzierte wahrgenommene Kaufrisiko im stationären Einzelhandel **niedriger** als im Online-Shop.
MW Kat. 12+15 wKR **mehrkanal-induziert (c)**	1,87	2,91	α=0,000 →	Beim Kauf einer Hose ist das mehrkanalsysteminduzierte wahrgenommene Kaufrisiko im stationären Einzelhandel **niedriger** als im Online-Shop.

Abb. 88: Produktinduzierte, kanalinduzierte und mehrkanalsysteminduzierte Teilrisiken für die Produkt-Kanal-Kombinationen "Hose/stationärer Einzelhandel" und „Hose/Online-Shop"

Produkt: Wein	W/sEH 3	W/OS 4	Signifikanz	Zwischenfazite (wKR – Teilrisiken)
MW Kat. 1-5 wKR **poduktinduziert (a)**	2,46	2,67	α=0,000 →	Beim Kauf des Weins ist das produktinduzierte wahrgenommene Kaufrisiko im stationären Einzelhandel **niedriger** als im Online-Shop.
MW Kat. 6-10 wKR **kanalinduziert (b)**	2,07	2,94	α=0,000 →	Beim Kauf des Weins ist das kanalinduzierte wahrgenommene Kaufrisiko im stationären Einzelhandel **niedriger** als im Online-Shop.
MW Kat. 12-15 wKR **mehrkanal-induziert (c)**	1,95	2,78	α=0,000 →	Beim Kauf des Weins ist das mehrkanalsysteminduzierte wahrgenommene Kaufrisiko im stationären Einzelhandel **niedriger** als im Online-Shop.

Abb. 89: Produktinduzierte, kanalinduzierte und mehrkanalsysteminduzierte Teilrisiken für die Produkt-Kanal-Kombinationen "Wein/stationärer Einzelhandel" und „Wein/Online-Shop"

Mit dem aggregierten mehrkanalsysteminduzierten Teilrisiko wird erstmals deutlich, inwieweit das Vorhandensein eines Mehrkanalsystems unmittelbaren Einfluss auf die Risikoentstehung hat. Es zeigt sich, dass **bei allen Produkten** das mehrkanalsysteminduzierte Teilrisiko beim Kauf im Online-Shop höher ist als beim Kauf im stationären Einzelhandel.

Anhand dieser sechs Teilergebnisse kann nun ein Gesamtfazit zu der Risikoentstehung beim Kauf der beiden Produkte in einem Mehrkanalsystem erfolgen.

Gesamtfazit zu der Entstehung des wahrgenommenen Kaufrisikos in einem Mehrkanalsystem (wKR-Teilrisiken):

Beim Kauf einer **Hose** sind

- das **produktinduzierte** wahrgenommene Kaufrisiko,
- das **kanalinduzierte** wahrgenommene Kaufrisiko,
- das **mehrkanalsysteminduzierte** wahrgenommene Kaufrisiko

im **Online-Shop höher als im stationären Einzelhandel**.

Beim Kauf eines **Weines** sind

- das **produktinduzierte** wahrgenommene Kaufrisiko,
- das **kanalinduzierte** wahrgenommene Kaufrisiko,
- das **mehrkanalsysteminduzierte** wahrgenommene Kaufrisiko

im **Online-Shop höher als im stationären Einzelhandel**.

11 Die Risikoreduktionsmaßnahmen in einem Mehrkanalsystem

Im folgenden Kapitel wird anhand der erhobenen Daten untersucht, ob der modelltheoretisch unterstellte Zusammenhang zwischen dem wahrgenommenen Kaufrisiko – diesmal in Form der unabhängigen und somit beeinflussenden Variable – und den daraus resultierenden risikoreduzierenden Maßnahmen als abhängige Variable nachzuweisen ist. Außerdem wird überprüft, ob diese Effekte in einem weiteren Schritt eine Grundlage bilden können, das Kundenverhalten innerhalb eines Mehrkanalsystems strukturiert zu erklären.

Dazu wird zunächst erörtert, wie der Einsatz der risikoreduzierenden Maßnahmen im Rahmen der vorliegenden Untersuchung gemessen wurde.

11.1 Operationalisierung der Risikoreduktionsmaßnahmen

Wie bereits die informationsökonomischen Produkteigenschaften und das wahrgenommene Kaufrisiko, werden auch die Risikoreduktionsmaßnahmen anhand einer verbalisierten fünfstufigen Skala gemessen. Diese Skala und die dazu gestellte Frage zur Operationalisierung des Einsatzes von Risikoreduktionsmaßnahmen unter Berücksichtigung einer spezifischen Produkt-Kanal-Konstellation, gestalten sich wie folgt. Abb. 90 führt beispielhaft eine Risikoreduktionsmaßnahme – die Inspektion der Ware vor Ort – an.

*„Stellen Sie sich nun bitte vor, Sie empfinden **vor dem Kauf** der **Hose** in einem **Geschäft** ein **Risiko**.*

*Im Folgenden werden verschiedene Aktivitäten genannt, mit denen Sie das empfundene Risiko **vor dem Kauf** reduzieren können. Bitte kreuzen Sie **in jeder Zeile** an, inwieweit die Aussagen für Ihr Handeln **vor** dem Kauf zutreffend sind."*

trifft überhaupt nicht zu	trifft überwiegend nicht zu	trifft teils zu, teils nicht	trifft überwiegend zu	trifft voll und ganz zu
(1)	(2)	(3)	(4)	(5)

	Hose/Geschäft	trifft überhaupt nicht zu		↔		trifft voll und ganz zu
		(1)	(2)	(3)	(4)	(5)
(a)	Ich schaue mir im Geschäft die Hose genau an	❑	❑	❑	❑	❑

Abb. 90: Frage zu den Risikoreduktionsmaßnahmen innerhalb eines Mehrkanalsystems

Abb. 91 und Abb. 92 zeigen die Zuordnung der einzelnen abgefragten Risikoreduktionsmaßnahmen zu den jeweiligen Kategorien und eine Einordnung der **Risikoreduktionskategorien**

- A1 (leistungsbezogene Informationssuche),
- A2 (leistungsbezogene Informationssubstitute),
- A3 (leistungsübergreifende Informationssubstitute),
- B1 (kognitive Mechanismen),
- B2 (Reduktion des Mitteleinsatzes/des potenziellen Verlustes),
- B3 (finanzielle Absicherung) und
- C (Nutzung des jeweils parallelen Kanals)

zu den davon betroffenen **Risikokomponenten**. Die Risikoreduktionskategorien **A1, A2 und A3** beziehen sich dabei auf die Minderung der

Unsicherheit und **B1, B2 und B3** auf die Minderung des Ausmaßes der **negativen Kauffolgen**.[567]

Die **Risikoreduktionskategorie C** ist eine Besonderheit, da sie einen Querschnitt durch verschiedene Kategorien der Maßnahmen zur Reduktion der Risikokomponente „Unsicherheit“ bildet und dabei alle Maßnahmen zusammenfasst, die sich auf den **parallelen** Kanal innerhalb eines MKS beziehen. Diese Kategorie trifft dementsprechend eine Aussage darüber, inwieweit die Nutzung aller Kanäle eines MKS zur Risikoreduktion Einsatz findet.

Zur Ermittlung, ob eine Risikoreduktionskategorie unter Berücksichtigung einer bestimmten Produkt-Kanal-Konstellation und dem daraus resultierenden wahrgenommenen Kaufrisiko Anwendung findet, wird wie folgt erhoben. Aus den Bewertungen der einzelnen Items wird ein Mittelwert pro Kategorie gezogen. Dieser sagt aus, inwieweit die Probanden die Anwendung der jeweiligen Maßnahmen einer Kategorie für sich als zutreffend empfinden (bzw. einsetzen würden) oder eben nicht.

Um eine Vergleichbarkeit zwischen den einzelnen Befragungssträngen zu gewährleisten, wurden die Risikoreduktionsmaßnahmen – soweit möglich – zwischen allen Strängen identisch gehalten. Dort wo es nicht möglich war (nur eine Hose kann man im Geschäft anziehen), wurden in den anderen Strängen zumindest Items genutzt, die derselben Reduktionskategorie zuzuordnen sind.

Auf den Inhalt der einzelnen Risikoreduktionsmaßnahmen und deren Zuordnung zu den einzelnen Kategorien wird hier nicht näher eingegangen, da dies bereits ausführlich in dem theoretischen Teil A (Kap. 6) dieser Arbeit erfolgte.

---

567 Damit wird der Kategorisierung gefolgt, wie sie bereits in Kap. 6 in Teil A dieser Arbeit vorgestellt wurde.

Unsicherheit **A**	**negative Kauffolgen** **B**
A1 **Leistungsbezogene Informationssuche** • Inspektion, Anprobe • Produktinformation (Schilder, Tafeln, etc.) • Beratung durch das Verkaufspersonal	**B1** **Kognitive Mechanismen** • Senkung des eigenen Anspruchsniveaus • Erwartungen des sozialen Umfeldes reduzieren • Vorabreduzierung des Ausmaßes einer potenziellen negativen Kauffolge
A2 **Leistungsbezogene Informationssubstitute** • Preis • Höhe der Werbeausgaben • Erfahrungen Dritter • Produktmarke • Garantie/Gewährleistung	**B2** **Reduktion des Mitteleinsatzes (des potenziellen Verlustes)** • Kauf einer kleineren Menge • Kauf einer preiswerteren Alternative
A3 **Leistungsübergreifende Informationssubstitute** • Händlermarke (Storebrand) • Gütesiegel, Zertifikate • Reputation	**B3** **Finanzielle Absicherung** • Umtausch • Garantie/Gewährleistung • Rückgabe/Widerruf

Abb. 91: Zuordnung der einzelnen risikoreduzierenden Maßnahmen zu den Risikokomponenten „Unsicherheit" und „Kauffolgen"

MKS **C**
Generelle Nutzung des jeweils anderen/parallelen Kanals um weitere Informationen... • über das Produkt (zu A1) • über die Erfahrungen Dritter mit diesem Produkt (zu A2) • über die Marke des Produktes (zu A2) • über den Händler (zu A3) **zu erhalten.**

Abb. 92: Zuordnung einzelner Maßnahmen zu der risikoreduzierenden Nutzung des jeweils parallelen Kanals eines Mehrkanalsystems

11.2 Hypothesen zu den Risikoreduktionsmaßnahmen

Die sehr allgemeine Aussage, die den folgenden Hypothesen aus modelltheoretischer Sicht zu dem O-R-Zusammenhang und somit zu den, durch die Höhe des aggregierten wahrgenommenen Kaufrisikos determinierten Maßnahmen zur Reduktion dieses Risikos zugrunde liegt, lautet wie folgt:

> Je höher das gesamte wahrgenommene Kaufrisiko ist, desto intensiver werden die beiden risikoreduzierenden Maßnahmenkategorien (Kategorien A und B) zur Reduktion der Unsicherheit und der negativen Kauffolgen genutzt. Auch die Nutzung des jeweils parallelen Kanals (Kategorie C) erhöht sich mit steigendem gesamten wahrgenommenen Kaufrisiko.

Aus diesem unterstellten Wirkungszusammenhang ergeben sich die folgenden „Haupt-Hypothesen“, die danach auf konkretisierte Unterinhalte, die die einzelnen Kategorien der Risikohandhabungsmaßnahmen zum Inhalt haben, heruntergebrochen werden. Wie dies im Einzelfall geschieht, wird weiter unten erläutert.

Wie bereits weiter oben beschrieben wurde, werden im Folgenden nur noch die Hypothesen betrachtet, die die Stränge 1 (H/sEH), 2 (H/OS), 3 (W/sEH) und 4 (W/OS) zum Inhalt haben. Diese Vorgehensweise kommt der **Validität** der vorliegenden Untersuchung zu Gute.
Es wurde bereits erörtert, dass diese Vorgehensweise insbesondere auch aus dem Grund sinnvoll ist, da die Hypothesen zur Risikohandhabung mit einer „Wenn-Komponente“ beginnen, die sich direkt auf eine **nicht widerlegte** Hypothese aus dem Kap. 10.4 der Risikoentstehung stützt – auch aus diesem Grund können nur die Befragungsstränge 1, 2, 3 und 4 Berücksichtigung finden.

Wie auch im Rahmen der oben aufgeführten Hypothesen zum wahrgenommenen Kaufrisiko, beginnt die Übersicht mit dem **Hypothesenblock** zu der Konstellation **„gleiches Produkt und Variation des Kanals"**.[568]

$H_{RRM}1$ → (Hose sEH/ Hose OS)	Wenn das gesamte wahrgenommene Risiko beim Kauf einer **Hose** in einem **Online-Shop** höher ist als beim Kauf im **stationären Einzelhandel**, dann werden alle risikoreduzierenden Maßnahmen im ersten Fall intensiver genutzt als im zweiten.

$H_{RRM}2$ → (Wein sEH/ Wein OS)	Wenn das gesamte wahrgenommene Risiko beim Kauf einer Kiste **Wein** in einem **Online-Shop** höher ist als beim Kauf im **stationären Einzelhandel**, dann werden alle risikoreduzierenden Maßnahmen im ersten Fall intensiver genutzt als im zweiten.

Der nun folgende Hypothesenblock beinhaltet Aussagen darüber, wie sich die Risikohandhabung verändert, unter Betrachtung der Konstellation „Variation des Produktes bei Beibehaltung des Kanals" – zuerst anhand des stationären Einzelhandels ($H_{RRM}4$) und dann anhand des Online-Shops ($H_{RRM}7$).

$H_{RRM}4$ → (Hose sEH/ Wein sEH)	Wenn das gesamte wahrgenommene Risiko beim Kauf einer Kiste **Wein** im **stationären Einzelhandel** höher ist als beim Kauf einer **Hose** im **stationären Einzelhandel**, dann werden alle risikoreduzierenden Maßnahmen im ersten Fall intensiver genutzt als im zweiten.

Die folgende Hypothese ist wie auch bereits bei den Hypothesen zur Entstehung des Risikos eine Ausnahme, da sie nicht eine Differenz zwischen den Mittelwerten unterstellt, sondern eine gleiche Ausprägung der betrachteten abhängigen Variablen.

$H_{RRM}7$ → (Hose OS Wein OS/)	Wenn das gesamte wahrgenommene Risiko beim Kauf einer **Kiste Wein** im **Online-Shop** gleich dem ist beim Kauf einer Hose im **Online-Shop**, dann werden alle risikoreduzierenden Maßnahmen in beiden Fällen gleich intensiv genutzt.

Die Hypothesen $H_{RRM}10$ und $H_{RRM}11$ treffen Aussagen zu der Anwendung risikoreduzierender Maßnahmen in einem MKS für den Fall, dass Produkt und Kanal jeweils variiert werden.
Auch hier tritt wieder ein „Sonderfall" ein, der an die Hypothese $H_{WKR}10$ zum wahrgenommenen Kaufrisiko anknüpft. Mit der Hypothese $H_{RRM}10$ wird die Annahme vertieft, dass eine Variation des Kanals hin zum Online-

---

[568] Die Nummerierung der Hypothese entspricht der der Hypothesen zum wahrgenommenen Kaufrisiko und wurde übernommen, um eine einfache Zuordnung zu ermöglichen.

Shop schwerer wiegt als eine Variation der informationsökonomischen Produkteigenschaften und somit auch einen größeren Bedarf an risikoreduzierenden Maßnahmen hervorruft.

$H_{RRM}10$ → (Hose OS/ Wein sEH)	Wenn das gesamte wahrgenommene Risiko beim Kauf einer **Hose** im **Online-Shop** höher ist als beim Kauf einer Kiste **Wein** im **stationären Einzelhandel**, dann werden alle risikoreduzierenden Maßnahmen im ersten Fall intensiver genutzt als im zweiten.

Schließlich wird noch die folgende Hypothese aufgestellt, deren Aussage den bisherigen Argumentationen folgt:

$H_{RRM}11$ → (Hose sEH / Wein OS)	Wenn das gesamte wahrgenommene Risiko beim Kauf einer Kiste **Wein** in einem **Online-Shop** höher ist als beim Kauf einer **Hose** im **stationären Einzelhandel**, dann werden alle risikoreduzierenden Maßnahmen im ersten Fall intensiver genutzt als im zweiten.

Diese aufgestellten „**Haupthypothesen**“ ($H_{RRM}1$ bis $H_{RRM}11$) pro betrachteter Produkt-Kanal-Konstellation werden im Folgenden noch weiter hinuntergebrochen, indem sie die **Aussagerichtung** zu den einzelnen **Risikoreduktionskategorien** (A1, A2, A3, B1, B2, B3 und C) vorgeben. Denn anders als bei den Hypothesen zum wahrgenommenen Kaufrisiko, die sich nur auf das Gesamtrisiko beziehen, erstrecken sich die Hypothesen, die Annahmen zu dem risikoreduzierenden Verhalten innerhalb eines Mehrkanalsystems anstellen, weitaus differenzierter auf jede einzelne Maßnahmenkategorie.

Abb. 93 zeigt die **gesamten Teilhypothesen** auf, die sich pro Haupthypothese auf Aussagen bezüglich der Intensität der Nutzung der Reduktionskategorien A1, A2, A3, B1, B2, B3 und C beziehen.
Diesen allen liegt die eingangs aufgestellte und für alle bisher formulierten Hypothesen $H_{RRM}1$ - $H_{RRM}11$ gültige undifferenzierte Aussage „ein im Vergleich höheres wahrgenommenes Kaufrisiko zieht eine intensivere Nutzung **aller** Reduktionskategorien nach sich“ zugrunde.

Als Lesebeispiel zu der Übersicht in Abb. 93 soll der folgende Ausschnitt dienen:

	A1
H_{RRM}1 →	H_{RRM}1-A1
H/sEH	-
H/OS	+

Beim Kauf einer Hose im stationären Einzelhandel (H/sEH) werden die risikoreduzierenden Maßnahmen der Kategorie A1 **weniger intensiv (-)** eingesetzt als beim Kauf der Hose im Online-Shop **(+)** (H/OS).

Wie beim Blick auf Abb. 93 deutlich wird, unterteilt sich jede Hypothese (z.B. H_{RRM}1) konkret in die folgenden Unterhypothesen H_{RRM}1-A1, H_{RRM}1-A2, H_{RRM}1-A3, H_{RRM}1-B1, H_{RRM}1-B2, H_{RRM}1-B3 und H_{RRM}1-C, die jeweils eine Aussage treffen zu dem vermuteten Zusammenhang zwischen dem wKR in der durch die jeweiligen Produkt-Kanal-Kombination determinierten Situation und dem daraus resultierenden Einsatz jeder einzelnen Risikoreduktionskategorie.

Wichtig ist dabei die Betrachtung der **Reduktionskategorie C**, denn durch sie wird deutlich, in welchen Situationen die **zusätzliche Nutzung** des **parallelen Kanals** des **Mehrkanalsystems** im Rahmen eines Kaufprozesses zur **Risikohandhabung** eingesetzt wird.

Es wird sich zeigen, ob sich die Probanden gemäß dieser undifferenzierten Annahme („viel Risiko = viel Reduktion") verhalten oder aber differenzierter agieren.

Ein Erklärungsansatz zur differenzierteren Hypothesenbildung (insbesondere zu den Maßnahmen zur Reduktion der Unsicherheit A1, A2 und A3) bietet der informationsökonomisch orientierte Ansatz mit seinen Aussagen zur Nutzung der jeweiligen Maßnahmenkategorien.

In Abb. 94 wird deutlich, dass es aufgrund dieser Betrachtungsweise zu einer Veränderung der Hypothesengestaltung kommt ($H_{RRM}1a$, $H_{RRM}4a$ und $H_{RRM}11a$).[569]

	A1	A2	A3	B1	B2	B3	C
$H_{RRM}1$ →	$H_{RRM}1$-A1	$H_{RRM}1$-A2	$H_{RRM}1$-A3	$H_{RRM}1$-B1	$H_{RRM}1$-B2	$H_{RRM}1$-B3	$H_{RRM}1$-C
H/sEH	-	-	-	-	-	-	-
H/OS	+	+	+	+	+	+	+
$H_{RRM}2$ →	$H_{RRM}2$-A1	$H_{RRM}2$-A2	$H_{RRM}2$-A3	$H_{RRM}2$-B1	$H_{RRM}2$-B2	$H_{RRM}2$-B3	$H_{RRM}2$-C
W/sEH	-	-	-	-	-	-	-
W/OS	+	+	+	+	+	+	+
$H_{RRM}4$ →	$H_{RRM}4$-A1	$H_{RRM}4$-A2	$H_{RRM}4$-A3	$H_{RRM}4$-B1	$H_{RRM}4$-B2	$H_{RRM}4$-B3	$H_{RRM}4$-C
H/sEH	-	-	-	-	-	-	-
W/sEH	+	+	+	+	+	+	+
$H_{RRM}7$ →	$H_{RRM}7$-A1	$H_{RRM}7$-A2	$H_{RRM}7$-A3	$H_{RRM}7$-B1	$H_{RRM}7$-B2	$H_{RRM}7$-B3	$H_{RRM}7$-C
H/OS	=	=	=	=	=	=	=
W/OS	=	=	=	=	=	=	=
$H_{RRM}10$ →	$H_{RRM}10$-A1	$H_{RRM}10$-A2	$H_{RRM}10$-A3	$H_{RRM}10$-B1	$H_{RRM}10$-B2	$H_{RRM}10$-B3	$H_{RRM}10$-C
H/OS	+	+	+	+	+	+	+
W/sEH	-	-	-	-	-	-	-
$H_{RRM}11$ →	$H_{RRM}11$-A1	$H_{RRM}11$-A2	$H_{RRM}11$-A3	$H_{RRM}11$-B1	$H_{RRM}11$-B2	$H_{RRM}11$-B3	$H_{RRM}11$-C
W/OS	+	+	+	+	+	+	+
H/sEH	-	-	-	-	-	-	-
+ → Die Maßnahme der jeweiligen Kategorie wird bei der Produkt-Kanal-Kombination **intensiver** eingesetzt als bei der Vergleichskombination (- → **weniger intensiv**)							

Abb. 93: Hypothesen zum Einsatz der risikoreduzierenden Maßnahmen in einem MKS

Hintergrund zu den abweichenden Aussagen der Abb. 94 (zu denen aus Abb. 93) ist die Berücksichtigung der differenzierten informationsökonomisch orientierten Aussagen zur Unsicherheitsreduktion im

[569] So auch schon die Argumentation im Rahmen der Formulierung der Arbeitshypothesen in Kap. 7.3 des Teils A dieser Untersuchung.

Zusammenhang mit den verschiedenen informationsökonomischen Produkteigenschaften.[570]

Wie bereits weiter oben beschrieben, lassen sich die Maßnahmen der Kat. A1 (leistungsbezogene Informationssuche), A2 (leistungsbezogene Informationssubstitute) und A3 (leistungsübergreifende Informationssubstitute) wie folgt zuordnen.

Unsicherheitsreduktion bei Sucheigenschaften: In der Anwendung von A1 liegt das größte Reduktionspotenzial. Die Maßnahmen aus A2 und A3 sind auch möglich aber weitaus weniger sinnvoll, da ein geringeres Reduktionspotenzial vorhanden ist.

Unsicherheitsreduktion bei Erfahrungseigenschaften: Aus Sicht der Informationsökonomie ist die Anwendung von A1 hierbei nicht sinnvoll, da das Risiko nicht vor dem Kauf durch direkte Information über das Produkt zu mindern ist. Die Nutzung von produktbezogenen Indikatoren (A2) hat das größte Reduktionspotenzial und die Nutzung von A3 ist auch denkbar.

Unsicherheitsreduktion bei Vertrauenseigenschaften: Hierbei ist die Risikoreduktion in Anlehnung an die informationsökonomische Betrachtungsweise nur über leistungsübergreifende Informationssubstitute (A3) möglich.[571]

Unter Berücksichtigung dieser Informationen kann man die folgenden abweichenden Hypothesen $H_{RRM}1$**a**-A1, $H_{RRM}4$**a**-A1 und $H_{RRM}11$**a**-A1 formulieren, die von den bisher aufgestellten abweichen.

Diese Divergenz hat ihre Ursache darin, dass hier von der Aussage „viel Risiko = viel Reduktion“ in den Fällen abgewichen wird, in denen es sich um den Vergleich mit einem **Suchgut** (hier Hose/sEH) und dem damit einhergehenden vergleichsweise geringsten wahrgenommenen Kaufrisiko handelt. Dies liegt darin begründet, dass bei diesem geringerem Risiko die

[570] Vgl. dazu die Ausführungen in Kap. 6, die zur Bildung der Arbeitshypothesen in Kap. 7.3 aufgegriffen wurden.

[571] Durch das Weglassen der Befragungsstränge 5 und 6 tauchen im Folgenden allerdings keine Konstellationen mehr auf, die von der Dominanz der Vertrauenseigenschaften betroffen sind.

Risikoreduktionskategorie A1 (leistungsbezogene Informationssuche) im Vergleich zu einer Situation mit höherem Risiko (Erfahrungsgut) intensiver eingesetzt wird, da sie **das größte Reduktionspotenzial** bietet.

Mit Hilfe der vorliegenden Arbeit kann somit einerseits untersucht werden, ob die risikoreduzierenden Maßnahmen bzgl. der Risikokomponente „Unsicherheit“, die die Probanden in den jeweiligen Fällen heranziehen würden, auch denen entsprechen, die die informationsökonomisch orientierten Aussagen postulieren. Andererseits kann auch überprüft werden, ob bei den Befragten im Rahmen der Anwendung von Risikoreduktionsmaßnahmen der **Prozess der Reduktion** (im Sinne von „viel tun“) im Vordergrund steht und ob sich somit die undifferenzierte Hypothesenbildung bewährt, oder ob das **Ergebnis** – das Erreichen der Risikotoleranzschwelle – von Interesse ist (vgl. Kap. 4.3).
Anhand der theoretischen Ableitung ist es das Erreichen der Risikotoleranzschwelle und somit das **Ergebnis**, welches für die Individuen Relevanz besitzt. Eine abschließende Beantwortung dieser Fragen kann allerdings erst nach der Überprüfung der empirischen Daten vorgenommen werden (Kapitel 11.3.1).

	A1	A2	A3	B1	B2	B3	C
H_{RRM}1a →	H_{RRM}1a-A1	H_{RRM}1-A2	H_{RRM}1-A3	H_{RRM}1-B1	H_{RRM}1-B2	H_{RRM}1-B3	H_{RRM}1-C
H/sEH	+	-	-	-	-	-	-
H/OS	-	+	+	+	+	+	+
H_{RRM}2 →	H_{RRM}2-A1	H_{RRM}2-A2	H_{RRM}2-A3	H_{RRM}2-B1	H_{RRM}2-B2	H_{RRM}2-B3	H_{RRM}2-C
W/sEH	-	-	-	-	-	-	-
W/OS	+	+	+	+	+	+	+
H_{RRM}4a →	H_{RRM}4a-A1	H_{RRM}4-A2	H_{RRM}4-A3	H_{RRM}4-B1	H_{RRM}4-B2	H_{RRM}4-B3	H_{RRM}4-C
H/sEH	+	-	-	-	-	-	-
W/sEH	-	+	+	+	+	+	+
H_{RRM}7 →	H_{RRM}7-A1	H_{RRM}7-A2	H_{RRM}7-A3	H_{RRM}7-B1	H_{RRM}7-B2	H_{RRM}7-B3	H_{RRM}7-C
H/OS	=	=	=	=	=	=	=
W/OS	=	=	=	=	=	=	=
H_{RRM}10 →	H_{RRM}10-A1	H_{RRM}10-A2	H_{RRM}10-A3	H_{RRM}10-B1	H_{RRM}10-B2	H_{RRM}10-B3	H_{RRM}10-C
H/OS	+	+	+	+	+	+	
W/sEH	-	-	-	-	-	-	
H_{RRM}11a →	H_{RRM}11a-A1	H_{RRM}11-A2	H_{RRM}11-A3	H_{RRM}11-B1	H_{RRM}11-B2	H_{RRM}11-B3	H_{RRM}11-C
W/OS	-	+	+	+	+	+	+
H/sEH	+	-	-	-	-	-	-

+ → Die Maßnahme der jeweiligen Kategorie wird bei der Produkt-Kanal-Kombination **intensiver** eingesetzt als bei der Vergleichskombination (- → **weniger intensiv**)

Anmerkung: Die Abweichungen zu Abb. 93 wurden grau hinterlegt.

Abb. 94: Hypothesen zum Einsatz der risikoreduzierenden Maßnahmen in einem MKS unter Berücksichtigung informationsökonomisch orientierter Erkenntnisse

11.3 Darstellung und Interpretation der Ergebnisse zur Messung der Risikoreduktionsmaßnahmen innerhalb eines Mehrkanalsystems

Im Folgenden werden die Ergebnisse der schriftlichen Befragung zu den risikoreduzierenden Maßnahmen vorgestellt und interpretiert.

Die Hypothesen werden anhand der empirischen Daten überprüft, indem die Mittelwerte der einzelnen Kategorien einer Signifikanzprüfung unterzogen werden (vgl. Abb. 95 und die jeweiligen Signifikanzwerte bei den verschiedenen Produkt-Kanal-Kombinationen). Anhand der Überprüfung des O-R-Zusammenhangs (wKR als unabhängige/beeinflussende Variable und den Maßnahmen zur Risikohandhabung als daraus resultierende also abhängige Variable) wird das Verhalten von Kunden innerhalb eines Mehrkanalsystems beschrieben und es werden Gesetzmäßigkeiten identifiziert, auf deren Basis das Verhalten strukturiert erklärt werden kann.

	H/sEH	**H/OS**	**W/sEH**	**W/OS**
RRM Kat. A1 leistungsbezogene Informationssuche	3,49 n = 115	3,17 n = 82	3,85 n = 172	3,39 n = 143
RRM Kat. A2 leistungsbezogene Informationssubstitute	2,45 n = 115	2,91 n = 82	2,99 n = 172	3,26 n = 143
RRM Kat. A3 leistungsübergreifende Informationssubstitute	2,47 n = 115	3,05 n = 82	3,01 n = 172	3,17 n = 143
RRM Kat. B1 kognitive Mechanismen	1,70 n = 115	1,69 n = 82	1,91 n = 172	1,85 n = 143
RRM Kat. B2 Reduktion des potenziellen Verlustes	2,28 n = 115	1,89 n = 82	3,13 n = 172	3,12 n = 143
RRM Kat. B3 finanzielle Absicherung	3,57 n = 115	4,30 n = 82	4,02 n = 172	4,31 n = 143
RRM Kat. C Einsatz des parallelen Kanals innerhalb eines MKS	1,50 n = 114	2,58 n = 82	1,90 n = 172	2,90 n = 143
RRM Kat. C2 "w" Ablehnung des Einsatzes des parallelen Kanals innerhalb eines MKS	3,97 n = 115	2,78 n = 81	3,45 n = 172	2,63 n = 142
1 → trifft überhaupt nicht zu	(…)	5 → trifft voll und ganz zu		

Abb. 95: Mittelwerte einzelner Risikoreduktionsmaßnahmen in den einzelnen Produkt-Kanal-Kombinationen[572]

[572] RRM C2 („w") bezieht sich auf die Frage: „Wenn ich Produkt „Y" in einem Geschäft kaufe, so informiere ich mich nie vorher auf den Internet-Seiten des selben Händlers." Im Falle des Kaufs im Online Shop wurde die Frage dementsprechend formuliert.

11.3.1 Käufe eines Produktes bei Variation des Kanals

Mittelwertvergleich „Hose/sEH“ und „Hose/OS“

Um die folgende Hypothese $H_{RRM}1a$ (als Modifikation der Hypothese $H_{RRM}1$) zu überprüfen, muss als erstes sichergestellt werden, dass die Wenn-Komponente dieser Aussage überhaupt gegeben ist. Beim Blick auf Abb. 82 wird ins Gedächtnis zurückgerufen, dass die zugrunde liegende $H_{wKR}1$ nach der Prüfung beibehalten werden konnte.

Die folgende Hypothese $H_{RRM}1a$ stellt eine Abänderung der Hypothese $H_{RRM}1$ insofern dar, als dass die eingangs aufgestellte Aussage „viel Risiko = viel Reduktion“ undifferenziert über alle Risikoreduktionsmaßnahmen nun differenzierter gesehen wird, indem die Erkenntnisse des informationsökonomisch geprägten Ansatzes mit in die Hypothesenbildung einfließen. Das Resultat ist in Abb. 94 zu sehen: alle Hypothesenteile haben dieselbe Aussagenrichtung bis auf die Teilhypothese $H_{RRM}1a$ – A1 (analog dazu: $H_{RRM}4a$-A1 und $H_{RRM}11a$-A1). Ihr wird aus den genannten Gründen ein gegenläufiger Verlauf unterstellt, so dass die folgende Hypothese H_{RRM}1**a** formuliert werden kann.

H_{RRM}**1a** → (Hose sEH/ Hose OS)	Wenn das gesamte wahrgenommene Risiko beim Kauf einer **Hose** in einem **Online-Shop** höher ist als beim Kauf im **stationären Einzelhandel**, dann werden alle risikoreduzierenden Maßnahmen im ersten Fall intensiver genutzt als im zweiten. **Ausnahme** bildet hier einzig Maßnahmenkategorie **A1**, da sie beim Kauf der **Hose** im **stationären Einzelhandel** intensiver genutzt wird als beim Kauf im **Online-Shop**.

Beim Blick auf die Ergebnisse der empirischen Untersuchung (s. Abb. 96) kann festgestellt werden, dass alle Teilhypothesen bis auf $H_{RRM}1a$ – B1 beibehalten werden können.[573]

Teilhypothese H_{RRM}1a–A1, die in ihrem Verlauf die inhaltliche Ausnahme darstellt, wird dementsprechend beibehalten: Mit einem Mittelwert von 3,17 beim Kauf der Hose im Online-Shop und einem Mittelwert in Höhe von 3,49 beim Kauf im stationären Einzelhandel sowie einer hoch

[573] In Abb. 102 (auf S. 336) werden die zentralen Ergebnisse aller Hypothesen zur Risikohandhabung übersichtlich zusammengefasst.

signifikanten Differenz dieser beiden Werte von 0,32 (α=0,001) kann diese Teilhypothese, die sich auf den Einsatz von **leistungsbezogener Informationssuche zur Reduktion der Unsicherheit** bezieht, beibehalten werden. Die Beibehaltung dieser Teilhypothese gibt einen ersten Hinweis darauf, dass die informationsökonomisch geprägten Inhalte (beim Kauf eines Suchgutes findet die leistungsbezogene Informationssuche (A1) zur Unsicherheitsreduktion am meisten Anwendung) sehr wohl in der Realität Bestand haben. Für die Probanden scheinen die Inspektion und die Anprobe vor Ort von großer Bedeutung zu sein.

Auch die Frage, ob die Probanden im Rahmen ihrer Risikohandhabung den Prozess oder das Ergebnis ihrer Bemühungen als wichtig erachten kann somit beantwortet werden: Sie streben eine – unter den jeweiligen Gegebenheiten – angemessene Risikoreduktion an, mit der sie ihre Risikotoleranzschwelle erreichen bzw. unterschreiten können.

Teilhypothese H_{RRM}1a–A2, die Aussagen zu dem Einsatz **leistungsbezogener Informationssubstitute** trifft, kann auch beibehalten werden, da die Maßnahmen diese Kategorie beim Kauf der Hose im Online-Shop (MW 2,91) deutlich intensiver genutzt werden als beim Kauf im stationären Einzelhandel (MW 2,45). Die Differenz zwischen den beiden Ausprägungen beträgt 0,46 und ist mit α=0,000 hoch signifikant. Beim Kauf einer Hose im Online-Shop sind die Informationssubstitute: Preis der Ware, Erfahrungen, die andere mit dem Produkt bereits machten, aber auch die Höhe der Werbeausgaben geeignete Indikatoren zur Reduktion der Risikokomponente Unsicherheit vor dem Kauf einer Hose im Online-Shop.

Auch der Einsatz der **leistungsübergreifenden Informationssubstitute** wird von den Probanden hypothesenkonform eingeschätzt, so dass **Teilhypothese H_{RRM}1a–A3** beibehalten werden kann (α=0,000). Die Differenz zwischen den beiden Befragungssträngen ist sogar mit 0,58 größer als die der beiden vorhergehenden Teilhypothesen. Es zeigt sich somit, dass Storebrand und Gütesiegel aber auch der gute Ruf eines Anbieters beim Kauf eines Erfahrungsgutes im Online-Shop durchaus eine Rolle spielen.

Bezogen auf die Maßnahmen, die die Risikokomponente "Unsicherheit" mindern sollen, ist als **Zwischenfazit** festzuhalten, dass sich die Probanden genauso verhalten, wie es die Aussagen der informationsökonomisch geprägten Theorie postulieren. Die Probanden setzen in ihrer Risikoreduktion mittels der Kategorien A1, A2 und A3 die Maßnahmen ein, die in der spezifischen Situation den größten Nutzen mit sich bringen.

Im Folgenden werden die Maßnahmen betrachtet, die zur **Reduktion des Ausmaßes der negativen Kauffolgen** dienen sollen (B1, B2 und B3).

Bei den Maßnahmen, die sich unter der Kategorie B1 subsumieren, handelt es sich um solche, die eine Reduktion der Risikokomponente „Ausmaß der negativen Kauffolgen" durch den **Einsatz kognitiver Mechanismen** erreichen sollen. **Teilhypothese H_{RRM}1a–B1**, die sich darauf bezieht, kann nicht beibehalten werden. Die Differenz zwischen den beiden Mittelwerten mit 0,01 ist generell kaum hypothesenbegründend, außerdem ist diese Mittelwertdifferenz nicht signifikant (α=0,056), weshalb die Teilhypothese als widerlegt gilt. Es konnte somit bezogen auf diese Produkt-Kanal-Konstellationen kein Unterschied festgestellt werden, der nicht auf Zufall beruht. Beim Blick auf die einzelnen Aktivitäten, die sich hinter der Kategorie B1 verbergen (Senkung des eigenen Anspruchsniveaus und der Erwartungen des sozialen Umfeldes sowie Vorabreduzierung des Ausmaßes einer potenziellen negativen Kauffolge) ist es offensichtlich, dass der Kanal, in dem die Hose gekauft wird, keinen Einfluss auf die Intensität des Einsatzes dieser Maßnahmen hat. Es liegt der Schluss nahe, dass die Nutzung der Risikoreduktionskategorie B1 eher von Produkt zu Produkt variiert und somit kanalunabhängig ist.

Anders sieht es hingegen bei der **Teilhypothese H_{RRM}1a–B2** aus, die die Maßnahmen umfasst, mit denen der **potenzielle Verlust minimiert** werden kann. Sie ist die einzige Teilaussage der ersten Haupthypothese, die aufgrund der Datenbasis verworfen werden muss. Durch die Signifikanz der nicht hypothesenkonformen Daten kann allerdings das

Gegenteil als neue Aussage getroffen werden. Dies liegt darin begründet, dass in diesem Fall der Mittelwert beim Kauf der Hose im stationären Einzelhandel (MW 2,28) höher ist als beim Kauf im Online-Shop (MW 1,89) mit einer hoch signifikanten Differenz in Höhe von 0,39 und α=0,002. Eine Erklärung könnte sein, dass das betroffene Item **„eine billigere Hose zu kaufen“** (um dadurch den Verlust gering zu halten, falls die Hose nicht den Wünschen entspricht), beim Kauf im Online-Shop keine Rolle spielt. Vielmehr ist der **(höhere) Preis** einer Hose ein genutzter Indikator für die (höhere) Qualität der Hose. Bei diesen beiden **gegenläufigen** Effekten, den der Preis einer Hose beim Kauf nach sich ziehen kann, scheint der letztere beim Kauf nach dem Distanzprinzip der gewichtigere zu sein. Eine billigere Hose (und damit vermeintlich schlechtere) scheinen die Probanden eher in Einkaufsstätten kaufen zu wollen, die nicht vom Distanzprinzip geprägt sind und somit die Inspektion sowie eine Anprobe zulassen. Beim Blick auf den entsprechenden – sehr geringen – Mittelwert fällt allerdings auf, dass es selbst dort kein probates Mittel zur Reduktion des Risikos zu sein scheint.

Eine **finanzielle Absicherung** (B3), findet beim Kauf der Hose im Online-Shop mit einem Mittelwert von 4,30 wiederum weitaus mehr Zuspruch als beim Kauf im stationären Einzelhandel mit einem MW von 3,57. Die **Teilhypothese H_{RRM}1a–B3** wird somit beibehalten, da die Differenz der Mittelwerte (0,73) mit α=0,000 hoch signifikant ist.
Die absolute Höhe beider Werte zeigt allerdings, dass die Aspekte Umtausch, Garantie und Rückgabe (nur im OS relevant) beim Kauf einer Hose generell in der Wahrnehmung der Kunden eine wichtige Maßnahme zur Reduktion des wahrgenommenen Kaufrisikos ist.

Welchen Einfluss nun die **Mehrkanalnutzung** (des parallelen Kanals) auf die Risikoreduktion hat, beantwortet **Teilhypothese H_{RRM}1a–C**. In dieser Kategorie werden alle **Aktivitäten zur Reduktion der Risikokomponente Unsicherheit** zusammengefasst, die sich auf den jeweils anderen parallelen Kanal beziehen. Die aufgestellte Hypothese kann beibehalten werden, da beim Kauf der Hose im Online-Shop (MW 2,58) hoch signifikant häufiger der parallele Kanal hinzugezogen wird, als beim Kauf im stationären Einzelhandel, wobei hier die MKS-Tätigkeit bei einem MW von nur 1,5 in der Betrachtung fast vernachlässigt werden kann.[574]

$H_{RRM}1a$	H/sEH 1	H/OS 2	Signifikanz	
RRM A1	3,49 n = 115	3,17 n = 82	**0,001**	++
RRM A2	2,45 n = 115	2,91 n = 82	**0,000**	++
RRM A3	2,47 n = 115	3,05 n = 82	**0,000**	++
RRM B1	1,70 n = 115	1,69 n = 82	0,056	-
RRM B2	2,28 n = 115	1,89 n = 82	**0,002**	++
RRM B3	3,57 n = 115	4,30 n = 82	**0,000**	++
RRM C	1,50 n = 114	2,58 n = 82	**0,000**	++
RRM C2 "w"	3,97 n = 115	2,78 n = 81	**0,000**	++
$\alpha^* \leq 0{,}01$ → hoch signifikant (++) / $\alpha^* \leq 0{,}05$ → signifikant (+) / $\alpha^* > 0{,}05$ → nicht signifikant (-)				
1 → trifft überhaupt nicht zu	(...)	5 → trifft voll und ganz zu		

Abb. 96: Mittelwertvergleiche der Maßnahmen pro Risikoreduktionskategorie und den Produkt-Kanal-Kombinationen „Hose/sEH" und „Hose/OS"

Mittelwertvergleich „Wein/sEH" und „Wein/OS"

Beim nächsten Hypothesenblock $H_{RRM}2$ wird für alle Teilhypothesen dieselbe Verlaufsrichtung unterstellt. Dies liegt darin begründet, dass hier keine Suchgüter in den Betrachtungsraum fallen, die eine differenziertere Hypothesenbildung, wie z.B. in dem vorherigen Hypothesenblock, erforderlich machen.

Aufgrund dieser Tatsache und der bisherigen Erkenntnisse, wurde die folgende Hypothese aufgestellt.

$H_{RRM}2$ → (Wein sEH/ Wein OS)	Wenn das gesamte wahrgenommene Risiko beim Kauf einer Kiste **Wein** in einem **Online-Shop** höher ist als beim Kauf im **stationären Einzelhandel**, dann werden alle risikoreduzierenden Maßnahmen im ersten Fall intensiver genutzt als im zweiten.

[574] Die Kategorie C2 wird nicht an dieser Stelle, sondern zusammengefasst über alle Produkt-Kanal-Konstellationen gemeinsam im Kap. 11.4 erörtert.

Teilhypothese H_{RRM}2–A1, die eine Aussage zu dem Einsatz von risikoreduzierenden Maßnahmen in Form von **leistungsbezogener Informationssuche** trifft, muss verworfen werden (vgl. Abb. 97).

Mit einem Mittelwert in Höhe von 3,85 werden diese Maßnahmen im stationären Einzelhandel deutlich intensiver angewendet (bzw. der Wunsch danach wird geäußert), als dies beim Kauf des Weins im Online-Shop der Fall ist (MW 3,39). Diese Differenz von 0,46 ist mit α=0,000 hoch signifikant. Die Hypothese ging davon aus, dass in der Situation, in der ein höheres Risiko vorhanden ist (hier: Wein/OS), auch alle risikoreduzierenden Maßnahmen intensiver eingesetzt werden – dies ist bei der leistungsbezogenen Informationssuche offensichtlich nicht der Fall. Worin könnte dies begründet liegen? Zwei Argumentationsstränge könnten hier zum Zuge kommen.

Ein Grund ist in der Natur des Online-Shops zu finden, in dem zwar theoretisch eine große Menge an multimedial aufbereiteter Informationen bereitgestellt werden könnte, in der Praxis jedoch meist nur äußerst begrenzte Möglichkeiten zur Befriedigung der leistungsbezogenen Informationssuche zur Verfügung stehen. Die weitaus gewichtigere Begründung ist in den Eigenarten des stationären Einzelhandels zu sehen und in der Diskrepanz zwischen dem Wunschverhalten der Kunden und ihrem tatsächlichen Einkaufsverhalten.

Ein Item in dieser Kategorie ist die Maßnahme, den Wein vor dem Kauf zu probieren. In der Realität geschieht dies vor dem Kauf in der Regel nicht.[575]

Es bleibt die Frage, warum dieser Unterschied zwischen der Aussage innerhalb des Fragebogens und der Realität zustande kommt. Einerseits könnte die Ursache darin liegen, dass durch die hypothetische Frage ein Risikobewusstsein für die spezifische Situation bei den Probanden aufgebaut wurde, was von dem der Realität abweicht, so dass dadurch auch

[575] Vgl. weiter oben die Aussage, dass jede 4. Flasche Wein in Deutschland bei Aldi gekauft wird. Dabei fanden alle anderen Discounter, SB-Warenhäuser, etc. noch gar keine Berücksichtigung. Es ist also nur ein verschwindend geringer Anteil des gesamten Weinvolumens, der in Handelsformen gekauft wird, in denen ein Probieren vor dem Kauf überhaupt möglich wäre. Ob es selbst dort in den meisten Fällen gemacht wird, darf bezweifelt werden. Vgl. o.V. (2002), S. 13.

Handlungen als wünschenswert genannt werden, die nicht dem tatsächlichen Kaufverhalten entsprechen. Ein anderer Grund könnte eher soziologischer Natur sein, dass sich die befragte Person mit der Beantwortung der Frage selber erhöhen möchte und sich selbst als Weinkenner darstellen will. Welche dieser beiden Begründungen bzw. in welcher Verteilung sie als Erklärung dienen, muss an dieser Stelle allerdings unbeantwortet bleiben.

Die Hypothese zu den **leistungsbezogenen Informationssubstituten** – **Teilhypothese H_{RRM}2–A2** – kann ebenso beibehalten werden wie die folgende **Teilhypothese H_{RRM}2–A3**, die Aussagen zu der Nutzung von **leistungsübergreifenden Informationssubstituten** trifft. In beiden Fällen ist der Wunsch nach Einsatz der jeweiligen Maßnahmen beim Kauf des Weins im Online-Shop höher als beim Kauf im stationären Einzelhandel. Die beiden Differenzen der betroffenen Mittelwerte verhalten sich auch jeweils hoch signifikant.

Die folgenden Hypothesen zum Einsatz von **kognitiven Mechanismen (Teilhypothese H_{RRM}2–B1)** und zur **Reduktion des Mitteleinsatzes (Teilhypothese H_{RRM}2–B2)** müssen beide verworfen werden. Die Veränderung der Mittelwerte verhält sich jeweils nicht hypothesenkonform und diese Ausprägungen sind in ihrer Differenz nicht signifikant. Dies führt dazu, dass die Teilhypothesen nicht beibehalten werden können, da sich aus den Daten kein Unterschied ableiten lässt. Bezogen auf die Kategorie B1, die den Einsatz von kognitiven Mechanismen umfasst, wie z.B. Senkung des eigenen Anspruchsniveaus und der Erwartungen Dritter aber auch die gedankliche Vorabreduktion potenzieller unliebsamer Kauffolgen, weisen beide Produkt-Kanal-Kombinationen einen MW von unter 2 auf. Da sich beim Kauf W/sEH im Vergleich zum Kauf W/OS nur eine Variable verändert hat, ist daraus zu schließen, dass sich allein die Kanalvariation nicht auf eine Veränderung des Einsatzes der kognitiven Mechanismen zur Risikoreduktion auswirkt. Diese Vermutung wurde bereits in dem vorhergehenden Hypothesenblock aufgestellt, welche durch die Erkenntnisse aus der Betrachtung von H_{RRM}2 verstärkt wird. Genauso verhält es sich mit der Kategorie B2, die alle Aktivitäten zur Reduktion des Mitteleinsatzes umfasst – auch hier ist nur durch die Kanalvariation kein Unterschied in der Anwendung dieser Kategorie festzustellen.

Betrachtet man die Daten zu **Teilhypothese H_{RRM}2–B3**, verhält es sich wie im ersten analysierten Fall des Hosenkaufs – auch hier spielt der Einsatz von Garantien und Rückgaberechten im Online-Shop (MW 4,31) eine größere Rolle als beim Kauf im stationären Einzelhandel (MW 4,02). Die Differenz der Werte ist mit α=0,000 hoch signifikant und die Hypothese kann somit beibehalten werden. Bemerkenswert ist, auf welch hohem Niveau sich beide Mittelwerte dieser Risikoreduktionskategorie unter Berücksichtigung der spezifischen Produkt-Kanal-Kombination bewegen. Es ist fraglich, ob die Probanden von dem Angebot – welches als sehr wichtig erachtet wird – tatsächlich Gebrauch machen würden.

H_{RRM}2	**W/sEH 3**	**W/OS 4**	**Signifikanz**	
RRM A1	3,85 n = 172	3,39 n = 143	**0,000**	++
RRM A2	2,99 n = 172	3,26 n = 143	**0,000**	++
RRM A3	3,01 n = 172	3,17 n = 143	**0,001**	++
RRM B1	1,91 n = 172	1,85 n = 143	0,072	-
RRM B2	3,13 n = 172	3,12 n = 143	0,451	-
RRM B3	4,02 n = 172	4,31 n = 143	**0,000**	++
RRM C	1,90 n = 172	2,90 n = 143	**0,000**	++
RRM C2 "w"	3,45 n = 172	2,63 n = 142	**0,000**	++
$\alpha^* \leq 0,01$ → hoch signifikant (++) / $\alpha^* \leq 0,05$ → signifikant (+) / $\alpha^* > 0,05$ → nicht signifikant (-)				
1 → trifft überhaupt nicht zu (...) 5 → trifft voll und ganz zu				

Abb. 97: Mittelwertvergleiche der Maßnahmen pro Risikoreduktionskategorie und den Produkt-Kanal-Kombinationen „Wein/sEH“ und „Wein/OS“

Welchen Einfluss hat nun das MKS auf die Risikoreduktion in den beiden Kaufsituationen? **Teilhypothese H_{RRM}2–C**, die die Aussage trifft, dass unter Berücksichtigung der Konstellation W/OS (MW 2,90) weitaus öfter Gebrauch von dem parallelen Kanal zur Risikoreduktion über alle Kategorien hinweg gemacht wird als bei W/sEH (1,90), kann beibehalten werden. Die Differenz zwischen den Mittelwerten in Höhe von 1,0 ist auffallend groß und mit α=0,000 hoch signifikant.

11.3.2 Käufe im stationären Einzelhandel bei Variation des Produkts

Mittelwertvergleich „Hose/sEH" und „Wein/sEH"

Wie bereits im Rahmen der ersten Hypothese zur Risikohandhabung in einem Mehrkanalsystem, ist auch die folgende von der Berücksichtigung eines Suchgutes betroffen. Aus diesem Grund findet auch hier eine Modifikation der eigentlichen Haupthypothese statt, indem eine Aussage zu dem Verhalten der Probanden innerhalb der Maßnahmenkategorie A1 zugefügt wird, die von dem Verlauf der übrigen Teilhypothesen abweicht.

H_{RRM}**4a** → (Hose sEH/ Wein sEH)	Wenn das gesamte wahrgenommene Risiko beim Kauf einer Kiste **Wein** im **stationären Einzelhandel** höher ist als beim Kauf einer **Hose** im **stationären Einzelhandel**, dann werden alle risikoreduzierenden Maßnahmen im ersten Fall intensiver genutzt als im zweiten. **Ausnahme** bildet hier einzig Maßnahmenkategorie **A1**, da sie beim Kauf der **Hose** im **stationären Einzelhandel** intensiver genutzt wird als beim Kauf einer Kiste **Wein** im **stationären Einzelhandel**.

Teilhypothese H_{RRM}**4a-A1** zum Einsatz der **leistungsbezogenen Informationssuche** muss verworfen werden (vgl. Abb. 98). Die beiden Mittelwerte verhalten sich in ihrer Differenz (0,36) nicht hypothesenkonform und dies auch noch hochsignifikant (α=0,000). Interessanterweise ist auch hier wiederum der Kauf des Weins im stationären Einzelhandel der bestimmende Faktor für dieses Resultat. Bemerkenswert ist dabei, dass die Probanden die Maßnahmen, wie zum Beispiel Anprobe und Inspektion der Hose weniger intensiv einsetzen würden, als die Degustation des Weins am Ort des Kaufs. Es verfestigt sich somit die Annahme, dass die Probanden den Kauf des Weins im Geschäft nicht als Prozess mit Erfahrungseigenschaften sein lassen wollen, sondern es durch den intensiven Wunsch danach, den Wein probieren zu können, zu einem „Quasi-Suchgut“ transformieren wollen.

Die **Teilhypothese H_{RRM}4a-A2** zur Nutzung der **leistungsbezogenen Informationssubstitute** und **Teilhypothese H_{RRM}4a-A3** zu den **leistungsübergreifenden Informationssubstituten** als Maßnahmen zur Reduktion der Unsicherheit können beibehalten werden. Die Mittelwerte sind beim Kauf des Weins im stationären Einzelhandel durchweg höher als beim Kauf der Hose im selben Kanal, wobei die Unterschiede jeweils hoch signifikant sind.

Die erste Teilhypothese zur Reduktion der Risikokomponente „Ausmaß der negativen Kauffolgen“ **Teilhypothese H_{RRM}4a-B1**, die die Aktivitäten der Kategorie **„Einsatz kognitiver Mechanismen“** umfasst, kann anhand der Ergebnisse beibehalten werden. Der MW beim Kauf des Weins im stationären Einzelhandel beträgt 1,91 und der MW beim Kauf der Hose im selben Kanal 1,70, wobei die Differenz dieser Werte signifikant ist.

Die **Teilhypothesen H_{RRM}4a-B2** und **H_{RRM}4a-B3** werden beibehalten. Die Maßnahmen zur **Reduktion des Mitteleinsatzes** der Kategorie B2 werden beim Kauf des Weins im sEH hoch signifikant intensiver angewandt als beim Kauf der Hose im sEH. Die Differenz der Mittelwerte beträgt hierbei 0,85. Bei der Kategorie B3 (finanzielle Absicherung) verhält es sich ebenso, nur die Differenz der Mittelwerte ist mit 0,45 geringer.

Die Bereitschaft, sich im Online-Kanal zusätzliche Informationen über die Kategorien A1, A2 und A3 hinweg zu beschaffen, ist beim Kauf des Weins mit einem Mittelwert von 1,90 zwar gering, aber höher als beim Kauf der Hose mit einem Mittelwert in Höhe von 1,50. Die Differenz in Höhe von 0,40 ist mit α=0,000 hoch signifikant. Die **Teilhypothese H_{RRM}4a-C** ist somit beizubehalten.

$H_{RRM}4a$	H/sEH 1	W/sEH 3	Signifikanz	
RRM A1	3,49 n = 115	3,85 n = 172	0,000	++
RRM A2	2,45 n = 115	2,99 n = 172	0,000	++
RRM A3	2,47 n = 115	3,01 n = 172	0,000	++
RRM B1	1,70 n = 115	1,91 n = 172	0,029	+
RRM B2	2,28 n = 115	3,13 n = 172	0,000	++
RRM B3	3,57 n = 115	4,02 n = 172	0,002	++
RRM C	1,50 n = 114	1,90 n = 172	0,000	++
RRM C2 „w“	3,97 n = 115	3,45 n = 172	0,054	-
$\alpha^* \leq 0{,}01$ → hoch signifikant (++) / $\alpha^* \leq 0{,}05$ → signifikant (+) / $\alpha^* > 0{,}05$ → nicht signifikant (-)				
1 → trifft überhaupt nicht zu	(...)	5 → trifft voll und ganz zu		

Abb. 98: Mittelwertvergleiche der Maßnahmen pro Risikoreduktionskategorie und den Produkt-Kanal-Kombinationen „Hose/sEH“ und „Wein/sEH“

11.3.3 Käufe im Online-Shop bei Variation des Produkts

Mittelwertvergleich „Hose/OS“ und „Wein/OS“

Wie die empirische Überprüfung der Hypothese $H_{wKR}7$ gezeigt hat, konnte diese beibehalten werden (zur Erinnerung: die Kaufentscheidungsprozesse „W/OS“ und „H/OS“ sind vom gleich großem wKR geprägt). Aus diesem Grund kann die folgende Hypothese zur Risikohandhabung abgeleitet werden, die unterstellt, dass bei risikoinduzierenden Parametern mit demselben Risikoeffekt innerhalb des betrachteten Partialmodells auch derselbe Grad der Risikohandhabung einhergeht.

$H_{RRM}7$ → (Hose OS/ Wein OS)	Wenn das gesamte wahrgenommene Risiko beim Kauf einer **Kiste Wein** im **Online-Shop** gleich dem ist beim Kauf einer **Hose** im **Online-Shop**, dann werden alle risikoreduzierenden Maßnahmen in beiden Fällen gleich intensiv genutzt.

Die erste **Teilhypothese H_{RRM}7-A1** kann nicht beibehalten werden. Zwischen dem Einsatz der **leistungsübergreifenden Informationssuche** beim Kauf des Weins im Online-Shop (MW 3,39) und dem der Hose im selben Kanal (MW 3,17) besteht eine Differenz in Höhe von 0,22, die mit α=0,049 signifikant ist (vgl. Abb. 99). Die Besonderheit des Weinkaufs und der Wunsch der Probanden, den Wein vor dem Kauf probieren zu wollen, wurden bereits in dem vorhergehenden Hypothesenblock thematisiert. Welche Ausmaße das (insbesondere in Abgrenzung zu dem Kauf einer Hose im stationären Einzelhandel) annehmen kann, wird im Rahmen des Hypothesenblocks H_{RRM}11a beschrieben.

Auch die folgende **Teilhypothese H_{RRM}7-A2**, die alle Aktivitäten zur Heranziehung der **leistungsübergreifenden Informationssubstitute** umfasst, wird aufgrund der Differenz der Mittelwerte (0,35) verworfen, da sie mit α=0,000 hoch signifikant ist. Die Probanden wünschen also beim Kauf des Weins nach dem Distanzprinzip intensiver die Nutzung leistungsbezogener Informationssubstitute, wie z.B. den Preis und die Erfahrung Dritter, als beim Kauf einer Hose im selben Kanal.

Die Hypothese zur Nutzung der **leistungsübergreifenden Informationssubstitute** (**Teilhypothese H_{RRM}7-A3**) kann beibehalten werden, da die Differenz der beiden MW (0,12) nicht signifikant ist.

Die **kognitiven Mechanismen**, auf die sich **Teilhypothese H_{RRM}7-B1** bezieht, werden in beiden Befragungssträngen auf niedrigem Niveau als risikoreduzierende Maßnahmen gewünscht und die Differenz von 0,16 zwischen der Konstellation H/OS (MW 1,69) und W/OS (1,85) ist mit α=0,020 signifikant. Die Hypothese muss dementsprechend verworfen werden. Auch hier bestärkt sich wiederum die Annahme der vorhergehenden Hypothesenblöcke, dass die Variation des Produktes eine Auswirkung auf den Einsatz der kognitiven Mechanismen hat.

Bei **Teilhypothese H_{RRM}7-B2** verhält es sich ähnlich, auch hier ist es der Strang W/OS, der eine weitaus intensivere Nutzung der Maßnahmen zur **Reduktion des potenziellen Verlustes** nach sich ziehen würde, nur dass hier die Differenz zwischen den Mittelwerten mit 1,23 weitaus größer ist als im vorhergehenden Fall. Die Teilhypothese H_{RRM}11a-B2 wird aufgrund der hohen Signifikanz dieses Unterschiedes (α=0,000) nicht beibehalten. Als Begründung dient hier ein Blick auf die Items, die sich hinter dieser Risikoreduktionskategorie verbergen: So kann die risikoreduzierende Maßnahme des Kaufs einer kleineren Menge nicht nur ausschließlich beim Kauf des Weins angewendet werden, sondern es ist ein sehr einfach anzuwendendes Mittel, den Wein zuerst nur in der Menge einer Flasche zu erstehen oder aber die unbeschädigte erste Lieferung abzuwarten, bevor man ihn danach ggf. kistenweise bestellt.

Die nächste **Teilhypothese H_{RRM}7-B3**, die sich auf die Kategorie „**finanzielle Absicherung**" zur Reduktion der Komponente „Ausmaß der negativen Kauffolgen" bezieht, weist in beiden Fällen einen sehr hohen Mittelwert (H/OS 4,30 und W/OS 4,31) und eine sehr geringe Differenz zwischen den Mittelwerten in Höhe von 0,01 auf. Die Hypothese wird beibehalten, da die Differenz nicht signifikant ist.

Auch **Teilhypothese H_{RRM}7-C,** die eine Annahme zu der Nutzung des parallelen Kanals im Rahmen des Kaufprozesses und somit zum MKS-Verhalten trifft, kann beibehalten werden, da die Differenz der Mittelwerte zwischen beiden Produkt-Kanal-Konstellationen nicht signifikant ist. Es ist also auf Basis der vorhandenen Daten zwischen den beiden Käufen H/OS und W/OS kein Unterschied in der Nutzung des parallel vorhandenen stationären Einzelhandels zum Zweck der Unsicherheitsreduktion festzustellen.

$H_{RRM}7$	H/OS 2	W/OS 4	Signifikanz	
RRM A1	3,17 n = 82	3,39 n = 143	**0,049**	+
RRM A2	2,91 n = 82	3,26 n = 143	**0,000**	++
RRM A3	3,05 n = 82	3,17 n = 143	0,311	-
RRM B1	1,69 n = 82	1,85 n = 143	**0,020**	+
RRM B2	1,89 n = 82	3,12 n = 143	**0,000**	++
RRM B3	4,30 n = 82	4,31 n = 143	0,305	-
RRM C	2,58 n = 82	2,90 n = 143	0,053	-
RRM C2 „w“	2,78 n = 81	2,63 n = 142	0,116	-
$\alpha^* \leq 0{,}01$ → hoch signifikant (++) / $\alpha^* \leq 0{,}05$ → signifikant (+) / $\alpha^* > 0{,}05$ → nicht signifikant (-)				
1 → trifft überhaupt nicht zu	(...)	5 → trifft voll und ganz zu		

Abb. 99: Mittelwertvergleiche der Maßnahmen pro Risikoreduktionskategorie und den Produkt-Kanal-Kombinationen „Hose/OS“ und „Wein/OS“

11.3.4 Käufe bei Variation der Produkte und des Kanals

Mittelwertvergleich „Hose/OS“ und „Wein/sEH“

Da die entsprechende Risikohypothese $H_{WKR}10$ zu dieser Produkt-Kanal-Konstellation beibehalten werden konnte, kann nun – unter Berücksichtigung der theoretischen Erkenntnisse zum O-R-Zusammenhang in dem betrachteten Partialmodell – die folgende Hypothese $H_{RRM}10$ aufgestellt werden. Da hier zwei Produkt-Kanal-Konstellationen eine Rolle spielen, bei denen die Erfahrungseigenschaften dominieren, wird implizit unterstellt, dass der Online-Shop durch seinen stärkeren Effekt auf die Risikowahrnehmung auch eine intensivere Risikoreduktion hervorruft.

$H_{RRM}10$ → (Hose OS/ Wein sEH)	Wenn das gesamte wahrgenommene Risiko beim Kauf einer **Hose** im **Online-Shop** höher ist als beim Kauf einer **Kiste Wein** im **stationären Einzelhandel**, dann werden alle risikoreduzierenden Maßnahmen im ersten Fall intensiver genutzt als im zweiten.

Teilhypothese H_{RRM}10-A1 kann bei der Überprüfung anhand der empirischen Daten nicht beibehalten werden (vgl. Abb. 100), da die

leistungsbezogene Informationssuche – entgegen der formulierten Hypothese – beim Kauf des Weins im stationären Einzelhandel (MW 3,85) intensiver eingesetzt wird als beim Kauf der Hose im Online-Shop (MW 3,17). Die Differenz zwischen den beiden Mittelwerten (0,68) ist mit α=0,000 hoch signifikant. Als Begründung dient hier wiederum die Argumentation, die bereits bei $H_{RRM}2$ aufgeführt wurde, dass die Probanden die risikoreduzierende Maßnahme des Weinprobierens vor dem Kauf sehr gerne nutzen würden.

Teilhypothese H_{RRM}10-A2 zum Einsatz der **leistungsbezogenen Informationssubstitute** muss verworfen werden, da die Mittelwertdifferenz mit α=0,105 nicht signifikant ist. Formal führt dies dazu, dass die Teilhypothese nicht beibehalten werden kann, da sich aus den Daten kein Unterschied in der Anwendung zwischen diesen beiden Produkt-Kanal-Kombinationen ableiten lässt. Konkret bedeutet dies, dass die Indikatoren: Preis des Produktes, Höhe der Werbeausgaben, Erfahrungen Dritter, die Marke des Produktes aber auch Garantien, die über die gesetzlichen Regelungen hinausgehen, in beiden Fällen auf demselben Niveau Anwendung finden.

Anders verhält es sich mit der **Teilhypothese H_{RRM}10-A3**, die Aussagen zu den **leistungsübergreifenden Informationssubstituten** trifft. Diese Teilaussage kann beibehalten werden, da die Differenz der Mittelwerte mit α = 0,026 signifikant ist.

Bei der ersten **Teilhypothese H_{RRM}10** zur Kategorie **B1 (Einsatz kognitiver Mechanismen)**, die zur Reduktion der Risikokomponente „Ausmaß der negativen Kauffolgen" beiträgt, liegt eine ähnliche Situation wie bei der Teilaussage zu Kategorie A2 vor. Die Differenz der Mittelwerte ist nicht hypothesenkonform und nicht signifikant. Dies hat die Verwerfung der Teilhypothese H_{RRM}10-B1 zur Folge, da auch hier kein Unterschied in den Daten festgestellt werden konnte.

Auch **Teilhypothese H_{RRM}10-B2** zum Einsatz von Maßnahmen mit dem Ziel der **Reduktion des Mitteleinsatzes** muss verworfen werden. Dies liegt darin begründet, dass die Maßnahmen beim Kauf des Weins im sEH konträr zur aufgestellten Hypothese weitaus intensiver gewünscht werden (MW 3,13) als beim Kauf der Hose im OS (MW 1,89). Die große Differenz von 1,24 ist mit α=0,000 hoch signifikant. Als Begründung dient hier ebenfalls die bereits angeführte Argumentation, dass beim Weinkauf der Erwerb einer kleineren Menge möglich und auch eine intensiv gewünschte Maßnahme ist. Beim Kauf einer Hose kann der Käufer indes nicht auf diese Maßnahme zurückgreifen.

Die **Teilhypothese H_{RRM}10-B3** zu den Maßnahmen, die das **Ausmaß der negativen Kauffolgen** reduzieren, kann beibehalten werden. Der Mittelwert beim Kauf der Hose im Online-Shop ist um 0,28 hoch signifikant höher als beim Weinkauf im stationären Einzelhandel.

Die Frage, welche der hier betrachteten Produkt-Kanal-Konstellationen eine höhere gewünschte Nutzung des jeweils parallelen Kanals im Vorkauf-Prozess hervorruft, beantwortet die Kategorie C.
Allerdings muss man bei der Betrachtung der **Teilhypothese H_{RRM}10-C** beachten, dass hier nicht dieselben Kanäle miteinander verglichen werden. Unter dieser Einschränkung kann man anhand der Ergebnisse feststellen, dass beim Kauf der Hose im Online-Shop der sEH in der Vorkaufphase hoch signifikant intensiver hinzugezogen wird (MW 2,58), als der Online-Kanal beim Weinkauf im sEH vorher genutzt wird (MW 1,90).

$H_{RRM}10$	H/OS 2	W/sEH 3	Signifikanz	
RRM A1	3,17 n = 82	3,85 n = 172	**0,000**	++
RRM A2	2,91 n = 82	2,99 n = 172	0,105	-
RRM A3	3,05 n = 82	3,01 n = 172	**0,026**	+
RRM B1	1,69 n = 82	1,91 n = 172	0,137	-
RRM B2	1,89 n = 82	3,13 n = 172	**0,000**	++
RRM B3	4,30 n = 82	4,02 n = 172	**0,000**	++
RRM C	2,58 n = 82	1,90 n = 172	**0,000**	++
RRM C2 „w"	2,78 n = 81	3,45 n = 172	**0,000**	++
$\alpha^* \leq 0{,}01$ → hoch signifikant (++) / $\alpha^* \leq 0{,}05$ → signifikant (+) / $\alpha^* > 0{,}05$ → nicht signifikant (-)				
1 → trifft überhaupt nicht zu	(...)	5 → trifft voll und ganz zu		

Abb. 100: Mittelwertvergleiche der Maßnahmen pro Risikoreduktionskategorie und den Produkt-Kanal-Kombinationen „Hose/OS" und „Wein/sEH"

Mittelwertvergleich „Hose/sEH" und „Wein/OS"

Die folgende Hypothese H_{RRM}11a ist die letzte hier aufgestellte und überprüfte. Sie trifft Aussagen zu der Risikohandhabung bezogen auf die Produkt-Kanal-Konstellationen H/sEH und W/OS. Da hierbei wiederum ein Suchgut betroffen ist, muss diese Haupthypothese um die Ausnahme A1 wie folgt modifiziert werden.

H_{RRM}**11a** → (Hose sEH/ Wein OS)	Wenn das gesamte wahrgenommene Risiko beim Kauf einer Kiste **Wein** in einem **Online-Shop** höher ist als beim Kauf einer **Hose** im **stationären Einzelhandel**, dann werden alle risikoreduzierenden Maßnahmen im ersten Fall intensiver genutzt als im zweiten. **Ausnahme** bildet hier einzig Maßnahmenkategorie **A1**, da sie beim Kauf der **Hose** im **stationären Einzelhandel** intensiver genutzt wird als beim Kauf einer Kiste **Wein** im **Online-Shop**.

Bemerkenswert ist, dass die **Teilhypothesen H_{RRM}11a-A2 bis H_{RRM}11a-C** beibehalten werden können – einzig H_{RRM}11a-A1 wird aufgrund einer nicht signifikanten Differenz der beiden Mittelwerte verworfen (vgl. Abb. 101).

Ein Grund für das Verwerfen der ersten **Teilhypothese H_{RRM}11a-A1**, die sich auf die Risikoreduktionskategorie A1, der Verwendung der **leistungsbezogenen Informationssuche** bezieht, kann auch hier wiederum in der bereits ausführlich diskutierten Besonderheit des Weinkaufs liegen. Die Probanden wünschen dementsprechend beim Kauf des Weins im Online-Shop **zusätzlich** noch Maßnahmen der leistungsbezogenen Informationssuche im stationären Einzelhandel (i.W. Degustation). Ob dies auch dem Vorgehen in der Praxis entspricht, kann anhand des Datenmaterials nicht geklärt werden.

Alle anderen Werte weisen hypothesenkonforme Differenzen auf, die mit α=0,000 hoch signifikant sind (Teilhypothese B1 ist dabei mit α=0,008 hoch signifikant).

Beim Blick auf die **Teilhypothese H_{RRM}11a-C** muss wiederum beachtet werden, dass zwei unterschiedliche Kanäle miteinander verglichen werden. Auch hier ist der Wunsch beim Kauf im Online-Shop wesentlich größer, den stationären Einzelhandel in der Vorkaufphase additiv zu nutzen (MW 2,90), als dies umgekehrt der Fall ist (MW 1,50).

H_{RRM}11a	**H/sEH 1**	**W/OS 4**	**Signifikanz**	
RRM A1	3,49 n = 115	3,39 n = 143	0,160	-
RRM A2	2,45 n = 115	3,26 n = 143	**0,000**	++
RRM A3	2,47 n = 115	3,17 n = 143	**0,000**	++
RRM B1	1,70 n = 115	1,85 n = 143	**0,008**	++
RRM B2	2,28 n = 115	3,12 n = 143	**0,000**	++
RRM B3	3,57 n = 115	4,31 n = 143	**0,000**	++
RRM C	1,50 n = 114	2,90 n = 143	**0,000**	++
RRM C2 „w“	3,97 n = 115	2,63 n = 142	**0,000**	++
$\alpha^* \leq 0{,}01$ → hoch signifikant (++) / $\alpha^* \leq 0{,}05$ → signifikant (+) / $\alpha^* > 0{,}05$ → nicht signifikant (-)				
1 → trifft überhaupt nicht zu (...) 5 → trifft voll und ganz zu				

Abb. 101: Mittelwertvergleiche der Maßnahmen pro Risikoreduktionskategorie und den Produkt-Kanal-Kombinationen „Hose/sEH“ und „Wein/OS“

11.4 Zusammenfassung der Ergebnisse zum Einsatz von risikoreduzierenden Maßnahmen innerhalb eines Mehrkanalsystems

In diesem Kapitel wird zuerst eine Übersicht über die Hypothesen zur Risikohandhabung in einem Mehrkanalsystem gegeben (Kap. 11.4.1). Es wird aufgezeigt, welche Differenzen die Änderung der Parameter nach sich gezogen haben und ob diese Ergebnisse der empirischen Überprüfung standhalten konnten. Darauf aufbauend wird in Kap. 11.4.2 eine stark aggregierte Betrachtung der Ergebnisse vorgestellt.

11.4.1 Die Hypothesen zum Einsatz von risikoreduzierenden Maßnahmen innerhalb eines Mehrkanalsystems im Überblick

Von den zweiundvierzig Teilhypothesen zum Einsatz von Risikoreduktionsmaßnahmen unter der Voraussetzung bestimmter Produkt-Kanal-Konstellationen und den damit einhergehenden speziellen Risikoniveaus, konnten alle Hypothesen bis auf fünfzehn beibehalten werden. Bei den Teilhypothesen, die verworfen werden mussten, handelt es sich um H_{RRM}1a-B1, H_{RRM}1a-B2, H_{RRM}2-A1, H_{RRM}2-B1, H_{RRM}2-B2, H_{RRM}4-A1, H_{RRM}7-A1, H_{RRM}7-A2, H_{RRM}7-B1, H_{RRM}7-B2, H_{RRM}10-A1, H_{RRM}10-A2, H_{RRM}10-B1, H_{RRM}10-B2 und H_{RRM}11a-A1 (vgl. Abb. 102).

Rückblickend auf die Interpretationen lässt sich sagen, dass die Teilhypothesen, die die Kategorie A1 (leistungsbezogene Informationssuche) beinhalten und als Produkt den Wein betrachten, deshalb nicht beibehalten werden konnten, weil die Probanden fernab jeder Einkaufspraxis bzw. Einkaufsrealität die risikoreduzierende Maßnahmen der Weinverkostung vor dem Kauf einsetzen möchten. Für alle weiteren Interpretationen verweist die Verfasserin auf die ausführliche Erörterung weiter oben.

		Kategorie der RRM	Differenz der MW[576]	Signifikanz	Ergebnis
H_{RRM}1a	RRM bei H/OS intensiver als bei H/sEH **Ausnahme:** A1	A1	0,32	**++ (0,001)**	**Hypothese beibehalten**
		A2	0,46	**++ (0,000)**	**Hypothese beibehalten**
		A3	0,58	**++ (0,000)**	**Hypothese beibehalten**
		B1	-0,01	- (0,056)	Hypothese verworfen
		B2	-0,39	++ (0,002)	Hypothese verworfen*
		B3	0,73	**++ (0,000)**	**Hypothese beibehalten**
		C	1,08	**++ (0,000)**	**Hypothese beibehalten**
H_{RRM}2	RRM bei W/OS intensiver als bei W/sEH	A1	-0,46	**++ (0,000)**	Hypothese verworfen*
		A2	0,27	**++ (0,000)**	**Hypothese beibehalten**
		A3	0,16	**++ (0,001)**	**Hypothese beibehalten**
		B1	-0,06	- (0,072)	Hypothese verworfen
		B2	-0,01	- (0,451)	Hypothese verworfen
		B3	0,29	**++ (0,000)**	**Hypothese beibehalten**
		C	1,00	**++ (0,000)**	**Hypothese beibehalten**
H_{RRM}4a	RRM bei Wein/sEH intensiver als bei Hose/sEH **Ausnahme:** A1	A1	-0,36	**++ (0,000)**	Hypothese verworfen*
		A2	0,54	**++ (0,000)**	**Hypothese beibehalten**
		A3	0,54	**++ (0,000)**	**Hypothese beibehalten**
		B1	0,21	**+ (0,029)**	**Hypothese beibehalten**
		B2	0,85	**++ (0,000)**	**Hypothese beibehalten**
		B3	0,45	**++ (0,002)**	**Hypothese beibehalten**
		C	0,40	**++ (0,000)**	**Hypothese beibehalten**

* Die Differenz der Mittelwerte ist zwar (hoch) signifikant – der Ausschlag der Werte fand allerdings genau in die entgegengesetzte Richtung statt als vermutet. Aus diesem Grund wurde nun der hypothesenkonträre Verlauf als Aussage für diese Produkt-Kanal-Konstellation verwendet.

[576] Falls die Differenz kein Vorzeichen hat (also positiv ist), verhält sich die Veränderung der Mittelwerte hypothesenkonform. Ein negatives Vorzeichen zeigt eine Differenz der Mittelwerte an, die in ihrer Richtung nicht mit der aufgestellten Hypothese übereinstimmt.

		Kategorie der RRM	Differenz der MW	Signifikanz	Ergebnis
H_{RRM}**7**	RRM bei W/OS und H/OS **gleich hoch**	A1	0,22	+ (0,049)	Hypothese verworfen**
		A2	0,35	++ (0,000)	Hypothese verworfen**
		A3	0,12	- **(0,311)**	**Hypothese beibehalten**
		B1	0,16	+ (0,020)	Hypothese verworfen**
		B2	1,23	++ (0,000)	Hypothese verworfen**
		B3	0,01	- **(0,305)**	**Hypothese beibehalten**
		C	0,32	- **(0,053)**	**Hypothese beibehalten**
H_{RRM}**10**	RRM bei Hose/OS intensiver als bei Wein/sEH	A1	-0,68	**++ (0,000)**	Hypothese verworfen*
		A2	-0,08	- (0,105)	Hypothese verworfen
		A3	0,04	**+ (0,026)**	**Hypothese beibehalten**
		B1	-0,22	- (0,137)	Hypothese verworfen
		B2	-1,24	**++ (0,000)**	Hypothese verworfen*
		B3	0,28	**++ (0,000)**	**Hypothese beibehalten**
		C	0,68	**++ (0,000)**	**Hypothese beibehalten**
H_{RRM}**11a**	RRM bei W/OS höher als bei H/sEH **Ausnahme**: A1	A1	-0,10	- (0,160)	Hypothese verworfen
		A2	0,81	**++ (0,000)**	**Hypothese beibehalten**
		A3	0,70	**++ (0,000)**	**Hypothese beibehalten**
		B1	0,15	**++ (0,008)**	**Hypothese beibehalten**
		B2	0,84	**++ (0,000)**	**Hypothese beibehalten**
		B3	0,74	**++ (0,000)**	**Hypothese beibehalten**
		C	1,40	**++ (0,000)**	**Hypothese beibehalten**

* Die Differenz der Mittelwerte ist zwar (hoch) signifikant – der Ausschlag der Werte fand allerdings genau in die entgegengesetzte Richtung statt als vermutet. Aus diesem Grund wurde nun der hypothesen<u>konträre</u> Verlauf als Aussage für diese Produkt-Kanal-Konstellation verwendet.

** Die Differenz der Mittelwerte ist zwar (hoch) signifikant – allerdings hätte annahmegemäß keine Differenz auftreten sollen. Aus diesem Grund wurde nun der hypothesen<u>konträre</u> Verlauf als Aussage für diese Produkt-Kanal-Konstellation verwendet.

Abb. 102: Zusammenfassende Betrachtung der Hypothesen zur Risikohandhabung in einem Mehrkanalsystem und der Ergebnisse der empirischen Überprüfung

11.4.2 Zum Einfluss eines Mehrkanalsystems auf die Risikohandhabung

Im folgenden Kapitel werden unter Berücksichtigung der bisherigen Ergebnisse Gesetzmäßigkeiten bei der Risikohandhabung in einem Mehrkanalsystem aufgedeckt, die in Zwischenfaziten festgehalten werden, um daran anschließend in ein Gesamtfazit einzufließen. Für einen Überblick über die Verteilung der Mittelwerte pro Risikoreduktionskategorie pro Produkt-Kanal-Konstellation verweist die Verfasserin auf Abb. 95 (s. S. 315).

Für diese Aufstellung werden die Risikoreduktionskategorien betrachtet, die sich auf die Risikokomponente „Unsicherheit“ (A1, A2 und A3) und auf die Risikokomponente „Ausmaß der negativen Kauffolgen“ (B1, B2 und B3) unter Berücksichtigung der jeweiligen Produkt-Kanal-Konstellationen auswirken. Darauf aufbauend wird untersucht, wie das Mehrkanalsystem als Quelle der Risikoreduktion unter diesen Voraussetzungen genutzt wird (C).

Analog zu der zusammenfassenden Interpretation des wahrgenommenen Kaufrisikos in einem Mehrkanalsystem, wird auch an dieser Stelle die Ausprägung der Risikoreduktionskategorien **pro Kanal** erörtert **(1a)**, an die sich die Betrachtung der Maßnahmen zur Risikohandhabung **innerhalb einer Produktkategorie über beide Kanäle** anschließt **(1b).**

(1a) Kanalorientierte Betrachtung der Risikoreduktionsmaßnahmen

Die Analyse beginnt im Folgenden mit der Sichtweise **pro Kanal** (s. Abb. 103 und Abb. 104). Dazu werden die Risikoreduktionskategorien betrachtet, die sich auf die Risikokomponente **„Unsicherheit“** und auf die Komponente **„Ausmaß der negativen Kauffolgen“** auswirken:

- leistungsbezogene Informationssuche (A1),
- leistungsbezogene Informationssubstitute (A2) und
- leistungsübergreifende Informationssubstitute (A3).
- kognitive Mechanismen (B1),
- Reduktion des potenziellen Verlustes (B2) und
- finanzielle Absicherung (B3).

Die kanalorientierte Betrachtung schließt mit der Aussage über die Nutzung des Mehrkanalsystems in seiner Gesamtheit zur Reduktion des wahrgenommenen Kaufrisikos:

- Einsatz des parallelen Kanals innerhalb eines MKS (C).

Die Zwischenfazite pro Risikoreduktionskategorie werden abschließend in ein Gesamtfazit überführt.

Beim Blick auf die Zwischenfazite der Abb. 103 und Abb. 104 fällt ein Ergebnis besonders auf, das hier exemplarisch aufgegriffen wird. Es handelt sich dabei um die Risikoreduktionskategorie A1 („leistungsbezogene Informationssuche“ (H_{RRM}4a-A1 in Abb. 103)).
Beim Kauf im **stationären Einzelhandel** ist der Wunsch, die Kategorie A1 zu nutzen, beim Kauf des Weins höher als beim Kauf der Hose. Dies entspricht nicht der dazugehörigen Hypothese. Da die Differenz der beiden Mittelwerte signifikant ist, kann das entsprechende Zwischenfazit aufgestellt werden. Darin findet sich nun die Verknüpfung zwischen den informationsökonomischen Produkteigenschaften, den Kanälen, dem daraus resultierenden wahrgenommenen Kaufrisiko und dem Einsatz der jeweiligen Risikoreduktionsmaßnahme wieder. Inhaltlich ergibt sich zwar an dieser Stelle eine Abweichung von der informationsökonomisch begründeten Annahme, dass die leistungsbezogene Informationssuche intensiver beim Suchgut eingesetzt wird, als beim Erfahrungsgut. Jedoch zeigt sich anhand der empirischen Ergebnisse, dass die Probanden (zumindest innerhalb der Beantwortung des Fragebogens) dazu drängen, Maßnahmen zu ergreifen, die aus dem Erfahrungsgut Wein ein (Quasi-) Suchgut machen – auch wenn dies einerseits nicht dem tatsächlichen Einkaufsverhalten entspricht und andererseits nicht dem Verhalten der (meisten) Anbieter.

$H_{RRM}4a$ Kanal: sEH	H/sEH 1	W/sEH 3	Signifikanz	Zwischenfazite (RRM – kanalorientiert)
MW Kat. A1	3,49	3,85	α=0,000 →	Im **stationären Einzelhandel** wird die leistungsbezogene Informationssuche **intensiver eingesetzt**, **je höher** die Kategorie der informationsökonomischen Produkteigenschaften ist (von der **Sucheigenschaft** zur **Erfahrungseigenschaft**) und **je höher** somit das gesamte wahrgenommene Kaufrisiko ist.
MW Kat. A2	2,45	2,99	α=0,000 →	Im **stationären Einzelhandel** werden die leistungsbezogenen Informationssubstitute **intensiver eingesetzt**, **je höher** die Kategorie der informationsökonomischen Produkteigenschaften ist (von der **Sucheigenschaft** zur **Erfahrungseigenschaft**) und **je höher** somit das gesamte wahrgenommene Kaufrisiko ist.
MW Kat. A3	2,47	3,01	α=0,000 →	Im **stationären Einzelhandel** werden die leistungsübergreifenden Informationssubstitute **intensiver eingesetzt**, **je höher** die Kategorie der informationsökonomischen Produkteigenschaften ist (von der **Sucheigenschaft** zur **Erfahrungseigenschaft**) und **je höher** somit das gesamte wahrgenommene Kaufrisiko ist.
MW Kat. B1	1,70	1,91	α=0,029 →	Im **stationären Einzelhandel** werden die kognitiven Mechanismen **intensiver** eingesetzt, **je höher** die Kategorie der informationsökonomischen Produkteigenschaften ist (von der **Sucheigenschaft** zur **Erfahrungseigenschaft**) und **je höher** somit das gesamte wahrgenommene Kaufrisiko ist.
MW Kat. B2	2,28	3,13	α=0,000 →	Im **stationären Einzelhandel** werden die Maßnahmen zur Reduktion des potenziellen Verlustes **intensiver** eingesetzt, **je höher** die Kategorie der informationsökonomischen Produkteigenschaften ist (von der **Sucheigenschaft** zur **Erfahrungseigenschaft**) und **je höher** somit das gesamte wahrgenommene Kaufrisiko ist.
MW Kat. B3	3,57	4,02	α=0,002 →	Im **stationären Einzelhandel** werden die Maßnahmen zur finanziellen Absicherung **intensiver** eingesetzt, **je höher** die Kategorie der informationsökonomischen Produkteigenschaften ist (von der **Sucheigenschaft** zur **Erfahrungseigenschaft**) und **je höher** somit das gesamte wahrgenommene Kaufrisiko ist.

Abb. 103: Kanalorientierte Betrachtung der Risikoreduktionsmaßnahmen anhand der Hypothese $H_{RRM}4a$

$H_{RRM}7$ Kanal: OS	H/OS 2	W/OS 4	Signifikanz	Zwischenfazite (RRM – kanalorientiert)
MW Kat. A1	3,17	3,39	α=0,049 →	Im **Online-Shop** wird die leistungsbezogene Informationssuche beim Kauf des Weins **intensiver genutzt** als beim Kauf der Hose, obwohl beide von der Dominanz derselben informationsökonomischen Produkteigenschaft (**Erfahrungseigenschaft**) geprägt sind und das gesamte wahrgenommene Kaufrisiko **gleich hoch** ist.
MW Kat. A2	2,91	3,26	α=0,000 →	Im **Online-Shop** werden die leistungsbezogenen Informationssubstitute beim Kauf des Weins **intensiver genutzt** als beim Kauf der Hose, obwohl beide von der Dominanz derselben informationsökonomischen Produkteigenschaft (**Erfahrungseigenschaft**) geprägt sind und das gesamte wahrgenommene Kaufrisiko **gleich hoch** ist.
MW Kat. A3	3,05	3,17	α=0,311 (n.s.) =	Im **Online-Shop** werden die leistungsübergreifenden Informationssubstitute bei gleicher Kategorie der informationsökonomischen Produkteigenschaften (**Erfahrungseigenschaft**) – und bei gleich hohem wahrgenommenen Kaufrisiko – **gleich intensiv eingesetzt**.
MW Kat. B1	1,69	1,85	α=0,020 →	Im **Online-Shop** werden die kognitiven Mechanismen beim Kauf des Weins **intensiver genutzt** als beim Kauf der Hose, obwohl beide von der Dominanz derselben informationsökonomischen Produkteigenschaft (**Erfahrungseigenschaft**) geprägt sind und das gesamte wahrgenommene Kaufrisiko **gleich hoch** ist.
MW Kat. B2	1,89	3,12	α=0,000 →	Im **Online-Shop** werden die Maßnahmen zur Reduktion des potenziellen Verlustes beim Kauf des Weins **intensiver genutzt** als beim Kauf der Hose, obwohl beide von der Dominanz **derselben** informationsökonomischen Produkteigenschaft (Erfahrungseigenschaft) geprägt sind und das gesamte wahrgenommene Kaufrisiko **gleich hoch** ist.
MW Kat. B3	4,30	4,31	α=0,305 (n.s.) =	Im **Online-Shop** werden Maßnahmen zur finanziellen Absicherung bei gleicher Kategorie der informationsökonomischen Produkteigenschaften (**Erfahrungseigenschaft**) – und bei gleich hohem wahrgenommenen Kaufrisiko – **gleich intensiv** eingesetzt.

Abb. 104: Kanalorientierte Betrachtung der Risikoreduktionsmaßnahmen anhand der Hypothese $H_{RRM}7$

Wenn man die einzelnen Teilergebnisse zum Verhalten in den beiden betrachteten Kanälen zusammenfasst, erhält man folgendes **Gesamtfazit** über die risikoreduzierenden Maßnahmen **aus Sicht der Kanäle.**

Kauf im **stationären Einzelhandel**

1. Maßnahmen zur Reduktion der Risikokomponente **Unsicherheit**
    - leistungsbezogene Informationssuche (A1),
    - leistungsbezogenen Informationssubstitute (A2) und
    - leistungsübergreifenden Informationssubstitute (A3)

    werden umso **intensiver** eingesetzt, **je höher** das gesamte wahrgenommene Kaufrisiko ist und
2. Maßnahmen zur Reduktion der Risikokomponente **Ausmaß der negativen Kauffolgen**
    - Einsatz kognitiver Mechanismen (B1),
    - Reduktion des Mitteleinsatzes (B2) und
    - finanzielle Absicherung (B3)

    werden auch umso **intensiver** eingesetzt, **je höher** das gesamte wahrgenommene Kaufrisiko ist.

Für den **Online-Shop** müssen die Ergebnisse differenzierter betrachtet werden, da sie sich nicht so einheitlich darstellen. Zur Erinnerung: Die dem Online-Shop zugrunde liegende Hypothese lautete, dass alle RRM bei beiden Produkt-Kanal-Konstellationen **gleich intensiv** genutzt werden.

Kauf im **Online-Shop**

1. Maßnahmen zur Reduktion der Risikokomponente **Unsicherheit**

   Nur die leistungsübergreifenden Informationssubstitute (A3) werden bei **gleich hohem** wahrgenommenen Kaufrisiko **gleich intensiv** eingesetzt.
   Hingegen werden die Kategorien A1 (leistungsbezogene Informationssuche) und A2 (leistungsbezogene Informationssubstitute) bei **gleich hohem** wahrgenommenen Kaufrisiko beim Kauf des Weins **intensiver** genutzt als beim Kauf der Hose.

2. Maßnahmen zur Reduktion der Risikokomponente **Ausmaß der negativen Kauffolgen**

   Nur die Aktivitäten der finanziellen Absicherung (B3) werden bei **gleich hohem** wahrgenommenen Kaufrisiko **gleich intensiv** eingesetzt.
   Hingegen werden die Kategorien B1 (Einsatz kognitiver Mechanismen) und B2 (Reduktion des Mitteleinsatzes) bei **gleich hohem** wahrgenommenen Kaufrisiko beim Kauf des Weins **intensiver** genutzt als beim Kauf der Hose.

Risikoreduktionskategorie C („Einsatz des parallelen Kanals innerhalb eines MKS")

Der nächste Abschnitt beschäftigt sich mit den risikoreduzierenden Maßnahmen verschiedener Kategorien, die sich auf die **Nutzung des parallelen Kanals innerhalb eines MKS** (**Risikoreduktionskategorie C**) beziehen.

Beim Kauf im stationären Einzelhandel ist die Differenz der beiden Mittelwerte hoch signifikant, weshalb die folgende Aussage zu dem Verhalten zur Risikohandhabung innerhalb eines Mehrkanalsystems getroffen werden kann (s. Abb. 105).

$H_{RRM}4a$ Kanal: sEH	H/sEH 2	W/sEH 4	Signifi -kanz	Zwischenfazit (RRM – kanalorientiert)
MW Kat. C	1,50	1,90	α=0,000 →	Im **stationären Einzelhandel** ist die Nutzung des parallelen Kanals innerhalb eines MKS **intensiver, je höher** die Kategorie der informationsökonomischen Produkteigenschaften ist (von der **Sucheigenschaft** zur **Erfahrungseigenschaft**) und **je höher** somit das gesamte wahrgenommene Kaufrisiko ist.

Abb. 105: Kanalorientierte Betrachtung der Risikoreduktionsmaßnahme „Nutzung des parallelen Kanals" anhand der Hypothese $H_{RRM}4a$

Bezogen auf den **Online-Kanal** sehen die Ergebnisse anders aus, denn hier ist die Differenz der Mittelwerte nicht signifikant, was nicht nur die Beibehaltung der entsprechenden Hypothese mit sich bringt, sondern auch das folgende Zwischenfazit zulässt (s. Abb. 106).

$H_{RRM}7$ Kanal: OS	H/OS 2	W/OS 4	Signifi -kanz	Zwischenfazit (RRM – kanalorientiert)
MW Kat. C	2,58	2,90	α=0,053 (n.s.) =	Im **Online-Shop** ist die Nutzung des parallelen Kanals innerhalb eines MKS bei gleicher Kategorie der informationsökonomischen Produkteigenschaften (**Erfahrungseigenschaft**) – und bei gleich hohem wahrgenommenen Kaufrisiko – **gleich intensiv.**

Abb. 106: Kanalorientierte Betrachtung der Risikoreduktionsmaßnahme „Nutzung des parallelen Kanals" anhand der Hypothese $H_{RRM}7$

Abschließend ist zum Verhalten innerhalb eines MKS mit dem Ziel der Risikoreduzierung Folgendes zu sagen: Ausgehend vom Kauf im **stationären Einzelhandel** wird der Online-Shop als paralleler Kanal in der Vorkaufsphase mit einem MW über beide Produkte von 1,70 nicht intensiv genutzt, um sich zusätzlich über das Produkt oder den Anbieter zu informieren. Ausgehend vom Kauf im **Online-Shop** wird der stationäre Einzelhandel als paralleler Kanal in der Vorkaufsphase mit einem MW über beide Produkte von 2,74 deutlich intensiver verwendet, um zusätzliche Informationen zu erhalten.

Zu derselben Ansicht kommt man, wenn man nun die Beantwortung der Kontrollfragen „Kat. C2 „w" betrachtet, bei der die Probanden aufzeigten,

inwieweit sie unter Berücksichtigung einer speziellen Produkt-Kanal-Konstellation **den parallelen Kanal nie nutzen:**
Die höchsten Nennungen verzeichneten die Konstellationen H/sEH (MW 3,97) und W/sEH (MW 3,45) – die niedrigsten Nennungen traten bei den beiden Online-Konstellationen des Kaufs der Hose (MW 2,78) und des Weins (MW 2,63) auf.

Die **Bereitschaft** beim **Kauf im stationären Einzelhandel** ist also unter risikospezifischen Aspekten **gering**, den **Online-Kanal** als **additives Informationsmedium zu benutzen**.
Beim **Kauf im Online-Shop** ist die **Bereitschaft**, sich **zusätzliche Informationen** über das Produkt und den Anbieter einzuholen **im stationären Einzelhandel weitaus größer**.

(1b) Produktorientierte Betrachtung der Risikoreduktionsmaßnahmen

Nach dieser Betrachtung wird nun die Risikohandhabung in einem Mehrkanalsystem **pro Produkt** zusammenfassend dargestellt, so wie es auch bereits im Rahmen des wahrgenommenen Kaufrisikos geschehen ist. Es werden die Mittelwertverhältnisse pro Produkt-Kanal-Konstellation in gewohnter Weise visualisiert, woran sich direkt das jeweilige Zwischenfazit (vgl. Abb. 107 und Abb. 108) schließt. Aus diesen Teilergebnissen wird am Ende dieses Kapitels wiederum ein Gesamtfazit gezogen.

Dabei beziehen sich die Betrachtungen ebenfalls auf alle Reduktionskategorien, die sich auf beide Risikokomponenten beziehen:

- leistungsbezogene Informationssuche (A1),
- leistungsbezogene Informationssubstitute (A2),
- leistungsübergreifende Informationssubstitute (A3),
- kognitive Mechanismen (B1),
- Reduktion des potenziellen Verlustes (B2) und
- finanzielle Absicherung (B3).

Danach wird der

- Einsatz des parallelen Kanals innerhalb eines MKS (C)

als Aggregat über verschiedene Kategorien betrachtet.

$H_{RRM}1a$ **Produkt: Hose**	**H/sEH 1**	**H/OS 2**	**Signifikanz**	**Zwischenfazite (RRM – produktorientiert)**
MW Kat. A1	3,49	3,17	α=0,001 ←	Beim Kauf einer **Hose** wird die leistungsbezogene Informationssuche im stationären Einzelhandel **intensiver genutzt** als im Online-Shop.
MW Kat. A2	2,45	2,91	α=0,000 →	Beim Kauf einer **Hose** werden die leistungsbezogene Informationssubstitute im Online-Shop **intensiver genutzt** als im stationären Einzelhandel.
MW Kat. A3	2,47	3,05	α=0,000 →	Beim Kauf einer **Hose** werden die leistungsübergreifenden Informationssubstitute im Online-Shop **intensiver genutzt** als im stationären Einzelhandel.
MW Kat. B1	1,70	1,69	α=0,056 = (n.s.)	Beim Kauf einer **Hose** werden die kognitiven Mechanismen **in beiden Kanälen gleich intensiv** eingesetzt.
MW Kat. B2	2,28	1,89	α=0,002 ←	Beim Kauf einer **Hose** werden die Maßnahmen zur Reduktion des finanziellen Verlustes im stationären Einzelhandel **intensiver genutzt** als im Online-Shop.
MW Kat. B3	3,57	4,30	α=0,000 →	Beim Kauf einer **Hose** werden die Maßnahmen zur finanziellen Absicherung im Online-Shop **intensiver genutzt** als im stationären Einzelhandel.
MW Kat. C	1,50	2,58	α=0,000 →	Beim Kauf einer **Hose** werden die Maßnahmen, die sich auf die Nutzung des parallelen Kanals innerhalb eines MKS beziehen, beim Kauf im Online-Shop **intensiver genutzt** als beim Kauf im stationären Einzelhandel.

Abb. 107: Produktorientierte Betrachtung der Risikoreduktionsmaßnahmen anhand der Hypothese $H_{RRM}1a$

$H_{RRM}2$ **Produkt: Wein**	**W/sEH 3**	**W/OS 4**	**Signifi-kanz**	**Zwischenfazite (RRM – produktorientiert)**
MW Kat. A1	3,85	3,39	α=0,000 ←	Beim Kauf des **Weins** wird die leistungsbezogene Informationssuche im stationären Einzelhandel **intensiver genutzt** als im Online-Shop.
MW Kat. A2	2,99	3,26	α=0,000 →	Beim Kauf des **Weins** werden die leistungsbezogene Informationssubstitute im Online-Shop **intensiver genutzt** als im stationären Einzelhandel.
MW Kat. A3	3,01	3,17	α=0,001 →	Beim Kauf des **Weins** werden die leistungsübergreifenden Informationssubstitute im Online-Shop **intensiver genutzt** als im stationären Einzelhandel.
MW Kat. B1	1,91	1,85	α=0,072 = (n.s.)	Beim Kauf des **Weins** werden die kognitiven Mechanismen **in beiden Kanälen gleich intensiv** eingesetzt.
MW Kat. B2	3,13	3,12	α=0,451 = (n.s.)	Beim Kauf des **Weins** werden die Maßnahmen zur Reduktion des finanziellen Verlustes **in beiden Kanälen gleich intensiv** eingesetzt.
MW Kat. B3	4,02	4,31	α=0,000 →	Beim Kauf des **Weins** werden die Maßnahmen zur finanziellen Absicherung im Online-Shop **intensiver genutzt** als im stationären Einzelhandel.
MW Kat. C	1,90	2,90	α=0,000 →	Beim Kauf des **Weins** werden die Maßnahmen, die sich auf die Nutzung des parallelen Kanals innerhalb eines MKS beziehen, beim Kauf im Online-Shop **intensiver genutzt** als beim Kauf im stationären Einzelhandel.

Abb. 108: Produktorientierte Betrachtung der Risikoreduktionsmaßnahmen anhand der Hypothese $H_{RRM}2$

Fasst man die Erkenntnisse aller Teilergebnisse zusammen, entsteht folgendes **Gesamtfazit** zu den risikoreduzierenden Maßnahmen aus **Sicht der Produkte.**

Kauf einer **Hose**

1. Maßnahmen zur Reduktion der Risikokomponente **Unsicherheit**

   Leistungsbezogene Informationssubstitute (A2) und leistungsübergreifende Informationssubstitute (A3) werden im **Online-Shop** – bei **höherem** wahrgenommenen Kaufrisiko – **intensiver** genutzt als im **stationären Einzelhandel.**
   Hingegen wird die Kategorie A1 (leistungsbezogene Informationssuche) trotz des höheren wahrgenommenen Kaufrisikos beim Kauf im Online-Shop **im stationären Einzelhandel** intensiver genutzt.

2. Maßnahmen zur Reduktion der Risikokomponente **Ausmaß der negativen Kauffolgen**

   Maßnahmen zur finanziellen Absicherung (B3) werden im **Online-Shop** – bei **höherem** wahrgenommenen Kaufrisiko – **intensiver** genutzt als im **stationären Einzelhandel.**
   Hingegen wird die Kategorie B2 (Reduktion des Mitteleinsatzes) trotz des **höheren** wahrgenommenen Kaufrisikos beim Kauf im Online-Shop **im stationären Einzelhandel intensiver** genutzt und bei der Kategorie B1 (kognitive Mechanismen) ist der Einsatz trotz des **höheren** wahrgenommenen Kaufrisikos beim Kauf im Online-Shop in beiden Kanälen **gleich** hoch.

3. Maßnahmen zur Reduktion der Risikokomponente **Unsicherheit** durch **Nutzung des parallelen Kanals**
   Die **Nutzung des parallelen Kanals** innerhalb eines **Mehrkanalsystems** zur Risikoreduzierung (C), wird beim Kauf im **Online-Shop intensiver** eingesetzt als beim Kauf im **stationären Einzelhandel.**

Kauf eines **Weins**

1. Maßnahmen zur Reduktion der Risikokomponente **Unsicherheit**

   Leistungsbezogene Informationssubstitute (A2) und leistungsübergreifende Informationssubstitute (A3) werden im **Online-Shop** – bei **höherem** wahrgenommenen Kaufrisiko – **intensiver** genutzt als im **stationären Einzelhandel.**

   Hingegen wird die Kategorie A1 (leistungsbezogene Informationssuche) trotz des höheren wahrgenommenen Kaufrisikos beim Kauf im Online-Shop **im stationären Einzelhandel intensiver** genutzt.

2. Maßnahmen zur Reduktion der Risikokomponente **Ausmaß der negativen Kauffolgen**

   Maßnahmen zur finanziellen Absicherung (B3) werden im **Online-Shop** – bei **höherem** wahrgenommenen Kaufrisiko – **intensiver** genutzt als im **stationären Einzelhandel.**

   Hingegen ist bei den Kategorien B1 (kognitive Mechanismen) und B2 (Reduktion des Mitteleinsatzes) der Einsatz trotz des **höheren** wahrgenommenen Kaufrisikos beim Kauf im Online-Shop in beiden Kanälen **gleich** hoch.

3. Maßnahmen zur Reduktion der Risikokomponente **Unsicherheit** durch **Nutzung des parallelen Kanals**

   Die **Nutzung des parallelen Kanals** innerhalb eines **Mehrkanalsystems** zur Risikoreduzierung (C), wird beim Kauf im **Online-Shop intensiver** eingesetzt als beim Kauf im **stationären Einzelhandel.**

Schließlich ist festzuhalten, dass es im Rahmen des risikoreduzierenden Verhaltens innerhalb eines Mehrkanalsystems zwischen den beiden Produkten „Hose“ und „Wein“ kaum Unterschiede gibt.

Einzig bei der Kategorie B2 – der Reduktion des Mitteleinsatzes – ist ein Unterschied festzustellen.

12 Fazit und Implikationen

Zum Abschluss der Untersuchung wird in diesem Kapitel ein Fazit auf Basis aller gewonnenen Ergebnisse gezogen. Analog zur Struktur der Kapitel 7.1 und 7.2 beginnt die Zusammenfassung mit den zentralen Erkenntnissen des gesamten S-O-R-Erklärungsmodells, in das sich jeweils die Beantwortung der in Kap. 2.2 formulierten Forschungsfragen thematisch eingliedert.[577] Ausgehend von dem Bezugsrahmen der vorliegenden Untersuchung (s. Abb. 109), werden die Ergebnisse des empirischen Teils dieser Arbeit zum Kundenverhalten in einem Mehrkanalsystem auf einer hohen Aggregationsebene zusammenfassend dargestellt.[578]

Dabei werden die einzelnen Variablen des Modells und ihre Effekte untereinander betrachtet. Es handelt sich dabei um die Aspekte:

I. Die S-Variablen und ihre Einflüsse untereinander,
II. der S-O-Zusammenhang,
III. der O-R-Zusammenhang und
IV. weitere relevante Effekte.[579]

Die in Kap. 2.2 aufgestellten Forschungsfragen werden diesen Aspekten wie folgt zugeordnet: Die Fragen (1) und (2) beschäftigen sich mit den **S-Variablen und den Einflüssen (I.)**, die sie untereinander ausüben; die Fragen (3), (4) und (5) mit dem **S-O-Zusammenhang** des Bezugsrahmens **(II.)** und Frage (6) mit dem **O-R-Zusammenhang (III.).** Unter dem vierten Punkt **(„weitere relevante Aspekte“ (IV.))** werden Inhalte

[577] Zur besseren Orientierung werden die Forschungsfragen jeweils wiederholt.

[578] Dieser Bezugsrahmen weicht von dem bisher verwendeten (s. Abb. 1 auf S. 12 ab. Die Verwendung der gestrichelten Pfeile wird unter Punkt IV. („weitere relevante Effekte“) zusammenfassend erläutert.

[579] Die Zahlen in Abb. 109 zeigen auf, welches Verhältnis zwischen den abhängigen und den unabhängigen Variablen innerhalb des Modells an welcher Stelle thematisiert wird.

aufgegriffen, die sich im Verlauf der Arbeit entwickelten und somit noch nicht anhand des zu Beginn dieser Arbeit entwickelten Bezugsrahmens formuliert wurden.

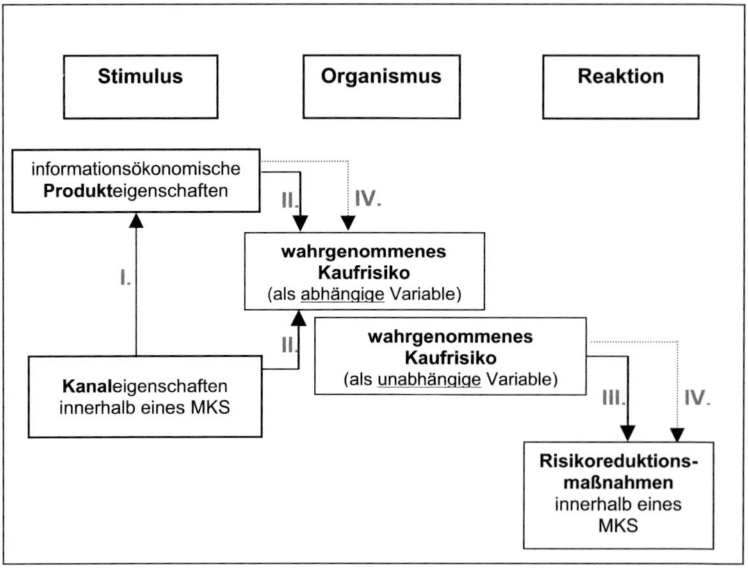

Abb. 109: Erklärungsmodell zur Wirkung von Mehrkanalsystemen im Einzelhandel auf das Verhalten von Kunden – Bezugsrahmen der vorliegenden Untersuchung (ergänzt um die Erkenntnisse der Untersuchung)

Bevor die Forschungsfragen in einem nächsten Schritt beantwortet werden, gibt Abb. 110 eine zusammenfassende Übersicht über alle Hypothesen der vorliegenden Untersuchung. Es werden dabei zwei Aspekte anschaulich dargestellt: zum einen die inhaltliche Zweiteilung der Hypothesen jeweils in eine „Wenn-Komponente" und in eine „Dann-Komponente". Zum anderen wird aufgezeigt, inwieweit die „Dann-Komponenten des „Vorgänger-Hypothesenblocks" als „Wenn-Komponenten" in den nachfolgenden Hypothesenblock eingehen (Kennzeichnung in Abb. 110 durch die großen schwarzen Pfeile). Dabei ist zu beachten, dass dies auf einer hohen Aggregationsebene geschieht, denn hinter jeder abgebildeten Hypothese verbirgt sich eine Vielzahl von Teilhypothesen (z.B. hinter $H_{wKR}1$ → 11 Teilhypothesen und hinter $H_{RRM}1$ → 7 Teilhypothesen).

	Wenn-Komponente	Dann-Komponente
$H_{i.ö.}$1	Wenn H/sEH → SE	Dann H/OS → EE
$H_{i.ö.}$2	Wenn W/sEH → EE	Dann W/OS → EE
$H_{i.ö.}$3	Wenn VP/sEH → VE	Dann VP/OS → VE

	Wenn-Komponente	Dann-Komponente
H_{wKR}1	Wenn H/sEH → SE und H/OS → EE	Dann H/sEH → wKR niedriger
H_{wKR}2	Wenn W/sEH → EE und W/OS → EE	Dann W/sEH → wKR niedriger
H_{wKR}3	Wenn VP/sEH → VE und VP/OS → VE	Dann VP/sEH → wKR niedriger
H_{wKR}4	Wenn H/sEH → SE und W/sEH → EE	Dann H/sEH → wKR niedriger
H_{wKR}5	Wenn H/sEH → SE und VP/sEH → VE	Dann H/sEH → wKR niedriger
H_{wKR}6	Wenn W/sEH → EE und VP/sEH → VE	Dann W/sEH → wKR niedriger
H_{wKR}7	Wenn H/OS → EE und W/OS → EE	Dann wKR gleich
H_{wKR}8	Wenn H/OS → EE und VP/OS → VE	Dann H/OS → wKR niedriger
H_{wKR}9	Wenn W/OS → EE und VP/OS → VE	Dann W/OS → wKR niedriger
H_{wKR}10	Wenn H/OS → EE und W/sEH → EE	Dann W/sEH → wKR niedriger
H_{wKR}11	Wenn H/sEH → SE und W/OS → EE	Dann H/sEH → wKR niedriger
H_{wKR}12	Wenn H/sEH → SE und VP/OS → VE	Dann H/sEH → wKR niedriger
H_{wKR}13	Wenn W/sEH → EE und VP/OS → VE	Dann W/sEH → wKR niedriger
H_{wKR}14	Wenn W/OS → EE und VP/sEH → VE	Dann W/OS → wKR niedriger
H_{wKR}15	Wenn H/OS → EE und VP/sEH → VE	Dann VP/sEH → wKR niedriger

	Wenn-Komponente	Dann-Komponente
H_{RRM}1a	Wenn H/OS → wKR höher als H/sEH	Dann H/OS → alle RRM höher Ausnahme: A1
H_{RRM}2	Wenn W/OS → wKR höher als W/sEH	Dann W/OS → alle RRM höher
H_{RRM}4a	Wenn W/sEH → wKR höher als H/sEH	Dann W/sEH → alle RRM höher Ausnahme: A1
H_{RRM}7	Wenn H/OS und W/OS → wKR gleich	Dann alle RRM gleich
H_{RRM}10	Wenn H/OS → wKR höher als W/sEH	Dann H/OS → alle RRM höher
H_{wKR}11a	Wenn W/OS → wKR höher als H/sEH	Dann W/OS → alle RRM höher Ausnahme: A1

Abb. 110: Übersicht über alle Hypothesen und deren Zusammenhang

ad I.) Die S-Variablen und ihre Einflüsse untereinander

Die erste Forschungsfrage beschäftigte sich mit der Messung einer berücksichtigten S-Variable und lautete:

(1) Wie kann die **Einschätzung** der **informationsökonomischen Eigenschaften** bezogen auf **verschiedene Produkte** so **operationalisiert** werden, um sie in dem vorliegenden Modell als **beeinflussende Größe** berücksichtigen zu können?

In der vorliegenden Untersuchung wurden die informationsökonomischen Produkteigenschaften in sehr enger Anlehnung an ein Modell zur Operationalisierung von *Adler* vorgenommen. Es zeigte sich, dass es dadurch sehr gut möglich ist, die **Einschätzung der Probanden** bezüglich der **informationsökonomischen Produkteigenschaften** sogar unter der Bedingung **verschiedener Produkt-Kanal-Kostellationen** zu erheben. Die Besonderheiten, die dabei auftauchten (inkonsistente Antworten etc.) wurden jeweils unter der **Prämisse der Validitätsoptimierung** behandelt.[580]

(2) Ist die **Einschätzung** der **informationsökonomischen Eigenschaften** von Produkten **direkt** von den **Kanälen eines Mehrkanalsystems abhängig**? Wie wirkt sich dieser Einfluss aus?

Alle drei Hypothesen zu den informationsökonomischen Produkteigenschaften der drei Beispielprodukte unter dem Einfluss der beiden relevanten Kanäle ($H_{\text{i.ö.}}1$, $H_{\text{i.ö.}}2$ und $H_{\text{i.ö.}}3$) konnten beibehalten werden, denn:

- das Produkt **Hose** wurde von den Probanden, die es im **stationären Einzelhandel** als Produkt mit überwiegend **Sucheigenschaften** einschätzten, im **Online-Shop** als Produkt mit überwiegend **Erfahrungseigenschaften** beurteilt,
- das Produkt **Wein**, wurde von den Probanden, die es im **stationären Einzelhandel** als Produkt mit überwiegend **Erfahrungseigenschaften**

[580] Vgl. dazu die entsprechenden Stellen in Kap. 9.

einschätzten, auch im **Online-Shop** als Produkt mit überwiegend **Erfahrungseigenschaften** beurteilt und

- das Produkt **Vitaminpräparat** wurde von den Probanden, die es im **stationären Einzelhandel** als Produkt mit überwiegend **Vertrauenseigenschaften** einschätzten, auch im **Online-Shop** als Produkt mit überwiegend **Vertrauenseigenschaften** beurteilt.[581]

Als Fazit ist hier festzuhalten, dass der **Zusammenhang** zwischen den beiden **S-Variablen** innerhalb des betrachteten Modells **identifiziert** werden konnte. Die dazugehörigen Aussagen wurden von den Probanden bestätigt. Sie schätzten die **dominierenden Eigenschaften** der Beispielprodukte **hypothesenkonform** ein, wobei die drei Aussagen aufgrund der Überprüfung beibehalten werden konnten. Eine **Besonderheit** stellt dabei die im **stationären Einzelhandel** wahrgenommene Dominanz der **Sucheigenschaften** beim Kauf der Hose dar, bei der unter Berücksichtigung der **Kanalvariation** eine **Transformation** zum **Erfahrungsgut** erfolgt. Bei allen anderen Produkten ändert sich die Einschätzung der dominierenden informationsökonomischen Eigenschaft bei einer Variation der beeinflussenden Variable „Kanal" **nicht**.

ad II.) Der S-O-Zusammenhang

Der S-O-Zusammenhang beschreibt die Effekte, die die beiden S-Variablen des Modells:

a) informationsökonomische Produkteigenschaften und
b) Kanal eines Mehrkanalsystems

auf das wahrgenommene Kaufrisiko als abhängige Größe ausüben.

ad a) Zum **Einfluss der informationsökonomischen Produkteigenschaften** auf das wahrgenommene Kaufrisiko lautete die Forschungsfrage:

---

[581] Vgl. die Ergebnisse in Kap. 9.3.

(3) Gibt es einen **Einfluss** der **informationsökonomischen Eigenschaften** verschiedener Produkte auf das **wahrgenommene Kaufrisiko**? Welchen Effekt zieht dieser Einfluss nach sich?

Dabei konnten folgende Aussagen zur Entstehung des wahrgenommenen Kaufrisikos in einem Mehrkanalsystem getroffen werden. In Kap. 10.4, welches das wahrgenommene Kaufrisiko als abhängige Variable betrachtete, wurde aufgezeigt, dass das **wahrgenommene Kaufrisiko** direkt von den **informationsökonomischen Eigenschaften** der Produkte abhängig ist. Es konnte die Aussage als vorläufig bestätigt angesehen werden, dass im **stationären Einzelhandel** das **Erfahrungsgut** ein **höheres wahrgenommenes Kaufrisiko** nach sich zieht als das **Suchgut**.
Analog dazu konnte nachgewiesen werden, dass im **Online-Shop** dadurch, dass **beide Produkte** dort von **Erfahrungseigenschaften** geprägt sind, dementsprechend auch das **wahrgenommene Kaufrisiko** als **gleich hoch** empfunden wird. [582]

ad b) Zum **Einfluss der Kanäle** auf die **O-Variable** wurde die folgende Frage formuliert:
(4) Haben die **Kanäle** eines Mehrkanalsystems **Einfluss** auf das **wahrgenommene Kaufrisiko** und wenn ja welchen?

Zum **Einfluss der Kanäle eines Mehrkanalsystems** konnte ausgehend vom Kauf der **Hose und des Weins** festgehalten werden, dass das gesamte wahrgenommene Kaufrisiko im **Online-Shop höher** ist als im **stationären Einzelhandel**. Die Ursachen lagen im Wesentlichen an der nicht vorhandenen Möglichkeit der Überprüfung der Ware vor dem Kauf und an den kanalspezifischen Risikoinhalten, die bei der Nutzung des Online-Kanals offensichtlich als relevant empfunden werden.

---

[582] Aussagen zu unterschiedlichen i.ö. Kategorien konnten an dieser Stelle nicht getroffen werden, da zum einen keine Produkte in den Betrachtungsraum fielen, die im Distanzhandel von der Dominanz der Sucheigenschaften geprägt waren und zum anderen da durch den Wegfall der Befragungsstränge 5 und 6 kein Produkt mit überwiegend Vertrauenseigenschaften mit einbezogen werden konnte.

Es stellte sich die Frage, welche der Variablen einen größeren Einfluss auf das wahrgenommene Kaufrisiko hat, die Variation der informationsökonomischen Produkteigenschaften oder die des Kanals, in dem der Kauf getätigt werden soll.

Es wurde im Rahmen der Hypothesenbildung die Annahme getroffen, dass eine **Variation des Online-Kanals schwerer wiegt** als die **Modifikation der informationsökonomischen Produkteigenschaft** (vgl. dazu insbesondere Kap. 10.3).

Diese Annahme kann anhand der Datenbasis und der Hypothesen bestätigt werden, da alle Aussagen, die auf dieser grundlegenden Annahme basieren, beibehalten werden konnten. Dieser Sachverhalt wird noch weiter konkretisiert, indem – bezogen auf das hier betrachtete Partialmodell – folgende Aussage festgehalten werden kann: Die Variation der informationsökonomischen Produkteigenschaften von der Sucheigenschaft zur Erfahrungseigenschaft erhöht den Mittelwert des aggregierten wahrgenommenen Kaufrisikos um 0,20, wohingegen die Variation des Kanals innerhalb eines Mehrkanalsystems vom stationären Einzelhandel zum Online-Shop zu einer Steigerung dieses Wertes um 0,55 führt.

Veranschaulicht wird dies anhand von Abb. 111. Die in der Abb. markierte „Änderung 1“ basiert auf der Risikohypothese $H_{wKR}4$ und zieht aufgrund der **Variation der i.ö. PE** eine Differenz der Mittelwerte in Höhe von 0,20 nach sich. Bei „Änderung 2“, die sich auf die Inhalte der Hypothese $H_{wKR}2$ bezieht und als Parametervariation eine **Veränderung des Kanals** vom sEH zum OS zum Inhalt hat, ergibt sich eine Erhöhung des aggregierten Kaufrisikos in Höhe von 0,55.

Betrachtet man abschließend Hypothese $H_{wKR}11$, die beide Variationen zum Inhalt hat (von der SE zur EE und vom sEH zum OS), so ergibt sich daraus eine Erhöhung des Mittelwerts des aggregierten gesamten Risikos in Höhe von 0,75.

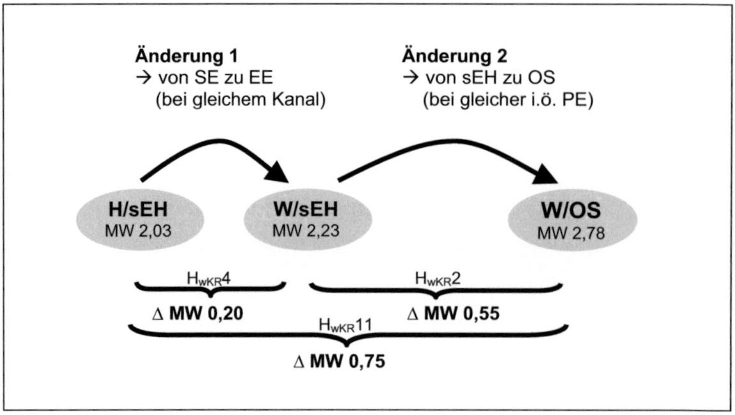

Abb. 111: Interpretation der Mittelwertdifferenzen auf Basis zwei verschiedener Einflüsse

Diese modelltheoretisch ermittelten Werte, müssen allerdings mit Vorsicht betrachtet werden, da sie nur unter c.p.-Setzung aller denkbaren (insbesondere produktinduzierten) Faktoren innerhalb eines Partialmodells haltbar sind. Mögliche Einschränkungen zielen insbesondere auf die Mittelwert-Differenz 0,20 durch die Variation der i.ö. PE ab. Dies liegt darin begründet, dass hier zwei verschiedene Produkte (Hose und Wein) verglichen werden, die eben nur in der Modellbetrachtung dieser Hypothese „gleich sind“. Sämtliche produktbezogenen Faktoren außerhalb des Partialmodells, die einen Einfluss ausüben könnten, werden nicht betrachtet. Die Variation des Kanals („Änderung 2“) und der daraus resultierende Risikoeffekt unterliegen nicht dieser Beschränkung, da hier dasselbe Produkt (Wein → zum einen beim Kauf im sEH und zum anderen beim Kauf im OS) miteinander verglichen wird, welches in beiden Fällen von derselben informationsökonomischen Produkteigenschaft geprägt ist.

Abschließend ist festzuhalten, dass dieser Sachverhalt trotz der diskutierten Einschränkungen genügend Indikatorkraft besitzen sollte, um die Aussage zu stützen, dass die Kunden die Variation des Kanals als risikobehafteter empfinden als die der informationsökonomischen Produkteigenschaften und um darauf weitere Forschungen aufzubauen.

Wenn man die Betrachtung auf die drei identifizierten **Risikoquellen** (Produkt, Kanal und Mehrkanalsystem) lenkt, so resultiert aus der Untersuchung das Ergebnis, dass ausgehend vom Kauf einer **Hose und** eines **Weins**:

- das **produktinduzierte** wahrgenommene Kaufrisiko,
- das **kanalinduzierte** wahrgenommene Kaufrisiko und
- das **mehrkanalsysteminduzierte** wahrgenommene Kaufrisiko

im **Online-Shop höher** sind als im **stationären Einzelhandel**.

Beim Blick auf die einzelnen Risikowerte pro Risikoquelle und pro Produkt-Kanal-Konstellation (Abb. 87 auf S. 300), fällt ein Zusammenhang auf: Bezogen auf Strang 1 und 3 (H/sEH und W/sEH) – dem Kauf im **stationären Einzelhandel** – findet man die höchsten Risikowerte beim **produktinduzierten wahrgenommenen Kaufrisiko.** Berücksichtigt man hingegen analog dazu die Stränge, die den Kauf im **Online-Shop** umfassen (Strang 2 und 4), so befinden sich hier die maximalen Risikowerte beim **kanalinduzierten wahrgenommenen Risiko**.

Bei der Betrachtung des S-R-Zusammenhangs thematisiert die folgende Forschungsfrage (5) das Mehrkanalsystem als Ganzes und seine Wirkung auf das wahrgenommene Kaufrisiko.

(5) Welchen **Einfluss** hat das **Mehrkanalsystem** in seiner Gesamtheit auf das **wahrgenommene Kaufrisiko**?

Im Rahmen der Beantwortung der vorhergehenden Forschungsfrage (4), wurde eine Risikoanalyse behandelt, die zwischen verschiedenen Risikoquellen unterschied (Produkt, Kanal und Mehrkanalsystem). Es zeigte sich, dass die dem **Mehrkanalsystem** zuzuordnenden Risikoinhalte **besonders intensiv** empfunden wurden, wenn es um den Kauf im **Online-Shop** ging – die Werte beim Kauf im **stationären Einzelhandel** waren **wesentlich geringer**.

ad III.) Der O-R-Zusammenhang

Der O-R-Zusammenhang zeigt auf, welchen Effekt das wahrgenommene Kaufrisiko – nun in Form der beeinflussenden Variable – auf die daraus resultierenden Maßnahmen zur Risikohandhabung in einem Mehrkanalsystem ausübt. Die entsprechende sechste Forschungsfrage lautete:
(6) Welchen **Einfluss** hat das **wahrgenommene Kaufrisiko** der Kunden auf ihre Maßnahmen zur Risikoreduktion innerhalb eines **Mehrkanalsystems**? Welche **Aussagen** lassen sich dazu gewinnen und wie können diese sinnvoll **kategorisiert werden**?

Die Beantwortung dieser Frage findet – der Struktur der Forschungsergebnisse folgend – zuerst aus der Sicht der jeweiligen Kanäle statt und dann aus der Perspektive der beiden Produkte.
Ausgehend vom Kauf der beiden Produkte im **stationären Einzelhandel** hat sich bestätigt, dass **alle Maßnahmen**, die die Risikokomponente „**Unsicherheit**" berühren:

- **A1** (leistungsbezogene Informationssuche), **A2** (leistungsbezogene Informationssubstitute) und **A3** (leistungsbezogene Informationssubstitute) sowie

das „**Ausmaß der negativen Kauffolgen**" betreffen, wie

- **B1** (kognitive Mechanismen), **B2** (Reduktion des Mitteleinsatzes) und **B3** (finanzielle Absicherung),

umso **intensiver** eingesetzt werden, **je höher** das **gesamte wahrgenommene Kaufrisiko** ist.
Auch die **Nutzung** des parallelen Kanals, also **des MKS** in seiner Gesamtheit (Kategorie **C**), folgt dieser Aussage.

Ausgehend vom Kauf der beiden Produkte im **Online-Shop** muss die Aussage anhand der Überprüfung differenzierter ausfallen.[583]

---

[583] Zur Erinnerung: Ausgangspunkt war die Aussage, dass bei H/OS und W/OS alle Stimulus-Faktoren (i.ö. PE und Kanal) identisch waren, daraus ein gleich hohes wKR resultiert (diese Hypothese konnte beibehalten werden), welches die gleich intensive Nutzung aller RRM nach sich zieht.

So werden die Maßnahmen zur Minderung der Risikokomponente „**Unsicherheit**"

- der Kategorie **A1** (leistungsbezogene Informationssuche) und **A2** (leistungsbezogene Informationssubstitute) **beim Kauf des Weins intensiver genutzt** als beim Kauf der Hose,
- die Maßnahmen der Kategorie **A3** (leistungsbezogene Informationssubstitute) beim Kauf beider Produkte **gleich intensiv** eingesetzt und
- auch die **Nutzung** des parallelen Kanals also **des MKS** in seiner Gesamtheit (Kategorie **C**) erfolgt beim Kauf beider Produkte **gleich intensiv.**

Bei den Maßnahmen zur Reduktion der Komponente „**Ausmaß der negativen Kauffolgen**" werden

- die Kategorie **B1** (kognitive Mechanismen) und **B2** (Reduktion des Mitteleinsatzes) **beim Kauf des Weins intensiver genutzt** als beim Kauf der Hose und
- **B3** (finanzielle Absicherung) wird beim Kauf beider Produkte **gleich intensiv** eingesetzt.

Betrachtet man den Einsatz der Risikoreduktionsmaßnahmen analog zu der Risikoanalyse aus **der Perspektive der beiden Produkte**, so erhält man das folgende Bild.

Ausgehend vom Kauf der **Hose** und dem Kauf des **Weins** werden **alle Maßnahmen**, die die Risikokomponenten „**Unsicherheit**" berühren:

- **A1** (leistungsbezogene Informationssuche) beim Kauf im **stationären Einzelhandel intensiver** genutzt als im Online-Shop,
- die Maßnahmen der Kategorien **A2** (leistungsbezogene Informationssubstitute) und **A3** (leistungsbezogene Informationssubstitute) im **Online-Shop intensiver** genutzt als im stationären Einzelhandel und
- auch die **Nutzung** des parallelen Kanals also **des MKS** in seiner Gesamtheit (Kategorie **C**) verhält sich so – sie ist ausgehend vom Online-Shop intensiver als beim Kauf im stationären Einzelhandel.

Bei den Maßnahmen zur Reduktion der Komponente „**Ausmaß der negativen Kauffolgen**“ beim Kauf der **Hose** und dem Kauf des **Weins** werden:

- die Maßnahmen der Kategorie **B1** (kognitive Mechanismen) beim Kauf in beiden Kanälen **gleich intensiv** eingesetzt und
- die Kategorie **B3** (finanzielle Absicherung) im **Online-Shop intensiver** genutzt als im stationären Einzelhandel.

Nur bezogen auf die Kategorie B2 (Reduktion des Mitteleinsatzes) waren zwischen den beiden Produkten Unterschiede festzustellen, denn:

- beim Kauf der **Hose** wird die Kategorie **B2** (Reduktion des Mitteleinsatzes) im **stationären Einzelhandel intensiver** genutzt als im Online-Shop, wohingegen
- **beim Kauf des Weins** die Kategorie **B2** (Reduktion des Mitteleinsatzes) beim Kauf in **beiden Kanälen gleich intensiv** eingesetzt wird.

Einzig verbleibt hier der Hinweis auf eine Besonderheit: Anhand der empirischen Daten verfestigte sich die Annahme, dass die Probanden den Kauf des Weins im Geschäft nicht als Prozess mit Erfahrungseigenschaften betrachten wollen, sondern den Wein durch den intensiven Wunsch danach, ihn probieren zu können, zu einem „Quasi-Suchgut“ transformieren möchten.[584] Warum sie auf diese Weise antworteten kann dabei zwei Gründe haben:[585] zum einen kann dies in einer erhöhten Risikowahrnehmung durch die Aufzählung aller potenziellen negativen Kauffolgen begründet liegen und zum anderen ein Antwortverhalten darstellen, welches ein sozial erwünschtes Bild der Person widerspiegelt.

Im Rahmen dieser Forschungsfrage ist natürlich von besonderem Interesse, inwieweit das **gesamte MKS** innerhalb eines Kaufentscheidungsprozesses als risikoreduzierendes Element genutzt wird. Dabei trat

---

[584] Das dokumentierten sie durch eine – der anfänglich aufgestellten Hypothese nicht gerecht werdenden – übermäßige Nennung der Risikoreduktionsmaßnahme „Probieren des Weins im Geschäft vor dem Kauf“.

[585] Diese wurden weiter oben bereits diskutiert und finden aus diesem Grund hier nur kurze Erwähnung.

ein bemerkenswertes, da vielen bisherigen Ergebnissen der Literatur widersprechendes Ergebnis zu Tage:

Beim **Kauf im stationären Einzelhandel** ist unter risikospezifischen Aspekten die **Bereitschaft gering**, den **Online-Kanal** als **additives Informationsmedium zu benutzen**.[586]

Beim **Kauf im Online-Shop** ist die **Bereitschaft**, sich **zusätzliche Informationen** über das Produkt und den Anbieter einzuholen **im stationären Einzelhandel weitaus größer**.

ad IV.) Weitere relevante Effekte

Neben der Beantwortung der eingangs gestellten Forschungsfragen konnte im Verlauf der Untersuchung noch ein weiterer Einflussfaktor identifiziert werden, der sich auf die **Risikoreduktionsmaßnahmen** auswirkt.

Zusätzlich zu dem Effekt, den das wahrgenommene Kaufrisiko auslöst, welches je nach Produkt und nach Kanal divergiert und somit eine andere Strategie zur Risikoreduktion nach sich zieht, handelt es sich um den folgenden Einflussfaktor: Es hat sich gezeigt, dass das Vorliegen bestimmter **informationsökonomischer Produkteigenschaften** eine weitere beeinflussende Wirkung auf die Verteilung der Risikoreduktionsmaßnahmen ausüben kann.[587] Es konnte nachgewiesen werden, dass bei Produkten, die von der Dominanz der Sucheigenschaften geprägt waren, die Kategorie der leistungsbezogenen Informationssuche (A 1) überwiegend Anwendung fand. Die Dominanz von Sucheigenschaften bei der relevanten Produkt-Kanal-Konstellation determiniert somit eine spezifische Verteilung innerhalb der Risikoreduktionsmaßnahmen.

---

[586] Zu ähnlichen Ergebnissen kommt auch die neueste Studie „Freizeit-Monitor 2004" des BAT Freizeitforschungsinstitutes. Demnach gaben 70% der Befragten an, noch nie von Angeboten des Online-Shoppings Gebrauch gemacht zu haben, was die Forscher zu der Aussage verleitete, dass „die Internet-Revolution (...) bei den meisten Verbrauchern nicht angekommen [ist]" (o.V. (2004), o.S.).

[587] Vgl. dazu insbesondere H_{RRM}1a-A1, H_{RRM}4a-A1 und H_{RRM}11a-A1 in Kap. 11.3.

Auf dieser Basis kann der zu Beginn dieser Arbeit aufgezeigte Bezugsrahmen (zumindest symbolisch in Form eines „Platzhalters“) modifiziert bzw. ergänzt werden. Die Ergänzung erfolgt insofern, dass von der **S-Variablen** „informationsökonomische Produkteigenschaft“, die einerseits von dem **Kanal** beeinflusst wird, in dem der Kauf getätigt werden soll und die andererseits das **wahrgenommene Kaufrisiko** determiniert, die bislang gekennzeichneten Einflussbeziehungen in Abb. 109 **um einen weiteren Effekt ergänzt** werden.

Zusammenfassend handelt es sich bei diesem zusätzlichen Effekt um den beschriebenen **indirekten Einfluss,** den die **i.ö. Produkteigenschaften** über das wahrgenommene Kaufrisiko **auf die Risikoreduktionsmaßnahmen** ausüben. Aus diesem Grund wird der Bezugsrahmen im Folgenden um einen (punktierten) Pfeil ergänzt, der diesen Effekt **symbolisiert**.

Nachdem alle Forschungsfragen beantwortet wurden, muss abschließend auf den großen Nutzen hingewiesen werden, den die Informationsökonomie (bzw. ihre Weiterentwicklung durch die Autoren *Weiber/Adler*) im Rahmen dieser Untersuchung spendete.
Dieser lag zum einen in der **Kategorisierung der Maßnahmen zur Risikoreduktion,** die Auswirkungen auf die Komponente „Unsicherheit“ haben begründet und in den Erkenntnissen dieser Disziplin, die teilweise auf das hier vorliegende Forschungsproblem transponiert werden konnten. Zum anderen wurde aufgezeigt, dass dieser Ansatz im Rahmen der vorliegenden Untersuchung eine **differenziertere Hypothesenbildung** ermöglichte, als es nur bei alleiniger Anwendung der verhaltenswissenschaftlichen Perspektive möglich gewesen wäre. Dies führte zu einer **besseren Abbildung der Wirklichkeit**.

Weitere **Forschungsbemühungen** erwachsen aus dieser Arbeit im Wesentlichen aus den Ergebnissen, die aufgrund der Validitätsoptimierung als oberstes Ziel, zwar als Indikator vorlagen, aber nicht als Aussage festgehalten werden konnten. Einerseits handelt es sich um Inhalte der

Befragungsstränge 5 und 6, die aus den erörterten Gründen keine weitere Verwendung fanden. In einer weiteren Untersuchung wäre es deshalb sinnvoll, den Einfluss von Produkten valide zu überprüfen, die überwiegend Vertrauenseigenschaften aufweisen. Andererseits wäre es von Interesse, weitere Erkenntnisse darüber zu erlangen, welche Stimulus-Variablen innerhalb des gewählten Partialmodells (trotz ihrer Interdependenz) für welchen Einfluss auf das wahrgenommene Kaufrisiko verantwortlich sind. Die daraus resultierenden notwendigen Maßnahmen zur Beseitigung von Kaufhemmnissen können dementsprechend genau identifiziert werden.

Abschließend wird anhand von drei Praxisbeispielen aufgezeigt, wie eine Umsetzung der gewonnenen Erkenntnisse erfolgen kann.
Wie die Analyse gezeigt hat, können mit dem Kauf einer Hose funktionale Risiken verbunden sein, die aus den Erfahrungseigenschaften des Produktes resultieren, etwa die Überprüfung der Haltbarkeit einer Hose („Die Hose übersteht die erste Wäsche nicht.", siehe Kap. 10.2.3). Der Anbieter kann dem Kunden nun kommunizieren, an welchen Merkmalen er die Haltbarkeit feststellen kann. So verweist ein Hersteller von Jeans auf die doppelte Sattlernaht und das verwendete besonders dicke Garn (Abb. 112). Beide Eigenschaften lassen sich im stationären Einzelhandel überprüfen. Sie transformieren die Erfahrungs- zwar nicht in Sucheigenschaften, da sich die Dauer der Haltbarkeit weiterhin erst mit dem Gebrauch herausstellt; das leistungsbezogene Informationssubstitut kann dem Kunden aber das Signal geben, dass die Hose von besserer Qualität ist und daher eine höhere Haltbarkeit hat. Das reduziert das wahrgenommene Kaufrisiko. Die Information eignet sich sowohl im stationären Kanal wie auch im Online-Shop, die Unsicherheit über den möglichen Eintritt einer negativen Kauffolgen zu reduzieren. Ihre Wirkung dürfte im stationären Geschäft größer sein, da der Kunde dort die Möglichkeit hat, die Produktmerkmale, die als Substitut für die Überprüfung des Merkmals „Haltbarkeit" angeboten werden, zu überprüfen.

Abb. 112: Aussagen des Anbieters zu Merkmalen einer Jeans (Quelle: www.joker.de, Funddatum: 20.07.2006)

Der Anbieter spricht in seiner Anzeige darüber hinaus das funktionale Risiko der Passform (Sucheigenschaft) und das gesundheitliche Risiko der Bleichmittel (Vertrauenseigenschaft) an. Die zu beiden Aspekten formulierten Werbeaussagen sollen ebenfalls die Wahrnehmung des Kaufrisikos reduzieren.

Ein weiteres Beispiel zur kanalübergreifenden Risikoreduktion ist das Folgende (s. Abb. 113). Im Rahmen dieser Zeitungsanzeige findet inhaltlich nicht nur der Hinweis eines Anbieters auf die Umbenennung einer URL statt (von buecher.de in mediantis.de), sondern es wird gleichsam unter der Überschrift „safer shoppen bei mediantis.de“ auf den „Kauf ohne Risiko“ Bezug genommen, was das wahrgenommene Kaufrisiko in seiner Gesamtheit anspricht und somit Kaufbarrieren abbauen soll. Als Begründung werden dazu weiterführende spezifische Informationen gegeben, die auf verschiedene Risikodimensionen referenzieren, wie z.B. der Hinweis auf verschiedene Zahlungsmöglichkeiten. Dadurch, dass der Anbieter seinen Kunden verschiedene Zahlungsarten anbietet (z.B. die in der Regel eher mit weniger wahrgenommenem Risiko behaftete Bezahlung per Rechnung), ist es dem Kunden möglich, die Zahlungsart auszuwählen, die bei ihm subjektiv am wenigsten Kaufhemmnisse auslöst.

Die Folge kann eine Reduktion des wahrgenommenen finanziellen und psychischen Risikos sein. Das dreißigtägige Rückgaberecht, welches somit die gesetzliche Regelung deutlich übersteigt, kann das psychische Risiko ebenso mindern, wie die Information, dass die Übertragung der Daten per Secure Socket Layer (SSL) stattfindet. Verstärkt werden soll dieser Sicherheitsaspekt durch den Hinweis, dass dieses bei Banken Einsatz findet. Die Service-Hotline soll den Kunden als weitere Informationsquelle vor und auch nach dem Kauf zur Verfügung stehen, um etwaige produktbezogene aber auch kanalspezifische Fragen zu klären. Dies führt dazu, dass vor dem Kauf wahrgenommene Risiken minimiert werden können.

Abb. 113: Zeitungsanzeige von buecher.de im Jahre 2001 (Quelle: Schröder (2005), S. 246)

Das letzte der drei Praxisbeispiele bezieht sich auf die Ausgestaltung des Online-Shops des Anbieters Plus. Der Auszug aus den Allgemeinen Geschäftsbedingungen (s. Abb. 114) zeigt verschiedene Ansätze auf, mit denen Kaufbarrieren der Kunden vermieden oder – falls bereits vorhanden – überwunden werden können. Unter Punkt „7. Bezahlung" bietet dieser Anbieter – wie schon in dem Beispiel zuvor – verschiedene Zahlungsarten an, was zu einer Minderung des wahrgenommenen finanziellen und psychischen Risikos führt. Punkt „9. Rückgabebelehrung" zeigt unter der Überschrift „Rückgaberecht" ein Mittel zur Risikoreduktion auf, das die

Vorteile eines Mehrkanalsystems nutzt. So wird dem Kunden bei Produkten, die er im Online-Shop gekauft hat, die Möglichkeit geboten im Ladengeschäft von seinem Rückgaberecht Gebrauch zu machen. Das aufwändige Verpacken der Produkte und die Rücksendung der Ware per Post entfällt in einem solchen Fall, was zu einer Reduktion des wahrgenommenen psychischen Risikos vor einem Kauf führen kann. Einzig gilt hier zu bemerken, dass es ratsam wäre, dieses Angebot an den Kunden, welches nur in einem Mehrkanalsystem möglich ist, kommunikativ wirkungsvoller einzusetzen. Auch die Warenkorbanzeige in Form eines Einkaufsbons (in der Abb. 114 oben rechts) kann durch seine Gestaltung risikoreduzierende Auswirkungen haben. Wie die vorliegende Untersuchung gezeigt hat, ist beim Kauf im Online-Shop die Bereitschaft, sich zusätzliche Informationen im stationären Einzelhandel einzuholen unter risikospezifischen Aspekten besonders groß. Dies ist beim Mehrkanalanbieter Plus durch die große Verbreitung der stationären Ladengeschäfte zweifellos gut möglich. Durch den „virtuellen Einkaufsbon“ wird hier im Online-Shop ein Element verwendet, das dem Käufer durch die Erfahrungen im stationären Ladengeschäft bereits sehr vertraut ist. Der Bezug zu dem Kanal, der in der Regel mit weniger Risiko behaftet ist, ist deshalb ein nicht nur gestalterisch gelungenes Element dieser Seite, sondern kann dabei unterstützen, das niedriger empfundene Risiko des stationären Einzelhandels auf den Online-Shop zu übertragen.

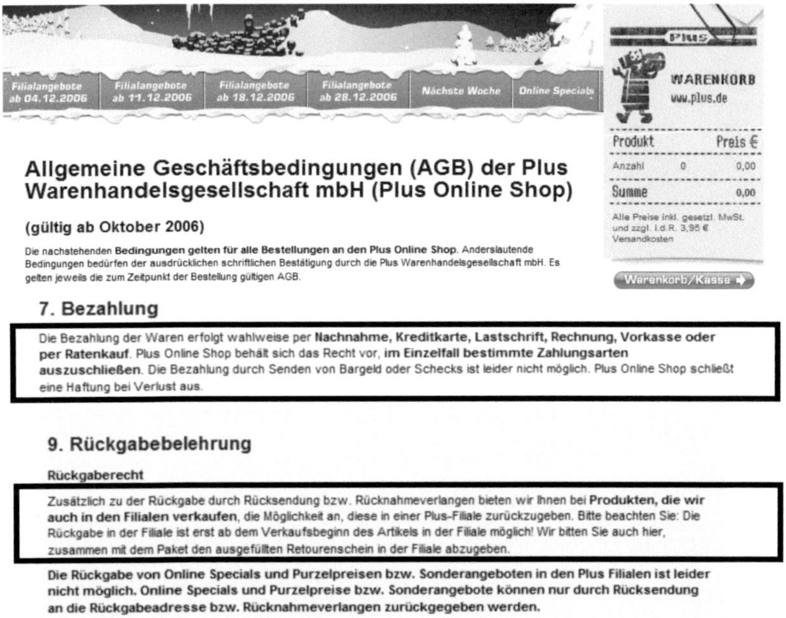

Abb. 114: Auszüge aus den Allgemeinen Geschäftsbedingungen der Plus Warenhandelsgesellschaft mbH (Quelle: www.plus.de, Funddatum: 02.01.2007)

Rückblickend auf die Forschungsfragen dieser Arbeit ist als **Fazit** festzuhalten, dass es für die Gestaltung von Mehrkanalsystemen aus der Sicht der Anbieter unabdingbar ist, zum einen Kenntnis darüber zu erlangen, wie sich das Vorhandensein mehrerer Kanäle auf die Wahrnehmung und somit das Verhalten der Kunden auswirkt. Zum anderen ist es mindestens genauso wichtig zu wissen, wie die Nachfrager auf verschiedene Gestaltungsparameter des Anbieters innerhalb des Mehrkanalsystems reagieren.

Diese Erkenntnisse ermöglichen es, die Kanäle in ihrer Gesamtheit so zu führen, dass bei den Kunden möglichst wenig Dissonanzen in der Vorkaufphase erzeugt und somit potenzielle Kaufbarrieren aus dem Weg geräumt werden.

Literaturverzeichnis

A

Abelson, R.P.; Rosenberg, M.J. (1958): Symbolic Psycho-Logic: A Model of Attitudinal Cognition, in: Behavioral Science, 3. Jg., Nr. 1, S. 1-13.

Adelt, P.; Bach, D. (1991): Wahrgenommene Kaufrisiken bei ökologisch gestalteten Produkten – dargestellt am Produktbereich Waschmittel, in: Markenartikel – Zeitschrift für Markenführung, 53. Jg. Nr. 4, S. 148-152.

Adler, J. (1994): Informationsökonomische Fundierung von Austauschprozessen im Marketing, Arbeitspapiere zur Marketingtheorie, Nr. 3, Trier.

Adler, J. (1996): Informationsökonomische Fundierung von Austauschprozessen. Eine nachfragerorientierte Analyse, Wiesbaden.

Adler, J. (1998): Eine informationsökonomische Perspektive des Kaufverhaltens, in; Wirtschaftswissenschaftliches Studium, 27. Jg., Nr. 7, S. 341-347.

Ahlert, D. (1996): Distributionspolitik, 3. Aufl., Stuttgart u.a.

Ahlert, D. (Hrsg.) (2001): Internet & Co. im Handel, Berlin u.a.

Ahlert, D. (Hrsg.) (2002): Electronic retailing, Frankfurt a.M.

Ahlert, D.; Kenning, P.; Schneider, D. (2000): Markenmanagement im Handel – Von der Handelsmarkenführung zum integrierten Markenmanagement in Distributionsnetzen; Strategien, Konzepte, Praxisbeispiele, 1. Aufl., Wiesbaden.

Ahlert, D.; Olbrich, R.; Schröder, H. (Hrsg.) (2002): Jahrbuch zum Handelsmanagement 2002 – Electronic Retailing, Frankfurt a.M.

Ahlert, D.; Schröder, H. (1999): Binnenhandelspolitische Meilensteine der Handelsentwicklung, in: Dichtl, E.; Lingenfelder, M. (Hrsg.) (1999): Meilensteine im deutschen Handel – Erfolgsstrategien gestern, heute und morgen, Frankfurt a.M., S. 241-292.

Akaah, I.; Koragaonkar, P.K. (1988): A Conjoint Investigation of the Relative Importance of Risk Relievers in Direct Marketing, in: Journal of Advertising Research, 28. Jg., Nr. 4, S. 38-44.

Akerlof, G.A. (1970): The Market for „Lemmons": Quality Uncertainty and the Market Mechanism, in: The Quarterly Journal of Economics, 84. Jg., Nr. 3, S. 488-500.

Albers, S.; Clement, M.; Peters, K.; Skiera, B. (Hrsg.) (2001): Marketing mit interaktiven Medien – Strategien zum Markterfolg, 3. Aufl., Frankfurt a.M.

Albers, W. (Hrsg.) (1981): Handwörterbuch der Wirtschaftswissenschaft, zugleich: Neuauflage des Handwörterbuchs der Sozialwissenschaften, Stuttgart u.a.

Alchian, A.A.; Woodward, S. (1988): The Firm is Dead; Long Live the Firm: A Review of Oliver E. Williamson's The Economic Institutions of Capitalism, in: Journal of Economic Literature, 26. Jg., Nr. 1, S. 65-79.

American Marketing Association (Hrsg.) (1980): Theoretical Developments in Marketing, Chicago.

Armbruster, K.; Schober, F. (2002): Hybridstrategien im Multikanal-Vertrieb, in: Wirtschaftswissenschaftliches Studium, 31. Jg., Nr. 6, S. 347-350.

Arndt, J. (1967): Role of Product-Related Conversations in the Diffusion of a New Product, in: Journal of Marketing Research, 4. Jg., Nr. 3, S. 291-295.

Arndt, J. (1968): Word-of-Mouth Advertising and Perceived Risk, in: Kassarijan, H.H.; Robertson, T.S. (Hrsg.) (1968): Perspectives in Consumer Behavior, Glenview, S. 330-338.

Arndt, J. (1975): Methodisches Beispiel einer Untersuchung über Mundwerbung, in: Behrens, K.C. (Hrsg.) (1975): Handbuch der Werbung, 2. Aufl., Wiesbaden.

Arnoldt, A. (1996): Garantiezusagen und Qualitätsunsicherheit von Konsumenten, in: GFK – Jahrbuch der Absatz- und Verbrauchsforschung, Nr. 2, S. 147-163.

Arnthorsson, A.; Berry, W.E.; Urbany, J.E. (1991): Difficulty of Pre-Purchase Quality Inspection: Conceptualization and Measurement, in: Advances in Consumer Research, 18. Jg., Nr. 1, S. 217-224.

Arrow, K.J. (1985): The Economics of Agency, in: Pratt, J.W.; Zeckhauser, R.J. (Hrsg.) (1985): Principals and Agents: The Structure of Business, Cambridge, S. 37-51.

Ausschuss für Begriffsdefinitonen aus der Handels- und Absatzwirtschaft (Hrsg.) (1995): Katalog E – Begriffsdefinitionen aus der Handels- und Absatzwirtschaft, 4. Aufl., Köln.

B

Backhaus, K.; Erichson, B.; Plinke, W.; Weiber, R. (2006): Multivariate Analysemethoden, 11. Aufl., Berlin, Heidelberg.

Bänsch, A. (2002): Käuferverhalten, 9. Aufl., München, Wien.

Bagozzi, R.P.; Rosa, J.A.; Celly, K.S.; Coronel, F. (2000): Marketing-Management, München, Wien.

Baker, B.O.; Hardyck, C.D.; Petrinovich, L.F. (1966): Weak Measurement versus Strong Statistics: An Empirical Critique of S.S. Stevens Proscriptions of Statistics, in: Educational an Psychological Measurement, Nr. 26, S. 291-309.

Bamberg, G.; Coenenberg, A.G. (2000): Betriebswirtschaftliche Entscheidungslehre, 10. überarbeitete und erweiterte Aufl., München.

Bamberg, G.; Spremann, K. (Hrsg.) (1987): Agency Theory, Information, and Incentives, Berlin u.a.

Barach, J.A. (1969): Advertising Effectiveness and Risk in the Consumer Decision Process, in: Journal of Marketing Research, 6. Jg., Nr. 3, S. 314-320.

Barth, K.; Hartmann, M.; Schröder, H. (2002): Betriebswirtschaftslehre des Handels, 5. Aufl., Wiesbaden.

Bateson, J.E.G. (Hrsg.) (1992a): Managing Services Marketing, 2. Aufl., Orlando.

Bateson; J.E.G. (1992b): Perceived Control and the Service Encounter, in: Bateson, J.E.G. (Hrsg.) (1992a): Managing Services Marketing, 2. Aufl., Orlando, S. 123-132.

Bauer, A.W. (2001): Online oder Offline? Der Handel im Spannungsfeld zwischen Old und New Economy – die Zukunft gehört dem Multi-Channel Retailer, in: Ahlert, D. (Hrsg.) (2001): Internet & Co. im Handel, Berlin u.a., S. 51-62.

Bauer, H.H.; Fischer, M.; Sauer, N.E. (2000): Barrieren des elektronischen Einzelhandels – Eine empirische Studie zum Kaufverhalten im Internet, in: Zeitschrift für Betriebswirtschaft, 70. Jg., Nr. 10, S. 1133-1156.

Bauer, H.H.; Sauer, N.E. (2003): Risikowahrnehmung und Kaufverhalten im Internet, in: Marketing Zeitschrift für Forschung und Praxis, 25. Jg., Nr. 3, S. 183-199.

Bauer, R.A. (1960): Consumer behaviour as risk-tasking, in: Dynamic Marketing for a changing world, American Marketing Association, June, S. 389-398.

Bauer, R.A. (1967): Consumer Behavior as Risk Taking, in: Cox, D.F. (Hrsg.) (1967a): Risk Taking and Information Handling in Consumer Behavior, Boston, S. 23-33.

Bauer, R.A. (1976): Konsumentscheidungen als Risikoverhalten, in: Specht, K.G.; Wiswede G. (Hrsg.) (1976): Marketing Soziologie: soziale Interaktion als Determinante des Marktverhaltens, 1. Aufl., Berlin, S. 207-217.

Bea, F.X.; Dichtl, E.; Schweitzer, M. (2000): Allgemeine Betriebswirtschaftlehre, Bd. 1: Grundfragen, 8. Aufl., Stuttgart.

Bearden, W.O.; Shimp, T.A. (1982): The Use of Extrinsic Cues to Faciliate Product Adoption, in: Journal of Marketing Research, 19. Jg., S. 229-239.

Beckmann, M.J.; Ryuzo, S. (1974) (Hrsg.): Mathematische Wirtschaftstheorie, Köln.

Behrens, K.C. (1975) (Hrsg.): Handbuch der Werbung, 2. Aufl., Wiesbaden.

Belk, R.W. (1974): An Exploratory Assessment of Situational Effects in Buyer Behavior, in: Journal of Marketing Research, 11. Jg., Mai, S. 156-163.

Belk, R.W. (1975a): Situational Variables in Consumer Behavior, in: Journal of Consumer Research, 2. Jg., S. 157-164.

Belk, R.W. (1975b): The Objective Situation as a Determinant of Consumer Behavior, in: Advances in Consumer Research, 2. Jg., Nr. 1, S. 427-437.

Belk, R.W. (1979): Entwicklung produktspezifischer Klassifikationen von Verbrauchssituationen, in: Meffert, H.; Steffenhagen, H.; Freter, H. (Hrsg.) (1979): Konsumentenverhalten und Information, Wiesbaden.

Ben-Ur, J.; Winfield, C. (2002): Perceived Risk in the E-commerce Environment, www.sbare.uca.edu, Funddatum: 15.01.2002.

Berekoven, L.; Eckert, W.; Ellenrieder, P. (2004): Marktforschung – Methodische Grundlagen und praktische Anwendung, 10. Aufl., Wiesbaden.

Berg, C.C; Dehio, P.; Scheib, P. (1979): Anspruchsanpassung von Mitgliedern in Projektgruppen, Arbeitsbericht Nr. 5 des Fachbereichs Wirtschafts- und Organisationswissenschaften der Hochschule der Bundeswehr, München.

Bernskötter, H. (1991): Gehört die Zukunft den „hybriden“ Verkaufs-Systemen?, in: Marketing-Journal, 24. Jg., Nr. 2, S. 122-129.

Berry, L.L. (2001): The Old Pillars of New Retailing, in: Harvard Business Review, 79. Jg., S. 131-137.

Bettman, J.R. (1973): Perceived Risk and Its Components: A Model and Empirical Test, in: Journal of Marketing Research, 10. Jg., Nr. 5, S. 184-190.

Bettman, J.R. (1975): Information Integration in Consumer Risk Perception: A Comparison of Two Models of Component Conceptualization, in: Journal of Applied Psychology, 60. Jg., Nr. 3, S. 381-385.

Bintig, A. (1980): The Effiency of Various Estimations of Reliability of Rating-Scales, in: Educational an Psychological Measurement, Nr. 40, S. 619-644.

Bitz, M. (1981): Entscheidungstheorie, München.

Blackwell, R.D.; Miniard, P.W.; Engel, J.E. (2001): Consumer Behavior, 9. Aufl., Fort Worth u.a.

Bleymüller, J.; Gehlert, G.; Gülicher, H. (2000): Statistik für Wirtschaftswissenschaftler, 12. überarbeitete Aufl., München.

Bliemel, F.; Fassot, G.; Theobald, A. (Hrsg.) (2000): Electronic Commerce, 3. Aufl., Wiesbaden.

Bliss, P. (Hrsg.) (1963): Marketing and the Behavioral Sciences, Boston.

Bodenstein, G., Spiller, A. (1998): Marketing: Strategien, Instrumente und Organisation, Landsberg/Lech.

Bonus, H., Ronte, D. (2000): Falscher Stil entlarvt den Lügner. Eine Parallele zwischen der Glaubwürdigkeit im politischen Geschäft und auf dem (Kunst-) Markt – die Analyse eines Organisationsprinzips, in: Frankfurter Allgemeine Zeitung vom 26.02.2000, S. 15.

Bortz, J.; Döring, N. (2003): Forschungsmethoden und Evaluation für Human- und Sozialwissenschaftler, 3. Aufl., Berlin u.a.

Boston Consulting Group (Hrsg.) (2000): Mobile Commerce – Winning the On-Air Consumer, Boston.

Bouncken, R. (2000): Vertrauen – Kundenbindung – Erfolg? Zum Aspekt des Vertrauens bei Dienstleistungen, in: Bruhn, M. (Hrsg.) (2000): Dienstleistungsmanagement-Jahrbuch 2000 – Kundenbeziehungen im Dienstleistungsbereich, Wiesbaden, S. 4-22.

Brandes, D. (1998): Konsequent einfach – die ALDI-Erfolgs-Story, Frankfurt a.M. u.a.

Bruhn, M. (Hrsg.) (2000): Dienstleistungsmanagement-Jahrbuch 2000 – Kundenbeziehungen im Dienstleistungsbereich, Wiesbaden.

Bruhn, M.; Stauss, B. (Hrsg.) (2002): Dienstleistungsmanagement-Jahrbuch 2002 – Electronic Services, Wiesbaden.

Bruhn, M.; Meffert, H. (Hrsg.) (2001): Handbuch Dienstleistungsmanagement – Von der strategischen Konzeption zur praktischen Umsetzung, 2. überarbeitete und erweiterte Aufl., Wiesbaden.

Bühl, A.; Zöpfel, P. (2000): SPSS Version 10 – Einführung in die moderne Datenanalyse unter Windows, München.

C

Chmielewicz, K. (1970): Die Formalstruktur der Entscheidung, in: Zeitschrift für Betriebswirtschaft, 40. Jg., Nr. 4, S. 239-268.

Chmielewicz, K. (1979): Forschungskonzeptionen der Wirtschaftswissenschaften, 2. überarbeitete und erweiterte Aufl., Stuttgart.

Clement, M.; Geißler, J.; Schneider, I. (2001): Mobile Commerce, in: Albers, S.; Clement, M.; Peters, K.; Skiera, B. (Hrsg.) (2001): Marketing mit interaktiven Medien – Strategien zum Markterfolg, 3. Aufl., Frankfurt a.M., S. 71-82.

Clement, M.; Peters, K.; Preiß, F.J. (2001): Electronic Commerce, in: Albers, S.; Clement, M.; Peters, K.; Skiera, B. (Hrsg.) (2001): Marketing mit interaktiven Medien – Strategien zum Markterfolg, 3. Aufl., Frankfurt a.M., S. 56-70.

Coleman, J.S. (1995): Grundlagen der Sozialtheorie, Band 1: Handlungen und Handlungssysteme, München.

Copeland, M.T. (1923): Relation of Consumer Buying Habits to Marketing Methods, in: Harvard Business Review, 1. Jg., Nr. 3, S. 282-289.

Cox, D.F. (Hrsg.) (1967a): Risk Taking and Information Handling in Consumer Behavior, Boston.

Cox, D.F. (1967b): Risk Handling in Consumer Behavior – an Intensive Study of Two Cases, in: Cox, D.F. (Hrsg.) (1967a): Risk Taking and Information Handling in Consumer Behavior, Boston, S. 34-81.

Cox, D.F. (1967c): Risk Handling in Consumer Behavior, in: Cox, D.F. (Hrsg.) (1967a): Risk Taking and Information Handling in Consumer Behavior, Boston, S. 604-639.

Cox, D.F.; Rich, S.U. (1964): Perceived Risk and Consumer Decision-Making – The Case of Telephone Shopping, in: Journal of Marketing Research, 1. Jg., November, S. 32-39.

Cunningham, S.M. (1967): The Major Dimensions of Perceived Risk, in: Cox, D.F. (Hrsg.) (1967a): Risk Taking and Information Handling in Consumer Behavior, Boston, S. 82-108.

D

Dach, C. (2002): Vorteile einer Multi-Channel-Strategie: Eine nüchterne Betrachtung – Synergien zwischen Ladengeschäften und Online-Shops aus Konsumentensicht, Institut für Handelsforschung an der Universität zu Köln, Köln.

Dahl, R.A.; Haire, M.; Lazarsfeld, P.F. (1959): Social Science Research on Business: Product and Potential, New York.

Darby, M.R.; Karni, E. (1973): Free Competition and the Optimal Amount of Fraud, in: The Journal of Law and Economics, 16. Jg., Nr. 1, S. 67-88.

Darian, J.C. (1987): In Home Shopping, Are there Consumer Segments?, in: Journal of Retailing, 63. Jg., Nr. 2, S. 163-185.

de Haan, G. (Hrsg.) (1996): Ökologie – Gesundheit – Risiko. Perspektiven ökologischer Kommunikation, Berlin.

Deimel, K. (1989): Grundlagen des Involvement und Anwendung im Marketing, in: Marketing Zeitschrift für Forschung und Praxis, 11. Jg., Nr. 3, S. 153-161.

Dembo, T. (1931): Der Ärger als dynamisches Problem, in: Lewin, K. (Hrsg.) (1931): Untersuchungen zur Handlungs- und Affektpsychologie, Psychologische Forschung, Bd. 15, Berlin, S. 1-144.

Dichtl, E. (1995): Konsumgütermarketing, in: Tietz, B.; Köhler, R.; Zentes, J. (Hrsg.) (1995): Handwörterbuch des Marketing, 2. Aufl., Stuttgart, Sp. 1246-1263.

Dichtl, E.; Lingenfelder, M. (Hrsg.) (1999): Meilensteine im deutschen Handel – Erfolgsstrategien gestern, heute und morgen, Frankfurt a.M.

Diller, H. (1977): Der Preis als Qualitätsindikator, in: Die Betriebswirtschaft, 37. Jg., S. 219-234.

Diller H. (Hrsg.) (2001): Der moderne Verbraucher – Neue Befunde zum Einkaufsverhalten, Nürnberg.

Duncan, C.P. (1990): Consumer Market Beliefs: A Review of the Literature and an Agenda for Future Research, in: Goldberg, M.E.; Gorn, G.; Pollay, R.W. (Hrsg.) (1990): Advances in Consumer Research, S. 729-735.

E

ECC-Handel (Hrsg.) (2001): Die Begriffe des eCommerce: Ein Wörterbuch für „Old“ und „New Economists“, Frankfurt a.M.

Eckstein, P.P. (2000): Angewandte Statistik mit SPSS, Praktische Einführung für Wirtschaftswissenschaftler, 3. Aufl., Wiesbaden.

Eggers, B.; Hoppen, G. (Hrsg.) (2001): Strategisches E-Commerce-Management – Erfolgsfaktoren für die Real Economy, Wiesbaden.

EHI (Hrsg.) (1999): Neue Medien im Handel: Auf dem Weg zum Electronic Retailing, Köln.

EHI (Hrsg.) (2003): Multichannel Retailing – Status quo, Erfolgsfaktoren und Perspektiven, Köln.

Einwiller, S. (2003): Vertrauen durch Reputation im elektronischen Handel, Wiesbaden.

Elschen, R. (1982): Betriebswirtschaftslehre und Verhaltenswissenschaft, Thun; Frankfurt a.M.

Engel, J.F.; Blackwell, R.D.; Miniard, P.W. (1995): Consumer Behaviour, Hinsdale.

Engelhardt, D. (1981): Risikobereitschaft bei betrieblichen Entscheidungen, Berlin.

Engelhardt, W.H.; Witte, P. (1990): Direktvertrieb im Konsumgüter- und Dienstleistungsbereich, Stuttgart.

Enis, B.M.; Roering, K.J. (1980): Product Classifikation Taxonomies: Synthesis and Consumer Implications, in: American Marketing Association (Hrsg.) (1980): Theoretical Developments in Marketing, Chicago, S. 186-189.

Ernst & Young (Hrsg.) (2001): The Global Face of E-Tailing, o.O.

Esch, F.-R.; Langner, T.; Fuchs, M. (1998): Gestaltung von Electronic Malls, in: Trommsdorff, V. (Hrsg.) (1998): Handelsforschung 1998/1999, Wiesbaden.

Evans, P.; Wurster, T.S. (2000): E-Commerce: Jetzt geht es ums Geld verdienen, in: Harvard Business Manager, 22. Jg., Nr. 3, S. 82-94.

F

Fantapié Altobelli, C. (2000): Electronic Commerce im interaktiven Fernsehen, in: Bliemel, F.; Fassot, G.; Theobald, A. (Hrsg.) (2000): Electronic Commerce, 3. Aufl., Wiesbaden, S. 171-188.

Ferber, R. (Hrsg.) (1977): Selected Aspects of Consumer Behavior: A Summary from the Perspective of Different Disciplines, Washington.

Festervand, T.A.; Snyder, D.R., Tsalikis, J.D. (1986): Influence of Catalog versus Store Shopping and Prior Satisfaction on Perceived Risk, in: Journal of the Academy of Marketing Science, 14. Jg., Nr. 4, S. 28-36.

Festinger, L. (1957): A Theory of Cognitive Dissonance, Stanford.

Festinger, L. (1978): Theorie der kognitiven Dissonanz, Bern u.a.

Feuerhake, C. (1991): Konzepte des Produktnutzens und verwandte Konstrukte in der Marketingtheorie, Lehre- und Forschungsberichte zum Bereich Marketing und Konsum, Universität Hannover, Hannover.

Fisseni, H.-J. (1990): Lehrbuch der psychologischen Diagnostik, Göttingen, Toronto, Zürich.

Ford, G.T.; Smith, D.B.; Swasy, J.L. (1988): An Empirical Test of the Search, Experience and Credence Attributes Framework, in: Advances in Consumer Research, 15. Jg., Nr. 1, S. 239-243.

Ford, G.T.; Smith, D.B.; Swasy, J.L. (1990): Consumer Skepticism of Advertising Claims: Testing Hypotheses from Economics of Information, in: Journal of Consumer Research, 16. Jg., Nr. 4, S. 433-441.

Forschungsgruppe Konsum und Verhalten (Hrsg.) (1994): Konsumentenforschung, München.

Fritz, W. (1981): Informationsbedarf und Informationsbeschaffung alter Menschen beim Kauf rezeptfreier Medikamente, in: Raffée, H.; Silberer, G. (Hrsg.) (1981): Informationsverhalten des Konsumenten. Ergebnisse empirischer Studien, Wiesbaden, S. 113-142.

Fritz, W. (Hrsg.) (1999a): Internet-Marketing: Perspektiven und Erfahrungen aus Deutschland und den USA, Stuttgart.

Fritz, W. (1999b): Internet-Marketing: Eine Einführung, in: Fritz, W. (Hrsg.) (1999a): Internet-Marketing: Perspektiven und Erfahrungen aus Deutschland und den USA, Stuttgart, S. 1-18.

G

Galati, M.; Leiter, R.D. (Hrsg.) (1981): Economics of Information, Boston, The Hague, London.

Gal-Or, E. (1989): Warranties as Signals of Quality, in: Canadian Journal of Economics, 22. Jg., Nr. 1, S. 50-61.

Gemünden, H.G. (1985a): Wahrgenommenes Risiko und Informationsnachfrage, in: Marketing Zeitschrift für Forschung und Praxis, 7. Jg., Nr. 1, S. 27-38.

Gemünden, H.G. (1985b): Wahrgenommenes Risiko und Informationsnachfrage – Eine systematische Bestandsaufnahme der empirischen Befunde, Manuskript aus dem Institut für Betriebswirtschaftslehre der Universität Kiel, Nr. 148, Kiel.

Gensler, S.; Skiera, B. (2002): Empfehlungssysteme als Grundlage zur Personalisierung im Electronic Retailing, in: Ahlert, D.; Olbrich, R.; Schröder, H. (Hrsg.) (2002): Jahrbuch zum Handelsmanagement 2002 – Electronic Retailing, Frankfurt a.M., S. 239-264.

Georg, B. (2000): Sicherheit, Recht und Steuern, in: Thome, R.; Schinzer, H. (Hrsg.) (2000): Electronic Commerce: Anwendungsbereiche und Potentiale der digitalen Geschäftsabwicklung, 2. Aufl. München, S. 255-289.

Gerhard, A. (1995): Die Unsicherheit des Konsumenten bei der Kaufentscheidung: Verhaltensweisen von Konsumenten und Anbietern, Wiesbaden.

Gersch, M. (2000): E-Commerce – Einsatzmöglichkeiten und Nutzungspotentiale, Arbeitsbericht Nr. 82 des Instituts für Unternehmungsführung und Unternehmensforschung, Ruhr-Universität Bochum, Bochum.

Gerth, N. (1999): Online Absatz: strategische Bedeutung, strukturelle Implikationen, Erfolgswirkungen, Ettlingen.

Gesmann-Nuissl, D. (2001): Vertragsabschluß und Werbung im Rahmen des Electronic Commerce, in: Gora, W.; Mann, E. (Hrsg.) (2001): Handbuch Electronic Commerce, 2. Aufl., Berlin u.a., S. 68-85.

Gierl, H.; Winkler, S. (2000): Neue Gütezeichen als Qualitätssignale, in: Marketing Zeitschrift für Forschung und Praxis, 22. Jg., Nr. 3, S. 197-207.

Gillett, P.L. (1970): A Profile of Urban In-home Shoppers, in: Journal of Marketing, 34. Jg., Nr. 3, S. 40-45.

Gora, W.; Mann, E. (Hrsg.) (2001): Handbuch Electronic Commerce, 2. Aufl., Berlin u.a.

Graf Hoyos, C. (Hrsg.) (1987): Wirtschaftspsychologie in Grundbegriffen: Gesamtwirtschaft – Markt – Organisation – Arbeit, 2. Aufl., München, Weinheim.

Gregoire, T.G., Driver, B.L. (1987): Analysis of Ordinal Data to Detect Population Differences, in: Psychological Bulletin, 94. Jg., Nr. 1, S. 159-165.

Gronhaug, K. (1972): Risk Indicators, Perceived Risk and Consumer's Choice of Information Sources, in: Swedish Journal of Economics, 74. Jg., Nr. 2, S. 246-262.

Grossmann, S.J. (1981): The Informational Role of Warranties and Private Disclosure About Product Quality, in: Journal of Law and Economics, 24. Jg., S. 461-483.

Großweischede, M. (2002): Category Management im eRetailing – Konzeptionelle Grundlagen und Umsetzungsansätze am Beispiel der Lebensmittelbranche, in: Ahlert, D.; Olbrich, R.; Schröder, H. (Hrsg.) (2002): Jahrbuch zum Handelsmanagement 2002 – Electronic Retailing, Frankfurt a.M., S. 293-337.

Grunert, K.G. (1982): Informationsverarbeitungsprozesse bei der Kaufentscheidung: ein gedächtnispsychologischer Ansatz, Frankfurt a.M., Bern.

Grunert, K.G. (1984): Verbraucherinformationen im Bildschirmtext: Möglichkeiten und Grenzen, Gröbenzell.

H

Hansen, F. (1972): Consumer Choice Behavior. A Cognitive Theory, New York, London.

Hansen, H.R. (Hrsg.) (1974): Computergestützte Marketing-Planung, München.

Hansen, U. (1990): Absatz- und Beschaffungsmarketing des Einzelhandels: eine Aktionsanalyse, 2. Aufl., Göttingen.

Hauschildt, J. (1977): Entscheidungsziele, Tübingen.

Hauser, J.R.; Wernerfelt, B. (1990): An evaluation cost model of consideration sets, in: Journal of Consumer Research, 16. Jg., Nr. 4, S. 393-409.

Hax, H. (1974): Entscheidungsmodelle in der Unternehmung. Einführung in Operations Research, Hamburg.

Hax, H. (1991): Theorie der Unternehmung – Information, Anreize und Vertragsgestaltung, in: Ordelheide, D.; Rudolph, B.; Büsselmann, E. (Hrsg.) (1991): Betriebswirtschaftslehre und ökonomische Theorie, Stuttgart, S. 51-72.

Hayek, F.A. von (Hrsg.) (1976a): Individualismus und wirtschaftliche Ordnung, 2. Aufl., Salzburg

Hayek, F.A. von (1976b): Die Verwertung des Wissens in der Gesellschaft, in: Hayek, F.A. von (Hrsg.) (1976a): Individualismus und wirtschaftliche Ordnung, 2. Aufl., Salzburg, S. 103-121.

Heinemann, C. (1997): Werbung im interaktiven Fernsehen, Wiesbaden.

Heinemann, M. (1974): Einkaufsstättenwahl und Firmentreue des Konsumenten – Verhaltenswissenschaftliche Erklärungsmodelle und ihr Aussagewert für das Handelsmarketing, Münster.

Hellbrück, J. (1999): Umweltpsychologie: ein Lehrbuch, Göttingen u.a.

Herrmann, A.; Gutsche, J. (1993): Situative Einflüsse bei Kaufentscheidungen, in: Marketing, Nr. 2, S. 95-102.

Herrmann, A.; Huber, F.; Wricke, M. (1999): Die Herausbildung von Zufriedenheitsurteilen bei Alternativenbetrachtung, in: Zeitschrift für betriebswirtschaftliche Forschung, 51. Jg., Nr. 7/8, S. 677-692.

Hermanns, A.; Sauter, M. (Hrsg.) (1999a): Management Handbuch Electronic Commerce, 1. Aufl., München.

Hermanns, A.; Sauter, M. (1999b): Electronic Commerce – Grundlagen, Potentiale, Marktteilnehmer und Transaktionen, in: Hermanns, A.; Sauter, M. (Hrsg.) (1999a): Management Handbuch Electronic Commerce, 1. Aufl., München, S. 13-29.

Hilger, H. (1981): Informationsbedarf und Informationsbeschaffung jugendlicher Konsumenten beim Kauf langlebiger Güter – Ein Vergleich berufstätiger Jugendlicher mit gleichaltrigen Schülern und Studenten, in: Raffée, H.; Silberer, G. (Hrsg.) (1981): Informationsverhalten des Konsumenten. Ergebnisse empirischer Studien, Wiesbaden, S. 143-168.

Hirshleifer, J. (1973): Economics of Information – Where Are We in the Theory of Information?, in: American Economic Review, 63. Jg., S. 31-39.

Hofacker, T. (1985): Entscheidungen als Informationsverarbeitung: eine empirische Untersuchung zur Produktentscheidung von Konsumenten, Frankfurt a.M.

Holbrook, M.B.; Howard, J.A. (1977): Frequently Purchased Nondurable Goods and Services, in: Ferber, R. (Hrsg.) (1977): Selected Aspects of Consumer Behavior: A Summary from the Perspective of Different Disciplines, Washington, S. 189-222.

Holler, E. (2001): Anwendungsszenarien des E-Commerce, in: Gora, W.; Mann, E. (Hrsg.) (2001): Handbuch Electronic Commerce, 2. Aufl., Berlin u.a., S. 229-244.

Homburg, C.; Giering, A. (1996): Konzeptualisierung und Operationalisierung komplexer Konstrukte. Ein Leitfaden für die Marketingforschung, in: Marketing, Nr. 1, S. 5-24.

Hoppe, F. (1931): Erfolg und Misserfolg, in: Psychologische Forschung, Bd. 14, Berlin, S. 9-22.

Hoppe, F. (1968): Das Anspruchsniveau, in: Thomae, H. (Hrsg.) (1968): Die Motivation menschlichen Handelns, 4. Aufl., Köln, Berlin, S. 217-230.

Hoppen, G. (2001): E-Commerce: Grundlagen und Einsatzfelder entlang der Value Chain, in: Eggers, B.; Hoppen, G. (Hrsg.) (2001): Strategisches E-Commerce-Management – Erfolgsfaktoren für die Real Economy, Wiesbaden, S. 143-162.

Horton, R.L. (1976): The Structure of Perceived Risk: Some Further Progress, in: Journal of the Academy of Marketing Science, 4. Jg., Nr. 4, S. 694-706.

Howard, J.A; Sheth, J.N. (1969): The Theory of Buyer Behavior, New York u.a.

Hurth, J. (2001): Multi-Channel-Marketing, in: Wirtschaftswissenschaftliches Studium, 30. Jg., Nr. 9, S. 463-469.

I

Immes, S. (1993): Wahrgenommenes Risiko bei der industriellen Kaufentscheidung, Trier.

Innis, D.E.; Unnava, H.R. (1991) : The Usefulness of Product Warranties for Reputable and New Brands, in: Advances in Consumer Research, 18. Jg., Nr. 1, S. 317-322.

Intriligator, M.D. (Hrsg.) (1971): Frontiers of Quantitative Economics, Papers Invited for Presentation at the Economic Society Winter Meetings, New York, Amsterdam, London.

Irle, M. (1975): Lehrbuch der Sozialpsychologie, Göttingen, Toronto, Zürich.

Irle, M. (1978): Die Theorie der kognitiven Dissonanz: Ein Resümee ihrer theoretischen Entwicklung und empirischen Ergebnisse, 1. Theorie, in: Irle, M.; Möntmann, V. (Hrsg.) (1978): Leon Festinger, Theorie der kognitiven Dissonanz, Bern, Stuttgart, Wien, S. 274-303.

Irle, M.; Möntmann, V. (Hrsg.) (1978): Leon Festinger, Theorie der kognitiven Dissonanz, Bern, Stuttgart, Wien.

J

Jacoby, J.; Kaplan, L.B. (1972): The Components of Perceived Risk, in: Venkatesan, M. (Hrsg.) (1972): Proceedings of the 3rd Annual Conference of the Association for Consumer Research, Chicago, S. 382-393.

Jansen, H. (1999): Neue Medien im Handel – Grundlagen, Einsatzmöglichkeiten und Potentiale, in: EHI (Hrsg.) (1999): Neue Medien im Handel: Auf dem Weg zum Electronic Retailing, Köln, S. 8-14.

Jary, M.; Schneider, D.; Wileman, A. (1999): Marken-Power – warum Aldi, Ikea, H&M und Co. so erfolgreich sind, Wiesbaden.

Jasper, C.R.; Ouelette, S.J. (1994): Consumers' perception of risk and the purchase of apparel from catalogs', in: Journal of Direct Marketing, Nr. 8, S. 23-36.

K

Kaas, K.P. (1990): Marketing als Bewältigung von Informations- und Unsicherheitsproblemen im Markt, in: Die Betriebswirtschaft, 50. Jg., Nr. 4, S. 539-548.

Kaas, K.P. (1992): Marketing und Neue Institutionenlehre, Arbeitspapier Nr. 1 aus dem Forschungsprojekt Marketing und ökonomische Theorie , Frankfurt a.M.

Kaas, K.P. (1994): Ansätze einer institutionenökonomischen Theorie des Konsumentenverhaltens, in: Forschungsgruppe Konsum und Verhalten (Hrsg.) (1994): Konsumentenforschung, München, S. 245-260.

Kaas, K.P.; Busch, A. (1996): Inspektions-, Erfahrungs- und Vertrauenseigenschaften von Produkten. Theoretische Konzeption und empirische Validierung, in: Marketing Zeitschrift für Forschung und Praxis, 18. Jg., Nr. 4, S. 243-252.

Kafka , C. (1999): Risikowahrnehmung und -kommunikation bei Lebensmitteln, Arbeitspapier Nr. 13 des Lehrstuhls für Agrarmarketing an der Universität Kiel, Kiel.

Kakkar, P.; Lutz, R.J. (1981): Situational Influence on Consumer Behavior: A Review, in: Kassarjian, H.H.; Robertson, T.S. (Hrsg.) (1981): Perspectives in Consumer Behavior, 3. Aufl., Glenview, Illinois.

Kaplan, L.B.; Szybillo, G.J.; Jacoby, J. (1974): Components of Perceived Risk in Product Purchase, in: Journal of Applied Psychology, 59. Jg., Nr. 3, S. 287-291.

Kassarijan, H.H.; Robertson, T.S. (Hrsg.) (1968): Perspectives in Consumer Behavior, Glenview.

Katz, R. (1983): Informationsquellen der Konsumenten, Wiesbaden.

Kelley, C.A. (1988): An Investigation of Consumer Product Warranties as Market Signals of Product Reliability, in: Journal of the Academy of Marketing Science, 16. Jg., Nr. 2, S. 72-78.

Kendall, C.L.; Russ; F.A. (1975): Warranty and Complaint Policies: An Opportunity for Marketing Management, in: Journal of Marketing, 39. Jg., Nr. 2, S. 36-43.

Kenning, P. (2002): Customer Trust Management. Ein Beitrag zum Vertrauensmanagement im Lebensmitteleinzelhandel, Wiesbaden.

Kirmani, A. (1990): The Effect of Perceived Advertising Costs on Brand Perceptions, in: Journal of Consumer Research, 16. Jg., S. 160-171.

Kirmani, A.; Wright, P. (1989): Money Talks: Perceived Advertising Expense and Expected Product Quality, in: Journal of Consumer Research, 15. Jg., S. 344-353.

Kirsch, W. (1970): Entscheidungsprozesse, Band 1: Verhaltenswissenschaftliche Ansätze der Entscheidungstheorie, Wiesbaden.

Klein, B.; Leffler, K.B. (1981): The Role of Market Forces in Assuring Contractual Performance, in: Journal of Political Economy, 89. Jg., S. 615-641.

Klietmann, M. (Hrsg.) (2001): Kunden im E-Commerce, Düsseldorf.

Knappe, H.-J. (1981): Informations- und Kaufverhalten unter Zeitdruck, Frankfurt a.M.

Knight, F.H. (1921): Risk, Uncertainty, and Profit, New York.

Koch, B. (1999): Im Metro-Konzern ist kein Stein auf dem anderen geblieben, Interview mit Hans-Joachim Körber, in: Frankfurter Allgemeine Zeitung vom 05.07.1999, S. 20.

Koerdt, W. (1988): Das Anspruchsniveau von Urlaubsreisenden, Heidelberg.

Kogan, N.; Wallach, M.A. (1964a): Risk-Taking. A Study in Cognition and Personality, New York.

Kogan, N.; Wallach, M.A. (1964b): Risk-Taking as a Function of the Situation, the Person and the Group, in: Mandler, G. (Hrsg.) (1964): New Directions in Psychology III, New York, S. 111-278.

Kolberg, B.; Scharmacher, T. (2001): Logistik- und Payment-Dienstleistungen für Online-Handelsunternehmen, Köln.

Kollmann, T. (1996): Fernsehen interaktiv – electronic dialog im Direkt-Marketing, in: Direkt Marketing, 32. Jg., Nr. 11, S. 49-50.

Kollmann, T. (1997): Interaktives Fernsehen – Wenn der Zuschauer aktiv werden soll, muß Werbung einen Mehrwert bieten, in: Marketing Journal, 30. Jg. Nr. 2, S. 118-121.

Kollmann, T. (2000): Die Messung der Akzeptanz bei Telekommunikationssystemen, in: JFB – Journal für Betriebswirtschaft, 50. Jg., Nr. 2, S. 68-78.

Kollmann, T. (2001): Ist M-Commerce ein Problem der Nutzungslücke?, in: Information Management & Consulting, 16. Jg., Nr. 2, S. 59-64.

Korb, J.C. (2000): Kaufprozesse im Electronic Commerce: Einflüsse veränderter Kundenbedürfnisse auf die Gestaltung, 1. Aufl., Wiesbaden.

Kotler, P. (1973): Atmospherics as a Marketing Tool, in: Journal of Retailing, 49. Jg., S. 48-64

Kotler, P.; Armstrong, G.; Saunders, J.; Wong, V. (1999): Grundlagen des Marketing, 2. Aufl., München u.a.

Kotler, P.; Bliemel, F. (2001): Marketing Management, 10. Aufl., Stuttgart.

Kroeber-Riel, W.; Weinberg, P. (2003): Konsumentenverhalten, 8. Aufl., München.

Kuhlmann, E. (1970): Das Informationsverhalten der Konsumenten. Freiburg.

Kuhlmann, E. (1978): Effizienz und Risiko der Konsumentenentscheidung, Stuttgart.

Kuhlmann, E. (1987): Kaufrisiko, in: Graf Hoyos, C. (Hrsg.) (1987): Wirtschaftspsychologie in Grundbegriffen: Gesamtwirtschaft – Markt – Organisation – Arbeit, 2. Aufl., München, Weinheim, S. 522-533.

Kuhlmann, E. (1990): Verbraucherpolitik: Grundzüge ihrer Theorie und Praxis, München.

Kuhlmann, E. (2001): Besonderheiten des Nachfragerverhaltens bei Dienstleistungen, in: Bruhn, M.; Meffert, H. (Hrsg.) (2001): Handbuch Dienstleistungsmanagement – Von der strategischen Konzeption zur praktischen Umsetzung, 2. überarbeitete und erweiterte Aufl., Wiesbaden, S. 213-242.

Kumpf, N.A. (1977): An Empirical Investigation of Consumer Risk Perceptions and Search Behavior, Lexington, Kentucky.

Kunz, H. (1985): Marktsystem und Information, Tübingen.

Kupsch, P. (1973): Das Risiko im Entscheidungsprozeß, Wiesbaden.

Kupsch, P.; Hufschmied, P. (1979): Wahrgenommenes Risiko und Komplexität der Beurteilungssituation als Determinanten der Qualitätsbeurteilung, in: Meffert, H.; Steffenhagen, H.; Freter, H.W. (Hrsg.) (1979): Konsumverhalten und Information, Wiesbaden, S. 225-257.

Kupsch, P.; Hufschmied, P.; Mathes, H.D.; Schöler, K. (1978): Die Struktur von Qualitätsurteilen und das Informationsverhalten von Konsumenten beim Kauf langlebiger Gebrauchsgüter, Forschungsberichte des Landes Nordrhein-Westfalen Nr. 2777: Fachgruppe Wirtschafts- und Sozialwissenschaften, Opladen.

Kuß, A.; Tomczak, T. (2000): Käuferverhalten, 2. Aufl., Stuttgart.

L

Laatz, W. (1993): Empirische Methoden – Ein Lehrbuch für Sozialwissenschaftler, Frankfurt a.M.

Ladwig, F. (2002): Multi-Channel-Commerce im Vertrieb, Wiesbaden.

Lambert, B. (2003): Die Gestaltung von Kundendienstleistungen in Mehrkanalsystemen des Einzelhandels auf der Grundlage informationsökonomischer Wareneigenschaften, Diplomhausarbeit am Lehrstuhl für Marketing und Handel der Universität Duisburg-Essen, Essen.

Laurent, G.; Kapferer, J.-N. (1985): Measuring Consumer Involvement Profiles, in: Journal of Marketing Research, 22. Jg., Nr. 2, S. 41-53.

Laux, H. (1990): Risiko, Anreiz und Kontrolle. Principal-Agent-Theorie – Einführung und Verbindung mit dem Delegationswertkonzept, Berlin u.a.

Lazarsfeld, P.F. (1976): Zur Soziologie des Geschäftslebens: Konsumenten und Manager, in: Specht, K.G.; Wiswede G. (Hrsg.) (1976): Marketing Soziologie: soziale Interaktionen als Determinanten des Marktverhaltens, 1. Aufl., Berlin, S. 207-217.

Leavitt, H.J. (1969): A Note on some Experimental Findings About the Meaning of Price, in: Taylor, B.; Wills, G. (Hrsg.) (1969): Pricing Strategy, London; S. 37-43.

Lewin, K. (Hrsg.) (1931): Untersuchungen zur Handlungs- und Affektpsychologie, Psychologische Forschung, Bd. 15, Berlin.

Liebmann, H.-P.; Zentes, J. (2001): Handelsmanagement, München.

Lindstrom, M. (2001): Clicks, Bricks & Brands, London.

Lingenfelder, M. (2001): E-Commerce: Substitution bestehender Vertriebslinien oder Zusatzumsatz im Spiegel einer empirischen Untersuchung, in: Diller H. (Hrsg.) (2001): Der moderne Verbraucher – Neue Befunde zum Einkaufsverhalten, S. 161-175.

Lingenfelder, M; Loevenich, P. (2001): Die Identifikation und Bearbeitung von Internet-Käufern, in: Diller H. (Hrsg.) (2001): Der moderne Verbraucher – Neue Befunde zum Einkaufsverhalten, S. 135-160.

Link, J.; Gerth, N.; Voßbeck, E. (2000): Marketingcontrolling, München.

Locander, W.B.; Hermann, P.W. (1979): The Effect of Self-Confidence and Anxiety on Information Seeking in Consumer Risk Reduction, in: Journal of Marketing Research, 16. Jg., S. 268-274.

Luhmann, N. (1989): Vertrauen: Ein Mechanismus der Reduktion sozialer Komplexität, Stuttgart.

Lumpkin, J.R.; Hawes, J.M. (1985): Retailing Without Stores: An Examination of Catalog Shoppers, in: Journal of Business Research, 13. Jg., Nr. 2, S. 139-151.

Lutz, R.J.; Kakkar, P. (1975): The Psychological Situation as a Determinant of Consumer Behavior, in: Schlinger, M.J. (Hrsg.) (1975): Advances in Consumer Research, Vol. 2, Association for Consumer Research, S. 439-452.

Lutz, R.J.; Reilly, P.J. (1973): An Exploration of the Effects of Perceived Social and Performance Risk on Consumer Information Acquisition, in: Ward, S.; Wright, P. (Hrsg.) (1973): Advances in Consumer Research, Proceedings of the 4th Annual Conference of the Association for Consumer Research, Chicago, S. 393-405.

Lynch J.; Schuler; D. (1991): Operationalizing Economics of Information Theory: Consumer Quality Judgements and Advertising Credibility, in: Gilly, M.C. (Hrsg.) (1991): AMA Educator´s Proceedings – Enhancing Knowledge Development in Marketing, Vol. 2, S. 412-421.

M

Maas, R.-M. (1980): Absatzwege – Konzeptionen und Modelle, Wiesbaden.

Mag, W. (1981): Risiko und Ungewissheit, in: Albers, W. (Hrsg.) (1981): Handwörterbuch der Wirtschaftswissenschaft, zugleich: Neuauflage des Handwörterbuchs der Sozialwissenschaften, Stuttgart u.a., S. 478-495.

Mandler, G. (Hrsg.) (1964): New Directions in Psychology III, New York.

Marshak, J. (1954): Towards an Economic Theory of Organization and Information, in: Thrall, R.M.; Coombs, C.H.; Davis, R.L. (Hrsg.) (1954): Decision Processes, New York, London, S. 187-220.

Marshak, J. (1971): Economics of Information Systems, in: Intriligator, M.D. (Hrsg.) (1971): Frontiers of Quantitative Economics, Papers Invited for Presentation at the Economic Society Winter Meetings, New York, Amsterdam, London.

Marshak, J. (1974): Ökonomische Probleme in der Informationsgewinnung und -verwertung, in: Beckmann, M.J.; Ryuzo, S. (Hrsg.) (1974): Mathematische Wirtschaftstheorie, Köln, S. 119-152.

Marshak, J.; Miyasawa, K. (1968): Economic Comparability of Information Systems, in: International Economic Review, 9. Jg., S. 137-174.

Mathwick, C.; Malhotra, N.; Rigdon, E. (2001): Experiential Value: Conceptualization, Measurement and Application in the Catalog and Internet Shopping Environment, in: Journal of Retailing, 77. Jg., Nr. 1, S. 39-40.

Mayer, H.; Illmann, T. (2000): Markt- und Werbepsychologie, 3. Aufl., Stuttgart.

Mc Corkle, D.E. (1990): The Role of Perceived Risk in Mail Order Catalog Shopping, in: Journal of Direct Marketing, Nr. 4, S. 26-35.

Meffert, H. (1992): Marketingforschung und Käuferverhalten, 2. Auflage, Wiesbaden.

Meffert, H. (2005): Marketing: Grundlagen marktorientierter Unternehmensführung, 9. Aufl., Wiesbaden.

Meffert, H. (Hrsg.) (1999a): Marktorientierte Unternehmensführung im Wandel – Retrospektive und Perspektiven des Marketing, Wiesbaden.

Meffert, H. (1999b): Marketingwissenschaft im Wandel – Anmerkungen zur Paradigmendiskussion, in: Meffert, H. (Hrsg.) (1999a): Marktorientierte Unternehmensführung im Wandel – Retrospektive und Perspektiven des Marketing, Wiesbaden, S. 37-66.

Meffert, H.; Steffenhagen, H.; Freter, H.W. (Hrsg.) (1979a): Konsumverhalten und Information, Wiesbaden.

Meffert, H.; Steffenhagen, H.; Freter, H. W. (1979b): Entwicklungen und Schwerpunkte der Käuferverhaltensforschung – Eine Einführung in den Sammelband, in: Meffert, H.; Steffenhagen, H.; Freter, H.W. (Hrsg.) (1979a): Konsumentenverhalten und Information, Wiesbaden, S. 23-35.

Mehrabian, A.; Russel, J.A. (1974): An Approach to Environmental Psychology, Cambridge.

Möhlenbruch, D.; Hartmann, M. (Hrsg.) (2002): Der Handel im Informationszeitalter, Konzepte – Instrumente – Umsetzung, Festschrift für Klaus Barth zum 65. Geburtstag, Wiesbaden.

Moriarty, R.T.; Moran, U. (1990): Managing Hybrid Marketing Systems, in: Harvard Business Review, 68. Jg., Nr. 6, S. 146-155.

Moriarty, R.T.; Moran, U. (1991): Die Absatzhybriden sind da. Was tun damit?, in: Harvard Business Manager, 13. Jg., Nr. 3, S. 97-108.

Morschett, D. (2002): Retail Branding und Integriertes Handelsmarketing, Wiesbaden.

Mowen, J.C.; Minor, M. (1998): Consumer Behavior, 5. Aufl., New Jersey.

Müller, C. (1994): Die ökonomische Theorie der Werbung – Gestaltung und Wirkung der Werbung aus informationsökonomischer Sicht, Frankfurt a.M.

Müller, W. (1993): Risiko und Ungewissheit, in: Wittmann, W. u.a. (Hrsg.) (1993): Handwörterbuch der Betriebswirtschaft, 3. Bd., 5. Aufl., Stuttgart, Sp. 3813-3825.

Müller, S.; Beeskow, W. (1982): Einkaufsstättenimage und Einkaufsstättenwahl, in: Jahrbuch der Absatz- und Verbrauchsforschung, 28. Jg., S. 400-426.

Müller-Hagedorn, L. (1995): Die Wahl von Vergleichsbetrieben: Voraussetzungen und ausgewählte methodische Aspekte, Köln.

Müller-Hagedorn, L. (1998): Der Handel, Stuttgart u.a.

Müller-Hagedorn, L. (Hrsg.) (2000): Zukunftsperspektiven des E-Commerce im Handel, Frankfurt a.M.

Müller-Hagedorn, L.; Dach, C.; Hudetz, K.; Kaapke, A. (2000): E-Commerce im Handel: Zentrale Problemfelder, in: Müller-Hagedorn, L. (Hrsg.) (2000): Zukunftsperspektiven des E-Commerce im Handel, Frankfurt a.M., S. 11-47.

N

Nelson, P. (1970): Information and Consumer Behavior, in: The Journal of Political Economy, 78. Jg., S. 311-329.

Nelson, P. (1974): Advertising as Information, in: The Journal of Political Economy, 82 Jg., S. 729-753.

Nelson, P. (1981): Consumer Information and Advertising; in: Galati, M.; Leiter, R.D. (Hrsg.) (1981): Economics of Information, Boston, The Hague, London, S. 42-82.

Newall, J. (1977): Industrial Buyer Behavior. A Model of the Implications, Bradford.

O

OC&C (1999): Strategische Einsichten – Electronic Shopping News 3/99, Düsseldorf.

OC&C (2000): Die M-Commerce Strategien deutscher Großunternehmen – Eine empirische Studie, Düsseldorf.

OC&C (2001): Strategische Einsichten – Multichannel Retailing. Der deutsche Einzelhandel steht noch am Anfang, Düsseldorf.

Olson, J.C. (1977): Price as an Informational Cue: Effects on Product Evaluations, in: Woodside, A.G.; Sheth, J.N.; Bennett, P.D. (Hrsg.) (1977): Consumer and Industrial Buying Behavior, New York, Amsterdam, S. 267-286.

Olson, J.C.; Jacoby, J. (1972): Cue Utilization in the Quality Perception Process, in: Venkatesan, M. (Hrsg.) (1972): Proceedings of the 3rd Annual Conference of the Association for Customer Research, Chicago, S. 167-179.

Ordelheide, D.; Rudolph, B.; Büsselmann, E. (Hrsg.) (1991): Betriebswirtschaftslehre und ökonomische Theorie, Stuttgart.

Otto, J.R.; Chung, Q.B. (2000): A Framework for Cyber-Enhanced Retailing: Integration E-Commerce Retailing with Bricks-and-Mortar Retailing, in: Electronic Markets, 10. Jg., Nr. 3, S. 185-191.

O.V. (1996): Die Zielgruppe „Familie“ verändert sich erneut, in: Marketing Journal, 29. Jg., Nr. 3, S. 182-183.

O.V. (2000): Informationssuche und Kaufentscheidung – eine Frage des Alters?, in: Markenartikel – Zeitschrift für Markenführung, 62. Jg., Nr. 6, S. 36-40.

O.V. (2002): Weinbranche spürt Gegenwind, in: Lebensmittelzeitung Nr. 52 vom 27.12.2002, S. 13.

O.V. (2003), o.S., in: Westdeutsche Allgemeine Zeitung vom 24.05.2003.

O.V. (2004): Freizeit-Monitor 2004, in: Forschung aktuell, 25. Jg., Nr. 183, o.S. (Fundort: www.bat.de; Funddatum: 02.11.2004).

P

Pagé, P.; Ehring, T. (2001): Electronic Business und New Economy, Berlin u.a.

Palombo, P. (1999): Chancen und Risiken des elektronischen Versandhandels – Das Beispiel Quelle, in: Hermanns, A.; Sauter, M. (Hrsg.) (1999): Management Handbuch Electronic Commerce, 1. Aufl., München, S. 361-370.

Palombo, P.; Theobald, A. (2000): Electronic Shopping, in: Bliemel, F.; Fassot, G.; Theobald, A. (Hrsg.) (2000): Electronic Commerce, 3. Aufl., Wiesbaden, S. 389-400.

Panne, F. (1977): Das Risiko im Kaufentscheidungsprozeß des Konsumenten. Die Beiträge risikotheoretischer Ansätze zur Erklärung des Kaufentscheidungsverhaltens des Konsumenten, Zürich, Frankfurt a.M., Thun.

Parkin, M.; Nobay, A.R. (Hrsg.) (1974): Current Economic Problems, London u.a., S. 27-52.

Passenheim, O. (2004): Multi-Channel-Retailing. Entwicklung eines adaptiven und innovativen Konzeptansatzes zur Integration des Internet als Absatzkanal im deutschen Lebensmitteleinzelhandel, München.

Perridon, L.; Steiner, M. (2004): Finanzwirtschaft der Unternehmung, 13. Aufl., München.

Perry, M.; Hamm; C.B. (1969): Canonical Analysis of Relations between Socioeconomic Risk and Personal Influence in Purchase Decisions, in: Journal of Marketing Research, 6. Jg., Nr. 3, S. 351-354.

Peter, J.P.; Ryan, M.J. (1976): An Investigation of Perceived Risk at the Brand Level, in: Journal of Marketing Research, 13. Jg., Nr. 2, S. 184-188.

Picot, A. (1991): Ökonomische Theorien der Organisation – Ein Überblick über neuere Ansätze und deren betriebswirtschaftliches Anwendungspotential, in: Ordelheide, D.; Rudolph, B.; Büsselmann, E. (Hrsg.) (1991): Betriebswirtschaftslehre und ökonomische Theorie, Stuttgart, S. 143-170.

Picot, A.; Reichwald, R.; Wigand, R.T. (2001): Die grenzenlose Unternehmung, 4. Aufl., Wiesbaden.

Pohl, A. (1996): Leapfrogging bei technologischen Innovationen – Ein Erklärungsansatz auf Basis der Theorie des wahrgenommenen Risikos, Wiesbaden.

Popper, K.R. (1966): Logik der Forschung, 2. Aufl., Tübingen.

Pratt, J.W. (1964): Risk Aversion in the Small and in the Large, in: Econometrica, 32. Jg., Nr. 1-2, S. 122-136.

Pratt, J.W.; Zeckhauser, R.J. (Hrsg.) (1985): Principals and Agents: The Structure of Business, Cambridge.

Pringle, D. (2001): Just looking: Europeans avoid online shopping, in: convergence, 7. Jg., Nr. 2, S. 22-26.

R

Raab, G.; Unger, F. (2001): Marktpsychologie – Grundlagen und Anwendung, Wiesbaden.

Raffée, H.; Silberer, G. (Hrsg.) (1981): Informationsverhalten des Konsumenten. Ergebnisse empirischer Studien, Wiesbaden.

Raiffa H. (1973): Einführung in die Entscheidungstheorie, München, Wien.

Raju, P.S. (1979): Stimulus-Response Variables in New Product Research, in: Advances in Consumer Research, 6. Jg., Nr. 1, S. 200-205.

Rapold, I. (1988): Qualitätsunsicherheit als Ursache von Marktversagen: Anpassungsmechanismen und Regulierungsbedarf, in: von Böventer, E.; Kuhbier, P. (Hrsg.) (1988): Volkswirtschaftliche Forschung und Entwicklung, Bd. 43, München, S. 12-13.

Reynolds, F.D. (1974): An Analysis of Catalog Buying Behavior, in: Journal of Marketing, 38. Jg., S. 47-51.

Richter, R. (1991): Institutionenökonomische Aspekte der Theorie der Unternehmung, in: Ordelheide, D.; Rudolph, B.; Büsselmann, E. (Hrsg.) (1991): Betriebswirtschaftslehre und ökonomische Theorie, Stuttgart, S. 395-429.

Riemer, K.; Totz, C. (2001): Nachhaltige Kundenbindung durch Vertrauensmanagement, in: Klietmann, M. (Hrsg.) (2001): Kunden im E-Commerce, Düsseldorf, S. 175-200.

Robertson, T.S. (1970): Consumer Behaviour, Glenview.

Roeb, T. (1997). Storebrands – Starke Marke, in: Handelsjournal, Nr. 10, S. 8-13.

Roll, O. (1996): Marketing im Internet, München.

Roselius, T. (1971): Consumer Ranking of Risk Reduction Methods, in: Journal of Marketing, 35. Jg., Nr. 1, S. 56-61.

Rosenbloom, B. (1999): Marketing Channels – A Management View, 6. Aufl., Fort Worth u.a.

Roßmanith, T. (2001): Informationsverhalten und Involvement im Internet. Eine Labor- und Feldstudie zu den Determinanten der Informationsnachfrage im World Wide Web, Karlsruhe.

Rudolph, T.; Busch, S.; Wagener, T. (2002): Kaufbarrieren im Online-Handel aus Kundensicht: Eine empirische Untersuchung der Kaufbarrieren bei Käufern und Nichtkäufern, in: Ahlert, D. (Hrsg.) (2002): Electronic retailing, Frankfurt a.M., S. 143-160.

Ruhfus, E. (1976): Kaufentscheidungen von Familien – Ansätze zur Analyse des kollektiven Entscheidungsverhaltens im privaten Haushalt, Wiesbaden.

S

Sauermann, H.; Selten, R. (1962): Anspruchsanpassungstheorie der Unternehmung, in: Zeitschrift für die gesamte Staatswirtschaft, Band 118, S. 577-597.

Savage, L.J. (1972): The Foundations of Statistics, New York.

Saval, G.A. (1972): Der Vertriebsweg für Konsumgüter, Berlin.

Schade, C.; Schott. E. (1991): Kontraktgüter als Objekte eines informationsökonomisch orientierten Marketing, Arbeitspapier des Lehrstuhls für Marketing der Johann Wolfgang Goethe-Universität, Frankfurt a.M.

Schade, C.; Schott. E. (1993): Kontraktgüter im Marketing, in: Marketing Zeitschrift für Theorie und Praxis, 15. Jg., Nr. 1, S. 15-23.

Schmidtchen, D. (1983): Property Rights, Freiheit und Wettbewerbspolitik, Vorträge und Aufsätze des Walter Eucken Institus Nr. 89, Tübingen.

Schmitz, C. (1997): Kein Luxus allein für die Großen, Interview in: Handelsjournal, Nr. 10, S. 12.

Schnedlitz, P.; Kotzab, H.; Cerha, C. (1999): Betriebstypenspezifische Einkaufsstättenwahl und Nahversorgungsproblematik – Ergebnisse empirischer Studien, in: Trommsdorff, V. (Hrsg.) (1999): Handelsforschung 1999/00, Wiesbaden.

Schneider, D. (1992): Investition, Finanzierung und Besteuerung, 7. Aufl. Wiesbaden.

Schneider D.J.G. (1971a): Kritische Anmerkungen zu den Anspruchsanpassungstheorien, in: Zeitschrift für Organisation, 40. Jg., Nr. 7, S. 351-358.

Schneider, D.J.G (1971b): Flexible Planung als Lösung der Entscheidungsprobleme unter Ungewißheit?, in: Zeitschrift für betriebswirtschaftliche Forschung, 23. Jg., S. 831-851.

Schögel, M. (1997): Mehrkanalsysteme in der Distribution, St. Gallen.

Schögel, M. (2001): Multichannel-Marketing – Erfolgreich in mehreren Vertriebswegen, Band IV der Reihe GfM-Manual, Zürich.

Schögel, M.; Tomczak, T. (1995): Management von Mehrkanalsystemen – Phänomen, Herausforderungen und Lösungsansätze, Fachbericht für Marketing Nr. 95/4 des Forschungsinstitutes für Absatz und Handel an der Universität St. Gallen, St. Gallen.

Schramm-Klein, H. (2003): Multi-Channel-Retailing – Verhaltenswissenschaftliche Analyse der Wirkung von Mehrkanalsystemen im Handel, Wiesbaden.

Schriesheim, C.A.; Novelli, L. (1989): A Comperative Test of the Interval-Scale Properties of Magnitudes Estimation and Case III Scaling and Recommendations for Equal-Interval Frequency Response Anchors, in: Educational and Psychological Measurement, Nr. 49, S. 59-74.

Schröder, H. (1999): Neue Formen des Direktvertriebs und ihre Rechtsprobleme, in: Tomczak, T.; Belz, C.; Schögel, M.; Birkhofer, B. (Hrsg.) (1999): Alternative Vertriebswege, Stuttgart, S. 60-76.

Schröder, H. (2001): Intransparenz und Kaufrisiken beim Electronic Shopping - Was E-Retailer über die Kunden im B2C-Bereich wissen sollten -, Essen.

Schröder, H. (2002a): Handelsmarketing – Methoden und Instrumente im Einzelhandel, München.

Schröder, H. (2002b): Informationsbarrieren und Kaufrisiken – Womit Electronic Shops ihre Kunden belasten, in: Möhlenbruch, D.; Hartmann, M. (Hrsg.) (2002) Der Handel im Informationszeitalter, Konzepte – Instrumente – Umsetzung, Festschrift für Klaus Barth zum 65. Geburtstag, Wiesbaden, S. 273-295.

Schröder, H. (2005): Multichannel-Retailing – Marketing in Mehrkanalsystemen des Einzelhandels, Berlin, Heidelberg, New York u.a.

Schröder, H.; Eigen, C. (2002): Zur Beeinflussung des wahrgenommenen Risikos durch After-Sales-Leistungen, Arbeitspapier Nr. 10 des Lehrstuhls für Marketing und Handel der Universität Duisburg-Essen, Essen.

Schröder, H.; Eigen, C.; Mehling, K. (2003): Die Rolle des After-Sales-Service in der Partievermarktung – Empirische Ergebnisse einer Konsumentenbefragung, in: Trommsdorff, V. (Hrsg.) (2003): Handelsforschung 2003 – Neue Erkenntnisse für Praxis und Wissenschaft des Handels, Köln, S. 171-190.

Schröder, H.; Großweischede, M. (2002): Sortimentsgestaltung in Mehrkanal-Systemen des Einzelhandels, in: Der Markt, 42. Jg., Nr. 2-3, S. 80-96.

Schröder, H.; Zimmermann, G. (2002): Lieferkosten-Modelle im Electronic Retailing – Eine Bestandsaufnahme aus der Sicht der Anbieter und der Nachfrager, in: Ahlert, D.; Olbrich, R.; Schröder, H. (Hrsg.) (2002): Jahrbuch zum Handelsmanagement 2002 – Electronic Retailing, Frankfurt a.M., S. 337-361.

Schumann, J. (1992): Grundzüge der mikroökonomischen Theorie, 6. Aufl., Berlin.

Schweiger, G.; Mazanec, J.; Wiegele, O. (1976): Das Modell des „erlebten Risikos" („perceived risk"): Struktur und Operationalisierungskonzepte, in: Der Markt, 16. Jg., Nr. 6, S. 93-102.

Schweiger, G.; Mazanec, J.; Wiegele, O. (1977): Das erlebte Risiko als Determinante der Sparentscheidungen privater Anleger: Empirische Befunde zur Nutzung ‚höherer' Sparformen in der österreichischen Bevölkerung. Arbeitspapier Nr. 7/1977 der absatzwirtschaftlichen Institute der Wirtschaftsuniversität Wien, Institut für Werbewirtschaft und Marktforschung, Wien.

Scitovsky, T. (1944): Some Consequences of the Habit of Judging Quality by Price, in: The Review of Economic Studies 1944/1945, S. 100-105; wieder abgedruckt in: Bliss, P. (Hrsg.) (1963): Marketing and the Behavioral Sciences, Boston, S. 442-450.

Seitz, W.; Rausche, A. (1976): Persönlichkeitsfragebogen für Kinder zwischen 9 und 14 Jahren, Braunschweig.

Shapiro, C. (1982): Consumer Information, Product Quality, and Seller Reputations, in: The Bell Journal of Economics, Nr. 14, S. 20-35.

Shapiro, C. (1983): Premiums for High Quality Products as Returns to Reputations, in: Quarterly Journal of Economics, Nr. 97, S. 659-679.

Shimp, T.A.; Bearden, W.O. (1982): Warranty and Other Extrinsic Cue Effects on Consumers' Risk Perception, in: Journal of Consumer Research, 9. Jg., Nr. 9, S. 38-46.

Silberberger, H. (2002a): Multiple Channel oder Multi Channel?, in: retail technology, Nr. 1, S. 30-32.

Silberberger, H. (2002b): Multi Channel Commerce in Deutschland, Studie der Cambridge Technology Partners, o.O.

Slovic, P. (1996): Wissenschaft, Werte, Vertrauen und Risiko, in: de Haan, G. (Hrsg.) (1996): Ökologie – Gesundheit – Risiko. Perspektiven ökologischer Kommunikation, Berlin, S. 51-68.

Sorger, G. (2000): Entscheidungstheorie bei Unsicherheit: Grundlagen und Anwendungen, Stuttgart.

Späth, P. (2000): Strategische Vertriebswegeplanung bei Universalbanken, Wiesbaden.

Specht, G. (1998): Distributionsmanagement, 3. Aufl., Stuttgart, Berlin, Köln.

Specht, K.G.; Wiswede G. (Hrsg.) (1976): Marketing-Soziologie: soziale Interaktionen als Determinanten des Marktverhaltens, 1. Aufl., Berlin.

Spence, M. (1974): Market Signaling, Cambridge.

Spence, M. (1976): Informational Aspects of Market Structure: An Introduction, in: Quarterly Journal of Economics, 90. Jg., S. 591-597.

Spence, M. (1977): Consumer Misperceptions, Product Failure and Product Liabilities, in: Review of Economic Studies, 44. Jg., S. 561-572.

Spence, H.E.; Engel, J.F.; Blackwell, R.D. (1970): Perceived Risk in Mail-Order and Retail Store Buying, in: Journal of Marketing Research, 7. Jg., Nr. 3, S. 364-369.

Spiller, A. (1996): Ökologieorientierte Produktpolitik: Forschung, Medienberichte und Marktsignale, Marburg.

Spremann, K. (1987): Agent and Principal, in: Bamberg, G.; Spremann, K. (Hrsg.) (1987): Agency Theory, Information and Incentives, Berlin u.a., S. 3-37.

Spremann, K. (1988): Reputation, Garantie, Information, in: Zeitschrift für Betriebswirtschaft, 58. Jg., Nr. 5/6, S. 613-629.

Spremann, K. (1990): Asymmetrische Information, in: Zeitschrift für Betriebswirtschaft, 60. Jg., S. 561-586.

Stäger, C. (1999): Multi Channel Management, Bern u.a.

Statistisches Bundesamt (Hrsg.) (2004): Informationstechnologie in Haushalten – Ergebnisse einer Pilotstudie für das Jahr 2003, Wiesbaden.

Steffenhagen, H. (1975): Konflikt und Kooperation in Absatzkanälen, Wiesbaden.

Steffenhagen, H. (1978): Entscheidungsverhalten unter Zeitdruck – Zur Problematik von Entscheidungshilfen aus entscheidungslogischer und verhaltenswissenschaftlicher Sicht, in: Die Betriebswirtschaft, 38. Jg., Nr. 4, S. 595-606.

Stern, L.W. (1988): Reflections on Channels Research, in: Journal of Retailing, 64. Jg., Nr. 1, S. 1-11.

Stem, D.E.; Lamb, C.W.; MacLachlan, D.L. (1977): Perceived Risk: A Synthesis, in: European Journal of Marketing, 11. Jg., Nr. 4, S. 312-319.

Stigler, G.J. (1961): The Economics of Information, in: The Journal of Political Economy, 3. Jg., S. 213-225.

Stiglitz, J.E. (1974): Information and Economic Analysis, in: Parkin, M.; Nobay, A.R. (Hrsg.) (1974): Current Economic Problems, London u.a., S. 27-52.

Strauß, R.E.; Schoder, D. (1999): Electronic Commerce – Herausforderungen aus Sicht der Unternehmen, in: Hermanns, A.; Sauter, M. (Hrsg.) (1999): Management Handbuch Electronic Commerce, 1. Aufl., München, S. 61-74.

Szász, T. (1999): Consumer Direct: Food-Lieferdienste auf dem Weg zu einem neuen Handelskanal, in: Tomczak, T.; Belz, C.; Schögel, M.; Birkhofer, B. (Hrsg.) (1999): Alternative Vertriebswege, Stuttgart, St. Gallen, S. 360-387.

T

Tan, S.J. (1999): Strategies for Reducing Consumers' Risk Aversion in Internet Shopping, in: Journal of Consumer Marketing, 16. Jg., Nr. 2, S. 163-180.

Tang, F.-F.; Xing, X. (2001): Will the Growth of Multi-Channel Retailing diminish the Pricing Efficiency of the Web?, in: Journal of Retailing, 77. Jg., Nr. 3, S. 319-333.

Taylor, B.; Wills, G. (Hrsg.) (1969): Pricing Strategy, London.

Taylor, J.W. (1974): The Role of Risk in Consumer Behavior, in: Journal of Marketing, 38. Jg., Nr. 2, S. 54-60.

Terlutter, R.; Diehl, S. (2002): Maßnahmen zur Schaffung von Vertrauen in die Dienstleistungsqualität beim Internetshopping – unter besonderer Berücksichtigung von Verkaufspersonal im Internet, in: Bruhn, M.; Stauss, B. (Hrsg.) (2002): Dienstleistungsmanagement Jahrbuch 2002 – Electronic Services, Wiesbaden, S. 432-460.

Theis, H.-J. (1999): Handels-Marketing: Analyse- und Planungskonzepte für den Einzelhandel, Frankfurt a.M.

Thomae, H. (Hrsg.) (1968): Die Motivation menschlichen Handelns, 4. Aufl., Köln, Berlin.

Thome, R.; Schinzer, H. (Hrsg.) (2000): Electronic Commerce: Anwendungsbereiche und Potentiale der digitalen Geschäftsabwicklung, 2. Aufl., München.

Thorngate, W. (1980): Efficient Decision Heuristics, in: Behavioral Science, 25. Jg., S. 219-225.

Thrall, R.M.; Coombs, C.H.; Davis, R.L. (Hrsg.) (1954): Decision Processes, New York, London.

Tietz, B. (1993): Der Handelsbetrieb: Grundlagen der Unternehmenspolitik, 2. Aufl., München.

Tietz, B.; Köhler, R.; Zentes, J. (Hrsg.) (1995): Handwörterbuch des Marketing, 2. Aufl., Stuttgart.

Tietzel, M. (1981): Die Ökonomie der Property Rights: Ein Überblick, in: Zeitschrift für Wirtschaftspolitik, 30. Jg., S. 207-243.

Tobin, J. (1957): Liquidity Preference as Behavior towards Risk, in: The Review of Economic Studies, 25. Jg., Nr. 1, S. 65-86.

Tölle, K. (1983): Das Informationsverhalten der Konsumenten: zur Nutzung und Wirkung von Warentestinformationen, Frankfurt a.M., New York.

Tolle, E. (1991): Der Stellenwert von Marktsignalen bei Qualitätsunsicherheit der Konsumenten – Ansatzpunkte aus der Informationsökonomie für einen gezielteren Einsatz der Marketinginstrumente, Arbeitsbericht Nr. 91/08 des Lehrstuhls für Betriebswirtschaftspolitik und Marketing der RWTH Aachen, Aachen.

Tolle, E. (1994): Informationsökonomische Erkenntnisse für das Marketing bei Qualitätsunsicherheit der Konsumenten, in: Zeitschrift für betriebswirtschaftliche Forschung, 46. Jg., Nr. 11, S. 926-938.

Tomczak, T. (1992): Forschungsmethoden in der Marketingwissenschaft. Ein Plädoyer für den qualitativen Ansatz, in: Marketing Zeitschrift für Forschung und Praxis, 14. Jg., Nr. 2, S. 77-87.

Tomczak, T.; Belz, C.; Schögel, M.; Birkhofer, B. (Hrsg.) (1999): Alternative Vertriebswege, Stuttgart, St. Gallen.

Topritzhofer, E. (1974): Modelle des Kaufverhaltens: Ein kritischer Überblick, in: Hansen, H.R. (Hrsg.) (1974): Computergestützte Marketing-Planung, München, S. 35-73.

Troger, D. (2000): Die „M-Commerce"-Revolution (Fundort: http://www.monitor.co.at, Funddatum: 26.08.2001).

Trommsdorff, V. (Hrsg.) (1999): Handelsforschung 1999/00, Wiesbaden.

Trommsdorff, V. (Hrsg.) (2003): Handelsforschung 2003 – Neue Erkenntnisse für Praxis und Wissenschaft des Handels, Köln.

Trommsdorff, V. (2004): Konsumentenverhalten, 6. Aufl., Stuttgart u.a.

Turley, L.W.; Le Blac, R.P. (1993): An Exploratory Investigation of Consumer Decision Making in the Service Sector, in: Journal of Services Marketing, 7. Jg., Nr. 4, S. 11-18.

Tynan, K.B. (1994): Multi-Channel Marketing – Maximizing Market Share with an Integrated Marketing Strategy, Chicago.

V

van den Poel, D.; Leunis, J. (1996): Perceived risk and risk reduction strategies in mail-order versus retail store buying, in: The International Review of Retail, Distribution and Consumer research, 6. Jg., Nr. 4, S. 351-371.

van den Poel, D.; Leunis, J. (1999): Consumer Acceptance of the Internet as a Channel of Distribution, in: Journal of Business Research, 45. Jg., Nr. 3, S. 249-256.

Venkatesan, M. (Hrsg.) (1972): Proceedings of the 3rd Annual Conference of the Association for Consumer Research, Chicago.

von Böventer, E.; Kuhbier, P. (Hrsg.) (1988): Volkswirtschaftliche Forschung und Entwicklung, Bd. 43, München.

von Ungern-Sternberg, T.R. (1984): Zur Analyse von Märkten mit unvollständiger Nachfragerinformation, Berlin, u.a.

von Ungern-Sternberg, T.R.; von Weizsäcker, C.C. (1981): Marktstruktur und Marktunsicherheit bei Qualitätsunsicherheit, in: Zeitschrift für Wirtschaft- und Sozialwissenschaft, 101. Jg., Nr. 6, S. 609-626.

von Weizsäcker, C.C. (1999): Der Faktor Vertrauen in gewachsenen und neuen Strukturen, Vortrag auf dem 3. Internationalen Markentechnikum in Genf am 16./17. September 1999.

Voß, W. (2000): Praktische Statistik mit SPSS, 2. Aufl., München, Wien.

W

Wamser, C. (Hrsg.) (2000a): Electronic Commerce. Grundlagen und Perspektiven, München.

Wamser, C. (2000b): Electronic Commerce – theoretische Grundlagen und praktische Relevanz, in: Wamser, C. (Hrsg.) (2000a): Electronic Commerce. Grundlagen und Perspektiven, München, S. 3-27.

Ward, M.R. (2001): Will Online Shopping Compete more with Traditional Retailing or Catalog Shopping?, in: Netnomics, 3. Jg., Nr. 2; S. 103-117.

Ward, S.; Wright, P. (Hrsg.) (1973): Advances in Consumer Research, Proceedings of the 4th Annual Conference of the Association for Consumer Research, Chicago.

Webb, G. (2001): The M-Bomb – Riding the Multi-channel Whirlwind, Milford.

Weiber, R. (1996): Was ist Marketing? Ein informationsökonomischer Erklärungsansatz, in: Arbeitspapier Nr. 1 zur Marketingtheorie des Lehrstuhls für Marketing an der Universität Trier, 2. Aufl., Trier.

Weiber, R.; Adler, J. (1995a): Positionierung von Kaufprozessen im informationsökonomischen Dreieck, in: Zeitschrift für betriebswirtschaftliche Forschung, 47. Jg., Nr. 2, S. 99-123.

Weiber, R.; Adler, J. (1995b): Informationsökonomisch begründete Typologisierung von Kaufprozessen, in: Zeitschrift für betriebswirtschaftliche Forschung, 47. Jg., Nr. 1, S. 43-65.

Weiber, R.; Adler, J. (1995c): Der Einsatz von Unsicherheitsreduktionsstrategien im Kaufprozeß: Eine informationsökonomische Analyse, in: Zeitschrift für betriebswirtschaftliche Forschung, Sonderheft 35 „Kontrakte, Geschäftsbeziehungen, Netzwerke – Marketing und Neue Institutionenökonomik“, S. 61-77.

Weinberg, P. (1981): Das Entscheidungsverhalten der Konsumenten, Paderborn, München, Wien, Zürich.

Weinhold-Stünzi, H. (1994): Vertriebsmanagement – Distributionsmanagement, in: Thexis, 9. Jg., Nr. 3, S. 2-8.

Wenturis, N.; van Hove, W.; Dreier, V. (1992): Methodologie der Sozialwissenschaften, Tübingen.

Wesseling, E. (1991): Individuen und Information: Die Erfassung von Informationen und Wissen in ökonomischen Handlungstheorien, Tübingen.

Wiedmann, K.-P.; Buckler, F.; Buxel, H. (2000): M-Commerce – was kommt auf uns zu?, in: absatzwirtschaft – Zeitschrift für Marketing, 43. Jg., Nr. 5, S. 120-122.

Wiedmann, K.-P.; Buckler, F.; Buxel, H. (2001): Hybrid-Commerce: Zukunftsoptionen für Anbietersysteme der „New- und Old-Economy", in: Der Markt, 40. Jg., Nr. 1, S. 31-39.

Wiedmann, K.-P.; Frenzel, T; Buxel, H. (2001): Strategisches E-Commerce Marketing, in: Eggers, B; Hoppen, G. (Hrsg.) (2001): Strategisches E-Commerce Management: Erfolgsfaktoren für die Real Economy, Wiesbaden, S. 417-443.

Wiener, J.L. (1985): Are Warranties Accurate Signals of Product Reliability?, in: Journal of Consumer Research, 12. Jg., S. 242-250.

Wilde, L. (1981): Information Costs, Duration of Search, and Turnover: Theory and Applications, in: Journal of Political Economy, 89. Jg., S. 1122-1141.

Wilke, K. (2000): Die Eignung des Internets für die Reduktion von Preis- und Qualitätsrisiken im Kaufentscheidungsprozess des Konsumenten, Institut für Handelsforschung an der Universität zu Köln, Köln.

Willett, R.P.; Pennington, A.L. (1976): Verkaufsinteraktionen: Kunde und Verkäufer, in: Specht, K.G.; Wiswede, G. (Hrsg.) (1976): Marketing-Soziologie: soziale Interaktionen als Determinanten des Marktverhaltens, 1. Aufl., Berlin, S. 303-321.

Williamson, O.E. (1990): Die Ökonomischen Institutionen des Kapitalismus – Unternehmen, Märkte, Kooperationen, Tübingen.

Wimmer, F. (1975): Das Qualitätsurteil des Konsumenten – Theoretische Grundlagen und empirische Ergebnisse, Frankfurt a.M.

Wirtz, B.; Krol, B. (2002): Integrierte Multi-Channel-Geschäftsmodelle – Erfolgspotenziale im Electronic Retailing, in: Ahlert, D.; Olbrich, R.; Schröder, H. (Hrsg.) (2002): Jahrbuch zum Handelsmanagement 2002 – Electronic Retailing, Frankfurt a.M., S. 91-113.

Wiswede, G. (1973): Motivation und Verbraucherverhalten, 2. Aufl., München.

Wittmann, W. u.a. (Hrsg.) (1993): Handwörterbuch der Betriebswirtschaft, 3. Bd., 5. Aufl., Stuttgart,

Woodside, A.G.; Sheth, J.N.; Bennett, P.D. (Hrsg.) (1977): Consumer and Industrial Buying Behaviour, New York, Amsterdam.

Z

Zaharia, S. (2005): Multi-Channel-Retailing und Kundenverhalten, Lohmar, Köln.

Zeithaml, V.A. (1988): Consumer Perception of Price, Quality, and Value: A Means-End Model and Synthesis of Evidence, in: Journal of Marketing, 52. Jg., Nr. 3, S. 2-22.

Zentes, J.; Swoboda, B. (2001): Grundbegriffe des Marketing: marktorientiertes globales Management-Wissen, 5. Aufl., Stuttgart.

Zerdick, A.; Picot, A.; Schrape, K.; Artopé, A.; Goldhammer, K.; Lange, U.T.; Vierkant, E.; López-Escobar, E.; Silverstone, R. (2001): Die Internet-Ökonomie: Strategien für die digitale Wirtschaft, 3. Aufl., Berlin u.a.

Ziehe, N. (1997): Gibt es einen Trend zur Erlebnisorientierung?, in: Müller-Hagedorn, L. (Hrsg.) (1997): Trend im Handel: Analysen und Fakten zur aktuellen Situation im Handel, Frankfurt a.M., S. 51-83.

Zigmund, W.G.; Scott, J.E. (1973): A multivariate Analysis of Perceived Risk Self-Confidence and Information Sources, in: Ward, S.; Wright, P. (Hrsg.) (1973): Advances in Consumer Research, Proceedings of the 4th Annual Conference of the Association for Consumer Research, Chicago, S. 406-413.

Zimmermann, G. (2001): Zur Systematisierung von Mehrkanalsystemen in der Konsumgüterbranche unter besonderer Berücksichtigung des Electronic Retailing. Diplomhausarbeit am Lehrstuhl für Marketing und Handel der Universität Essen, Essen.

Zobel, J. (2001): Mobile Business und M-Commerce, München.

Anhang – Fragebogen

Liebe Fragebogenausfüllerin, lieber Fragebogenausfüller,

im Rahmen meiner Dissertation, die ich als Doktorandin am Lehrstuhl für Marketing und Handel der Universität Essen schreibe, führe ich eine schriftliche Befragung durch. Ich freue mich, dass Sie daran teilnehmen – Sie helfen mir damit bei meinem Forschungsvorhaben sehr.

Thema der Arbeit ist das Verhalten von Konsumenten im Rahmen ihrer Kaufentscheidung. Besonders von Interesse ist dabei Ihr Verhalten, wenn Ihnen für den Kauf eines bestimmten Produktes bei einem Anbieter nicht nur dessen Geschäft, sondern parallel dazu auch noch sein Online-Shop im Internet zur Verfügung stehen.

Die Beantwortung dieses Fragebogens wird etwas Zeit in Anspruch nehmen. Es wäre schön, wenn Sie den Fragebogen trotzdem in einem Durchgang ausfüllen könnten. Dabei gibt es bei der Beantwortung der einzelnen Fragen kein „Richtig" oder „Falsch". Überlegen Sie nicht zu lange für die Antwort und beantworten Sie bitte **alle** Fragen - auch wenn sie teilweise recht ähnlich erscheinen.

Kurze inhaltliche Erklärung zum Fragebogen:

- Der Fragebogen ist in 3 Teile aufgeteilt: Im ersten Teil geht es um den Kauf einer Hose, dann um den Kauf einer Kiste Wein mit 6 Flaschen und zum Schluss um den Kauf eines Vitamin-Präparates. Dabei sollen Sie sich vorstellen, das jeweilige Produkt einmal in einem Geschäft zu kaufen und einmal über das Internet in einem Online-Shop. Zur besseren Orientierung beginnt jeder Teil mit einem Hinweis (z.B. „Die folgenden Fragen beziehen sich ausschließlich auf den Kauf einer <u>Hose</u> im <u>Geschäft</u>"). Zusätzlich befindet sich in der Kopfzeile jeder Seite nochmals der Hinweis, um welche Situation es sich gerade handelt.

- Über den meisten Fragen, bei denen Sie gebeten werden, eine Zahl zwischen 1 und 5 in den Kästchen neben den jeweiligen Fragen anzukreuzen, befinden sich so genannte Skalen, so z.B. die Folgende:

trifft überhaupt nicht zu	trifft eher nicht zu	trifft teils zu, teils nicht	trifft eher zu	trifft voll und ganz zu
(1)	(2)	(3)	(4)	(5)

Beispiel	trifft überhaupt nicht zu		↔		trifft voll und ganz zu
	(1)	(2)	(3)	(4)	(5)
(a) Ich gehe gerne einkaufen	□	□	□	**X**	□

Diese Skalen tauchen über den davon betroffenen Fragen immer wieder auf, damit Sie direkt darauf schauen können und so – ohne blättern zu müssen – wissen, was die einzelnen Zahlenwerte genau bedeuten.

Ich danke Ihnen ganz herzlich für Ihre Unterstützung!

Die folgenden Fragen beziehen sich ausschließlich auf den Kauf einer Hose im Geschäft!

Frage 1

gar nicht in der Lage	eher nicht in der Lage	teils in der Lage, teils nicht	eher in der Lage	sehr gut in der Lage
(1)	(2)	(3)	(4)	(5)

	gar nicht in der Lage (1)	(2)	↔ (3)	(4)	sehr gut in der Lage (5)
(a) Stellen Sie sich bitte vor, Sie wollen eine neue **Hose** eines Herstellers kaufen, mit dem Sie bisher noch keine Erfahrungen gemacht haben. Wie gut fühlen Sie sich **vor dem Kauf** der **Hose** in einem **Geschäft** in der Lage, die für Sie wichtigen Eigenschaften der Hose **vollständig** zu beurteilen?	❑	❑	❑	❑	❑
(b) Sie haben die **Hose** gekauft und bereits getragen. Wie gut fühlen Sie sich nun **nach dem Kauf** in der Lage, die für Sie wichtigen Eigenschaften der **Hose** **vollständig** zu beurteilen?	❑	❑	❑	❑	❑

Frage 2

Die folgende Frage wird kurz durch ein Beispiel verdeutlicht, da sie etwas komplexer ist.

Beispiel:

Stellen Sie sich bitte vor, Sie möchten einen Bio-Apfel kaufen!

Der Apfel soll von außen appetitlich aussehen, gut schmecken und auch noch biologisch angebaut worden sein. Ob der Apfel appetitlich aussieht, können Sie **vor** dem Kauf feststellen. Den guten Geschmack können Sie erst **nach** dem Kauf und dem Probieren feststellen. Ob der Apfel tatsächlich biologisch angebaut wurde, können Sie allerdings **gar nicht** überprüfen.

In Prozentzahlen ausgedrückt können Sie so z.B. **25 %** der Eigenschaften **vor** dem Kauf, **50 % erst nach** dem Kauf und **25 % selbst nach** dem Kauf **nicht** beurteilen.

Bitte schätzen Sie genauso den Kauf einer neuen **Hose** eines Ihnen unbekannten Herstellers in einem **Geschäft** ein. Denken Sie dabei an die für Sie wichtigen Eigenschaften der Hose. Verteilen Sie bitte **insgesamt 100 Prozent** auf die folgenden drei Kategorien.

In Prozentzahlen ausgedrückt kann ich die für mich wichtigen Eigenschaften der Hose...

(a)	**bereits vor** dem Kauf der **Hose** im **Geschäft** beurteilen	______ %
(b)	**erst nach** dem Kauf im **Geschäft** und Tragen der **Hose** beurteilen	______ %
(c)	**selbst nach** dem Kauf im **Geschäft** und Tragen der **Hose** **nicht** beurteilen	______ %
	SUMME	**100 %**

Frage 3
Stellen Sie sich bitte vor, Sie wollen eine **Hose** in einem **Geschäft** kaufen.
Für wie **ärgerlich** empfänden Sie es dann, wenn die hier aufgeführten Folgen nach dem Kauf eintreten?

überhaupt nicht ärgerlich	eher wenig ärgerlich	mittel	eher mehr ärgerlich	sehr ärgerlich
(1)	(2)	(3)	(4)	(5)

	Hose/Geschäft	überhaupt nicht ärgerlich (1)	(2)	⟷ (3)	(4)	sehr ärgerlich (5)
(a)	Die Hose passt nicht richtig	❑	❑	❑	❑	❑
(b)	Der Preis der Hose wird direkt nach meinem Kauf reduziert	❑	❑	❑	❑	❑
(c)	Das Verkaufspersonal hat mich zu dem Kauf überredet - die Beratung war nicht objektiv	❑	❑	❑	❑	❑
(d)	Bei Mängeln an der Hose gibt es Probleme bei der Reklamation	❑	❑	❑	❑	❑
(e)	Die Rechnung stimmt nicht	❑	❑	❑	❑	❑
(f)	Die Hose übersteht die erste Wäsche nicht	❑	❑	❑	❑	❑
(g)	Die Hose hat nicht die richtige Marke	❑	❑	❑	❑	❑
(h)	Ich habe nach dem Kauf das Gefühl, dass ich mich vor dem Kauf hätte besser informieren sollen	❑	❑	❑	❑	❑
(i)	Wenn mir die Hose nach dem Kauf nicht gefällt, gibt es Probleme beim Umtausch	❑	❑	❑	❑	❑
(j)	Nach dem Kauf ist es mir peinlich, wenn mich jemand in diesem Geschäft gesehen hat	❑	❑	❑	❑	❑
(k)	Die Hose wird im Internet-Shop des selben Händlers günstiger angeboten	❑	❑	❑	❑	❑
(l)	Meinem persönlichen Umfeld gefällt die Hose überhaupt nicht	❑	❑	❑	❑	❑
(m)	Die Hose entspricht nicht der Beschreibung im Laden	❑	❑	❑	❑	❑
(n)	Die genannten Größentabellen und -abmessungen stimmen nicht	❑	❑	❑	❑	❑
(o)	Das Tragen der Hose gefährdet meine Gesundheit durch ungesunde Färbung oder Appretur	❑	❑	❑	❑	❑
(p)	Nach dem Kauf ist es mir unangenehm, die Hose im Geschäft anprobiert zu haben	❑	❑	❑	❑	❑
(q)	Nach dem Kauf denke ich, dass ich die Hose besser im Online-Shop des selben Händlers bestellt hätte	❑	❑	❑	❑	❑
(r)	Das Tragen der Hose gefährdet meine Gesundheit durch schlechte Passform	❑	❑	❑	❑	❑
(s)	Nach dem Kauf habe ich das Gefühl, die falsche Hose gekauft zu haben	❑	❑	❑	❑	❑
(t)	Der Anbieter nutzt meine persönlichen Daten, die er z.B. durch Zahlung mit der ec-Karten erhält, noch für andere Zwecke	❑	❑	❑	❑	❑
(u)	Aus dem Kauf der Hose resultieren weitere Kosten, die ich vorher nicht absehen konnte	❑	❑	❑	❑	❑

Frage 4

Stellen Sie sich bitte nochmals vor, Sie wollen eine **Hose** in einem **Geschäft** kaufen. Für wie **wahrscheinlich** halten Sie dann den Eintritt der hier aufgeführten Kauffolgen?

sehr unwahrscheinlich	eher unwahrscheinlich	mittel	eher wahrscheinlich	sehr wahrscheinlich
(1)	(2)	(3)	(4)	(5)

	Hose/Geschäft	sehr unwahr-scheinlich (1)	(2)	↔ (3)	(4)	sehr wahr scheinlich (5)
(a)	Die Hose passt nicht richtig	❑	❑	❑	❑	❑
(b)	Der Preis der Hose wird direkt nach meinem Kauf reduziert	❑	❑	❑	❑	❑
(c)	Das Verkaufspersonal hat mich zu dem Kauf überredet - die Beratung war nicht objektiv	❑	❑	❑	❑	❑
(d)	Bei Mängeln an der Hose gibt es Probleme bei der Reklamation	❑	❑	❑	❑	❑
(e)	Die Rechnung stimmt nicht	❑	❑	❑	❑	❑
(f)	Die Hose übersteht die erste Wäsche nicht	❑	❑	❑	❑	❑
(g)	Die Hose hat nicht die richtige Marke	❑	❑	❑	❑	❑
(h)	Ich habe nach dem Kauf das Gefühl, dass ich mich vor dem Kauf hätte besser informieren sollen	❑	❑	❑	❑	❑
(i)	Wenn mir die Hose nach dem Kauf nicht gefällt, gibt es Probleme beim Umtausch	❑	❑	❑	❑	❑
(j)	Nach dem Kauf ist es mir peinlich, wenn mich jemand in diesem Geschäft gesehen hat	❑	❑	❑	❑	❑
(k)	Die Hose wird im Internet-Shop des selben Händlers günstiger angeboten	❑	❑	❑	❑	❑
(l)	Meinem persönlichen Umfeld gefällt die Hose überhaupt nicht	❑	❑	❑	❑	❑
(m)	Die Hose entspricht nicht der Beschreibung im Laden	❑	❑	❑	❑	❑
(n)	Die genannten Größentabellen und -abmessungen stimmen nicht	❑	❑	❑	❑	❑
(o)	Das Tragen der Hose gefährdet meine Gesundheit durch ungesunde Färbung oder Appretur	❑	❑	❑	❑	❑
(p)	Nach dem Kauf ist es mir unangenehm, die Hose im Geschäft anprobiert zu haben	❑	❑	❑	❑	❑
(q)	Nach dem Kauf denke ich, dass ich die Hose besser im Online-Shop des selben Händlers bestellt hätte	❑	❑	❑	❑	❑
(r)	Das Tragen der Hose gefährdet meine Gesundheit durch schlechte Passform	❑	❑	❑	❑	❑
(s)	Nach dem Kauf habe ich das Gefühl, die falsche Hose gekauft zu haben	❑	❑	❑	❑	❑
(t)	Der Anbieter nutzt meine persönlichen Daten, die er z.B. durch Zahlung mit der ec-Karten erhält, noch für andere Zwecke	❑	❑	❑	❑	❑
(u)	Aus dem Kauf der Hose resultieren weitere Kosten, die ich vorher nicht absehen konnte	❑	❑	❑	❑	❑

Frage 5

Stellen Sie sich nun bitte vor, Sie empfinden **vor dem Kauf** der **Hose** in einem **Geschäft** ein **Risiko**.

Im Folgenden werden verschiedene Aktivitäten genannt, mit denen Sie das empfundene Risiko **vor dem Kauf** reduzieren können. Bitte kreuzen Sie **in jeder Zeile** an, inwieweit die Aussagen für Ihr Handeln **vor** dem Kauf zutreffend sind.

trifft überhaupt nicht zu	trifft überwiegend nicht zu	trifft teils zu, teils nicht	trifft überwiegend zu	trifft voll und ganz zu
(1)	(2)	(3)	(4)	(5)

	Hose/Geschäft	trifft überhaupt nicht zu	↔			trifft voll und ganz zu
		(1)	(2)	(3)	(4)	(5)
(a)	Ich schaue mir im Geschäft die Hose genau an	❑	❑	❑	❑	❑
(b)	Ich kaufe lieber eine etwas teurere Hose, da man dann mit einer besseren Qualität rechnen kann	❑	❑	❑	❑	❑
(c)	Wenn der Anbieter bzw. sein Geschäft einen guten Ruf hat, treffe ich die Kaufentscheidung in diesem Geschäft schneller	❑	❑	❑	❑	❑
(d)	Ich senke meine Erwartungen an die Hose, damit ich im Zweifelsfall nicht so enttäuscht bin	❑	❑	❑	❑	❑
(e)	Ich informiere mich über den Händler zusätzlich auf seinen Internet-Seiten	❑	❑	❑	❑	❑
(f)	Ich lese mir im Geschäft Verpackungs- bzw. Schildertexte genau durch	❑	❑	❑	❑	❑
(g)	Ich kaufe die Hose eher, wenn man mir Garantien anbietet, mit denen man sich gegen schlechte Leistungen absichern kann (z.B. Geld-zurück-Garantie)	❑	❑	❑	❑	❑
(h)	Ich denke vor dem Kauf, falls mit der Hose etwas nicht stimmt, ist es nicht so schlimm	❑	❑	❑	❑	❑
(i)	Ich informiere mich bei den Verkäufern über die Hose	❑	❑	❑	❑	❑
(j)	Ich frage vor dem Kauf Freunde/Bekannte, was sie generell von der Hose halten und verlasse mich auf ihre Empfehlung	❑	❑	❑	❑	❑
(k)	Ich suche im Online-Shop nach Informationen zu den wichtigen Eigenschaften dieser Hose	❑	❑	❑	❑	❑
(l)	Ich kaufe lieber eine Hose, für die viel geworben wird	❑	❑	❑	❑	❑

Fortsetzung der Frage 5

	Hose/Geschäft	trifft überhaupt nicht zu (1)	(2)	↔ (3)	(4)	trifft voll und ganz zu (5)
(m)	Ich kaufe lieber, wenn mir beim Kauf im Geschäft Rückgaberechte zugesagt werden	❑	❑	❑	❑	❑
(n)	Eine starke bzw. bekannte Marke des Geschäftes, in dem ich kaufen möchte, erleichtert mir die Kaufentscheidung	❑	❑	❑	❑	❑
(o)	Ich sage den mir wichtigen Personen, dass ich die Hose nur kaufen will, um die Marke einmal auszuprobieren	❑	❑	❑	❑	❑
(p)	Auf den Internet-Seiten des Händlers schaue ich mir die Gästebucheinträge und Kundenrezensionen an, um zu sehen, welche Erfahrungen andere Käufer mit der Hose gemacht haben	❑	❑	❑	❑	❑
(q)	Beim Kauf einer Hose im Geschäft orientiere ich mich an den Marken der verschiedenen Hosen	❑	❑	❑	❑	❑
(r)	Gütesiegel und Zertifikate des Händlers sind mir beim Kauf der Hose in seinem Geschäft wichtig	❑	❑	❑	❑	❑
(s)	Ich kaufe lieber eine günstigere Hose, da im Zweifelsfall der Schaden nicht so groß ist	❑	❑	❑	❑	❑
(t)	Ich informiere mich zusätzlich auf den Internet-Seiten des Händlers über die Marke der Hose	❑	❑	❑	❑	❑
(u)	Ich bleibe beim Kauf im Geschäft einer bestimmten Hosen-Marke treu	❑	❑	❑	❑	❑
(v)	Ich probiere die Hose im Geschäft an	❑	❑	❑	❑	❑
(w)	Wenn ich eine Hose in einem Geschäft kaufe, so informiere ich mich <u>nie</u> vorher auf den Internet-Seiten des selben Händlers	❑	❑	❑	❑	❑

Die folgenden Fragen beziehen sich ausschließlich auf den Kauf einer Hose im Online-Shop!

Frage 6

gar nicht in der Lage	eher nicht in der Lage	teils in der Lage, teils nicht	eher in der Lage	sehr gut in der Lage
(1)	(2)	(3)	(4)	(5)

		gar nicht in der Lage (1)	(2)	↔ (3)	(4)	sehr gut in der Lage (5)
(a)	Stellen Sie sich bitte vor, Sie wollen eine neue **Hose** eines Herstellers kaufen, mit dem Sie bisher noch keine Erfahrungen gemacht haben. Wie gut fühlen Sie sich **vor dem Kauf** der **Hose** in einem **Online-Shop** in der Lage, die für Sie wichtigen Eigenschaften der Hose **vollständig** zu beurteilen?	❑	❑	❑	❑	❑
(b)	Sie haben die **Hose** gekauft und bereits getragen. Wie gut fühlen Sie sich nun **nach dem Kauf** in der Lage, die für Sie wichtigen Eigenschaften der **Hose** **vollständig** zu beurteilen?	❑	❑	❑	❑	❑

Frage 7

So wie Sie es bereits in Frage 2 getan haben – bitte schätzen Sie nun den Kauf einer neuen **Hose** eines Ihnen unbekannten Herstellers in einem **Online-Shop** ein. Denken Sie dabei an die für Sie wichtigen Eigenschaften der Hose. Verteilen Sie bitte **insgesamt 100 Prozent** auf die folgenden drei Kategorien.

In Prozentzahlen ausgedrückt kann ich die für mich wichtigen Eigenschaften der Hose...

(a)	**bereits vor** dem Kauf der **Hose** im **Online-Shop** beurteilen	______ %
(b)	**erst nach** dem Kauf im **Online-Shop** und dem Tragen der **Hose** beurteilen	______ %
(c)	**selbst nach** dem Kauf im **Online-Shop** und dem Tragen der **Hose** **nicht** beurteilen	______ %
	SUMME	**100 %**

Frage 8

Stellen Sie sich bitte vor, Sie wollen eine **Hose** im **Online-Shop** kaufen.

Für wie **ärgerlich** empfänden Sie es dann, wenn die hier aufgeführten Folgen nach dem Kauf eintreten?

überhaupt nicht ärgerlich	eher wenig ärgerlich	mittel	eher mehr ärgerlich	sehr ärgerlich
(1)	(2)	(3)	(4)	(5)

	Hose/Online-Shop	überhaupt nicht ärgerlich (1)	↔ (2)	(3)	(4)	sehr ärgerlich (5)
(a)	Die Hose passt nicht richtig	☐	☐	☐	☐	☐
(b)	Der Preis der Hose wird direkt nach meinem Kauf reduziert	☐	☐	☐	☐	☐
(c)	Die Hose wird nicht geliefert	☐	☐	☐	☐	☐
(d)	Bei Mängeln an der Hose gibt es Probleme bei der Reklamation	☐	☐	☐	☐	☐
(e)	Die Rechnung stimmt nicht	☐	☐	☐	☐	☐
(f)	Die Hose übersteht die erste Wäsche nicht	☐	☐	☐	☐	☐
(g)	Die Hose hat nicht die richtige Marke	☐	☐	☐	☐	☐
(h)	Ich habe nach dem Kauf das Gefühl, dass ich mich vor dem Kauf hätte besser informieren sollen	☐	☐	☐	☐	☐
(i)	Wenn mir die Hose nach dem Kauf nicht gefällt, gibt es Probleme beim Umtausch	☐	☐	☐	☐	☐
(j)	Die Hose wird zu spät geliefert	☐	☐	☐	☐	☐
(k)	Die Hose wird im Geschäft des selben Händlers günstiger angeboten	☐	☐	☐	☐	☐
(l)	Meinem persönlichen Umfeld gefällt die Hose überhaupt nicht	☐	☐	☐	☐	☐
(m)	Die Hose entspricht nicht der Abbildung oder der Beschreibung im Online-Shop	☐	☐	☐	☐	☐
(n)	Die genannten Größentabellen und -abmessungen stimmen nicht	☐	☐	☐	☐	☐
(o)	Das Tragen der Hose gefährdet meine Gesundheit durch ungesunde Färbung oder Appretur	☐	☐	☐	☐	☐
(p)	Die falsche Hose wird geliefert	☐	☐	☐	☐	☐
(q)	Nach dem Kauf denke ich, statt der Bestellung der Hose im Online-Shop hätte ich lieber in das Geschäft des selben Händlers gehen können	☐	☐	☐	☐	☐
(r)	Das Tragen der Hose gefährdet meine Gesundheit durch schlechte Passform	☐	☐	☐	☐	☐
(s)	Nach dem Kauf habe ich das Gefühl, die falsche Hose gekauft zu haben	☐	☐	☐	☐	☐
(t)	Der Anbieter nutzt meine persönlichen Daten (z.B. Kreditkarten-Nr., Anschrift) noch für andere Zwecke	☐	☐	☐	☐	☐
(u)	Die Ware wird beschädigt angeliefert	☐	☐	☐	☐	☐
(v)	Ich konnte im Online-Shop keine individuellen Rabatte aushandeln, so wie es im Geschäft möglich ist	☐	☐	☐	☐	☐
(w)	Aus dem Kauf der Hose resultieren weitere Kosten, die ich vorher nicht absehen konnte	☐	☐	☐	☐	☐

Frage 9

Stellen Sie sich bitte nochmals vor, Sie wollen eine **Hose** in einem **Online-Shop** kaufen. Für wie **wahrscheinlich** halten Sie dann den Eintritt der hier aufgeführten Kauffolgen?

sehr unwahrscheinlich	eher unwahrscheinlich	mittel	eher wahrscheinlich	sehr wahrscheinlich
(1)	(2)	(3)	(4)	(5)

	Hose/Online-Shop	sehr unwahr-scheinlich (1)	(2)	↔ (3)	(4)	sehr wahr-scheinlich (5)
(a)	Die Hose passt nicht richtig	❑	❑	❑	❑	❑
(b)	Der Preis der Hose wird direkt nach meinem Kauf reduziert	❑	❑	❑	❑	❑
(c)	Die Hose wird nicht geliefert	❑	❑	❑	❑	❑
(d)	Bei Mängeln an der Hose gibt es Probleme bei der Reklamation	❑	❑	❑	❑	❑
(e)	Die Rechnung stimmt nicht	❑	❑	❑	❑	❑
(f)	Die Hose übersteht die erste Wäsche nicht	❑	❑	❑	❑	❑
(g)	Die Hose hat nicht die richtige Marke	❑	❑	❑	❑	❑
(h)	Ich habe nach dem Kauf das Gefühl, dass ich mich vor dem Kauf hätte besser informieren sollen	❑	❑	❑	❑	❑
(i)	Wenn mir die Hose nach dem Kauf nicht gefällt, gibt es Probleme beim Umtausch	❑	❑	❑	❑	❑
(j)	Die Hose wird zu spät geliefert	❑	❑	❑	❑	❑
(k)	Die Hose wird im Geschäft des selben Händlers günstiger angeboten	❑	❑	❑	❑	❑
(l)	Meinem persönlichen Umfeld gefällt die Hose überhaupt nicht	❑	❑	❑	❑	❑
(m)	Die Hose entspricht nicht der Abbildung oder der Beschreibung im Online-Shop	❑	❑	❑	❑	❑
(n)	Die genannten Größentabellen und -abmessungen stimmen nicht	❑	❑	❑	❑	❑
(o)	Das Tragen der Hose gefährdet meine Gesundheit durch ungesunde Färbung oder Appretur	❑	❑	❑	❑	❑
(p)	Die falsche Hose wird geliefert	❑	❑	❑	❑	❑
(q)	Nach dem Kauf denke ich, statt der Bestellung der Hose im Online-Shop hätte ich lieber in das Geschäft des selben Händlers gehen können	❑	❑	❑	❑	❑
(r)	Das Tragen der Hose gefährdet meine Gesundheit durch schlechte Passform	❑	❑	❑	❑	❑
(s)	Nach dem Kauf habe ich das Gefühl, die falsche Hose gekauft zu haben	❑	❑	❑	❑	❑
(t)	Der Anbieter nutzt meine persönlichen Daten (z.B. Kreditkarten-Nr., Anschrift) noch für andere Zwecke	❑	❑	❑	❑	❑
(u)	Die Ware wird beschädigt angeliefert	❑	❑	❑	❑	❑
(v)	Ich konnte im Online-Shop keine individuellen Rabatte aushandeln, so wie es im Geschäft möglich ist	❑	❑	❑	❑	❑
(w)	Aus dem Kauf der Hose resultieren weitere Kosten, die ich vorher nicht absehen konnte	❑	❑	❑	❑	❑

Frage 10

Stellen Sie sich nun bitte vor, Sie empfinden **vor dem Kauf** der **Hose** in einem **Online-Shop** ein **Risiko**.

Im Folgenden werden verschiedene Aktivitäten genannt, mit denen Sie das empfundene Risiko **vor dem Kauf** reduzieren können. Bitte kreuzen Sie **in jeder Zeile** an, inwieweit die Aussagen für Ihr Handeln **vor** dem Kauf zutreffend sind.

trifft überhaupt nicht zu	trifft überwiegend nicht zu	trifft teils zu, teils nicht	trifft überwiegend zu	trifft voll und ganz zu
(1)	(2)	(3)	(4)	(5)

Hose/Online-Shop

		trifft überhaupt nicht zu (1)	(2)	↔ (3)	(4)	trifft voll und ganz zu (5)
(a)	Ich schaue mir zusätzlich im Geschäft die Hose genau an	❑	❑	❑	❑	❑
(b)	Ich kaufe lieber eine etwas teurere Hose, da man dann mit einer besseren Qualität rechnen kann	❑	❑	❑	❑	❑
(c)	Wenn der Anbieter bzw. sein Online-Shop einen guten Ruf hat, treffe ich die Kaufentscheidung in diesem Online-Shop schneller	❑	❑	❑	❑	❑
(d)	Ich senke meine Erwartungen an die Hose, damit ich im Zweifelsfall nicht so enttäuscht bin	❑	❑	❑	❑	❑
(e)	Ich informiere mich über den Händler zusätzlich in seinem Geschäft	❑	❑	❑	❑	❑
(f)	Ich lese mir im Online-Shop die Produktbeschreibungen und sonstige Hinweise, wie z.B. Pflegetipps genau durch	❑	❑	❑	❑	❑
(g)	Ich kaufe die Hose eher, wenn man mir Garantien anbietet, mit denen man sich gegen schlechte Leistungen absichern kann (z.B. Geld-zurück-Garantie)	❑	❑	❑	❑	❑
(h)	Ich denke vor dem Kauf, falls mit der Hose etwas nicht stimmt, ist es nicht so schlimm	❑	❑	❑	❑	❑
(i)	Ich informiere mich per E-Mail oder Telefon beim Händler über die Hose	❑	❑	❑	❑	❑
(j)	Ich frage vor dem Kauf Freunde/Bekannte, was sie generell von der Hose halten und verlasse mich auf ihre Empfehlung	❑	❑	❑	❑	❑
(k)	Ich suche im Online-Shop nach Informationen zu den wichtigen Eigenschaften dieser Hose	❑	❑	❑	❑	❑
(l)	Ich kaufe lieber eine Hose, für die viel geworben wird	❑	❑	❑	❑	❑

Fortsetzung der Frage 10

	Hose/Online-Shop	trifft überhaupt nicht zu (1)	(2)	⟷ (3)	(4)	trifft voll und ganz zu (5)
(m)	Ich kaufe lieber, wenn mir beim Kauf im Online-Shop Rückgaberechte zugesagt werden	❑	❑	❑	❑	❑
(n)	Eine starke bzw. bekannte Marke des Online-Shops, in dem ich kaufen möchte, erleichtert mir die Kaufentscheidung	❑	❑	❑	❑	❑
(o)	Ich sage den mir wichtigen Personen, dass ich die Hose nur kaufen will, um die Marke einmal auszuprobieren	❑	❑	❑	❑	❑
(p)	Auf den Internet-Seiten des Händlers schaue ich mir die Gästebucheinträge und Kundenrezensionen an, um zu sehen, welche Erfahrungen andere Käufer mit der Hose gemacht haben	❑	❑	❑	❑	❑
(q)	Beim Kauf einer Hose im Online-Shop orientiere ich mich an den Marken der verschiedenen Hosen	❑	❑	❑	❑	❑
(r)	Gütesiegel und Zertifikate des Händlers sind mir beim Kauf der Hose in seinem Online-Shop wichtig	❑	❑	❑	❑	❑
(s)	Ich kaufe lieber eine günstigere Hose, da im Zweifelsfall der Schaden nicht so groß ist	❑	❑	❑	❑	❑
(t)	Ich informiere mich zusätzlich in dem Geschäft des Händlers über die Marke der Hose	❑	❑	❑	❑	❑
(u)	Ich bleibe beim Kauf im Online-Shop einer bestimmten Hosen-Marke treu	❑	❑	❑	❑	❑
(v)	Ich probiere die Hose zusätzlich vorher im Geschäft an	❑	❑	❑	❑	❑
(w)	Wenn ich eine Hose im Online-Shop kaufe, so informiere ich mich nie vorher im Geschäft des selben Händlers	❑	❑	❑	❑	❑

Die folgenden Fragen beziehen sich im Allgemeinen auf den Kauf einer Hose – unabhängig von der Einkaufsstätte!

Frage 11

a) Stellen Sie sich bitte vor, Sie wollen eine neue Hose kaufen! Wo würden Sie die Hose höchstwahrscheinlich kaufen? Eher in einem Geschäft oder eher in einem Online-Shop?
Bitte kreuzen Sie nur eine Möglichkeit (1 oder 2) an!

1) Eher im Geschäft ❑

oder

2) eher im Online-Shop ❑

b) Was ist der Grund für Ihre Entscheidung? Bitte geben Sie hier kurz Ihre Begründung an:

____

c) Haben Sie jemals eine Hose in einem Geschäft gekauft?
❑ ja ❑ nein

d) Haben Sie jemals eine Hose in einem Online-Shop gekauft?
❑ ja ❑ nein

e) Generelle Vertrautheit mit dem Kauf einer Hose.

überhaupt nicht vertraut	eher wenig vertraut	mittel	eher mehr vertraut	sehr vertraut
(1)	(2)	(3)	(4)	(5)

	überhaupt nicht vertraut		⟷		sehr vertraut
	(1)	(2)	(3)	(4)	(5)
Für wie vertraut halten Sie sich im Allgemeinen mit dem Kauf einer neuen Hose?	❑	❑	❑	❑	❑

Die folgenden Fragen beziehen sich ausschließlich auf den Kauf einer Kiste Wein im Geschäft!

Frage 12

gar nicht in der Lage	eher nicht in der Lage	teils in der Lage, teils nicht	eher in der Lage	sehr gut in der Lage
(1)	(2)	(3)	(4)	(5)

	gar nicht in der Lage (1)	(2)	↔ (3)	(4)	sehr gut in der Lage (5)
(a) Stellen Sie sich bitte vor, Sie wollen eine Kiste mit 6 Flaschen neuen **Wein** eines Herstellers kaufen, mit dem Sie bisher noch keine Erfahrungen gemacht haben. Wie gut fühlen Sie sich **vor dem Kauf** der Kiste **Wein** in einem **Geschäft** in der Lage, die für Sie wichtigen Eigenschaften des Weins **vollständig** zu beurteilen?	❑	❑	❑	❑	❑
(b) Sie haben die Kiste **Wein** gekauft und bereits probiert. Wie gut fühlen Sie sich nun **nach dem Kauf** in der Lage, die für Sie wichtigen Eigenschaften des **Weins vollständig** zu beurteilen?	❑	❑	❑	❑	❑

Frage 13

So wie Sie es bereits in Frage 2 getan haben – bitte schätzen Sie nun den Kauf einer Kiste neuen **Wein** eines Ihnen unbekannten Herstellers in einem **Geschäft** ein. Denken Sie dabei an die für Sie wichtigen Eigenschaften des Weins. Verteilen Sie bitte **insgesamt 100 Prozent** auf die folgenden drei Kategorien.

In Prozentzahlen ausgedrückt kann ich die für mich wichtigen Eigenschaften des Weins...

(a)	**bereits vor** dem Kauf des **Weins** im **Geschäft** beurteilen	_____ %
(b)	**erst nach** dem Kauf im **Geschäft** und Probieren des **Weins** beurteilen	_____ %
(c)	**selbst nach** dem Kauf im **Geschäft** und Probieren des **Weins** **nicht** beurteilen	_____ %
	SUMME	**100 %**

Frage 14

Stellen Sie sich bitte vor, Sie wollen eine Kiste **Wein** in einem **Geschäft** kaufen. Für wie **ärgerlich** empfänden Sie es dann, wenn die hier aufgeführten Folgen nach dem Kauf eintreten?

überhaupt nicht ärgerlich	eher wenig ärgerlich	mittel	eher mehr ärgerlich	sehr ärgerlich
(1)	(2)	(3)	(4)	(5)

	Wein/Geschäft	überhaupt nicht ärgerlich (1)	(2)	↔ (3)	(4)	sehr ärgerlich (5)
(a)	Die Weinsorte schmeckt nicht	❑	❑	❑	❑	❑
(b)	Der Preis des Weins wird direkt nach meinem Kauf reduziert	❑	❑	❑	❑	❑
(c)	Das Verkaufspersonal hat mich zu dem Kauf überredet – die Beratung war nicht objektiv	❑	❑	❑	❑	❑
(d)	Bei Mängeln an dem Wein gibt es Probleme bei der Reklamation	❑	❑	❑	❑	❑
(e)	Die Rechnung stimmt nicht	❑	❑	❑	❑	❑
(f)	Der Wein schmeckt nach Kork oder nach Essig	❑	❑	❑	❑	❑
(g)	Der Wein hat nicht die richtige Marke	❑	❑	❑	❑	❑
(h)	Ich habe nach dem Kauf das Gefühl, dass ich mich vor dem Kauf hätte besser informieren sollen	❑	❑	❑	❑	❑
(i)	Wenn mir der Wein nach dem Kauf nicht gefällt, gibt es Probleme beim Umtausch	❑	❑	❑	❑	❑
(j)	Nach dem Kauf ist es mir peinlich, wenn mich jemand in diesem Geschäft gesehen hat	❑	❑	❑	❑	❑
(k)	Der Wein wird im Internet-Shop des selben Händlers günstiger angeboten	❑	❑	❑	❑	❑
(l)	Meinem persönlichen Umfeld gefällt der Wein überhaupt nicht	❑	❑	❑	❑	❑
(m)	Der Wein entspricht nicht der Beschreibung im Laden	❑	❑	❑	❑	❑
(n)	Die Angaben zu Alkoholgehalt und Lagerdauer stimmen nicht	❑	❑	❑	❑	❑
(o)	Der Wein ist unbekömmlich	❑	❑	❑	❑	❑
(p)	Nach dem Kauf ist es mir unangenehm, mich im Geschäft über den Wein informiert zu haben	❑	❑	❑	❑	❑
(q)	Nach dem Kauf denke ich, dass ich den Wein besser im Online-Shop des selben Händlers bestellt hätte	❑	❑	❑	❑	❑
(r)	Der Wein enthält gesundheitsgefährdende Stoffe	❑	❑	❑	❑	❑
(s)	Nach dem Kauf habe ich das Gefühl, den falschen Wein gekauft zu haben	❑	❑	❑	❑	❑
(t)	Der Anbieter nutzt meine persönlichen Daten, die er z.B. durch Zahlung mit der ec-Karten erhält, noch für andere Zwecke	❑	❑	❑	❑	❑
(u)	Aus dem Kauf des Weins resultieren weitere Kosten, die ich vorher nicht absehen konnte	❑	❑	❑	❑	❑

Frage 15

Stellen Sie sich bitte nochmals vor, Sie wollen eine Kiste **Wein** in einem **Geschäft** kaufen. Für wie **wahrscheinlich** halten Sie dann den Eintritt der hier aufgeführten Kauffolgen?

sehr unwahrscheinlich	eher unwahrscheinlich	mittel	eher wahrscheinlich	sehr wahrscheinlich
(1)	(2)	(3)	(4)	(5)

	Wein/Geschäft	sehr unwahrscheinlich (1)	(2)	↔ (3)	(4)	sehr wahrscheinlich (5)
(a)	Die Weinsorte schmeckt nicht	❑	❑	❑	❑	❑
(b)	Der Preis des Weins wird direkt nach meinem Kauf reduziert	❑	❑	❑	❑	❑
(c)	Das Verkaufspersonal hat mich zu dem Kauf überredet – die Beratung war nicht objektiv	❑	❑	❑	❑	❑
(d)	Bei Mängeln an dem Wein gibt es Probleme bei der Reklamation	❑	❑	❑	❑	❑
(e)	Die Rechnung stimmt nicht	❑	❑	❑	❑	❑
(f)	Der Wein schmeckt nach Kork oder nach Essig	❑	❑	❑	❑	❑
(g)	Der Wein hat nicht die richtige Marke	❑	❑	❑	❑	❑
(h)	Ich habe nach dem Kauf das Gefühl, dass ich mich vor dem Kauf hätte besser informieren sollen	❑	❑	❑	❑	❑
(i)	Wenn mir der Wein nach dem Kauf nicht gefällt, gibt es Probleme beim Umtausch	❑	❑	❑	❑	❑
(j)	Nach dem Kauf ist es mir peinlich, wenn mich jemand in diesem Geschäft gesehen hat	❑	❑	❑	❑	❑
(k)	Der Wein wird im Internet-Shop des selben Händlers günstiger angeboten	❑	❑	❑	❑	❑
(l)	Meinem persönlichen Umfeld gefällt der Wein überhaupt nicht	❑	❑	❑	❑	❑
(m)	Der Wein entspricht nicht der Beschreibung im Laden	❑	❑	❑	❑	❑
(n)	Die Angaben zu Alkoholgehalt und Lagerdauer stimmen nicht	❑	❑	❑	❑	❑
(o)	Der Wein ist unbekömmlich	❑	❑	❑	❑	❑
(p)	Nach dem Kauf ist es mir unangenehm, mich im Geschäft über den Wein informiert zu haben	❑	❑	❑	❑	❑
(q)	Nach dem Kauf denke ich, dass ich den Wein besser im Online-Shop des selben Händlers bestellt hätte	❑	❑	❑	❑	❑
(r)	Der Wein enthält gesundheitsgefährdende Stoffe	❑	❑	❑	❑	❑
(s)	Nach dem Kauf habe ich das Gefühl, den falschen Wein gekauft zu haben	❑	❑	❑	❑	❑
(t)	Der Anbieter nutzt meine persönlichen Daten, die er z.B. durch Zahlung mit der ec-Karten erhält, noch für andere Zwecke	❑	❑	❑	❑	❑
(u)	Aus dem Kauf des Weins resultieren weitere Kosten, die ich vorher nicht absehen konnte	❑	❑	❑	❑	❑

Frage 16

Stellen Sie sich nun bitte vor, Sie empfinden **vor dem Kauf** der Kiste **Wein** in einem **Geschäft** ein **Risiko**.

Im Folgenden werden verschiedene Aktivitäten genannt, mit denen Sie das empfundene Risiko **vor dem Kauf** reduzieren können. Bitte kreuzen Sie **in jeder Zeile** an, inwieweit die Aussagen für Ihr Handeln **vor** dem Kauf zutreffend sind.

trifft überhaupt nicht zu	trifft überwiegend nicht zu	trifft teils zu, teils nicht	trifft überwiegend zu	trifft voll und ganz zu
(1)	(2)	(3)	(4)	(5)

	Wein/Geschäft	trifft überhaupt nicht zu (1)	(2)	↔ (3)	(4)	trifft voll und ganz zu (5)
(a)	Ich schaue mir im Geschäft den Wein genau an	❑	❑	❑	❑	❑
(b)	Ich kaufe lieber einen etwas teureren Wein, da man dann mit einer besseren Qualität rechnen kann	❑	❑	❑	❑	❑
(c)	Wenn der Anbieter bzw. sein Geschäft einen guten Ruf hat, treffe ich die Kaufentscheidung in diesem Geschäft schneller	❑	❑	❑	❑	❑
(d)	Ich senke meine Erwartungen an den Wein, damit ich im Zweifelsfall nicht so enttäuscht bin	❑	❑	❑	❑	❑
(e)	Ich informiere mich über den Händler zusätzlich auf seinen Internet-Seiten	❑	❑	❑	❑	❑
(f)	Ich lese mir im Geschäft Verpackungs- bzw. Etikettentexte und sonstige Schilder genau durch	❑	❑	❑	❑	❑
(g)	Ich kaufe die Kiste Wein eher, wenn man mir Garantien anbietet, mit denen man sich gegen schlechte Leistungen absichern kann (z.B. Geld-zurück-Garantie)	❑	❑	❑	❑	❑
(h)	Ich denke vor dem Kauf, falls mit dem Wein etwas nicht stimmt, ist es nicht so schlimm	❑	❑	❑	❑	❑
(i)	Ich informiere mich bei den Verkäufern über den Wein	❑	❑	❑	❑	❑
(j)	Ich frage vor dem Kauf Freunde/Bekannte, was sie generell von dem Wein halten und verlasse mich auf ihre Empfehlung	❑	❑	❑	❑	❑
(k)	Ich suche im Online-Shop nach Informationen zu den wichtigen Eigenschaften dieses Weins	❑	❑	❑	❑	❑
(l)	Ich kaufe lieber einen Wein, für den viel geworben wird	❑	❑	❑	❑	❑

Fortsetzung der Frage 16

Wein/Geschäft	trifft überhaupt nicht zu (1)	(2)	⟷ (3)	(4)	trifft voll und ganz zu (5)
(m) Ich kaufe lieber, wenn mir beim Kauf im Geschäft Rückgaberechte zugesagt werden	❑	❑	❑	❑	❑
(n) Eine starke bzw. bekannte Marke des Geschäftes, in dem ich kaufen möchte, erleichtert mir die Kaufentscheidung	❑	❑	❑	❑	❑
(o) Ich sage den mir wichtigen Personen, dass ich den Wein nur kaufen will, um die Marke einmal auszuprobieren	❑	❑	❑	❑	❑
(p) Auf den Internet-Seiten des Händlers schaue ich mir die Gästebucheinträge und Kundenrezensionen an, um zu sehen, welche Erfahrungen andere Käufer mit dem Wein gemacht haben	❑	❑	❑	❑	❑
(q) Beim Kauf einer Kiste Wein im Geschäft orientiere ich mich an den Marken der verschiedenen Weine	❑	❑	❑	❑	❑
(r) Gütesiegel und Zertifikate des Händlers sind mir beim Kauf des Weins in seinem Geschäft wichtig	❑	❑	❑	❑	❑
(s) Ich kaufe lieber einen günstigeren Wein, da im Zweifelsfall der Schaden nicht so groß ist	❑	❑	❑	❑	❑
(t) Ich informiere mich zusätzlich auf den Internet-Seiten des Händlers über die Marke des Weins	❑	❑	❑	❑	❑
(u) Ich bleibe beim Kauf im Geschäft einer bestimmten Wein-Marke treu	❑	❑	❑	❑	❑
(v) Wenn möglich, probiere ich den Wein im Geschäft	❑	❑	❑	❑	❑
(w) Wenn ich Wein im Geschäft kaufe, so informiere ich mich nie vorher auf den Internet-Seiten des selben Händlers	❑	❑	❑	❑	❑
(x) Ich versuche erstmal nur eine kleine Menge Wein zu kaufen, damit es nicht so schlimm ist, wenn mit dem Wein etwas nicht stimmt	❑	❑	❑	❑	❑

Die folgenden Fragen beziehen sich ausschließlich auf den Kauf einer Kiste Wein im Online-Shop!

Frage 17

gar nicht in der Lage	eher nicht in der Lage	teils in der Lage, teils nicht	eher in der Lage	sehr gut in der Lage
(1)	(2)	(3)	(4)	(5)

		gar nicht in der Lage (1)	(2)	↔ (3)	(4)	sehr gut in der Lage (5)
(a)	Stellen Sie sich bitte vor, Sie wollen eine Kiste mit 6 Flaschen neuen **Wein** eines Herstellers kaufen, mit dem Sie bisher noch keine Erfahrungen gemacht haben. Wie gut fühlen Sie sich **vor dem Kauf** der Kiste **Wein** in einem **Online-Shop** in der Lage, die für Sie wichtigen Eigenschaften des Weins **vollständig** zu beurteilen?	❑	❑	❑	❑	❑
(b)	Sie haben den **Wein** gekauft und bereits probiert. Wie gut fühlen Sie sich nun **nach dem Kauf** in der Lage, die für Sie wichtigen Eigenschaften des **Weins** **vollständig** zu beurteilen?	❑	❑	❑	❑	❑

Frage 18

So wie Sie es bereits in Frage 2 getan haben – bitte schätzen Sie nun den Kauf einer Kiste neuen **Wein** eines Ihnen unbekannten Herstellers in einem **Online-Shop** ein. Denken Sie dabei an die für Sie wichtigen Eigenschaften des Weins. Verteilen Sie bitte **insgesamt 100 Prozent** auf die folgenden drei Kategorien.

In Prozentzahlen ausgedrückt kann ich die für mich wichtigen Eigenschaften des Weins....

(a)	**bereits vor** dem Kauf des **Weins** im **Online-Shop** beurteilen	______ %
(b)	**erst nach** dem Kauf im **Online-Shop** und Probieren des **Weins** beurteilen	______ %
(c)	**selbst nach** dem Kauf im **Online-Shop** und Probieren des **Weins** **nicht** beurteilen	______ %
	SUMME	**100 %**

Frage 19

Stellen Sie sich bitte vor, Sie wollen eine Kiste **Wein** im **Online-Shop** kaufen. Für wie **ärgerlich** empfänden Sie es dann, wenn die hier aufgeführten Folgen nach dem Kauf eintreten?

überhaupt nicht ärgerlich	eher wenig ärgerlich	mittel	eher mehr ärgerlich	sehr ärgerlich
(1)	(2)	(3)	(4)	(5)

	Wein/Online-Shop	überhaupt nicht ärgerlich (1)	(2)	↔ (3)	(4)	sehr ärgerlich (5)
(a)	Die Weinsorte schmeckt nicht	❑	❑	❑	❑	❑
(b)	Der Preis des Weins wird direkt nach meinem Kauf reduziert	❑	❑	❑	❑	❑
(c)	Der Wein wird nicht geliefert	❑	❑	❑	❑	❑
(d)	Bei Mängeln an dem Wein gibt es Probleme bei der Reklamation	❑	❑	❑	❑	❑
(e)	Die Rechnung stimmt nicht	❑	❑	❑	❑	❑
(f)	Der Wein schmeckt nach Kork oder nach Essig	❑	❑	❑	❑	❑
(g)	Der Wein hat nicht die richtige Marke	❑	❑	❑	❑	❑
(h)	Ich habe nach dem Kauf das Gefühl, dass ich mich vor dem Kauf hätte besser informieren sollen	❑	❑	❑	❑	❑
(i)	Wenn mir der Wein nach dem Kauf nicht gefällt, gibt es Probleme beim Umtausch	❑	❑	❑	❑	❑
(j)	Der Wein wird zu spät geliefert	❑	❑	❑	❑	❑
(k)	Der Wein wird im Geschäft des selben Händlers günstiger angeboten	❑	❑	❑	❑	❑
(l)	Meinem persönlichen Umfeld gefällt der Wein überhaupt nicht	❑	❑	❑	❑	❑
(m)	Der Wein entspricht nicht der Beschreibung im Online-Shop	❑	❑	❑	❑	❑
(n)	Die Angaben zu Alkoholgehalt und Lagerdauer stimmen nicht	❑	❑	❑	❑	❑
(o)	Der Wein ist unbekömmlich	❑	❑	❑	❑	❑
(p)	Der falsche Wein wird geliefert	❑	❑	❑	❑	❑
(q)	Nach dem Kauf denke ich, statt der Bestellung im Online-Shop hätte ich lieber in das Geschäft des selben Händlers gehen können	❑	❑	❑	❑	❑
(r)	Der Wein enthält gesundheitsgefährdende Stoffe	❑	❑	❑	❑	❑
(s)	Nach dem Kauf habe ich das Gefühl, den falschen Wein gekauft zu haben	❑	❑	❑	❑	❑
(t)	Der Anbieter nutzt meine persönlichen Daten (z.B. Kreditkarten-Nr., Anschrift) noch für andere Zwecke	❑	❑	❑	❑	❑
(u)	Die Ware wird beschädigt angeliefert	❑	❑	❑	❑	❑
(v)	Ich konnte im Online-Shop keine individuellen Rabatte aushandeln, so wie es im Geschäft möglich ist	❑	❑	❑	❑	❑
(w)	Aus dem Kauf des Weins resultieren weitere Kosten, die ich vorher nicht absehen konnte	❑	❑	❑	❑	❑

Frage 20

Stellen Sie sich bitte nochmals vor, Sie wollen eine Kiste **Wein** im **Online-Shop** kaufen. Für wie **wahrscheinlich** halten Sie dann den Eintritt der hier aufgeführten Kauffolgen?

sehr unwahrscheinlich	eher unwahrscheinlich	mittel	eher wahrscheinlich	sehr wahrscheinlich
(1)	(2)	(3)	(4)	(5)

	Wein/Online-Shop	sehr unwahr-scheinlich (1)	(2)	↔ (3)	(4)	sehr wahr-scheinlich (5)
(a)	Die Weinsorte schmeckt nicht	❑	❑	❑	❑	❑
(b)	Der Preis des Weins wird direkt nach meinem Kauf reduziert	❑	❑	❑	❑	❑
(c)	Der Wein wird nicht geliefert	❑	❑	❑	❑	❑
(d)	Bei Mängeln an dem Wein gibt es Probleme bei der Reklamation	❑	❑	❑	❑	❑
(e)	Die Rechnung stimmt nicht	❑	❑	❑	❑	❑
(f)	Der Wein schmeckt nach Kork oder nach Essig	❑	❑	❑	❑	❑
(g)	Der Wein hat nicht die richtige Marke	❑	❑	❑	❑	❑
(h)	Ich habe nach dem Kauf das Gefühl, dass ich mich vor dem Kauf hätte besser informieren sollen	❑	❑	❑	❑	❑
(i)	Wenn mir der Wein nach dem Kauf nicht gefällt, gibt es Probleme beim Umtausch	❑	❑	❑	❑	❑
(j)	Der Wein wird zu spät geliefert	❑	❑	❑	❑	❑
(k)	Der Wein wird im Geschäft des selben Händlers günstiger angeboten	❑	❑	❑	❑	❑
(l)	Meinem persönlichen Umfeld gefällt der Wein überhaupt nicht	❑	❑	❑	❑	❑
(m)	Der Wein entspricht nicht der Beschreibung im Online-Shop	❑	❑	❑	❑	❑
(n)	Die Angaben zu Alkoholgehalt und Lagerdauer stimmen nicht	❑	❑	❑	❑	❑
(o)	Der Wein ist unbekömmlich	❑	❑	❑	❑	❑
(p)	Der falsche Wein wird geliefert	❑	❑	❑	❑	❑
(q)	Nach dem Kauf denke ich, statt der Bestellung im Online-Shop hätte ich lieber in das Geschäft des selben Händlers gehen können	❑	❑	❑	❑	❑
(r)	Der Wein enthält gesundheitsgefährdende Stoffe	❑	❑	❑	❑	❑
(s)	Nach dem Kauf habe ich das Gefühl, den falschen Wein gekauft zu haben	❑	❑	❑	❑	❑
(t)	Der Anbieter nutzt meine persönlichen Daten (z.B. Kreditkarten-Nr., Anschrift) noch für andere Zwecke	❑	❑	❑	❑	❑
(u)	Die Ware wird beschädigt angeliefert	❑	❑	❑	❑	❑
(v)	Ich konnte im Online-Shop keine individuellen Rabatte aushandeln, so wie es im Geschäft möglich ist	❑	❑	❑	❑	❑
(w)	Aus dem Kauf des Weins resultieren weitere Kosten, die ich vorher nicht absehen konnte	❑	❑	❑	❑	❑

Frage 21

Stellen Sie sich nun bitte vor, Sie empfinden **vor dem Kauf** der Kiste **Wein** in einem **Online-Shop** ein **Risiko**.

Im Folgenden werden verschiedene Aktivitäten genannt, mit denen Sie das empfundene Risiko **vor dem Kauf** reduzieren können. Bitte kreuzen Sie **in jeder Zeile** an, inwieweit die Aussagen für Ihr Handeln **vor** dem Kauf zutreffend sind.

trifft überhaupt nicht zu	trifft überwiegend nicht zu	trifft teils zu, teils nicht	trifft überwiegend zu	trifft voll und ganz zu
(1)	(2)	(3)	(4)	(5)

	Wein/Online-Shop	trifft überhaupt nicht zu (1)	(2)	↔ (3)	(4)	trifft voll und ganz zu (5)
(a)	Ich schaue mir zusätzlich im Geschäft den Wein genau an	❑	❑	❑	❑	❑
(b)	Ich kaufe lieber einen etwas teureren Wein, da man dann mit einer besseren Qualität rechnen kann	❑	❑	❑	❑	❑
(c)	Wenn der Anbieter bzw. sein Online-Shop einen guten Ruf hat, treffe ich die Kaufentscheidung in diesem Online-Shop schneller	❑	❑	❑	❑	❑
(d)	Ich senke meine Erwartungen an den Wein, damit ich im Zweifelsfall nicht so enttäuscht bin	❑	❑	❑	❑	❑
(e)	Ich informiere mich über den Händler zusätzlich in seinem Geschäft	❑	❑	❑	❑	❑
(f)	Ich lese mir im Online-Shop die Produktbeschreibungen und sonstige Informationen, wie z.B. Verzehrhinweise oder Hinweise zur Lagerung genau durch	❑	❑	❑	❑	❑
(g)	Ich kaufe die Kiste Wein eher, wenn man mir Garantien anbietet, mit denen man sich gegen schlechte Leistungen absichern kann (z.B. Geld-zurück-Garantie)	❑	❑	❑	❑	❑
(h)	Ich denke vor dem Kauf, falls mit dem Wein etwas nicht stimmt, ist es nicht so schlimm	❑	❑	❑	❑	❑
(i)	Ich informiere mich per E-Mail oder Telefon beim Händler über den Wein	❑	❑	❑	❑	❑
(j)	Ich frage vor dem Kauf Freunde/Bekannte, was sie generell von dem Wein halten und verlasse mich auf ihre Empfehlung	❑	❑	❑	❑	❑
(k)	Ich suche im Online-Shop nach Informationen zu den wichtigen Eigenschaften dieses Weins	❑	❑	❑	❑	❑
(l)	Ich kaufe lieber einen Wein, für den viel geworben wird	❑	❑	❑	❑	❑

Fortsetzung der Frage 21

	Wein/Online-Shop	trifft überhaupt nicht zu (1)	(2)	↔ (3)	(4)	trifft voll und ganz zu (5)
(m)	Ich kaufe lieber, wenn mir beim Kauf im Online-Shop Rückgaberechte zugesagt werden	❑	❑	❑	❑	❑
(n)	Eine starke bzw. bekannte Marke des Online-Shops, in dem ich kaufen möchte, erleichtert mir die Kaufentscheidung	❑	❑	❑	❑	❑
(o)	Ich sage den mir wichtigen Personen, dass ich den Wein nur kaufen will, um die Marke einmal auszuprobieren	❑	❑	❑	❑	❑
(p)	Auf den Internet-Seiten des Händlers schaue ich mir die Gästebucheinträge und Kundenrezensionen an, um zu sehen, welche Erfahrungen andere Käufer mit dem Wein gemacht haben	❑	❑	❑	❑	❑
(q)	Beim Kauf einer Kiste Wein im Online-Shop orientiere ich mich an den Marken der verschiedenen Weine	❑	❑	❑	❑	❑
(r)	Gütesiegel und Zertifikate des Händlers sind mir beim Kauf des Weins in seinem Online-Shop wichtig	❑	❑	❑	❑	❑
(s)	Ich kaufe lieber einen günstigeren Wein, da im Zweifelsfall der Schaden nicht so groß ist	❑	❑	❑	❑	❑
(t)	Ich informiere mich zusätzlich in dem Geschäft des Händlers über die Marke des Weins	❑	❑	❑	❑	❑
(u)	Ich bleibe beim Kauf im Online-Shop einer bestimmten Wein-Marke treu	❑	❑	❑	❑	❑
(v)	Ich probiere den Wein – wenn möglich – zusätzlich vorher im Geschäft	❑	❑	❑	❑	❑
(w)	Wenn ich Wein im Online-Shop kaufe, so informiere ich mich nie vorher im Geschäft des selben Händlers	❑	❑	❑	❑	❑
(x)	Ich versuche erstmal nur eine kleine Menge Wein zu kaufen, damit es nicht so schlimm ist, wenn mit dem Wein etwas nicht stimmt	❑	❑	❑	❑	❑

Die folgenden Fragen beziehen sich im Allgemeinen auf den Kauf einer Kiste Wein – unabhängig von der Einkaufsstätte!

Frage 22

a) Stellen Sie sich bitte vor, Sie wollen eine Kiste neuen Wein kaufen! Wo würden Sie die Kiste Wein höchstwahrscheinlich kaufen? Eher in einem Geschäft oder eher in einem Online-Shop?
Bitte kreuzen Sie nur eine Möglichkeit (1 oder 2) an!

1) Eher im Geschäft ❑

oder

2) eher im Online-Shop ❑

b) Was ist der Grund für Ihre Entscheidung? Bitte geben Sie hier kurz Ihre Begründung an:

____

c) Haben Sie jemals Wein in einem Geschäft gekauft?

❑ ja ❑ nein

d) Haben Sie jemals Wein in einem Online-Shop gekauft?

❑ ja ❑ nein

e) Generelle Vertrautheit mit dem Kauf von Wein.

überhaupt nicht vertraut	eher wenig vertraut	mittel	eher mehr vertraut	sehr vertraut
(1)	(2)	(3)	(4)	(5)

	überhaupt nicht vertraut (1)	(2)	↔ (3)	(4)	sehr vertraut (5)
Für wie vertraut halten Sie sich im Allgemeinen mit dem Kauf eines neuen Weins?	❑	❑	❑	❑	❑

Die folgenden Fragen beziehen sich ausschließlich auf den Kauf eines Vitamin-Präparates im Geschäft!

Frage 23

gar nicht in der Lage	eher nicht in der Lage	teils in der Lage, teils nicht	eher in der Lage	sehr gut in der Lage
(1)	(2)	(3)	(4)	(5)

		gar nicht in der Lage (1)	(2)	↔ (3)	(4)	sehr gut in der Lage (5)
(a)	Stellen Sie sich bitte vor, Sie wollen ein neues **Vitamin-Präparat** eines Herstellers kaufen, mit dem Sie bisher noch keine Erfahrungen gemacht haben. Wie gut fühlen Sie sich **vor dem Kauf** des **Vitamin-Präparates** in einem **Geschäft** in der Lage, die für Sie wichtigen Eigenschaften des Präparates **vollständig** zu beurteilen?	❑	❑	❑	❑	❑
(b)	Sie haben das **Vitamin-Präparat** gekauft und bereits eingenommen. Wie gut fühlen Sie sich nun **nach dem Kauf** in der Lage, die für Sie wichtigen Eigenschaften des **Vitamin-Präparates vollständig** zu beurteilen?	❑	❑	❑	❑	❑

Frage 24

So wie Sie es bereits in Frage 2 getan haben – bitte schätzen Sie nun den Kauf eines neuen **Vitamin-Präparates** eines Ihnen unbekannten Herstellers in einem **Geschäft** ein. Denken Sie dabei an die für Sie wichtigen Eigenschaften des Vitamin-Präparates. Verteilen Sie bitte **insgesamt 100 Prozent** auf die folgenden drei Kategorien.

In Prozentzahlen ausgedrückt kann ich die für mich wichtigen Eigenschaften des Vitamin-Präparates...

(a)	**bereits vor** dem Kauf des **Vitamin-Präparates** im **Geschäft** beurteilen	______ %
(b)	**erst nach** dem Kauf im **Geschäft** und Einnahme des **Vitamin-Präparates** beurteilen	______ %
(c)	**selbst nach** dem Kauf im **Geschäft** und Einnahme des **Vitamin-Präparates nicht** beurteilen	______ %
	SUMME	**100 %**

Frage 25

Stellen Sie sich bitte vor, Sie wollen ein **Vitamin-Präparat** im **Geschäft** kaufen. Für wie **ärgerlich** empfänden Sie es dann, wenn die hier aufgeführten Folgen nach dem Kauf eintreten?

überhaupt nicht ärgerlich	eher wenig ärgerlich	mittel	eher mehr ärgerlich	sehr ärgerlich
(1)	(2)	(3)	(4)	(5)

	Vitamin-Präparat/Geschäft	überhaupt nicht ärgerlich (1)	↔ (2)	(3)	(4)	sehr ärgerlich (5)
(a)	Das Präparat schmeckt nicht	❑	❑	❑	❑	❑
(b)	Der Preis des Vitamin-Präparates wird direkt nach meinem Kauf reduziert	❑	❑	❑	❑	❑
(c)	Das Verkaufspersonal hat mich zu dem Kauf überredet - die Beratung war nicht objektiv	❑	❑	❑	❑	❑
(d)	Bei Mängeln an dem Präparat gibt es Probleme bei der Reklamation	❑	❑	❑	❑	❑
(e)	Die Rechnung stimmt nicht	❑	❑	❑	❑	❑
(f)	Das Präparat erzielt nicht die gewünschte Wirkung	❑	❑	❑	❑	❑
(g)	Das Präparat hat nicht die richtige Marke	❑	❑	❑	❑	❑
(h)	Ich habe nach dem Kauf das Gefühl, dass ich mich vor dem Kauf hätte besser informieren sollen	❑	❑	❑	❑	❑
(i)	Wenn mir das Vitamin-Präparat nach dem Kauf nicht gefällt, gibt es Probleme beim Umtausch	❑	❑	❑	❑	❑
(j)	Nach dem Kauf ist es mir peinlich, wenn mich jemand in diesem Geschäft gesehen hat	❑	❑	❑	❑	❑
(k)	Die Vitamine werden im Internet-Shop des selben Händlers günstiger angeboten	❑	❑	❑	❑	❑
(l)	Meinem persönlichen Umfeld gefällt das Vitamin-Präparat überhaupt nicht	❑	❑	❑	❑	❑
(m)	Das Vitamin-Präparat entspricht nicht der Beschreibung im Laden	❑	❑	❑	❑	❑
(n)	Die Angaben zu den Inhaltsstoffen stimmen nicht	❑	❑	❑	❑	❑
(o)	Das Präparat ist unbekömmlich	❑	❑	❑	❑	❑
(p)	Nach dem Kauf ist es mir unangenehm, mich im Geschäft über das Vitamin-Präparat informiert zu haben	❑	❑	❑	❑	❑
(q)	Nach dem Kauf denke ich, dass ich das Präparat besser im Online-Shop des selben Händlers bestellt hätte	❑	❑	❑	❑	❑
(r)	Das Präparat enthält gesundheitsgefährdende Stoffe	❑	❑	❑	❑	❑
(s)	Nach dem Kauf habe ich das Gefühl, das falsche Vitamin-Präparat gekauft zu haben	❑	❑	❑	❑	❑
(t)	Der Anbieter nutzt meine persönlichen Daten, die er z.B. durch Zahlung mit der ec-Karten erhält, noch für andere Zwecke	❑	❑	❑	❑	❑
(u)	Aus dem Kauf des Vitamin-Präparates resultieren weitere Kosten, die ich vorher nicht absehen konnte	❑	❑	❑	❑	❑

Frage 26

Stellen Sie sich bitte nochmals vor, Sie wollen ein **Vitamin-Präparat** im **Geschäft** kaufen. Für wie **wahrscheinlich** halten Sie dann den Eintritt der hier aufgeführten Kauffolgen?

sehr unwahrscheinlich	eher unwahrscheinlich	mittel	eher wahrscheinlich	sehr wahrscheinlich
(1)	(2)	(3)	(4)	(5)

	Vitamin-Präparat/Geschäft	sehr unwahrscheinlich (1)	(2)	↔ (3)	(4)	sehr wahrscheinlich (5)
(a)	Das Präparat schmeckt nicht	❑	❑	❑	❑	❑
(b)	Der Preis des Vitamin-Präparates wird direkt nach meinem Kauf reduziert	❑	❑	❑	❑	❑
(c)	Das Verkaufspersonal hat mich zu dem Kauf überredet - die Beratung war nicht objektiv	❑	❑	❑	❑	❑
(d)	Bei Mängeln an dem Präparat gibt es Probleme bei der Reklamation	❑	❑	❑	❑	❑
(e)	Die Rechnung stimmt nicht	❑	❑	❑	❑	❑
(f)	Das Präparat erzielt nicht die gewünschte Wirkung	❑	❑	❑	❑	❑
(g)	Das Präparat hat nicht die richtige Marke	❑	❑	❑	❑	❑
(h)	Ich habe nach dem Kauf das Gefühl, dass ich mich vor dem Kauf hätte besser informieren sollen	❑	❑	❑	❑	❑
(i)	Wenn mir das Vitamin-Präparat nach dem Kauf nicht gefällt, gibt es Probleme beim Umtausch	❑	❑	❑	❑	❑
(j)	Nach dem Kauf ist es mir peinlich, wenn mich jemand in diesem Geschäft gesehen hat	❑	❑	❑	❑	❑
(k)	Die Vitamine werden im Internet-Shop des selben Händlers günstiger angeboten	❑	❑	❑	❑	❑
(l)	Meinem persönlichen Umfeld gefällt das Vitamin-Präparat überhaupt nicht	❑	❑	❑	❑	❑
(m)	Das Vitamin-Präparat entspricht nicht der Beschreibung im Laden	❑	❑	❑	❑	❑
(n)	Die Angaben zu den Inhaltsstoffen stimmen nicht	❑	❑	❑	❑	❑
(o)	Das Präparat ist unbekömmlich	❑	❑	❑	❑	❑
(p)	Nach dem Kauf ist es mir unangenehm, mich im Geschäft über das Vitamin-Präparat informiert zu haben	❑	❑	❑	❑	❑
(q)	Nach dem Kauf denke ich, dass ich das Präparat besser im Online-Shop des selben Händlers bestellt hätte	❑	❑	❑	❑	❑
(r)	Das Präparat enthält gesundheitsgefährdende Stoffe	❑	❑	❑	❑	❑
(s)	Nach dem Kauf habe ich das Gefühl, das falsche Vitamin-Präparat gekauft zu haben	❑	❑	❑	❑	❑
(t)	Der Anbieter nutzt meine persönlichen Daten, die er z.B. durch Zahlung mit der ec-Karten erhält, noch für andere Zwecke	❑	❑	❑	❑	❑
(u)	Aus dem Kauf des Vitamin-Präparates resultieren weitere Kosten, die ich vorher nicht absehen konnte	❑	❑	❑	❑	❑

Frage 27

Stellen Sie sich nun bitte vor, Sie empfinden **vor dem Kauf** des **Vitamin-Präparates** in einem **Geschäft** ein **Risiko**.

Im Folgenden werden verschiedene Aktivitäten genannt, mit denen Sie das empfundene Risiko **vor dem Kauf** reduzieren können. Bitte kreuzen Sie **in jeder Zeile** an, inwieweit die Aussagen für Ihr Handeln **vor** dem Kauf zutreffend sind.

trifft überhaupt nicht zu	trifft überwiegend nicht zu	trifft teils zu, teils nicht	trifft überwiegend zu	trifft voll und ganz zu
(1)	(2)	(3)	(4)	(5)

	Vitamin-Präparat/Geschäft	trifft überhaupt nicht zu (1)	(2)	↔ (3)	(4)	trifft voll und ganz zu (5)
(a)	Ich schaue mir im Geschäft das Vitamin-Präparat genau an	❑	❑	❑	❑	❑
(b)	Ich kaufe lieber ein etwas teureres Präparat, da man dann mit einer besseren Qualität rechnen kann	❑	❑	❑	❑	❑
(c)	Wenn der Anbieter bzw. sein Geschäft einen guten Ruf hat, treffe ich die Kaufentscheidung in diesem Geschäft schneller	❑	❑	❑	❑	❑
(d)	Ich senke meine Erwartungen an das Vitamin-Präparat, damit ich im Zweifelsfall nicht so enttäuscht bin	❑	❑	❑	❑	❑
(e)	Ich informiere mich über den Händler zusätzlich auf seinen Internet-Seiten	❑	❑	❑	❑	❑
(f)	Ich lese mir im Geschäft Verpackungs- bzw. Schildertexte genau durch	❑	❑	❑	❑	❑
(g)	Ich kaufe das Vitamin-Präparat eher, wenn man mir Garantien anbietet, mit denen man sich gegen schlechte Leistungen absichern kann (z.B. Geld-zurück-Garantie)	❑	❑	❑	❑	❑
(h)	Ich denke vor dem Kauf, falls mit dem Vitamin-Präparat etwas nicht stimmt, ist es nicht so schlimm	❑	❑	❑	❑	❑
(i)	Ich informiere mich bei den Verkäufern über das Vitamin-Präparat	❑	❑	❑	❑	❑
(j)	Ich frage vor dem Kauf Freunde/Bekannte, was sie generell von dem Vitamin-Präparat halten und verlasse mich auf ihre Empfehlung	❑	❑	❑	❑	❑
(k)	Ich suche im Online-Shop nach Informationen zu den wichtigen Eigenschaften dieses Vitamin-Präparats	❑	❑	❑	❑	❑
(l)	Ich kaufe lieber ein Vitamin-Präparat, für das viel geworben wird	❑	❑	❑	❑	❑

Fortsetzung der Frage 27

	Vitamin-Präparat/Geschäft	trifft überhaupt nicht zu (1)	↔ (2)	(3)	(4)	trifft voll und ganz zu (5)
(m)	Ich kaufe lieber, wenn mir beim Kauf im Geschäft Rückgaberechte zugesagt werden	❑	❑	❑	❑	❑
(n)	Eine starke bzw. bekannte Marke des Geschäftes, in dem ich kaufen möchte, erleichtert mir die Kaufentscheidung	❑	❑	❑	❑	❑
(o)	Ich sage den mir wichtigen Personen, dass ich das Vitamin-Präparat nur kaufen will, um die Marke einmal auszuprobieren	❑	❑	❑	❑	❑
(p)	Auf den Internet-Seiten des Händlers schaue ich mir die Gästebucheinträge und Kundenrezensionen an, um zu sehen, welche Erfahrungen andere Käufer mit dem Vitamin-Präparat gemacht haben	❑	❑	❑	❑	❑
(q)	Beim Kauf eines Vitamin-Präparats im Geschäft orientiere ich mich an den Marken der verschiedenen Vitamin-Präparate	❑	❑	❑	❑	❑
(r)	Gütesiegel und Zertifikate des Händlers sind mir beim Kauf des Vitamin-Präparats in seinem Geschäft wichtig	❑	❑	❑	❑	❑
(s)	Ich kaufe lieber ein günstigeres Vitamin-Präparat, da im Zweifelsfall der Schaden nicht so groß ist	❑	❑	❑	❑	❑
(t)	Ich informiere mich zusätzlich auf den Internet-Seiten des Händlers über die Marke des Vitamin-Präparats	❑	❑	❑	❑	❑
(u)	Ich bleibe beim Kauf im Geschäft einer bestimmten Marke für Vitamin-Präparate treu	❑	❑	❑	❑	❑
(v)	Ich frage zusätzlich Fachleute (z.B. Ernährungsberater, Ärzte)	❑	❑	❑	❑	❑
(w)	Wenn ich ein Vitamin-Präparat in einem Geschäft kaufe, so informiere ich mich nie vorher auf den Internet-Seiten des selben Händlers	❑	❑	❑	❑	❑
(x)	Ich kaufe erstmal nur eine kleine Menge des Vitamin-Präparats, damit es nicht so schlimm ist, wenn mit dem Präparat etwas nicht stimmt	❑	❑	❑	❑	❑

Die folgenden Fragen beziehen sich ausschließlich auf den Kauf eines Vitamin-Präparats im Online-Shop!

Frage 28

gar nicht in der Lage	eher nicht in der Lage	teils in der Lage, teils nicht	eher in der Lage	sehr gut in der Lage
(1)	(2)	(3)	(4)	(5)

		gar nicht in der Lage		↔		sehr gut in der Lage
		(1)	(2)	(3)	(4)	(5)
(a)	Stellen Sie sich bitte vor, Sie wollen ein neues **Vitamin-Präparat** eines Herstellers kaufen, mit dem Sie bisher noch keine Erfahrungen gemacht haben. Wie gut fühlen Sie sich **vor dem Kauf** des **Vitamin-Präparates** in einem **Online-Shop** in der Lage, die für Sie wichtigen Eigenschaften des Präparats **vollständig** zu beurteilen?	❑	❑	❑	❑	❑
(b)	Sie haben das **Vitamin-Präparat** gekauft und bereits eingenommen. Wie gut fühlen Sie sich nun **nach dem Kauf in** der Lage, die für Sie wichtigen Eigenschaften des **Vitamin-Präparates vollständig** zu beurteilen?	❑	❑	❑	❑	❑

Frage 29

So wie Sie es bereits in Frage 2 getan haben – bitte schätzen Sie nun den Kauf eines neuen **Vitamin-Präparates** eines Ihnen unbekannten Herstellers im **Online-Shop** ein. Denken Sie dabei an die für Sie wichtigen Eigenschaften des Vitamin-Präparates. Verteilen Sie bitte **insgesamt 100 Prozent** auf die folgenden drei Kategorien.

In Prozentzahlen ausgedrückt kann ich die für mich wichtigen Eigenschaften des Vitamin-Präparates...

(a)	**bereits vor** dem Kauf des **Vitamin-Präparates** im **Online-Shop** beurteilen	_____ %
(b)	**erst nach** dem Kauf im **Online-Shop** und Einnahme des **Vitamin-Präparates** beurteilen	_____ %
(c)	**selbst nach** dem Kauf im **Online-Shop** und Einnahme des **Vitamin-Präparates nicht** beurteilen	_____ %
	SUMME	**100 %**

Frage 30

Stellen Sie sich bitte vor, Sie wollen ein **Vitamin-Präparat** im **Online-Shop** kaufen. Für wie **ärgerlich** empfänden Sie es dann, wenn die hier aufgeführten Folgen nach dem Kauf eintreten?

überhaupt nicht ärgerlich	eher wenig ärgerlich	mittel	eher mehr ärgerlich	sehr ärgerlich
(1)	(2)	(3)	(4)	(5)

	Vitamin-Präparat/Online-Shop	überhaupt nicht ärgerlich (1)	(2)	↔ (3)	(4)	sehr ärgerlich (5)
(a)	Das Präparat schmeckt nicht	❑	❑	❑	❑	❑
(b)	Der Preis des Vitamin-Präparates wird direkt nach meinem Kauf reduziert	❑	❑	❑	❑	❑
(c)	Das Vitamin-Präparat wird nicht geliefert	❑	❑	❑	❑	❑
(d)	Bei Mängeln an dem Präparat gibt es Probleme bei der Reklamation	❑	❑	❑	❑	❑
(e)	Die Rechnung stimmt nicht	❑	❑	❑	❑	❑
(f)	Das Präparat erzielt nicht die gewünschte Wirkung	❑	❑	❑	❑	❑
(g)	Das Präparat hat nicht die richtige Marke	❑	❑	❑	❑	❑
(h)	Ich habe nach dem Kauf das Gefühl, dass ich mich vor dem Kauf hätte besser informieren sollen	❑	❑	❑	❑	❑
(i)	Wenn mir das Vitamin-Präparat nach dem Kauf nicht gefällt, gibt es Probleme beim Umtausch	❑	❑	❑	❑	❑
(j)	Das Vitamin-Präparat wird zu spät geliefert	❑	❑	❑	❑	❑
(k)	Das Vitamin-Präparat wird im Geschäft des selben Händlers günstiger angeboten	❑	❑	❑	❑	❑
(l)	Meinem persönlichen Umfeld gefällt das Vitamin-Präparat überhaupt nicht	❑	❑	❑	❑	❑
(m)	Das Vitamin-Präparat entspricht nicht der Beschreibung im Online-Shop	❑	❑	❑	❑	❑
(n)	Die Angaben zu den Inhaltsstoffen stimmen nicht	❑	❑	❑	❑	❑
(o)	Das Präparat ist unbekömmlich	❑	❑	❑	❑	❑
(p)	Das falsche Vitamin-Präparat wird geliefert	❑	❑	❑	❑	❑
(q)	Nach dem Kauf denke ich, statt der Bestellung im Online-Shop hätte ich lieber in das Geschäft des selben Händlers gehen können	❑	❑	❑	❑	❑
(r)	Das Präparat enthält gesundheitsgefährdende Stoffe	❑	❑	❑	❑	❑
(s)	Nach dem Kauf habe ich das Gefühl, das falsche Vitamin-Präparat gekauft zu haben	❑	❑	❑	❑	❑
(t)	Der Anbieter nutzt meine persönlichen Daten (z.B. Kreditkarten-Nr., Anschrift) noch für andere Zwecke	❑	❑	❑	❑	❑
(u)	Die Ware wird beschädigt angeliefert	❑	❑	❑	❑	❑
(v)	Ich konnte im Online-Shop keine individuellen Rabatte aushandeln, so wie es im Geschäft möglich ist	❑	❑	❑	❑	❑
(w)	Aus dem Kauf des Vitamin-Präparates resultieren weitere Kosten, die ich vorher nicht absehen konnte	❑	❑	❑	❑	❑

Frage 31

Stellen Sie sich bitte nochmals vor, Sie wollen ein **Vitamin-Präparat** im **Online-Shop** kaufen. Für wie **wahrscheinlich** halten Sie dann den Eintritt der hier aufgeführten Kauffolgen?

sehr unwahrscheinlich	eher unwahrscheinlich	mittel	eher wahrscheinlich	sehr wahrscheinlich
(1)	(2)	(3)	(4)	(5)

	Vitamin-Präparat/Online-Shop	sehr unwahr-scheinlich (1)	(2)	↔ (3)	(4)	sehr wahr-scheinlich (5)
(a)	Das Präparat schmeckt nicht	❑	❑	❑	❑	❑
(b)	Der Preis des Vitamin-Präparates wird direkt nach meinem Kauf reduziert	❑	❑	❑	❑	❑
(c)	Das Vitamin-Präparat wird nicht geliefert	❑	❑	❑	❑	❑
(d)	Bei Mängeln an dem Präparat gibt es Probleme bei der Reklamation	❑	❑	❑	❑	❑
(e)	Die Rechnung stimmt nicht	❑	❑	❑	❑	❑
(f)	Das Präparat erzielt nicht die gewünschte Wirkung	❑	❑	❑	❑	❑
(g)	Das Präparat hat nicht die richtige Marke	❑	❑	❑	❑	❑
(h)	Ich habe nach dem Kauf das Gefühl, dass ich mich vor dem Kauf hätte besser informieren sollen	❑	❑	❑	❑	❑
(i)	Wenn mir das Vitamin-Präparat nach dem Kauf nicht gefällt, gibt es Probleme beim Umtausch	❑	❑	❑	❑	❑
(j)	Das Vitamin-Präparat wird zu spät geliefert	❑	❑	❑	❑	❑
(k)	Das Vitamin-Präparat wird im Geschäft des selben Händlers günstiger angeboten	❑	❑	❑	❑	❑
(l)	Meinem persönlichen Umfeld gefällt das Vitamin-Präparat überhaupt nicht	❑	❑	❑	❑	❑
(m)	Das Vitamin-Präparat entspricht nicht der Beschreibung im Online-Shop	❑	❑	❑	❑	❑
(n)	Die Angaben zu den Inhaltsstoffen stimmen nicht	❑	❑	❑	❑	❑
(o)	Das Präparat ist unbekömmlich	❑	❑	❑	❑	❑
(p)	Das falsche Vitamin-Präparat wird geliefert	❑	❑	❑	❑	❑
(q)	Nach dem Kauf denke ich, statt der Bestellung im Online-Shop hätte ich lieber in das Geschäft des selben Händlers gehen können	❑	❑	❑	❑	❑
(r)	Das Präparat enthält gesundheitsgefährdende Stoffe	❑	❑	❑	❑	❑
(s)	Nach dem Kauf habe ich das Gefühl, das falsche Vitamin-Präparat gekauft zu haben	❑	❑	❑	❑	❑
(t)	Der Anbieter nutzt meine persönlichen Daten (z.B. Kreditkarten-Nr., Anschrift) noch für andere Zwecke	❑	❑	❑	❑	❑
(u)	Die Ware wird beschädigt angeliefert	❑	❑	❑	❑	❑
(v)	Ich konnte im Online-Shop keine individuellen Rabatte aushandeln, so wie es im Geschäft möglich ist	❑	❑	❑	❑	❑
(u)	Aus dem Kauf des Vitamin-Präparates resultieren weitere Kosten, die ich vorher nicht absehen konnte	❑	❑	❑	❑	❑

Frage 32

Stellen Sie sich nun bitte vor, Sie empfinden **vor dem Kauf** des **Vitamin-Präparates** in einem **Online-Shop** ein **Risiko**.

Im Folgenden werden verschiedene Aktivitäten genannt, mit denen Sie das empfundene Risiko **vor dem Kauf** reduzieren können. Bitte kreuzen Sie **in jeder Zeile** an, inwieweit die Aussagen für Ihr Handeln **vor** dem Kauf zutreffend sind.

trifft überhaupt nicht zu	trifft überwiegend nicht zu	trifft teils zu, teils nicht	trifft überwiegend zu	trifft voll und ganz zu
(1)	(2)	(3)	(4)	(5)

	Vitamin-Präparat/Online-Shop	trifft überhaupt nicht zu (1)	(2)	↔ (3)	(4)	trifft voll und ganz zu (5)
(a)	Ich schaue mir zusätzlich im Geschäft das Vitamin-Präparat genau an	❑	❑	❑	❑	❑
(b)	Ich kaufe lieber ein etwas teureres Vitamin-Präparat, da man dann mit einer besseren Qualität rechnen kann	❑	❑	❑	❑	❑
(c)	Wenn der Anbieter bzw. sein Online-Shop einen guten Ruf hat, treffe ich die Kaufentscheidung in diesem Online-Shop schneller	❑	❑	❑	❑	❑
(d)	Ich senke meine Erwartungen an das Vitamin-Präparat, damit ich im Zweifelsfall nicht so enttäuscht bin	❑	❑	❑	❑	❑
(e)	Ich informiere mich über den Händler zusätzlich in seinem Geschäft	❑	❑	❑	❑	❑
(f)	Ich lese mir im Online-Shop die Produktbeschreibungen und sonstige Informationen, wie z.B. Wechselwirkungen genau durch	❑	❑	❑	❑	❑
(g)	Ich kaufe das Vitamin-Präparat eher, wenn man mir Garantien anbietet, mit denen man sich gegen schlechte Leistungen absichern kann (z.B. Geld-zurück-Garantie)	❑	❑	❑	❑	❑
(h)	Ich denke vor dem Kauf, falls mit dem Vitamin-Präparat etwas nicht stimmt, ist es nicht so schlimm	❑	❑	❑	❑	❑
(i)	Ich informiere mich per E-Mail oder Telefon beim Händler über das Vitamin-Präparat	❑	❑	❑	❑	❑
(j)	Ich frage vor dem Kauf Freunde/Bekannte, was sie generell von dem Vitamin-Präparat halten und verlasse mich auf ihre Empfehlungen	❑	❑	❑	❑	❑
(k)	Ich suche im Online-Shop nach Informationen zu den wichtigen Eigenschaften dieses Vitamin-Präparats	❑	❑	❑	❑	❑
(l)	Ich kaufe lieber ein Vitamin-Präparat, für das viel geworben wird	❑	❑	❑	❑	❑

Fortsetzung der Frage 32

	Vitamin-Präparat/Online-Shop	trifft überhaupt nicht zu (1)	(2)	↔ (3)	(4)	trifft voll und ganz zu (5)
(m)	Ich kaufe lieber, wenn mir beim Kauf im Online-Shop Rückgaberechte zugesagt werden	❑	❑	❑	❑	❑
(n)	Eine starke bzw. bekannte Marke des Online-Shops, in dem ich kaufen möchte, erleichtert mir die Kaufentscheidung	❑	❑	❑	❑	❑
(o)	Ich sage den mir wichtigen Personen, dass ich das Vitamin-Präparat nur kaufen will, um die Marke einmal auszuprobieren	❑	❑	❑	❑	❑
(p)	Auf den Internet-Seiten des Händlers schaue ich mir die Gästebucheinträge und Kundenrezensionen an, um zu sehen, welche Erfahrungen andere Käufer mit dem Vitamin-Präparat gemacht haben	❑	❑	❑	❑	❑
(q)	Beim Kauf eines Vitamin-Präparats im Online-Shop orientiere ich mich an den Marken der verschiedenen Vitamin-Präparate	❑	❑	❑	❑	❑
(r)	Gütesiegel und Zertifikate des Händlers sind mir beim Kauf des Vitamin-Präparats in seinem Online-Shop wichtig	❑	❑	❑	❑	❑
(s)	Ich kaufe lieber ein günstigeres Vitamin-Präparat, da im Zweifelsfall der Schaden nicht so groß ist	❑	❑	❑	❑	❑
(t)	Ich informiere mich zusätzlich in dem Geschäft des Händlers über die Marke des Vitamin-Präparats	❑	❑	❑	❑	❑
(u)	Ich bleibe beim Kauf im Online-Shop einer bestimmten Marke für Vitamin-Präparate treu	❑	❑	❑	❑	❑
(v)	Ich frage zusätzlich Fachleute (z.B. Ernährungsberater, Ärzte)	❑	❑	❑	❑	❑
(w)	Wenn ich ein Vitamin-Präparat in einem Online-Shop kaufe, so informiere ich mich nie vorher im Geschäft des selben Händlers	❑	❑	❑	❑	❑
(x)	Ich kaufe erstmal nur eine kleine Menge des Vitamin-Präparats, damit es nicht so schlimm ist, wenn mit dem Präparat etwas nicht stimmt	❑	❑	❑	❑	❑

Die folgenden Fragen beziehen sich im Allgemeinen auf den Kauf eines Vitamin-Präparates – unabhängig von der Einkaufsstätte!

Frage 33

a) Stellen Sie sich vor, Sie wollen ein neues Vitamin-Präparat kaufen! Wo würden Sie es höchstwahrscheinlich kaufen? Eher in einem Geschäft oder eher in einem Online-Shop?
Bitte kreuzen Sie nur eine Möglichkeit (1 oder 2) an!

1) Eher im Geschäft ❑

oder

2) eher im Online-Shop ❑

b) Was ist der Grund für Ihre Entscheidung? Bitte geben Sie hier kurz Ihre Begründung an:

____

c) Haben Sie jemals ein Vitamin-Präparat in einem Geschäft gekauft?

❑ ja ❑ nein

d) Haben Sie jemals ein Vitamin-Präparat in einem Online-Shop gekauft?

❑ ja ❑ nein

e) Generelle Vertrautheit mit dem Kauf von Vitamin-Präparaten.

überhaupt nicht vertraut	eher wenig vertraut	mittel	eher mehr vertraut	sehr vertraut
(1)	(2)	(3)	(4)	(5)

	überhaupt nicht vertraut (1)	(2)	↔ (3)	(4)	sehr vertraut (5)
Für wie vertraut halten Sie sich im Allgemeinen mit dem Kauf eines neuen Vitamin-Präparates?	❑	❑	❑	❑	❑

Bitte beantworten Sie zum Schluss die folgenden Fragen für die Statistik!
- Ihre Daten werden selbstverständlich anonym behandelt -

Frage 34 – Geschlecht

1	männlich	❑
2	weiblich	❑

Frage 35 – Alter

Ich bin _____ Jahre alt.

Frage 36

Welchen Bildungsabschluss haben Sie?

(Mehrfachnennungen sind hierbei möglich!)

1	Hauptschulabschluss	❑
2	Realschulabschluss	❑
3	Abitur/Fachhochschulreife	❑
4	höheren berufsqualifizierenden Abschluss	❑
5	abgeschlossene Ausbildung	❑
6	Studienabschluss	❑
7	keinen	❑

Frage 37

In welche dieser Berufsgruppen ordnen Sie sich ein?

(bitte kreuzen Sie nur eine Antwortmöglichkeit an!)

1	Arbeiter(in)	❑
2	Angestellte(r)	❑
3	Beamter / Beamtin	❑
4	selbstständig	❑
5	Schüler(in) / Student(in) / Auszubildende(r)	❑
6	ausschließlich Hausfrau / -mann	❑
7	Rentner(in)	❑
8	derzeit ohne Arbeit	❑

Frage 38

Haben Sie bislang schon einmal in einem Online-Shop gekauft?

❑ ja, und zwar folgende Produkte

____

❑ nein noch nie

VIELEN DANK FÜR IHRE UNTERSTÜTZUNG!